Razas de caballos del mundo

Wolfgang Kresse

Razas de caballos del mundo

280 fotografías en color
12 dibujos

EDICIONES OMEGA

La edición original de esta obra ha sido publicada en alemán por Eugen Ulmer GmbH & Co., Stuttgart, con el título

PFERDERASSEN DER WELT

Traducción
Fernando González-Fierro
Licenciado en Ciencias Biológicas

Revisión técnica
Miguel Abad Gavín
Profesor Emérito de la Facultad de Veterinaria
Universidad de León

Diseño de la cubierta
Cèlia Vallès

Plató, 26 - 08006 Barcelona
www.ediciones-omega.es

ISBN 84-282-1204-X
Depósito legal B. 12.814-2001
Printed in Spain
Ind. Gráf. Ferré Olsina, S.A. - Viladomat, 158-160, int. - 08015 Barcelona

PRÓLOGO

La evolución del ser humano ha estado íntimamente ligada a la de los caballos, si bien durante milenios su relación fue únicamente de rivalidad –como cazador y presa–. No es hasta el comienzo de la domesticación del caballo, entre los siglos III y II a.C., cuando se puede hablar de una verdadera asociación entre hombres y caballos. Las vacas, cerdos, cabras y ovejas ya habían comenzado a ser domesticados entre el 10.000 y el 3.500 a.C.

Las causas de esta domesticación relativamente tardía fueron probablemente la naturaleza y el carácter independiente del caballo, muy relacionados con su gran movilidad. Por si fuera poco, el caballo había aprendido a temer al hombre al verse tratado como presa de caza. Pero finalmente éste llegó a ser un fiel y confiado socio del hombre, acompañando a éste en todas sus singladuras y posibilitando gracias a su fuerza las grandes migraciones de las poblaciones humanas.

En el transcurso de esta asociación entre caballos y hombres, ambos se han influido recíprocamente, transformando su medio ambiente inmersos en unas cambiantes condiciones a su alrededor. Pero en este proceso fue el caballo el que se vio más afectado, al descubrir los hombres tempranamente las posibilidades de una cría dirigida. En la filogénesis del caballo, además de los grandes movimientos migratorios de caballos y pueblos que implicaron la mezcla de distintas formas de caballos salvajes y la formación de razas nuevas, también se deja reconocer la intervención del hombre.

Partiendo de los tipos de caballos primitivos del cuaternario y pasando por formas primitivas de caballos domesticados y cuatro tipos primitivos de caballos, se desarrollaron los ponis, los caballos de sangre fría, los de sangre caliente y los Pura sangre (clasificación que aún seguimos hoy en día. Partiendo de estas formas primitivas de caballos ha evolucionado una enorme variedad de razas (con y sin intervención humana). A mediados del siglo XX se conocían unas 100 razas de caballos. Si hoy consideráramos también las pequeñas razas a punto de extinguirse y aquellas cuyo vago concepto de raza se refiere más al tipo y a la procedencia, contaríamos varios cientos de ellas, incluyendo aquellas cuya existencia solamente se debe a ciertos caprichos de los seres humanos. "¿Tienen éstas sentido?" (podríamos preguntarnos con toda razón).

Pero no deberíamos olvidar que tales experimentos de cría también dicen mucho de la relación inquebrantable y enteramente genuina entre caballos y hombres. Y es que cinco mil años después, el caballo aún sigue fascinando a los seres humanos y sigue siendo un preciado animal. Más allá de las meras declaraciones de principios, han comenzado a ser protegidas poblaciones enteras a punto de extinguirse, se han creado reservas para las últimas manadas de caballos salvajes y van recuperando su interés y aumentan sus efectivos renombradas razas antiguas casi dadas por desaparecidas. En todo el mundo el caballo cuenta con grandes aficionados y todo tipo de personas cautivadas por sus variadas formas y capas y sus distintas razas.

Wolfgang Kresse

ÍNDICE DE MATERIAS

ORIGEN E HISTORIA DEL CABALLO

Al igual que el género humano, todos los équidos se han desarrollado y han evolucionado a partir de formas primitivas en el transcurso de varios millones de años. La ciencia ha datado la edad del mundo y la ha dividido en eras, basándose en distintos procesos radiactivos. Comenzando desde el azoico, y pasando por el paleozoico, el mesozoico (entre 1.500 y 2.000 millones de años) y el cenozoico o neozoico (con los periodos geológicos comprendidos entre el eoceno y el holoceno), se llega hasta el periodo actual, que *sólo* abarcaría el corto aunque inimaginable intervalo de tiempo de 60 millones de años. En todo este tiempo, breve en comparación con la edad de la Tierra, se desarrollaron los caballos y los seres humanos. Los resultados de las investigaciones de las diferentes disciplinas científicas han contribuido a hacer más nítido los cuadros de la evolución del género humano y de los caballos, y si anteriormente no disponíamos más que de una borrosa imagen del proceso, actualmente sólo faltarían algunas pinceladas por dar.

Los paleoantropólogos, que se ocupan de estudiar los primeros antecesores del hombre, han llegado a la conclusión, junto con paleontólogos y zoólogos, de que la evolución de nuestros antepasados, así como la de los distintos animales, se vio fuertemente influida por los diferentes cambios climáticos en el pasado. Cuando en 1856 fueron hallados en una cueva en Neandertal, cerca de Düsseldorf, los huesos fósiles de un hombre prehistórico, surgió una viva discusión científica sobre la evolución del hombre. Uno de los científicos entonces destacados fue el inglés Charles Darwin (1809-1882), autor de la teoría de la evolución, quien sostenía la doctrina del origen común de las especies y su selección natural mediante su adaptación al medio ambiente. Gracias al hallazgo de huesos y esqueletos fósiles, a partir de entonces los zoólogos y paleontólogos pudieron comenzar a reconstruir la historia de la evolución del caballo con cierta precisión.

Orígenes del caballo

El predecesor de nuestros caballos actuales, cuyos restos fósiles fueron encontrados a mediados del siglo XIX en Europa y en Norteamérica, fue un équido de 25 a 45 cm de altura "con varios dedos" que vivió en el eoceno, periodo geológico del Terciario, hace 60 millones de años. Su hábitat eran los bosques tropicales y subtropicales, y se alimentaba de hojas y frutos. En Europa fue descrito con el nombre de *Hyracotherium* y en Norteamérica con el de *Eohippus*. Los científicos Cope y Marsh coincidieron en que ambos géneros pertenecían al mismo género de "ungulados perisodáctilos", extinguidos en el eoceno. En el periodo geológico siguiente, el oligoceno, en Europa desaparecieron los "équidos" por completo. Pero en Norteamérica prosiguió su evolución. En el mioceno sus descendientes habían evolucionado, a consecuencia de los grandes cambios ambientales, a través de diferentes formas intermedias del *Merychippus*, herbívoro estepario mayor que su antecesor y dotado de una dentadura y unas extremidades adaptadas a las condiciones de las estepas: sus dientes eran más fuertes y ya se asemejaban más a los molares de los caballos actuales, y

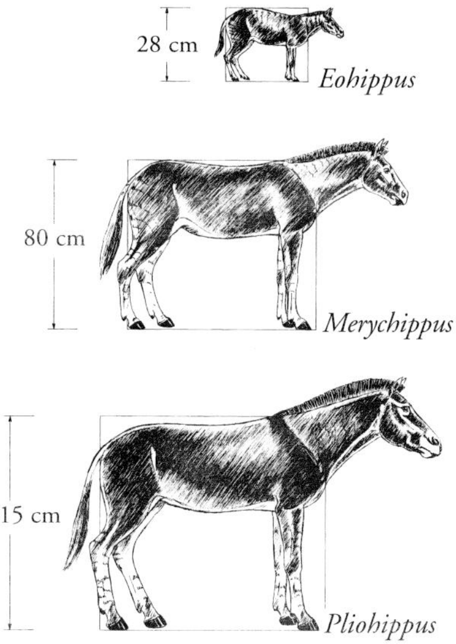

Cambios más notables en la evolución del *Eohippus* hasta el *Pliohippus*: crecimiento en tamaño y transformación de la línea dorsal. Según Isenbart/Bührer ("El reinado del caballo").

los dos dedos extremos de la anterior forma tridáctila ya no se apoyaban en el suelo, haciéndolo sólo el robusto dedo medio.

Al final del plioceno el *Pliohippus* se había extendido por amplias zonas y su evolución hacia el caballo actual estaba muy avanzada. El *Pliohippus* ya contaba con un único dedo medio, con los dedos extremos convertidos en estructuras óseas residuales. Las extremidades, la estructura corporal y la disposición de los dedos habían llegado a tal grado de evolución que incluso se podría hablar ya del género *Equus*, si bien diferenciando distintas especies. Posteriormente y tras grandes movimientos migratorios, extendieron su hábitat alcanzando Asia, Europa y África a través de las lenguas de tierra entonces existentes.

Las poderosas transformaciones geológicas de la Tierra en el plioceno y en el pleistoceno (Cuaternario) que quebraron los antiguos puentes de tierra y formaron otros nuevos (istmo de Panamá), y levantaron enormes masas de tierra con una energía inimaginable elevando colosales montañas, se vieron sucedidas por las glaciaciones. Los cambios climáticos asociados a tales fenómenos en todas las partes de la Tierra forzaron a los caballos a efectuar migraciones hacia Eurasia y África y provocaron su extinción en Norteamérica en el Cuaternario. Eurasia pasó así a ser de nuevo su hábitat. En particular la región centroasiática marcó el desarrollo del caballo actual. Algunas especies se extinguieron por selección natural como consecuencia de las transformaciones medioambientales, al verse cubiertas las fértiles estepas por arena o hielo o verse transformadas en bosques, siendo reemplazados por otras especies de équidos mejor adaptados. En el paleolítico, el periodo prehistórico más antiguo y de mayor duración, que comienza hace 70.000 años en la transición del Terciario al Cuaternario y que dura hasta finales de la última gran glaciación, hacia el 8.000 a.C., se desarrollaron en Eurasia las formas primitivas del caballo actual. Actualmente se consideran las siguientes formas primitivas de éste: el Tarpán *(Equus gmelini)*, el caballo de Przewalski *(Equus przewalskii)* y las dos formas del caballo salvaje forestal europeo *(Equus caballus robustus* y *Equus caballus germanicus)*. Otros científicos, como J.C. Ewart, distinguen como formas primitivas el caballo celta *(Equus caballus celticus)*, el caballo de los Fiordos *(Equus caballus typicus)* y el caballo de Przewalski *(Equus przewalskii)*. Pero también se emplean otras clasificaciones que con-

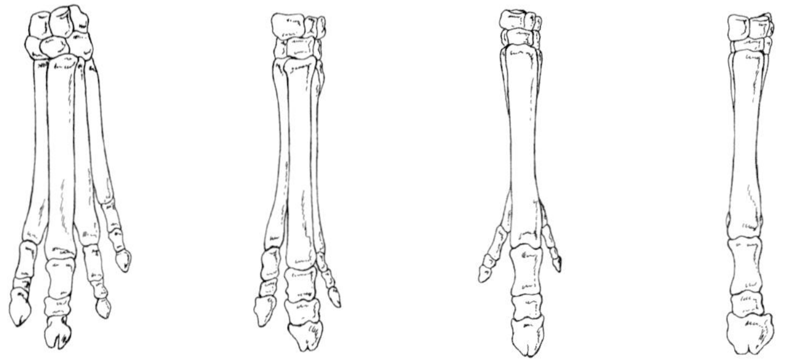

La evolución de las extremidades del caballo fue menos llamativa que la de su exterior: de cuatro dedos se pasó a uno solo, adquiriendo el casco su forma y estructura conocida actual.

sideran los tipos primitivos "forestal", "estepario" y "del desierto". Recientemente el Tarpán ha dejado de ser incluido como especie de caballo salvaje por sus características craneales, pasando a ser considerado una forma primitiva del caballo doméstico. Fue en los tiempos prehistóricos en los que los seres humanos aún formaban parte directa de la "cadena alimentaria", cuando el antiguo género equino y el joven género humano debieron encontrarse por vez primera. Comenzaría así una relación entre hombres y caballos que ha vinculado a ambos hasta el presente de un modo muy especial.

El caballo en la Prehistoria

Si bien el proceso evolutivo humano está muy ligado al de los caballos y otros animales domésticos, el caballo ya existía antes de la aparición del hombre. Cuando hace unos 400.000 años se desarrolló en África y Europa el Neandertal a partir del *Homo erectus*, los seres humanos sólo tenían fugaces encuentros con los caballos, más activos por la noche. No fue hasta el paleolítico cuando el hombre adquirió el hábito de la caza, motivado por la presencia de grandes manadas de animales, sirviéndose de ruidosas batidas que conducían a las presas salvajes (ciervos, caballos, urogallos, etc.) hasta pantanos, desfiladeros, trampas subterráneas y barrancos. Estos métodos de caza, usuales por aquel entonces, irían desapareciendo conforme aumentaba la influencia de la "domesticación" de vacas, dromedarios, cerdos, ovejas, cabras, burros o perros, y gracias al perfeccionamiento de armas proyectables a distancia como el arco y la flecha, que permitían hacer blanco a una gran distancia.

El caballo salvaje de la edad de piedra era robusto y pequeño, de unos 120 a 140 cm de altura y el más importante suministrador de carne para la supervivencia del hombre. Los motivos representados en las pinturas rupestres de aquella época en cuevas de Francia y España dan testimonio de la veneración de los caballos como animales rituales de sacrificio y de cómo éstos se mantuvieron separados del hombre durante más tiempo que otros "animales domésticos". En Alemania, en el desfiladero de Saale, al pie de Rudelsburg

y Saaleck, cerca de Bad Kösen, hace más de 25.000 años fueron conducidos y precipitados al vacío por las escarpadas rocas calizas numerosos caballos salvajes, como lo atestiguan los muchos esqueletos de caballos y las herramientas de piedra y hueso allí desenterrados.
Estos bárbaros métodos de caza, que casi siempre implicaban el sacrificio de más caballos de los que los propios cazadores podían consumir, debió de diezmar las manadas de caballos salvajes en muchas regiones de forma considerable. Aun así, ello no supuso su extinción, como sí ocurrió con otros animales de aquellos tiempos. Pero sí pudo haber motivado que los caballos se dirigieran a otras regiones supuestamente más seguras para las manadas. Ésta es una de las explicaciones posibles sobre las grandes migraciones de los caballos, lo que unido al efecto del clima y a las condiciones del suelo, habría llevado a la modificación del tamaño y constitución del caballo. Otra explicación sería que el retroceso de las glaciaciones y el aumento de la temperatura habrían supuesto una mayor oferta de alimento, lo que habría llevado a las manadas de caballos salvajes a desplazarse hacia los pastos y estepas más fértiles. Pero los grandes desplazamientos a través de regiones extrañas, a veces con condiciones ambientales más duras, y por tanto con peores pastos, habrían implicado en otros casos una "reducción del tamaño". Se da por supuesto que durante todo el proceso de la domesticación, la nueva condición de animal doméstico y la consiguiente mejora en su mantenimiento y cuidados, conllevaron un aumento de talla y una mejor conformación de las formas criadas.
El cazador del Paleolítico, ni del todo nómada ni tampoco completamente sedentario, pudo aprender a estimar el comportamiento de los caballos, y podría haberse visto obligado a mantener caballos cautivos en lugar de cazarlos, debido a las migraciones de las manadas. Tales consideraciones habrían ido más allá con el paso del tiempo. Caballos y hombres habrían ido estrechando su relación, adquiriendo una confianza recíproca. Todo ello debido a que el caballo, en su cautiverio a manos del hombre, habría llegado a experimentar una cierta forma de protección por parte de éste, al verse cuidado y defendido de sus predadores. Esta forma inicial de domesticación habría transcurrido durante miles de años. Y no sería hasta la adquisición de la vida sedentaria cuando el hombre se dedicaría a mantener y criar a sus propios animales domésticos.
Sobre la datación de los orígenes de esta domesticación existe cierta controversia entre los científicos. Unos sitúan los comienzos del proceso alrededor del 5500 a.C. y aun en épocas anteriores; otros hablan del 4000 a.C. Así, los científicos del Carnegie-Institute dataron los yacimientos hallados en 1930 en Merw, en Turkmenistán, en torno al 8200 a.C. Bajo las arenas del desierto de Merw se hallaron, no sólo granzas de trigo y raspas de cebada en vasijas de barro, sino también esqueletos de vacas y caballos *(Equus przewalskii)*. Los animales habrían vivido junto a los habitantes indogermanos de la región, es decir, estarían domesticados. Dichos caballos estarían habituados al hombre y serían algo más dóciles, aunque no fueran aún caballos domésticos del todo: sería posible apresar de entre la manada a un determinado caballo sin necesidad de un largo acoso. Lo que se da por seguro es que hacia el 3000 a.C. los caballos ya eran animales domésticos, es decir, ya eran empleados como fuente de carne y leche, o como animales de carga y tiro.

Los jóvenes caballos capturados ya debían de sentir un fuerte vínculo con los seres humanos que les prestaban cuidados, de modo que permanecían más o menos voluntariamente entre ellos.
Cabe deducir que el caballo centroeuropeo de dicha época descendería del caballo de Przewalski. Conforme las fértiles estepas de gramíneas de Mongolia se vieron cubiertas por arena o hielo en el transcurso de las glaciaciones en el Pleistoceno, los caballos se habrían visto forzados a buscar otras fuentes de pastos para no extinguirse como otras especies. La lucha por la supervivencia debió de marcar a los caballos primitivos, pues sólo los más fuertes y los mejores sobrevivían. Así ocurrió con el caballo de Przewalski, que actualmente encontramos en Yakutia, Kalmukia, Kirguisia y Mongolia como caballo estepario de Amur o de Siberia, o como caballo Mongol. Otros grupos de caballos salvajes se desplazaron desde el este hacia el sudeste, hacia Europa del Este y Centroeuropa, o desde el Asia central a través de los asentamientos humanos de Zungaria hacia el Turquestán, Kazajistán y a través de la cuenca de Turan hacia Media, Armenia y el Asia Menor. Pues las fronteras naturales de las montañas de Altai, al norte, sólo permitían dicha ruta.

Historia de la domesticación del caballo

La domesticación del caballo fue un proceso lento prolongado durante miles de años, que duró desde aproximadamente el 4000 a.C. hasta el siglo IX a.C. En este periodo (Neolítico) el hombre pasó de ser cazador nómada a agricultor sedentario. Los pueblos de las estepas del Asia central y del sur de Rusia fueron los primeros en apresar y mantener en cautiverio manadas de caballos como provisiones vivas de carne, leche y piel.
Los centros más importantes de domesticación fueron las estepas euroasiáticas del Asia central, las estepas boscosas de Siberia y del sudeste de Europa, y los paisajes esteparios del sur de Francia y sur de España y Portugal.
Al sur de la cadena montañosa de Kunlun, que con una longitud de casi 4.000 km atraviesa el Asia interior de este a oeste, y que llega al oeste más allá de las montañas de Pamir, Hindukusch y Elbrus hasta el Cáucaso, probablemente no vivió en el Neolítico caballo alguno.
Lo que puede darse por seguro es que a finales del Neolítico (2000-1800 a.C.) el caballo ya era conocido como animal doméstico en todos los asentamientos culturales euroasiáticos, desde las tundras y estepas del norte de Asia, pasando por Europa oriental, Centroeuropa y Europa del Norte, hasta Francia y la península Ibérica, con la excepción de la antigua región central (Italia, Egeo). En la Alemania prehistórica ya hay constancia del caballo como animal doméstico hacia el 1000 a.C. También los yacimientos en excavaciones de la edad del bronce (1800-800 a.C.) hablan claramente a favor del caballo como animal doméstico y de su domesticación y empleo como animal de tiro delante de arados y de carros. Este empleo diferente, ya no más como fuente de carne, está ligado a la llegada de la cultura agrícola del hombre. Éste ya no era sólo un recolector y cazador itinerante, sino un agricultor sedentario que cultivaba cereales y mantenía animales domésticos. La importancia del caballo como fuente de carne ya no era tan grande, a excepción de en el norte de Asia entre los pueblos de

Poni primitivo

Poni de la tundra

Caballo de cabeza acarnerada

Pura sangre primitivo

Mongolia, pues vacas, cerdos, ovejas y cabras ya eran animales domésticos desde hacía tiempo, y eran criados por su carne. Estos usos agrícolas se habrían extendido hacia el 5000 a.C. hasta la frontera suroccidental del centro de Europa y se impondrían hacia finales del Neolítico en Centroeuropa, mientras que en Europa oriental y en el norte de Asia predominaba la cultura de los "pastores nómadas". En ambas culturas el caballo era un animal doméstico, es decir, servía como animal de trabajo y suministrador de alimento.

En esta época se desarrolló en los asentamientos de las estepas boscosas de la Europa sudoriental, en las cercanías del pueblo de Tripolje cerca de Kiev, la "cultura Tripolje", una forma cultural del Neolítico en torno al 3000 a.C. En los pueblos establecidos con cierta planificación se daba el cultivo de cereales y la cría de ganado. El caballo salvaje también llegó entonces a ser domesticado en las estepas boscosas de la Europa sudoriental, en la región de Centroeuropa-Danubio y en las estepas siberianas. La utilización del caballo como animal de transporte, tiro y como montura comenzó igualmente en aquella época. Pero cuándo, cómo y dónde primero, escapa a nuestro conocimiento preciso, pues los resultados de las investigaciones llevan a distintas pistas y diferentes conclusiones. De esta época aún contamos con pocas representaciones gráficas, exceptuando algunas ilustraciones pintadas o a base de incisiones en rocas y huesos, y varias tablillas de arcilla con escritura cuneiforme (hititas, de alrededor del 1400 a.C.), cuya interpretación no resulta nada sencilla. Lo que sí se da por seguro es que el descubrimiento del bronce y del hierro (desde el 1800 a.C. hasta el cambio de era) debió de exigir un transporte veloz, a menudo a lo largo de extensas regiones, lo que debió de impulsar la utilización del caballo como animal de carga. Con este nuevo aprovechamiento, la domesticación del caballo debió de culminar al darse un uso intencionado y una cría controlada. En esta primera época los caballos domésticos eran de menor tamaño, ponis recios y vigorosos, caballos salvajes del tipo del caballo de Przewalski o del caballo salvaje forestal. La alzada de estos caballos estaría entre los 120 y los 140 cm. Pero gracias al cuidado, al mantenimiento y a la cría controlada, el caballo fue adquiriendo con el paso de los siglos un mayor tamaño y unas extremidades más largas y esbeltas. Ya el caballo del "periodo de Hallstatt" (siglos IX a II a.C.) era, como atestiguan los yacimientos de excavaciones de Katzelsdorf en la Baja Austria y Heuneberg en Württemberg, un "grácil" caballo del tipo del Árabe. En el pueblo de Pazyrik, en la cordillera montañosa de Altai, se han hallado restos fósiles de caballos de monta y tiro en un tipo de túmulos funerarios de aquella época *(kurganes)*, con sillas y arneses, conservados durante milenios en los helados suelos. A partir de las medidas de los esqueletos, se ha visto que los caballos eran "de gran tamaño, con cuello de inserción alta y cabeza enjuta y expresiva, tronco corto y extremidades sólidas, semejantes a los árabes".

Sin embargo, en Eurasia los caballos ya debieron de ser empleados como montura alrededor del 4000 a.C., como se deduce de las excavaciones realizadas en 1983 en Dereivka, a 250 km al sur de Kiev (Ucrania). Arqueozoólogos rusos y americanos han llegado a estas conclusiones analizando los dientes hallados de un semental de unos 8 años que mostraban un desgaste similar a los que causa el bocado típico en un caballo actual. Además, los científicos han encontrado fragmentos de un bocado realizado a base de la cornamenta de otro herbívoro.

Los habitantes de los asentamientos prehistóricos de Dereivka pertenecían a la cultura de Srednij-Stog, una cultura agrícola de la época de la cerámica con bandas alineadas que se dio en la segunda mitad del cuarto milenio antes de Cristo. Éstos mantenían también relaciones con habitantes de la región de los Urales-Altai, e incluso con China. Más interesante aún que los resultados obtenidos sobre el aprovechamiento de los "caballos de Dereivka" como monturas, son las conclusiones extraídas de los restos de esqueletos sobre el tamaño y forma de crecimiento de los mismos. De acuerdo con las investigaciones, dichos caballos eran de mayor talla que los caballos comunes en el Neolítico en Centroeuropa, aunque menores que los caballos salvajes en la misma región en el Mesolítico temprano. Sin embargo, hasta ahora no se ha podido estimar de forma clara si en el caso de los caballos de Dereivka se trataba de una forma salvaje o doméstica, o si eran alguna forma de transición intermedia en un estadio temprano de domesticación. El problema es designado por los especialistas con el término "problemática caballo salvaje-caballo doméstico en el Neolítico", cuyo representante fundamental sería el Tarpán *(Equus farus gmelini)*. Para unos el Tarpán es una forma salvaje, mientras que para otros éste sería el resultado de una cría controlada, es decir, un tipo primitivo de caballo doméstico. Ésta es una tesis defendida por los científicos que explican el origen de los caballos en "el Neolítico temprano en la región suiza mediante relaciones que no fueran de trueque con culturas europeas del este".

Todo lo dicho permite concluir que en Eurasia no hubo un único centro de domesticación del caballo durante el Neolítico, sino que hubo varios: las tundras y estepas siberiano-asiáticas, las estepas boscosas del sudeste europeo y la región del Danubio y Centroeuropa, todas ellas regiones situadas al norte de las colosales cadenas montañosas asiático-europeas de Kunlun-Pamir-Cáucaso.

Si hasta finales de la época de las glaciaciones fue el instinto de supervivencia lo que había determinado los grandes movimientos migratorios de las manadas de caballos, alrededor del 4000 a.C. esta circunstancia se vio alterada, cuando en el Neolítico los pueblos mongoles y kuschitas del norte y centro de Asia abandonaron su hábitat original, comenzando sus "migraciones de población" hacia el oeste y el sureste para toparse con los indogermanos. Estos últimos se habían visto obligados a su vez a marchar hacia Media, Armenia y el Próximo Oriente, y rechazaron a los mongoles hacia el sur. Tanto los mongoles como los indogermanos habían llevado consigo sus caballos, por lo que a partir de ese momento, el caballo entra de pleno en la historia de la humanidad.

Desde entonces los acontecimientos acaecidos a los seres humanos son sucesos vinculados a sus caballos, a la distribución de éstos y al proceso aún vigente de formación de nuevas razas. Los distintos tipos evolucionados en el curso de los siglos, diferentes en tamaño y forma, no pueden ser achacados únicamente a las continuadas influencias del suelo y del clima de los nuevos hábitats, sino también a su mejor alimentación, y a las mejores condiciones de mantenimiento debidas a unas medidas controladas y dirigidas a la cría de unos caballos mejor dotados.

Sobre la formación de las razas

El caballo domado y amansado fue durante muchos siglos únicamente un animal de tiro delante de las rejas y barras de tiro, de los arados o de carros simples, o bien tirando de carruajes militares. Como montura fue empleado claramente mucho más tarde, al resultar más sencillo tirar de un peso que llevarlo a cargas. Por supuesto que ello no excluye que algunos sirvieran tempranamente de montura a los seres humanos, pero a tal fin se emplearon antes burros, mulos y dromedarios. Homero menciona en su famosa *Ilíada* los carros de batalla empleados en la guerra de Troya (sobre el 1100 a.C.) y al caballo como objeto de culto (caballo de Troya), pero no describe el uso de los caballos como montura. Sin embargo, en otro pasaje de la *Ilíada,* Homero cita cómo Odiseo y su acompañante Diomedes se introdujeron en el campamento enemigo y huyeron al galope hasta su campamento griego con los caballos más hermosos del rey Rhesos. Un dibujo a base de incisiones en hueso datado del cuarto milenio a.C. muestra un jinete de la ciudad de Susa, en la babilónica Elam.

Los primeros testimonios se encuentran en los *Textos Sagrados* de los chinos (en los cuales ya se describe prolijamente al caballo entre los años 3000 y 2000 a.C.), en el libro del jefe de las caballerizas hititas Kikkuli sobre el "adiestramiento de caballos" (en torno al 1360 a.C.), en los escritos del hipólogo Cimón de Atenas (siglo VI a.C.) en el "oráculo del caballo", de cuya teoría de la equitación desgraciadamente sólo nos han llegado fragmentos, y en la obra de Jenofonte (450-354 a.C.) *Sobre la equitación.* Otra obra importante, *Arthacastra,* fue escrita en la India en la corte de Candraguptas entre los siglos III y IV a.C. por el Brahmán Kautilya, quien en un manual para funcionarios ya describe unas "Disposiciones para el cuidador de caballos", con indicaciones precisas concernientes a las cuadras, las raciones, la cría y el sustento de los caballos viejos.

Ya a mediados del cuarto milenio a.C. el emperador Fo-Hi reconoció la importancia del caballo y reguló su domesticación, es decir, su doma y empleo como montura y animal de tiro. Ya en tiempos de la dinastía Tschau se dictaron leyes sobre el mantenimiento de los caballos describiendo varios tipos de caballos: para gobernantes, nobles y para usos militares; como animales de tiro y trabajo; caballos para los correos del Emperador; para particulares y para carga. Marco Polo refiere cómo en la corte de Kublai-Khan (1270) en Pekín había caballerizas con 10.000 sementales y yeguas. Sobre todo en la dinastía Tang (618-907 d.C.) el caballo noble fue tenido en alta estima y existió un intenso comercio con los caballos persas. Éstos eran transportados a China a través de la vía marítima de Hurmuz (Ormuz), en el Golfo Pérsico, o por la ruta terrestre. También procedían de las estepas de Siberia, del Tíbet, de la cordillera de Altai y del Turkmenistán, y de todos los rincones del mundo antiguo. Éstos eran presentes o tributos de pueblos sometidos, eran apresados en campañas militares o, en ocasiones, también se daba su compra. En aquel tiempo eran muy apreciados los caballos de Ferghana, en el actual Uzbequistán, los "caballos celestiales que sudaban sangre", cuya belleza y resistencia les llevó a ser muy célebres y admirados. Aquellos antecesores del Akhal-Teké se distinguían por su tamaño, su cabeza expresiva, su cuerpo enjuto y sus fuertes extremidades. Pero sobre todo eran famosos por su resistencia. Los mejores caballos, llamados *qianlima* o "caballos de las mil millas", eran capaces de recorrer en un solo día unas 1.000 millas chinas (400 km). Pero los caballos no sólo eran objeto de comercio o de la codicia humana, sino que sobre todo eran destinados a la cría, que buscaba obtener animales para el fin deseado: la guerra o la caza, o incluso el juego de polo. Desde las campañas de los guerreros de Genghis Khan (1155-1227), que dejarían devastadas regiones enteras de China, saqueando las yeguadas imperiales entre las murallas mayor y menor, en China decayó la cría caballar. En el país ya entonces más poblado del mundo, se comenzaron a emplear para cultivar las tierras los rústicos asnos, mulas y búfalos de río como animales de tiro. La cría de los caballos que vivían en manadas semisalvajes quedó en manos de los tibetanos y mongoles. La influencia de las razas puras orientales entre aquellos caballos fue y sigue siendo determinante. Las estirpes de ponis chinos descienden en su totalidad del caballo de Przewalski y de sus descendientes domesticados.

Entre el 3500 y el 2500 a.C. otros pueblos mongoles alcanzaron el mar Amarillo y la India gracias a la superioridad de sus caballos. El encuentro con los mongoles invasores, cuya patria era conocida entre los habitantes de la India como "el país de los caballos", llevó a este animal hasta la India en torno al 2500 a.C. Media, Mesopotamia y la península Arábiga fueron otros destinos. El ímpetu de los mongoles hacia el oeste fue detenido en las llanuras de Turán por los pueblos indogermanos. Gracias a la superioridad de sus caballos los indogermanos lograron rechazar a los mongoles, avanzando a continuación ellos mismos hacia India, Media, Mesopotamia y Asia Menor, para finalmente establecerse en aquellos lugares. Con ellos llegaron las "razas enjutas" hacia la India, cuya afluencia aumentaría en los siglos posteriores. Ya en el primer milenio a.C., el caballo era muy admirado en la India, existiendo carreras de caballos y siendo común la equitación. En aquella época fueron introducidos sobre todo caballos procedentes del noroeste, de los actuales Afganistán y Turkmenistán. Como el escritor árabe Ibn-Batuta (siglo XIV) refiere, hasta el siglo XIV a.C. miles de caballos fueron comprados a los países de la Europa oriental y del Próximo Oriente y llevados a la India. Éstos eran obligados a marchar desde Arabia y Asia Menor, procedentes de las estepas de El Bósforo hasta Ormuz, y desde allí transportados hasta la India en *tawas*, embarcaciones planas para el transporte de caballos, en una dura ruta marítima de varias semanas de duración.

La primera selección controlada en virtud del uso del caballo (obtención de carne o leche, montura o animal de carga) determinó el posterior desarrollo de las distintas razas en la antigüedad. El caballo no sólo fue importante para la alimentación, sino también como arma en la lucha vital mantenida entre los distintos pueblos.

La necesidad de determinados tipos de caballos no pudo ser cubierta a largo plazo sólo mediante la selección de los mejores ejemplares de las manadas.

Jóvenes griegos con caballos (Atenas, 500 a.C.).

Así, y tras unos primeros pasos de "selección natural", se llegó al establecimiento de manadas de cría en zonas geográficas estratégicas en función de la forma y tipo de los caballos más adecuados. El acervo genético de las primeras razas primitivas se integraría más tarde en las razas culturales posteriores, permaneciendo en parte en las razas puras actuales. Entre las razas más destacadas de la antigüedad se cuentan los caballos persas, sobre todos los "corceles niseos" de las regiones montañosas de Media (actualmente Kermancha, Irán). A partir de obras de arte (esculturas, relieves, mosaicos) podemos hacernos una idea bastante adecuada de los caballos persas. Un relieve muestra a un rey en plena caza del león; su caballo es de raza noble, con cabeza enjuta, tronco grande y vistoso y extremidades con tendones bien señalados. En dicha obra, caballo y jinete se integran en una unidad en perfecta armonía.

En el siglo I a.C. la cría caballar había alcanzado una gran consideración y era practicada en todas las provincias de Persia con gran diligencia. Incluso se registraban las genealogías y se tenían en cuenta en la selección de la progenie.

Bajo el reinado de los reyes persas Darío I y Jerjes I, cuyo dominio en los siglos VI y V a.C. se extendía desde el Cáucaso y la India hasta Egipto y Asia Menor, llegaron los caballos persas a Grecia, extendiéndose desde allí su supremacía como caballos "orientales" sobre el resto de razas del mundo antiguo. Cuando en el 537 a.C. el rey Ciro permitió a los judíos abandonar su destierro babilonio y regresar a su patria, éstos no sólo llevaron consigo durante los 1.300 km de la larga travesía dromedarios, asnos y mulas, sino también "736 corceles", seguramente de raza persa. Según los historiadores Estrabón y Apsisto (siglo I a.C.), eran caballos de raza persa "todas las estirpes de caballos presentes en el Asia occidental y en Arabia, incluyendo los capadocios, armenios, partos" y los referidos como árabes por Opiano (200 a.C.), así como los procedentes de Bactria, considerados por las leyendas como "caballos celestiales".

Los griegos admiraron y rindieron culto al caballo, al cual le achacaban un origen divino. Según sus creencias Poseidón compitió contra Atenea por ganar el favor de los seres humanos, aportando Poseidón el caballo y Atenea el olivo. La mitología griega está plagada de episodios entre dioses, caballos y seres humanos.

De entre las razas equinas griegas de la antigüedad, las tesalias y las peloponesias fueron las de mayor fama. Con igual consideración contaron los caballos píos y atigrados de la vecina Traquia, según Homero (siglo VIII a.C.) y Virgilio (siglo I a.C.). Para los cronistas de la época la población de caballos griegos anterior a las guerras persas (siglo V a.C.) era algo exigua. Según se representa en vasijas pintadas de aquella época, se pueden reconocer las siguientes características raciales: "Pecho intensamente arqueado, cabeza enjuta con grandes ojos vivarachos, orejas despiertas y ollares móviles, cuello corto y macizo, espalda recta, dorso corto y corpulento, cola erguida con inserción baja, gráciles extremidades con tendones señalados, corvejones esbeltos y pequeños cascos".

Los griegos, buenos amantes de los caballos, prefirieron bien pronto a los caballos persas que a sus propias razas autóctonas, pues los persas no sólo eran más nobles y de mayor talla, sino que habían demostrado de forma abrumadora su superioridad en las admiradas carreras de caballos, las cuales constituían verdaderos exámenes sobre el rendimiento de los animales criados. Según el conde Georg Lehndorff, los reglamentos griegos sobre las carreras de caballos eran muy similares a los actuales. En los estadios también se erigían estatuas de los caballos y jinetes triunfadores. Como Pausanias refiere en el 170 a.C. en su *Descripción de Hellas*, los griegos, entusiastas de las carreras de caballos, no sólo establecieron yeguadas en Grecia para criar caballos más rápidos y resistentes, sino que también lo hicieron en las colonias griegas (sobre todo en Sicilia y Libia); ello permitió que la nobleza del caballo medo (corceles niseos) perdurara en algunas de las razas actuales. Con la expansión de griegos y romanos, y con las posteriores migraciones de pueblos indogermanos, los "caballos orientales" serían introducidos en Europa a lo largo de varios siglos.

Los romanos no eran un pueblo de jinetes, ni contaban con el entusiasmo por los caballos propio de los griegos. Su relación con el caballo fue más bien de naturaleza pragmática. En el centro del Imperio Romano, la actual Italia, existió un colorido mosaico que representaba todas las razas de caballos entonces conocidas. Según Opiano y Varro (siglo II a.C.), en las provincias romanas de Apulia y Etruria se daba la cría caballar, aunque estos autores no precisan mucho más. Sólo el historiador romano Livio (siglo I a.C.) refiere que los caballos apulios eran "numerosos y útiles", y que Aníbal habría capturado 4.000 jóvenes caballos en las Guerras Púnicas (entre los siglos III y II a.C.). En la antigua Roma el caballo era sobre todo un símbolo del estatus social, un signo de poder y de influencia, pero, salvo su papel en las carreras de caballos, no se apreciaba mucho más. Los romanos aún combatían entonces a pie en las guerras, y sólo los oficiales iban a caballo. Los animales de trabajo eran los bueyes, las mulas y los burros. Todo ello cambiaría con Julio César (100-44 a.C.), quien descubrió la importancia estratégica y táctica de la caballería en las guerras contra los galos. Según Vergil (70-19 a.C.), los caballos galos, "intrépidos y de raza, con cabeza esbelta, cuello orgulloso y espesas crines, pecho musculoso y dorso ancho", fueron llevados al Imperio para mejorar las razas autóctonas. Tam-

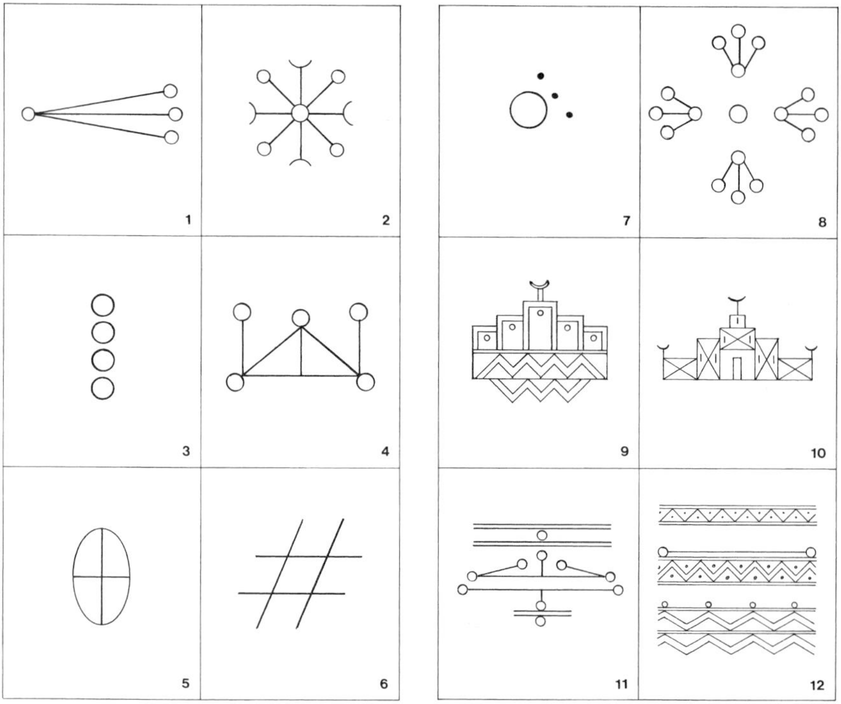

Hierros de los caballos egipcios más nobles.
1) en espalda y carrillos; 2) en los carrillos;
3) en corvejones y cola; 4) en el muslo; 5) en el pecho; 6) en el vientre;
7) en la región de la parótida; 8) en la espalda; 9) en las ancas; 10) en las ancas;
11) en pies delanteros o traseros; 12) brazalete en pies delanteros o traseros.

bién llegaron a Roma caballos del Oriente, de Libia y Numidia, de Grecia e Hispania, así como desde las estepas de Dnestr y Dnepr. La base de la caballería romana fue así mejorada en grandes remontas mediante la cría y el cruce con otras razas. La creciente importancia del caballo queda expresada en un proverbio romano de la época: "El camino hacia el prestigio y la autoridad pasa por el propio establo". En el continente africano se criaron caballos sobre todo en el norte, en Numidia, Libia y Egipto. Los númidas, un pueblo camita bereber, habitaban en la antigüedad en zonas de Argelia, Marruecos y Túnez. Eran reconocidos jinetes y excelentes criadores cuyos ejércitos a caballo habían salido triunfantes en las Guerras Púnicas. Sobre la cultura y vida de los númidas se sabe muy poco. La mayoría de las fuentes de aquella época mencionan los caballos númidas, muy apreciados por los romanos como caballos de carreras y para la guerra. Se trataba de caballos pequeños, esbeltos, activos, resistentes y veloces. Se citan de la época los caballos númidas o moros, los libios o cirenaicos y el nubio o Dongola. Todos estos caballos, berberiscos de distintos tipos, incluían algunos cercanos al tipo árabe.

En Egipto no hay constancia de la presencia del caballo hasta el segundo milenio a.C. Los jeroglíficos de los más antiguos monumentos egipcios no describen al caballo, aunque se sabe que ya estaban presentes en el 6000 a.C. otros animales domésticos (asnos, ovejas, vacas, cabras). En ninguna de las obras de arte de aquella época ha quedado representación alguna del uso del caballo como montura o como animal de tiro. Sólo con los faraones de la XVIII dinastía (1555-1355 a.C.) se encuentran ilustraciones de caballos. Tampoco Abraham, quien en torno al 1800 a.C. marchó desde Canaan hacia Egipto, llevó consigo caballo alguno.
Los caballos egipcios descienden de una raza llegada de Asia Menor en torno al 1700 a.C., y que fue introducida en Egipto por los invasores hicsos. No fue hasta la expulsión de éstos por Amosis I (1580-1555) cuando la cría caballar adquirió importancia en Egipto, llegando a su esplendor bajo la XIX y XX dinastías (aproximadamente entre el 1300 y 1000 a.C.). Fue Ramsés II quien más fomentó la cría caballar para que sus carros de batalla dispusieran de caballos de enganche, alcanzando así esta actividad una gran consideración. Según las representaciones de caballos de aquella época en frescos, frisos, monedas y obras de arte, en las yeguadas se criaban dos tipos de caballos: uno con cuello erguido y arqueado, tronco y extremidades esbeltas, del tipo oriental, y otra raza más pesada y tosca, empleada para tirar de los carros. Los días de esplendor de la caballería aún estaban por llegar, pues la equitación en Egipto aún era una actividad escasamente valorada, a lo sumo útil para las carreras de caballos y algunas otras manifestaciones deportivas. Posteriormente comenzó el cruce con estirpes de caballos bereberes procedentes de los países vecinos del norte de África, y con la expansión de los musulmanes con caballos de sangre "árabe".
Históricamente, el caballo árabe de los pueblos árabes y musulmanes ha tenido una importancia capital, teniendo según muchos especialistas antecesores niseos y libios y descendiendo de una raza berberisca. La gran era del caballo árabe se inició con Mahoma (570-632). Según Herodoto la montura árabe por excelencia era el dromedario, y sólo unos pocos árabes distinguidos poseían más de un caballo. Se cuenta que en el ejército de Mahoma durante la conquista de la Meca había unos 10.000 combatientes y tan sólo 200 caballos. A Mahoma se debe el reconocimiento de la importancia del caballo en la batalla, y la inculcación como deber religioso del aprecio y cuidado del caballo. Éstas constituyeron las bases necesarias para la cría del caballo árabe, la cual se desarrolló y consolidó con suma rapidez.
En España existía ya desde la antigüedad un caballo ibérico autóctono, el cual se distinguía de otras razas por su velocidad, resistencia, planta clara y una andadura especial con mucha acción de las rodillas. La raza ibérica se vio influida entre los siglos III y II a.C. por los caballos libios y númidas. Así surgió un tipo de caballo ligero, elegante, de tronco macizo, con mucha expresión e innegable parecido con el Berberisco original o "caballo morisco", el cual fue objeto de un lucrativo comercio por parte de los cartagineses, llegando a ornar su cabeza muchas monedas púnicas.
Los caballos ibéricos fueron considerados en la Roma de los siglos II y IV d.C. y entre los pueblos germánicos llegados a la Península como la mejor raza en el Imperio romano. La cría caballar

prosperó entonces construyéndose numerosos hipódromos. El increíble prestigio del caballo español rayaba el mito, llegándose a decir que las yeguas en España eran llevadas por el mismo viento.

Tras la derrota de Poitiers en el año 732, los musulmanes se establecieron en la península Ibérica con costumbres sedentarias y prosiguieron con sus actividades de cría en las remontas creadas desde su llegada en el año 711. Éstas fueron el origen de la fama internacional del caballo andaluz, que durante siglos influiría en la cría caballar de toda Europa. En los siglos siguientes hasta la expulsión definitiva de los musulmanes a finales del siglo XV, se desarrolló la raza de los caballos conocidos como "jinetes", un cruce de caballos andaluces con otros más pesados flamencos, frisones y daneses. Los caballos resultantes pronto fueron los más codiciados en toda Europa por su resistencia, facilidad de monta y velocidad. El nombre "jinete" procedía del estilo de monta "a la jineta" practicado en España, aprendido de los árabes y que permitía una mayor compenetración entre caballero y caballo. La influencia del caballo español en todas las razas equinas de cría ha seguido sin interrupción durante siglos. Razas de caballos como los Frederiksborg, Frisón, Oldenburgués, Trakehner, Napolitano, Kladruber, Lippizano, Connemara y las razas de Coach-Horse de Bayo de Cleveland y Yorkshire llevan sangre española. Bajo el reinado de Felipe II, España fue la patria de los mejores y más bellos caballos de Europa, a los cuales el erudito español Pascual Caracciolo rindió homenaje en su obra *Gloria del Cavallo*, editada en Venecia en 1556.

En Centroeuropa, donde el caballo no había servido durante mucho tiempo nada más que para obtener carne, no comenzó la cría organizada hasta el año 300 a.C. bajo la influencia de las razas locales euroasiáticas. Se formaron así tres grandes grupos raciales: el primitivo caballo estepario, el caballo oriental y el pesado caballo europeo (occidental) del tipo *Equus robustus*, todos fuertemente marcados por las estepas euroasiáticas, con las andaduras características básicas de la mayoría de los caballos. La alzada a la cruz de estos caballos estaba comprendida entre los 120 y 140 cm. El tipo y tamaño de los caballos estaba determinado en gran medida por las condiciones del medio y por la calidad de los pastos: en el sur de Centroeuropa eran mayores y más esbeltos y enjutos, y en el norte más pesados y robustos, ambos muy marcados por las características del medio. Así, la preferencia por un tipo u otro comenzó a convivir con la selección natural. Este primer proceso de formación de razas llevó por otros procesos de selección a la formación de un tipo equino, es decir, a la síntesis de estirpes autóctonas (por ejemplo, en Frisia, Hannover, Jutlandia, Prusia oriental, etc.), en función de propiedades físicas externas como el tamaño o el color de la capa y, en el transcurso de los siglos, mediante el cruce con razas mejoradoras con un claro objetivo de cría para la selección de dichas razas autóctonas.

La formación de las razas se vio estimulada en Europa Central por las guerras de conquista de los romanos, las migraciones de los pueblos germánicos y las invasiones de los Hunos entre los siglos I al VI d.C., así como por los ataques de los normandos entre los siglos VIII y XI, lo que llevó a una fusión y mezcla de razas.

Los caballos centroeuropeos han experimentado desde entonces cambios y mejoras en su conformación. Los caballos germánicos eran en su mayoría, a juicio de Julio César, Tácito y otros autores romanos, caballos pequeños de escasa belleza, aunque robustos y resistentes, casi todos en estado salvaje y presa de caza por parte de los pobladores locales. Además de éstos se criaban otras estirpes más nobles, de mayor tamaño y más fuertes, que durante mucho tiempo pasaron desapercibidas a los romanos.

En la región de los Alpes vivía en aquellos tiempos una estirpe de caballos pequeños y enjutos, poco apreciados por los romanos, con una alzada de unos 120 cm según refiere Estrabón, y en Frisia el caballo frisón, muy apreciado por Julio César, con una alzada de 150 cm.

Los romanos llevaron fundamentalmente consigo dos estirpes equinas a los territorios por ellos conquistados en Germania: el caballo tesalio, grande, orgulloso y con mucha acción, y el caballo de los jinetes provistos de armadura, un caballo profundo, ancho y pesado. Este último, criado de forma predominante en las provincias romanas de los Alpes (Noricum y Raetia), contribuyó a la formación de la raza autóctona del Noriker.

Hacia el 500 d.C. los caballos de sajones y turingios fueron los más célebres por su tamaño, belleza y velocidad. La cría caballar hizo entonces importantes avances. Tras la victoria del año 732 de Carlos Martell en Tours sobre los musulmanes, llegó a las caballerizas francesas la sangre noble y oriental de los caballos del ejército derrotado, la cual serviría para la mejora de las razas locales.

Pero fue sobre todo Carlomagno (747-814) quien fomentó la cría de una estirpe de caballos bien dotados, robustos y resistentes, fundando las remontas reales y monacales en las que no faltaron caballos árabes, españoles, italianos y orientales. Envió por todo el país sus sementales de cubrición o *emissari* y prohibió la exportación de sementales. En la yeguada de "equaritia", no sólo había caballos de caballería, sino también palafrenes y corceles trotones.

También Enrique I (919-936) fomentó la cría de un caballo pesado y de gran rendimiento. En los siglos posteriores, en los que el caballo sería el signo visible de los caballeros feudales libres y sus escuderos, y en los que se desarrollarían las Órdenes de caballería, el caballo de caballería alcanzó su máximo apogeo. Los robustos y fuertes "corceles de batalla", todos ellos sementales, eran criados sobe todo en las regiones costeras del mar del Norte y del Báltico. Muy apreciados entre todos eran los daneses, o jutlandeses, como también eran conocidos, un poderoso y robusto corcel para la batalla, al que se refiere el cantar de gesta medieval *Parzival*:

"No muy grande, aunque sí fuerte,
Sea el caballo que le sirva de montura,
Y que sin engaño posible de su fermosura,
A la brida desde Dinamarca sea llevado.
O hasta el mismo mar conducido".

A los mercados de caballos de aquella época en Aurich acudían compradores de todos los países para adquirir los apreciados caballos de Frisia oriental. La demanda de caballos para la caballería aumentó al extenderse los torneos y justas de caballeros, lo que llevó al establecimiento de numerosas yeguadas. En Württemberg, hacia el año 940 el duque Ludolf de Suabia fundó las famosas yeguadas *(Stutengarten)* que darían nombre a la ciudad alemana de Stuttgart.

El caballo de caballería no era de un tipo uniforme. Originariamente fue un caballo pesado de sangre caliente que con el paso del tiempo dio lugar a un tipo de sangre fría, sobre todo a causa de las pesadas armaduras que llevaban jinetes y caballos. Los sementales de batalla debían soportar cargas de 170-220 kg, incluyendo las armaduras de hierro y el peso del jinete, y además galopar con fuerza y empuje en la pista del torneo o en la lucha contra el enemigo. Se buscaban caballos con alzada entre 155 y 165 cm, con suficiente fuerza, resistencia, velocidad, agilidad y temperamento para poder derribar al adversario de su montura o bien superar el violento embate del enemigo. Se preferían animales de capa llamativa, especialmente los píos o los isabelinos, y con largas crines y cola, y cernejas abundantes, todos ellos considerados signos de la fuerza del caballo. Los caballos "castellanos" llegados de España, "de pecho ancho, cuello robusto y bien implantado, con largas crines y acción alta, con fuerte flexión de las rodillas", eran el modelo y esencia del caballo medieval de caballería.

Los sementales de batalla, no obstante, eran llevados de la mano por un escudero hasta el lugar de la justa o al campo de batalla, siendo montados en el mismo instante de la contienda. Hasta ese momento el caballero iba pertrechado con armadura ligera sobre su "palafrén" o caballo ligero de desfile de armas, mientras que su pesada armadura era transportada por un jamelgo. La monta del caballero, la silla y la pesada e incómoda armadura hacían imposible el trote; el galope durante un periodo

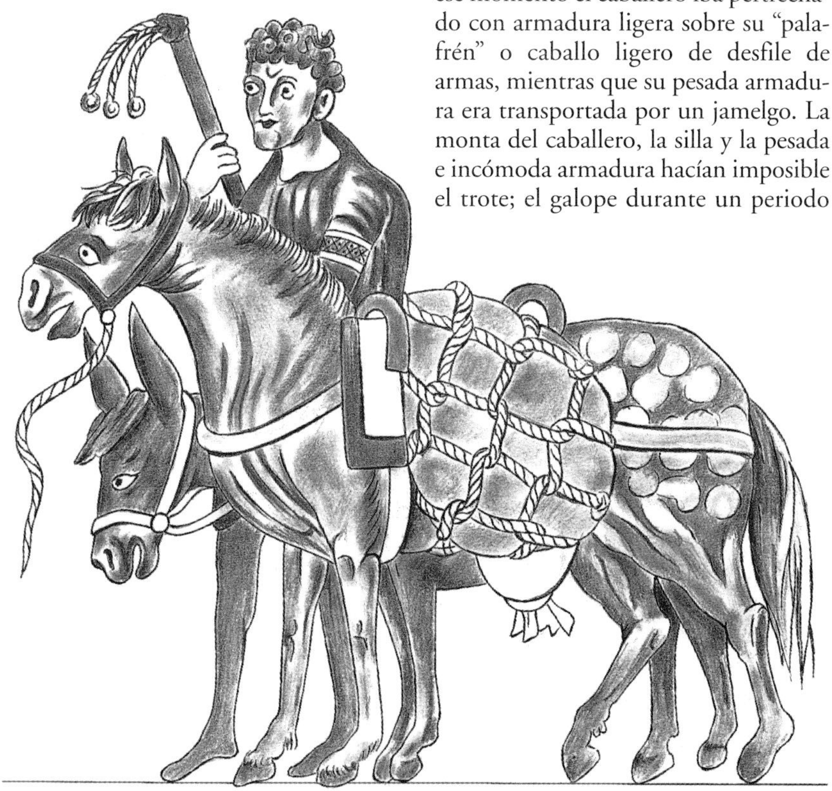

Arriero con caballo de carga y mulo (siglo XII, *Hortus deliciarum*).

Semental atigrado de Pinzgauer a finales del siglo XIX, según una pintura de Emil Volkert.

prolongado era demasiado extenuante para caballo y jinete, y el paso era demasido lento. Los palafrenes eran empleados como cómodos ambladores, y no sólo eran montados por las damas, sino también por reyes, príncipes y caballeros, quienes apreciaban su paso limpio. En un antiguo documento del siglo XIII se puede ver un sello que representa al rey Ottokar de Bohemia sobre un palafrén. Los caballos capones y las yeguas eran la montura de los religiosos, de las mujeres y de las gentes con menos poder.

A pesar de que ya Carlomagno había provisto a sus caballerizas de un gran número de caballos árabes, orientales e italianos, las cruzadas propiciaron el verdadero encuentro con el caballo árabe, hecho de influencia decisiva para la cría de los caballos europeos. Los cruzados que regresaban a su patria de origen llevaron consigo innumerables caballos nobles árabes y orientales que serían empleados en las yeguadas de toda Europa como mejoradores de las razas autóctonas. Todo príncipe o caballero cuidaba bien de tener en sus caballerizas sementales de cría árabes o turcos o, cuando menos, españoles o italianos.

De gran importancia en el siglo XIII fue la cría caballar en los territorios de la orden militar de Prusia, donde hasta entonces sólo se conocían los "Schweiken", primitiva raza en parte domesticada, en parte en estado salvaje. Como estos caballos eran demasiado pequeños y débiles como monturas de caballería, sólo se empleaban como caballos de viaje, de postas o de trabajo. Los caballeros de la orden de Prusia trajeron consigo sus caballos desde todas las regiones conocidas, quedando muchos de ellos en Prusia tras el final de las cruzadas. Así, en el año 1289 el duque Otto de Braunschweig donó a su regreso todos sus sementales a la orden. Con todos los caballos recibidos, la orden de Prusia fundó numerosas yeguadas por todo su territorio. Insterburg fue la yeguada más al este, y Tapiau la más importante. Cada yeguada disponía de su propio hierro y practicaba la cría con un claro objetivo de cría: nobleza, fuerza, empuje, agilidad, sobriedad o coraje. Así surgieron numerosas yeguadas privadas, de muchas de las cuales perdura un fuerte eco, como las de Gerdauen, Schlobitten, Wildenhof, Schlodien, Gilgenburg, etc. Los cruces entre los pesados caballos de la caballería y los autóctonos Schweiken estuvieron prohibidos hasta 1434. Aun así cabe suponer que los colonos y granjeros que habían llevado consigo caballos de Sajonia, Turingia o Hessen, los emplearían para cubrir sus propias necesidades de cría cruzándolos con la inferior raza local, sobre todo habida cuenta de que todo propietario de tierras debía pagar tributo "en caballos" a la orden de Prusia. Una situación especial en el territorio de la orden de Prusia se dio en Ermland, distrito asignado a la Iglesia, donde la cría caballar no fue regida por disposiciones militares sino económicas. Para su empleo en la agricultura, en las yeguadas en manos de la Iglesia se practicaban cruces controlados de sementales pesados con los Schweiken locales para obtener un caballo de trabajo pesado, ágil, vivo y frugal, cuyo tipo consolidado fue conocido como Ermlandés, y que como tal ha llegado hasta el presente.

El descubrimiento de la pólvora en el siglo XIV y la transición del sistema económico de trueque al capitalista llevaron en el siglo XVI a la decadencia de las órdenes de caballería y de este modo a la desaparición de los poderosos sementales de batalla. En 1539, el príncipe Jorge Alberto de Prusia ya no disponía en sus caballerizas de ningún caballo de calidad digno de uso en justas y torneos, a pesar de que aún había gran número de las pesadas yeguas de raza. Pero éstas no serían empleadas más para la cría de sementales de batalla, sino de pesados caballos de tiro. Algunos constituyeron, junto con sementales mejoradores árabes y orientales, la base para la cría de caballos más nobles y ágiles, cuya robusta constitución no siempre armonizaba con la noble cabeza. Sobre todo se cubrieron yeguas autóctonas con sementales de Andaluz y Napolitano para criar un caballo para el "carrusel" y las pistas de carreras, fenómeno que se vio decisivamente influido por los grandes maestros de la equitación del Renacimiento (siglos XIV-XVI), como fueron Grisone, Caracioli, Pignatelli y su "Escuela Italiana". Según Jähns, un francfortés refiere en el año 1584 la excesiva variedad de caballos en la Alemania de la época: "En el momento presente tenemos en servicio caballos españoles, sardos, frisones, flamencos, turcos, napolitanos, italianos, entre otros muchos, desconociéndose de qué país es originario cada caballo, pues casi todos han dejado una descendencia bastarda".

El conde imperial Fugger describe en 1577 en su libro *Sobre las yeguadas* la enorme influencia de los "corceles turcos", término empleado en sentido amplio: "Primero de todo fueron los de Astrakán, que también se cuentan entre los corceles turcos, pues nos llegaron a través de los turcos. Se trata de excelentes caballos, de los que ya no se encuentran en ningún país oriental. Pues la mayor parte proceden de Media, del enclave especial conocido como 'Campum Niseum'. Eso sí, nos llegan muy raramente y quien se haga con un caballo así, hará bien en cuidarlo como un tesoro. Por otra parte están los caballos árabes y armenios, ambos grandes caballos a su vez. En tercer lugar están los caballos moriscos, que procedentes de África y atravesando Italia, también llegan hasta nosotros. Estos caballos moros o berberiscos son asimismo corceles de gran valor".

En aquella época de transición de las razas naturales a las culturales, surgieron otras estirpes equinas más nobles, enjutas y ligeras, mediante el cruce de las pesadas estirpes locales con sementales mejoradores.

También en esta época sería alumbrado el pesado caballo de tiro, más tarde conocido como caballo de sangre fría. Su evolución fue curiosa, pues el uso del caballo como animal de tiro delante del carro o del arado no comenzó hasta finales del siglo XII. Hasta entonces se habían empleado los bueyes para dicho cometido. En el siglo XV proliferó el uso del caballo para funciones de tiro coincidiendo con el florecimiento del comercio. En la formación de la raza del caballo de sangre fría deben citarse primero de todo las tres razas autóctonas belgas: el caballo Flamenco, el Ardenés y el Brabantés, a partir de los cuales se desarrolló el actual tipo unitario del caballo belga de carga. Fugger cita los "corceles neerlandeses (frisos, güeldreses y belgas)". Pero en este recuento no podían quedar sin mencionar el Noriker (Pinzgauer) y el Danés (Jutlandés). También en Francia y en Inglaterra se desarrollaron razas de caballos de sangre fría como el Boulonés, el Percherón, el Clydasdale o el Shire.

En las guerras de los siglos XVII y XVIII la caballería fue un arma decisiva. La gran demanda de caballos llevó en el siglo XIX a la constitución en Alemania de territorios cerrados de cría de caballos de sangre caliente de las razas Pruso oriental, Hannoveriano, Holsteiner, Oldenburgués, Friso oriental, Württemberg y Zweibrücker. La cría de sangre caliente fue sostenida por el Estado

Antiguo carro alemán del año 1505, según un dibujo de Alberto Durero.

mediante la fundación de numerosas yeguadas, que con el establecimiento de estaciones de cubrición regionales y principales dejaron su huella en la cría caballar local y marcaron sus características razas.

Con la obtención del Pura sangre inglés en el siglo XVIII, mejorador insustituible de todas las razas de sangre caliente, se colocó la piedra angular para la cría de los caballos de rendimiento y de deporte actuales.

LA ERA DEL CABALLO

El caballo como protagonista de la Historia

La historia del caballo es también la historia de la caballería o de los guerreros a caballo. Los orígenes se remontan tiempo atrás hasta varios milenios antes de Cristo, cuando de los primeros nómadas a caballo se pasó a los pueblos de guerreros a caballo, los cuales determinarían la historia de Asia y Europa a lo largo de muchos siglos.

Los escitas, que en el primer milenio antes de Cristo habitaron los cinturones esteparios de más de 5.000 km que se extendían desde Hungría hasta el norte de China, eran un temido pueblo de jinetes. Su potencia y éxitos militares se debían principalmente a su destreza a lomos de sus caballos y a su incomparable fuerza de ataque. En sus caballos, del tipo robusto del poni primitivo, aún se podían reconocer los rasgos de sus ascendientes, los caballos salvajes. Y como prueban numerosos yacimientos en antiguas tumbas, dicho pueblo también conocía el uso de los carros tirados por caballos. En 1976 fueron hallados restos de un carro de madera en las excavaciones de la tumba de un príncipe. En otras cámaras funerarias no sólo aparecieron huesos de hombres y mujeres, sino también esqueletos de caballos. El helado suelo de dichas cámaras permitió además la conservación hasta nuestros días de sillas, arreos y arneses, ropas, objetos de madera y alhajas de oro.

Pero ya mucho antes de los jinetes a caballo escitas habían existido carros de batalla con espacio para dos o tres guerreros y tirados por entre dos y cuatro caballos, como atestiguan diferentes yacimientos de entre el cuarto y segundo milenio antes de Cristo. Los hititas irrumpieron desde el interior de Asia hasta Asia Menor con sus carros de batalla, su nueva y decisiva arma. Bajo el reinado de Labarna I (1590-1531 a.C.) los hititas extendieron su dominio hasta el Éufrates y hacia Siria. El caballo y su cría habían alcanzado un elevado rango de consideración. Los testimonios escritos más importantes son las indicaciones conservadas en tablillas de arcilla sobre el adiestramiento de caballos dictadas por Kikkuli, el jefe de las caballerizas reales, fundadas en torno al año 1360 a.C. para la mejora de la cría y el mantenimiento de los caballos del rey. Los caballos de los hititas tenían más tamaño, belleza y rendimiento que los mesopotámicos, vigorosos caballos con gran influencia del caballo de Przewalski, aunque algo inferiores a los primeros.

Jinete asirio de los tiempos de Assurbanipal (668-620 a.C.).

Connemaras en una feria estival en Clifden, Irlanda.

De cualidades completamente diferentes eran los caballos medos, empleados por el príncipe de Media Hammurabi (1728-1686 a.C.) para que tiraran de sus carros de batalla, con los que fundó su reino babilonio con su capital en Babilonia y con los que comenzó la marcha triunfal de los carros de batalla en la historia. Los caballos destacaban por su tamaño y su noble y armonioso exterior, y provenían de la región nisea, una fértil meseta en el noroeste montañoso de Irán. Dichos carros, por lo general cuádrigas o carros tirados por cuatro caballos, eran comparativamente más ligeros que otros tipos anteriores. Como aún no se conocía el uso de las correas y varas, los caballos tenían que tirar de la carga con el cuello. Esto explica también por qué en los relieves de la época los caballos de enganche siempre eran representados bien erguidos y con el cuello arqueado hacia delante (cuello de ciervo).

Los asirios lograron dominar Asia Menor, Mesopotamia y el Oriente Próximo y fundar un gran imperio bajo los reinados de Assurnasirpal II (883-859 a.C.), Salmanassar III (859-824 a.C.), Tiglatpileser III (745-727 a.C.) y Assurbanipal (669-630 a.C.). La importancia de los caballos y los carros de batalla ya había sido desentrañada. Posteriormente se mejoraría el poder destructor de los carros de batalla incorporando lanzas de carro y fijando puntas metálicas en forma de hoz en los cubos de las ruedas para romper las filas del ejército enemigo. Para disminuir las pérdidas de caballos en las batallas por las lanzas y flechas de los enemigos, éstos iban protegidos en el tronco con cotas y llevaban en la cabeza ornamentos protectores de metal.

Pero entre los asirios no sólo había florecido la estrategia militar, sino también la cultura y el arte. En sus descripciones en escritura cuneiforme se refieren muchos detalles sobre la vida pública y política en Asiria. En las numerosas imágenes conservadas, muchas de ellas de aproximadamente el año 700 a.C., los asirios son representados junto a sus caballos, en algunas cuidando de los caballos o llevándolos a los establos. El rey Assurbanipal II no sólo fomentó la cría caballar, sino que él mismo fue un excelente jinete que gustaba de montar "fogosos caballos". No sorprende, por tanto, que en el imperio asirio los jinetes y los guerreros a caballo adquirieran importancia, hasta el punto de desplazar a los carros de batalla. Habían llegado los tiempos de la caballería. La nueva técnica militar y el empleo de "formaciones combinadas" de carros de batalla, arqueros a caballo y guerreros a pie, permitían a los ejércitos asirios una mayor movilidad y superioridad sobre sus enemigos.

El mejor ejemplo de esta superioridad de los pueblos que empleaban caballos en la guerra fue el de hicsos y egipcios. A partir del año 1700 a.C., Egipto, hasta entonces ignorante del caballo, descubrió con crudeza la importancia de este animal al sufrir el ataque de los hicsos, los temidos jinetes montados del pueblo de los "reyes nómadas".

También fueron los egipcios los primeros en descubrir la importancia en la guerra de los carros tirados por caballos, técnica militar que de ellos aprenderían más tarde otros importantes pueblos de aquella época, como los asirios, los babilonios, los fenicios, los persas, los griegos o los judíos. Josué, en la conquista de Canaan, ordenó dar muerte a todos los caballos del enemigo y quemar todos sus carros de batalla (Josué 11). Más sensato, el rey David no hizo sacrificar a todos los caballos apresados al enemigo, sino que conservó para sí los mejores cien caballos de enganche (Samuel II, 8, 4). Ya el rey Salomón (970-931 a.C.), un apasionado de los caballos nobles, mantuvo un intenso comercio caballar con sus pueblos vecinos.

Entre los grandes pueblos de jinetes de la antigüedad, también debe citarse a los persas y a su rey Ciro (550-529 a.C.), quien tras la caída del imperio asirio fundó el gran reino de Persia, que se extendía desde el mar Egeo hasta la India. Ello no hubiera sido posible sin los caballos de la región de Media. El rey Darío I de Persia (521-485 a.C.) sólo llevó consigo a 10.000 jinetes a su campaña militar contra los griegos en la primera guerra persa. Según Herodoto, en la segunda guerra persa el ejército de Jerjes I (485-465 a.C.) debió de contar ya con unos 80.000 jinetes.

En su encuentro con los persas, los griegos descubrieron el valor de los caballos, pero aun así la caballería y los carros de tiro nunca llegaron a tener la importancia merecida, quedando relegados a ser una actividad propia de los aristócratas o para las competiciones. En los tiempos de Jenofonte (430-354 a.C.), las tropas a caballo de Atenas sólo contaban con 1.000 jinetes, aunque la equitación sí había alcanzado un gran desarrollo, como se describe en los escritos de Jenofonte *Sobre el arte ecuestre* y *El coronel a caballo.*

Alejandro Magno (336-323 a.C.), que recibió de su padre Felipe II de Macedonia una caballería bien adiestrada con gran capacidad ofensiva, acabó con el imperio persa. Aunque Felipe II fue un excelente jinete, Alejandro Magno le superó en audacia y destreza con los caballos, como parece atestiguar el episodio de la doma del bravo semental Bucéfalo. En una campaña militar sin igual, Alejandro sometió Asia Menor, Palestina y Egipto. Sólo la enfermedad y la muerte detuvieron en India su serie de victorias únicas, en las cuales su gran caballería tuvo un papel decisivo.

El mayor pueblo de jinetes del siglo III a.C. fue el de los bereberes del norte de África, renombrados criadores de caballos y jinetes que habitaron los territorios de la actual Argelia, y partes de Marruecos y Tunecia, unificados bajo el reino de Numidia por el jeque Massinana (en torno al 240 a.C.). El historiador romano Livio refiere cómo los númidas iban a la guerra montados sobre pequeños y enérgicos caballos sin bridas ni silla alguna. La intervención de los jinetes númidas en la batalla de Zama en el año 202 a.C. al lado de los romanos, decidió la batalla contra los cartagineses al mando de Aníbal (246-182 a.C).

Los romanos no habían mostrado hasta los tiempos de Julio César (100-44 a.C.) ningún interés especial por los caballos, a pesar de que éstos permitían enviar mensajes o abastecer a las legiones con gran rapidez. No sólo se empleaban caballos de carga, sino también de tiro para los carros, desde los sencillos de dos ruedas (*carrus*) que servían al ejército romano como carro de intendencia, hasta las elegantes carrozas de pompa y gala de los prefectos y emperadores. También se celebraban carreras de cuádrigas, el espectáculo favorito del Imperio.

La caballería romana, indispensable para poder mantener el Imperio, estaba constituida por tropas de pueblos aliados o sometidos. En las guerras galas (58-51 a.C.), Julio César descubriría y llegaría a apreciar el valor de los caballos galos y la destreza de sus jinetes. Según autores de aquel tiempo, los romanos tuvieron una especial predilección por los caballos importados de cabeza pequeña y porte orgulloso. En sus encuentros con los germanos, cuyos caballos eran considerados por los romanos como pequeños y carentes de belleza, aunque robustos y resistentes, César reconoció el valor estratégico de las formaciones cerradas de guerreros a caballo. Y para la protección personal de César se dispuso una guardia pretoriana de jinetes germanos. A pesar de que los romanos nunca fueron un pueblo típicamente interesado por los caballos, pronto reconocieron las ventajas de la caballería para mantener la seguridad en su imperio. Por dicho motivo la caballería romana procedió a mejorar su cabaña equina mediante la cría selectiva y el cruce con otras razas. Ello, junto con el poder y el derecho romanos, hizo que el caballo sirviera de vehículo de la cultura romana por todos los rincones del imperio.

Tampoco los germanos fueron un pueblo destacado en las artes ecuestres, aunque sí apreciaban y veneraban al caballo y sabían servirse de su fuerza y potencia. Tácito (50-116 d.C.) no se cansaba de alabar a los caballos germanos y el arte ecuestre de sus jinetes. En las grandes migraciones de población que sucedieron al ocaso del Imperio romano, los pueblos que más destacaron como criadores de caballos y como jinetes fueron los francos, los turingios y los frisios. Gracias a que los pueblos germanos con mayor destreza sobre el caballo dispusieron de caballos grandes y robustos, fue posible que éstos vencieran finalmente en Panonia a las hordas de jinetes hunos al mando de Atila (434-453 d.C.), que desde el Asia central se habían internado en Centroeuropa en el siglo IV d.C.

El caballo desempeñó un papel único en la historia de los pueblos árabes, entre los cuales el conocimiento y uso del caballo es bastante posterior al habido entre egipcios y judíos. Hasta los tiempos de Mahoma (570-632 d.C.) sólo se habían empleado dromedarios y asnos con fines militares y comerciales. Parece ser que en su marcha hacia la Meca, Mahoma sólo dispuso de tres caballos, aunque pronto comprendió la importancia bélica del caballo, empleando los preceptos de su religión para inculcar entre los árabes el deber de cuidar y criar caballos, algo que fue efectivo de inmediato, pues la caballería árabe fue un arma determinante en las guerras que los musulmanes libraron contra otros pueblos. Los ejércitos musulmanes invadieron España y llegaron hasta el sur de Francia en el siglo VIII d.C. gracias a sus caballos. Sólo la victoria de Carlos Martell (714-741) cerca de Tours y Poitiers (732) contuvo e hizo retroceder al ejército musulmán.

Dos siglos después, Otón I (912-973) vencería a los húngaros con su ejército a caballo en la batalla en Lechfeld (955), poniendo fin a las incursiones y pillajes de los húngaros en Alemania, Francia e Italia.

Con el Imperio Carolingio, hacen su entrada en la Historia los caballeros en el siglo VIII. Estos hombres eran buscados por los señores feudales por su carácter aguerrido, recibiendo a cambio de sus servicios un feudo que les permitiera alimentar a sus escuderos y caballos. Su deber más destacado era el de defender sus territorios y a sus gentes de los potenciales enemigos. Su poder y prestigio aún se vieron incrementados cuando la Cristiandad requirió de sus servicios en las cruzadas por Tierra Santa, combatiendo juntos contra los musulmanes caballeros de todos los países europeos. El esplendor de la caballería decayó cuando en el siglo XV el sistema económico pasó de un sistema feudal al sistema capitalista, permitiendo a los grandes señores prescindir de los nobles caballeros, al permitir la nueva economía, el reclutamiento de soldados a sueldo, que ofrecían sus servicios como mercenarios temporales sin otras exigencias. También el descubrimiento de la pólvora tuvo una gran importancia en este proceso, pues poco podían hacer los caballeros con sus pesados corceles de batalla contra las compactas huestes de los lansquenetes. Este proceso cambió en el siglo XVI al iniciarse la cría de caballos más nobles, ligeros, veloces y fáciles de montar. Gustavo Adolfo II de Suecia hizo eliminar las pesadas corazas de sus jinetes en la Guerra de los Treinta Años (1618-1648) y llevó a cabo una táctica de ataques cerrados. En los siglos siguientes y hasta finales del siglo XIX, la caballería fue el cuerpo militar más decisivo, cuya eficacia dependía, no obstante, del adiestramiento y aptitud de caballos y jinetes. La extraordinaria caballería de las tropas prusas de Federico el Grande alcanzó gran renombre. Hasta la Primera Guerra Mundial Alemania dispuso de guarniciones de 110 regimientos de caballería. El posterior ejército alemán de 100.000 hombres aún contaba con 18 regimientos de caballería, y a finales de la Segunda Guerra Mundial todavía quedaban seis divisiones de caballería en el ejército alemán. Y hasta el fin de dicha contienda ninguna potencia quiso renunciar a los servicios de sus caballos, pues eran buenos conocedores de la incondicional fidelidad con que los caballos de todos los tiempos han servido a sus jinetes.

“Sello de caballería” del rey Ricardo I.

El caballo en la historia de la cultura

La relación entre el caballo y el ser humano siempre ha tenido algo de especial. No sólo ha servido al hombre a lo largo de milenios como fuente de alimento o como aliado en la guerra y en la paz, sino que ha permitido y acompañado el progreso cultural humano. No sólo ha servido para el traslado de las personas de un lugar a otro, sino que también ha aliviado su espíritu y su alma, sirviendo asimismo de estímulo a la capacidad de ingenio del hombre para aprovechar la fuerza del caballo. Y siempre ha proporcionado y aún hoy sigue proporcionando al hombre entrega y deber, ocio y trabajo, fuerza productiva y temperamento.

Las pinturas rupestres de la edad de piedra son una buena prueba de ello. El ser humano apreciaba al caballo como presa salvaje, al tiempo que lo veneraba como animal de sacrificio. Todo lo que el ser humano no pudo expresar con el habla sobre el caballo,

Manadas de caballos en las estepas de Kazajistán.

lo transmitió en imágenes. En épocas posteriores el caballo tuvo un tratamiento especial en la mitología de los pueblos, perteneciendo a la esfera de lo divino. Del antiguo culto al caballo nos han quedado numerosos testimonios artísticos: desde las representaciones en relieves, imágenes en objetos de cerámica, tallas en piedra y metal de los caballos de la antigüedad y las representaciones de Donattelo o de Durero en el siglo XV de jinetes y caballos, hasta las obras más modernas de Jank, Liebermann o Marc en el siglo XX.

También literatos y poetas de todos los tiempos dejaron volar su imaginación cautivados por Pegaso, el caballo alado de los griegos, desde los mitos y leyendas, pasando por las obras de los grandes maestros de la equitación, como Jenofonte, Newcastle o Gueriniere, hasta las de Steinbrecht, Podhajsky o Seunig.

Si bien en las distintas manifestaciones de arte hay signos de una veneración al caballo mítico-religiosa (desde las pinturas rupestres prehistóricas y las representaciones de razas de caballos del pasado, hasta los actuales monumentos y estatuas ecuestres), no existen en la antigüedad representaciones de caballos delante del carro o del arado, pues este tipo de aprovechamiento no era común entonces. En la antigüedad el caballo era demasiado noble para tales fines, concepción que en los germanos llegó hasta la Edad Media, no estando permitido que los caballos realizaran los trabajos más penosos.

Por el contrario, el equipamiento del caballo, como son las bridas, brocados, riendas, silla y arneses especiales, pronto fueron objeto de una alta y sofisticada artesanía. Los arreos, carros y coches pasaron a ser importantes mercancías y objeto de un floreciente comercio. De las primeras protecciones de los cascos a base de calzados de fibras vegetales, cuero o metal, se pasó a los conocidos herrajes o herraduras actuales. Surgieron así oficios nuevos como los de talabarteros, silleros, carreteros y herradores de caballos, que han persistido hasta nuestros días y aún mantienen su prestigio.

La importancia creciente de las carrocerías para el transporte de mercancías y personas tuvo consecuencias sobre otras actividades, como fue la de la construcción de caminos y calzadas. Aunque los jinetes podían transitar por todas partes, la circulación rodada por las vías empedradas se transformó en una necesidad de progreso.

Los romanos habilitaron toda una red de calzadas y vías que se extendía por todo el imperio, con correos a caballo, postas de tiros y estaciones de relevo. También los germanos conocieron el uso de las calzadas. Muchas de aquellas carreteras con nombres como el de "vía de la sal", "vía del ámbar" o "vía del cobre", fueron importantes rutas comerciales de enlace entre poblaciones, yendo por ejemplo desde la costa del mar Báltico hasta Italia y sirviendo en la Edad Media como "caminos reales".

Los progresos en la construcción de carruajes y la mejora de las redes de calzadas y caminos permitieron a partir del siglo XVI poder disponer de tiros de más de dos caballos. En 1786, Goethe viajó a Italia y escribió a un amigo en Weimar: "Casi se podría decir que he volado sobre las montañas del Tirol. El postillón iba más deprisa de lo que yo mismo hubiera deseado". Con la culminación de la mejora de dichas vías desaparecerían los carruajes postales, pues como quedó escrito, "donde antes se dejaba escuchar la corneta de postillón, ahora resuena el pitido de la locomotora".

No sorprende, pues, que en los estados alemanes la cría caballar y el comercio de caballos floreciera en la época. Los nombres de las calles y tabernas de muchas ciudades alemanas dan testimonio de ello: "Mercado de los caballos", "Plaza de los corceles" o "Casa del alazán", son buenos ejemplos.

La influencia del caballo en todas las manifestaciones de la cultura humana es decisiva, y ha quedado constancia de ello incluso en expresiones como "meter espuelas a alguien" o en tratamientos de respeto como la palabra "caballero". La mayoría de dichos giros o modismos proceden de las justas y torneos medievales, los cuales fueron preservados en el uso por las universidades y academias ecuestres.

Según el concepto de formación humanística de los italianos del Renacimiento que tanto influiría en el resto de Europa, sólo una formación integral física y espiritual era completa. Ello implicó la enseñanza de la equitación en las universidades de toda Europa. Las universidades dispusieron instalaciones para la equitación y habilitaron puestos de maestros de equitación, con rango similar al de los profesores universitarios. No sólo se daban clases prácticas de equitación, sino que también se daban clases teóricas sobre la historia natural del caballo y el "Arte Ecuestre de Arzeney". Goethe, tras visitar al maestro de equitación Ayrer en Göttingen, dijo: "Aquí [en la pista de equitación], quizá de forma única en el mundo, la intencionada limitación de todo acto casual y el destierro de todo capricho del destino, se practica con todos los sentidos y con todo el ser. Hombres y animales se funden en uno solo, de tal suerte que no se puede decir a ciencia cierta quién está instruyendo a quién".

También en los siglos XVIII y XIX se siguió instruyendo la equitación a los hombres bien formados, fueran hombres de letras, oficiales del ejército, juristas o teólogos. Las academias de nobles que habían sido fundadas en el siglo XVII basadas en la idea del conde Johann de Nassau, sirvieron posteriormente para la educación de los estudiantes. Además de teología, jurisprudencia, matemáticas, filosofía, francés e italiano, también se daban clases de bailes de salón, esgrima y equitación. Y muchas de aquellas academias con el paso del tiempo se transformarían en universidades. No es de extrañar, por tanto, que en aquellos siglos floreciera la equitación como lo hizo.

Pero si el descubrimiento de la pólvora acabó con las órdenes medievales de caballería, el desarrollo de los motores terminó con la caballería moderna de los siglos XIX y XX. De igual modo los torneos deportivos actuales buscan y encuentran nuevas fórmulas y modalidades. Aún hoy caballos de razas poco conocidas viajan a diferentes partes del mundo y llegan a manos de todo tipo de personas, llevando consigo otras formas de comportamiento y de relación con el caballo. Todo ello permite afirmar que habló con buen tino aquel que primero predijo: "¡El caballo nos sobrevivirá!".

NOTA A LOS NOMBRES DE LAS RAZAS

Normalmente cada raza viene descrita por un solo nombre. Sin embargo, en algunos casos, se ha incluido más de un sinónimo de la raza, sobre todo en el caso de razas de otros países cuyo nombre original ha venido siendo traducido al español de forma tradicional, pero en las que el nombre original de la raza ayuda a evitar equívocos en su identificación o cuando el propio nombre original es de uso frecuente (por ejemplo, Caballo de paso norteamericano o North American Single Footing Horse).

En el texto también se encontrará alguna raza con dos nombres, separados por una barra (por ejemplo, Anglo-Kabardin / Anglo-Karachaev), lo que indica la descripción de dos razas muy emparentadas, a veces consideradas como una misma de forma errónea.

Razas de la A a la Z

ABTENAU

Características: Esta reducida versión del Noriker original, 5 cm inferior como promedio, resulta muy sugestiva por su conformación seca y armoniosa y sus firmes extremidades. Predominan los negros y alazanes, no permitiéndose los píos ni los atigrados. La alzada media es de 155 cm.

Distribución: Austria, con sus centros de cría en el estado federal de Salzburgo y el valle montañés de Abtenau.

Aptitudes: Temperamento tranquilo, sumiso, frugal y robusto, enérgico y trabajador, con andaduras correctas, sugestivas y garbosas, que han motivado que los buenos movimientos de un caballo quedaran sucintamente resumidos en el dicho local "anda como un Abtenau". Resulta muy adecuado para realizar trabajos en laderas montañosas y para el arrastre de troncos en montañas dado su paso seguro, su buena capacidad de maniobra y su marcado sentido del equilibrio.

Historia de cría: Esta raza, la de sangre fría de menor talla en la región de habla alemana, es una forma especial del Noriker. El número de yeguas de cría asciende actualmente a 100.

Su historia es la de la austríaca Noriker, y en especial la de la antigua Sociedad de Cría Caballar de Pinzgau N.º 6 Abtenau, que comprende el ámbito de Abtenau, Rigaus, Rüssbach y Russbachsegg. El número de yeguas en 1939 era de 178 recogidas en los libros de registro local y 4 en el libro de registro principal. El aislamiento del valle de montaña al pie de los Dolomitas salzburgueses ha preservado hasta hoy al tipo Abtenau de la raza Noriker, cuyas proporciones ya eran recogidas por el reglamento sobre el libro de registro de 1898. Además, los potros del "tipo Abtenau" han disfrutado en el pasado y aún en la actualidad de una buena salida económica en otras zonas de Austria.

ACHETTA (PONI SARDO)

Características: Pequeño y musculoso poni con inconfundible influencia oriental. Cabeza expresiva, cuello mediano bien implantado, espalda inclinada, tronco profundo y elegante línea superior. Extremidades enjutas y firmes con cascos duros. Alzada entre 120 y 140 cm.
Distribución: En la Giara de Gesturi, altiplanicie en el sur de la isla de Cerdeña.
Aptitudes: Vive en pequeñas manadas en estado libre y semisalvaje. Resistente, frugal, de paso seguro y temperamento enérgico. Antiguamente se empleaba como versátil poni de silla. Actualmente se utiliza sobre todo como poni de silla. Es muy resistente al trote.
Historia de cría: Estos ponis viven en las montañas de Cerdeña y se consideran descendientes de caballos que ya vivían en la isla desde hace siglos. No se trata de caballos salvajes, sino de animales asilvestrados. Los primeros caballos llegaron a la isla con los conquistadores númidas y cartagineses; más tarde llegarían los españoles, que colonizaron la isla durante 400 años y trajeron consigo sus propios caballos. El hábitat de la actual raza es la Giara, un enorme territorio de unos 50 km^2, cuya descarnada superficie está salpicada de canchales y cantos rodados. Los cerca de 600 ejemplares de poni sardo viven en pequeños grupos familiares y se alimentan fundamentalmente de plantas acuáticas, pudiendo pastar incluso bajo el nivel del agua y llegando a aguantar hasta 15 segundos con los ollares sumergidos. Una vez al año los caballos son apresados por sus propietarios originales. Antiguamente los potros eran marcados con el hierro, pero actualmente reciben cuidados veterinarios y los excedentes son vendidos a la administración regional.

Aegidienberger

Características: Este caballo mediano, con una alzada entre 140 y 150 cm, posee unas graciosas y elegantes andaduras. Su conformación armoniosa es sustentada por unas extremidades fuertes y enjutas. Destaca su capacidad para tomar el *tölt* (paso colado o quinta marcha), fijado genéticamente por la influencia en su sangre de caballos de cinco marchas. Los caballos de esta raza son afables, inteligentes, voluntariosos y se dan en todas las capas básicas.
Distribución: Esta joven raza (no reconocida oficialmente hasta 1994) ha alcanzado en Alemania, partiendo de la yeguada de Aegidienberg, la cifra de 350 ejemplares. Y hay una tendencia al alza, pues goza de mucha aceptación entre los aficionados a los caballos con andaduras especiales.
Aptitudes: Su inteligencia, disposición al rendimiento y su afabilidad, junto con su robustez, hacen de él un buen caballo manejable y para el ocio. Gracias a su extraordinaria seguridad en el *tölt*, es muy apreciado por los aficionados al deporte y a las exhibiciones.
Historia de cría: El Aegidienberger es el resultado de cruzamientos sistemáticos entre dos razas, el Islandés y el Paso Peruano, cuya característica común fue la fijación genética del tölt. La primera yegua de Aegidienberger fue inscrita en 1985 en el libro de registro de Renania. De este modo culminó con éxito el proceso de cría llevado a cabo por el criador de caballos islandeses W. Feldmann, con una "proporción en el cruce de 5/8 partes" de Islandés con Paso Peruano. El reconocimiento oficial de la nueva raza tuvo lugar en 1994 por parte de representantes de la 'Federación Hípica Alemana' y de las asociaciones de criadores alemanes. La raza es inscrita y matriculada en el libro de registro bajo la denominación 'Aegidienberger'.

AKHAL-TEKÉ

Características: Elegante perfil clásico y enjuto. Son típicos el brillo metálico de su pelaje sedoso y sus ralas crines. Cabeza fina y enjuta, grandes ojos expresivos y orejas móviles. Cuello largo bien erguido; espalda inclinada, dorso firme, y grupa ancha y poderosa. Extremidades enjutas con tendones y articulaciones bien marcados y cascos duros. Alzada entre 150 y 165 cm.
Distribución: Principales regiones de cría: Turkmenistán (yeguada de Machmut Kuli, antiguamente Komsomol, en Aschchabat), Kazajstán (yeguada de Lugovsk), Cáucaso (yeguadas de Tersk y Stavropol y algunas *sojvoses* de la Comunidad de Estados Independientes-C.E.I. [antigua URSS]), Irán (en el norte, en la región Maraveh Tepe), Europa (sobre todo en Alemania, Francia y Austria), EE.UU. y Canadá.
Aptitudes: Caballo ideal para grandes distancias por su extraordinaria fortaleza y resistencia. De igual condición que los Pura sangre como caballo de carreras. En las disciplinas de doma ha merecido varias medallas olímpicas. Apreciado como caballo de salto, de caza, y como caballo militar y de carreras.
Historia de cría: Estos descendientes de los "corceles niseos" fueron muy apreciados en la antigüedad por su belleza, fuerza y resistencia. El pueblo nómada de los Tekke le dio su nombre y ha mantenido la pureza de su raza mediante una cuidadosa selección. Con *Byerly Turk*, un semental fundador de los Pura sangre ingleses, adquirió influencia y prestigio. En Alemania, sucedió lo mismo con *Turcmain-Atti* (1791-1806) en el siglo XVIII. El semental *Boj-Nou* (1885-1908) es uno de los fundadores de la raza de la cría moderna. Los cruces con Pura sangre en el siglo XX para mejorar la velocidad en carrera pronto fueron abandonados.

ALBINO (AMERICAN CREAM AND WHITE)

Características: La cría se basa en el color de la capa, cuya única condición es un pelaje, crines y cola de un blanco puro o blanco-crema, y ojos castaños o azulado-castaños. El exterior varía tanto como lo permiten las diferentes razas admitidas. Lo único que se exige es que el caballo sea un típico representante de su raza original. Se diferencian dos tipos de albinos: del tipo del oeste (Quarter, Morgan o Árabe) y del tipo inglés (cruces con Saddlebred, Morgan, Árabe o Pura sangre inglés). Según la talla del caballo se distingue entre caballos albinos (144 a 162 cm de alzada) y ponis albinos (102 a 144 cm). El poni albino presenta un 50% de sangre de Poni Shetland o de Poni Galés.

Distribución: Estados Unidos. En otros países no existen poblaciones dignas de mención, con la excepción de Francia.

Aptitudes: La capacidad y rendimiento de los albinos difiere tanto como el de las distintas razas admitidas bajo esta denominación. El albino es interesante como caballo de circo, de exhibición o para una monta en grupo, y también es un elegante caballo de enganche.

Historia de cría: Los albinos proceden de la cría llevada a cabo en el Rancho White Horse en Nebraska, EE.UU. Ruth y Caleb Thompson emplearon para las cubriciones al semental *Old King* (nacido en 1906), quien llevaba en sus venas sangre de Morgan y de Árabe, era de pelaje blanco-lechoso y piel rosa, y tenía ojos castaños. Sus descendientes eran de piel blanco-lechosa o rosa pálido y ojos azules o castaños. En 1937 se estableció un programa de cría y se fundó la American Albino Association. En 1970 se abrió el registro de cría para la raza 'American Cream Horse' y desde entonces la cría se ha ampliado por la International American Albino Association.

Altai

Características: Pequeño caballo de montaña robusto, parecido al Mongol, aunque más enjuto, con una alzada de hasta 140 cm, 170 cm de profundidad de cincha y 19 cm de perímetro de caña. Cabeza algo vulgar de tamaño medio, con frente ancha, orejas despiertas y ojos vivos. Cuello corto y musculoso, espalda recta, tronco fuerte y profundo, dorso de longitud media, ligeramente arqueado, y grupa musculosa e inclinada. Miembros sólidos, con extremidades cortas y fuertes; ocasionalmente corvejones inclinados o estevados. Sobre todo tordos, alazanes, castaños y negros; también atigrados.

Distribución: En la cordillera de Altai, en la C.E.I.

Aptitudes: Caballo de carga y de silla, de paso seguro y cauteloso. Extremadamente resistente a las condiciones exteriores. Caballo de gran rendimiento, es capaz de transportar cargas de hasta 160 kg. Las yeguas empleadas para ordeño dan rendimientos de hasta 10 litros de leche al día.

Historia de cría: La cría del Altai cuenta con una historia de más de 2.500 años de antigüedad. En opinión de los zoólogos la raza tiene influencia no sólo del Mongol y del Kirguis, sino también de caballos persas y árabes. Las excavaciones arqueológicas apoyan estas afirmaciones, pues los esqueletos hallados procedían de grandes caballos.

La opinión mayoritaria de los zoólogos es que el gran Altai primitivo se tuvo que adaptar a las desfavorables condiciones locales de aquellas montañas con oscilaciones climatológicas extremas, lo que le habría llevado a reducir su tamaño original y adquirir gran resistencia. Para desarrollar una nueva raza con mayor rendimiento de carne se están llevando a cabo cruces de Altai con caballos lituanos, rusos y soviéticos de sangre fría.

ALTER-REAL

Características: Noble representante de una noble raza ibérica. Cabeza expresiva, ojos muy separados, ocasionalmente con hocico acarnerado. Cuello elegante con buena inserción. Pecho ancho, espalda bien formada, cruz poco marcada, dorso corto y grupa ligeramente caída. Extremidades fuertes y enjutas, con cascos duros. De crines abundantes, predominan los castaños, negros y alazanes; ocasionalmente tordos.
Alzada en torno a 155 cm.
Distribución: Portugal, con influencia creciente en el resto de Europa.
Aptitudes. Caballo fuerte, inteligente, brioso y resistente. De movimientos elegantes y llamativos con buena acción. Apto para el rejoneo, la Alta Escuela y para todas las disciplinas hípicas. En la Escuela Portuguesa de Arte Ecuestre, donde se practica y conserva la Alta Escuela clásica portuguesa, se adiestran sementales de Alter-Real.

Historia de cría: El Alter-Real recibe su nombre del rey Juan V, quien en 1748 fundó la yeguada real de Alter do Chao, en la provincia de Alentejo, con base andaluza. Ésta prosiguió su actividad bajo el reinado de su hijo José I. La cría buscaba caballos nobles para las caballerizas reales de Lisboa. En 1801 la raza fue seleccionada para la Alta Escuela. Napoleón diezmó los efectivos de esta raza al proveer a sus regimientos de caballos de esta raza, quedando dispersado el Alter-Real por medio mundo. Después se llegó a su desaparición casi total al intentar ser recuperada mediante cruces con Árabe, Pura sangre inglés y Hannoveriano. En 1941 sólo quedaban dos viejos sementales y una docena de yeguas de raza pura, cuando el doctor Ruy d'Andrade retomó la cría a partir de éstos y los de Pura raza española (P. R.E.). La yeguada real de Alter do Chao es hoy la nacional de Portugal.

Altmärkisch de sangre fría

Características: Agradable caballo de sangre fría de proporciones medias. Cabeza con rostro conspicuo, perfil recto y grandes ojos; cuello fuerte con buena inserción. Cuerpo musculoso, buena profundidad de pecho y flancos, espalda inclinada y larga grupa. Extremidades enjutas y correctas con cascos duros. Alzada entre 158 y 165 cm.
Distribución: Alemania, con su centro de cría principal en Sajonia-Anhalt.
Aptitudes: Caballo versátil, enérgico, con buen paso y buen trote; temperamento dócil y tranquilo.
Historia de cría: Los orígenes de la cría se remontan al siglo XIX. A partir de ejemplares de Shire, Brabantés, Percherón y varios intentos de cruce se llegó a la cría con base belga, convirtiéndose la región de Sajonia en uno de los tres grandes territorios de cría de caballos de sangre fría. En su desarrollo han influido la yeguada Kreuz de Halle (Saale) y sus competentes responsables. El aumento de la cría en la región de Sajonia se debe en buena medida a criadores como Werner Thiele, de Ringfurth, representante de la cría con base belga y fundador de la Asociación de Criadores de Sementales de Mahlwinkel. Algunas líneas sanguíneas significativas son las líneas *Jupiter, Gerfaut II, Jean I* o *Brin d'Or de Thiribut.* Algunos sementales importantes son *Albion II d'Haubrouge 1100* y *Gaulois du Monaceau 888.*
Pese a las revueltas de 1945, en Sajonia-Anhalt se mantuvo la cría de caballos de sangre fría. Actualmente y a partir de una población de 120 yeguas y 20 sementales, se fomenta la cría de un caballo medio-pesado de sangre fría. El objetivo es mantener el fenotipo característico de gran rendimiento intercambiando con otros criadores en relación a una cría consanguínea controlada y a la importación de sementales de Brabantés.

American saddlebred (Saddlebred horse, Caballo de silla americano)

Características: Animal de una belleza y elegancia impresionantes. Llaman la atención su fina cabeza de tamaño medio, con grandes ojos despiertos muy separados, el movimiento de las orejas, muy próximas entre sí, el fino hocico y los grandes ollares. Cuello largo, bien balanceado y erguido, con cruz bien marcada por encima de la altura de las ancas, y larga espalda inclinada bien conformada. El dorso, recto y fuerte, da paso a una grupa recta, con una cola de inserción elevada. Miembros bien musculados, con extremidades largas y finas, articulaciones enjutas, corvejones elásticos y buenos cascos. Alzada entre 152 y 162 cm. Se permiten todas las capas.
Distribución: América, con los principales centros de cría en Kentucky, Virginia, Missouri e Indiana.
Aptitudes: El Saddle no sólo es un hermoso caballo: también es enérgico, inteligente y confiado. Como caballo de exhibición destaca por sus acciones elevadas y enérgicas y su trote largo, así como por sus especiales marchas rápida y lenta *(Rack and Slow Gait)*. Sus aptitudes son extraordinarias en todas las demás disciplinas deportivas, en rodeos y en el deporte de enganche.
Historia de cría: De la unión de un Naraganset Pacer con un Pura sangre en la época colonial surgió ya por entonces el 'American Horse'. En 1776 fue registrado y se extendió por todos los estados norteamericanos. El hijo del Pura sangre *Denmark*, nacido en 1839, fue el semental que dio la impronta a la raza, a través de su hijo *Gaines Denmark* junto con *Bourbon King*, fundador de la línea *Chief*. Los estados del sur, sobre todo Kentucky y Misuri, han sido los más dedicados a la cría del Saddlebred. A finales del siglo XIX la raza ya estaba consolidada y gozaba de gran prestigio, por la resistencia y potencia en la Guerra de Secesión norteamericana.

ANGLO-ÁRABE

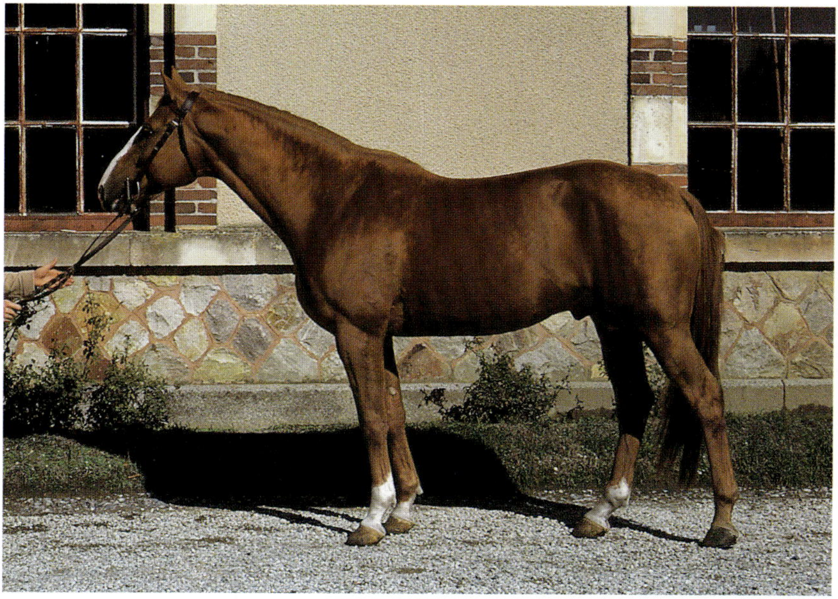

Características: Constituye la fusión perfecta del Pura raza árabe con el Pura sangre inglés, aunando los atractivos de ambas razas. Se distingue por un rostro expresivo, una línea superior elegante y armoniosa, con puntos sobresalientes como son una vertebración del cuello ideal, espalda poderosa, larga grupa y extremidades soberbias. Crines y cola finas y sedosas. Todas las capas, excepto albinos. Alzada entre 155 y 165 cm.
Distribución: Partiendo del suroeste de Francia (Limousin, llanura de Tarbes y valle del Adour) se ha extendido a todo el mundo, siendo muy apreciado como gran mejorador de otras razas.
Aptitudes: Caballo versátil, de gran rendimiento, que no sólo destaca en carreras y como caballo de enganche en todas las disciplinas deportivas ecuestres, sino que también es un apreciado mejorador, no sólo del Caballo de silla francés, sino también de algunas razas alemanas de sangre caliente (Hannoveriano, Holsteiner, Oldenburgués).
Historia de cría: Es el resultado de los cruces espontáneos iniciados en 1843 por los directores de la yeguada Pompadour, de Lespinats y Eugéne Gayot, con dos sementales árabes y tres yeguas de Pura sangre, que en 1852 fueron presentados al mundo de la cría caballar. Ya en 1880 la nueva raza fue registrada en el libro de registro. La cría se desarrolló hasta la Primera Guerra Mundial de forma continuada, estancándose tras la decadencia de la caballería. Este hecho favoreció el cambio de uso del Anglo-árabe como caballo de deporte y mejorador de otras razas. Los centros de cría principales son la yeguada principal y regional Pompadour y la yeguada nacional. El registro del Anglo-árabe se recoge desde 1965 en la Sección I del *Livre généalogique* de las razas francesas de silla.

ANGLO-KABARDIN/ANGLO-KARACHAEV

Características: Elegantes caballos útiles que apoyan sobre una amplia superficie de suelo. Cabeza de talla media, con perfil acarnerado, hermoso cuello de longitud media, bien musculado, con cruz marcada, espalda inclinada y fuerte, tronco poderoso y profundo, dorso recto relativamente corto, buena ensilladura, grupa ligeramente caída y cola de inserción baja. Miembros sólidos y enjutos, con tendones y articulaciones bien señalados y cascos duros y sanos. Crines y cola fina. Sobre todo castaños y castaño-oscuros. Alzada de unos 160 cm.

Distribución: En las repúblicas caucásicas de la C.E.I., en las yeguadas de Malokaratschajev y Malbinsk, entre otras.

Aptitudes: Caballos de deporte con gran potencia, tolerantes a las cargas, resistentes, versátiles, dotados y bien dispuestos. Muy adecuados para todas las disciplinas, sobre todo para grandes distancias. Carácter afable y equilibrado.

Historia de cría: Ambas razas están cercanamente emparentadas, pues la sangre del Karachaev también fluye en el Kabardin. Además, mediante el cruce con Pura sangre para mejorar ambas razas, tanto el Anglo-Kabardin como el Anglo-Karachaev se han llegado a asemejar tanto que en su territorio de cría son tomados por una única raza.

Tras 1945 el apreciado Kabardin fue cruzado con éxito con Pura sangre inglés para su mejora, llegándose a una proporción de hasta 3/4 partes de Pura sangre en el cruce resultante. Así se logró una raza más elegante, de mejor montura y más veloz, maximizando sus aptitudes como caballo de silla. Por dicha razón el Kabardin se emplea como mejorador en la cría caballar en la zona del Cáucaso. El Anglo-Kabardin sería así el Kabardin del siglo XX.

ANTIGUO OLDENBURGUÉS

Características: Este caballo es el más pesado y equilibrado de los caballos alemanes de sangre caliente. Tamaño medio-grande, exterior correcto y elegante, con buena espalda y cruz marcada. Buena profundidad de pecho, costillas y flancos profundos y redondeados, extremidades fuertes. Con articulaciones robustas y buenos cascos. Alzada de unos 165 cm.

Distribución: Alemania, con el centro principal de cría en Oldenburgo. En otros países europeos también se emplea como caballo de carruajes.

Aptitudes: Caballo con buen rendimiento, sano, frugal, longevo, de nervios templados y buen temperamento. Buena acción con paso largo y trote amplio. En 1930 los caballos capados *Didde* por *Dittmar*, nacido en 1924, y *Gerold* por *Gruson*, nacido en 1923, arrastraron una carga de 18.520 kg, 11 veces y media su propio peso.

Historia de cría: La cría del caballo regional frisón-oldenburgués en Oldenburgo está inseparablemente unida al conde Anton Günther. Los Oldenburgueses de enganche para carrozas fueron muy apreciados en las cortes de toda Europa. El empleo incontrolado de sementales napolitanos y españoles terminó en 1819 con la entrada en vigor de una legislación especial sobre la selección de reproductores. Con la cría pura comenzó una nueva época de esplendor para esta raza. La mecanización de la agricultura e industria posteriores a 1945 exigió la alteración del programa de cría para la obtención de caballos de deporte. Ésta fue iniciada por Ludwig Kathmann en 1952 con el empleo del Pura sangre *Adonis xx*, nacido en 1952. En 1989 se constituyó en Alemania con carácter oficial la Asociación de Criadores de Antiguo Oldenburgués.

ANTIGUO WÜRTEMBERG

Características: Elegante caballo con tronco corpulento, de talla mediana a grande. Cabeza de tamaño mediano-grande, enjuta, con ojos atentos y mirada afable, y cuello robusto bien arqueado. Cruz marcada, larga espalda inclinada, dorso de longitud media y buenos cuartos traseros. Extremidades firmes con cascos duros. Se dan capas de todos los colores básicos. Alzada entre 155 y 165 cm.

Distribución: Alemania, sobre todo Baden-Württemberg.

Aptitudes: Temperamento tranquilo, frugal, resistente, de aires amplios y con mucho brío. Originalmente era un caballo de sangre caliente de gran potencia, del tipo de trabajo, apto para usos agrícolas y para el ejército. Actualmente tiene especial interés como fiable caballo de silla y enganche.

Historia de cría: Su historia está relacionada con la pasión por los caballos del principado de Württemberg y las yeguadas de Marbach y Weil, aunque también con las condiciones geográficas y agrarias, hostiles a una cría para uso agrícola. El jefe regional de caballerías de las fincas del principado fijó como objetivo de cría un caballo de sangre caliente del tipo del Cob-Anglo-Normando. Desde 1872 hasta 1888 se importaron 30 sementales de Normadía para la cría local, estableciéndose así el tipo básico del Württemberg. Alrededor de 1900 se iniciaron experimentos de cruces con sementales de Pura sangre, Holsteiner y Oldenburgués, los cuales cesaron al cabo de unos pocos años, al obtenerse un hermoso y potente caballo autóctono que perdió interés en 1950, por lo que se modificó el programa de cría buscando un buen caballo de deporte. El Antiguo Württemberg estuvo al borde de la extinción hasta que en 1988 se creó en Marbach una asociación de criadores.

Appaloosa

Características: Llaman la atención el moteado de su capa (con seis patrones diferentes posibles), la irregular pigmentación de la piel en la zona del hocico (hocico de sapo), de los ojos y de los genitales, el iris contorneado de blanco (esclerótica) y las apreciadas franjas claras en los cascos. Pero también existen ejemplares con capa monocroma. El Appaloosa es una manifestación atlética y armoniosa, comenzando por su cabeza, siguiendo por su espalda de buenas proporciones y por el potente dorso, hasta llegar a los poderosos cuartos traseros, con correctas extremidades y cascos duros. También son llamativas las crines, escasas y ralas. Alzada entre 148 y 160 cm. En función de su uso se distinguen los tipos *Halter, Performance* y *Race*. Todas las capas, excepto los albinos e isabelas claros.
Distribución: Estados Unidos y Canadá; también México, Australia y Europa.
Aptitudes: Caballo resistente, inteligente y tranquilo. No sólo apto para todas las disciplinas americanas de rodeo, sino también para la doma, el salto y la caza, y para carreras en llano.
Historia de cría: Su patria de origen es el antiguo territorio de los indios Nez Perce en el río Palouse, en el noroeste de EE.UU. Fue criado por dichos indios, quienes dieron su nombre a la raza. Tras la expulsión de los caballos de sus territorios de cría a finales del siglo XIX, la raza llegó a estar al borde del exterminio. A comienzos del siglo XX, Claude J. Thompson reunió la población superviviente y en 1929 registró las primeras cinco yeguas (*Babe, Snowflake, Kentucky Girl, Marvel's Angel* y *Golden Girlie*). También se realizaron cruces con Quarter, Árabe y Pura sangre. En 1938 se fundó el Appaloosa Horse Club en Moscow (Idaho). Hoy día el Appaloosa es la tercera raza más numerosa del mundo.

ARA-APPALOOSA

Características: Se trata de un Appaloosa con inequívoca y marcada influencia árabe, que reúne la capa moteada, elegancia, cualidades, salud robusta, resistencia y rendimiento que les son propias a ambas razas.
Distribución: Estados Unidos.
Aptitudes: Buen carácter y temperamento equilibrado. Caballo para la familia y el ocio, para las distintas formas de monta y las diferentes disciplinas del deporte ecuestre.
Historia de cría: En el caso del Ara-appaloosa no se trata de ninguna raza nueva, sino más bien de un cruce efectivo o media sangre de Appaloosa y Árabe. Se podría hablar de una cría retroactiva: Ésta consistiría en el intento de pasar del Appaloosa a un tipo Quarter o Pura sangre, para a continuación volver a criar de nuevo el tipo original o Appaloosa puro, al cual le habrá quedado sangre de Árabe.
Por el arte pictórico de Oriente Medio y de Egipto sabemos que existieron Árabes muy llamativos, con coloridas capas de diversos tonos. También existe un cuadro de 1848 del pintor suizo Rudolf Friedrich Kurz que representa un Appaloosa del tipo árabe.
Claude Thompson, fundador en 1938 del Appaloosa Horse Club, recordaba haber visto hermosos ejemplares de Appaloosa de este tipo en su juventud y que después no volvió a ver más. Thompson estaba convencido de que sólo la adición de noble sangre árabe permitiría restaurar el tipo de Appaloosa original, por lo que admitió en su programa de cría el empleo de sementales de Árabe. Desde entonces existen varios linajes de Appaloosa con sangre árabe. El Ara-appaloosa y la Ara-appaloosa Society, fundada en 1985, son la culminación de dicho objetivo de criar un Appaloosa del tipo árabe.

ÁRABE

Características: Las características de la raza árabe incluirían una cabeza noble y enjuta, larga espalda, atractiva línea superior, extremidades fuertes y enjutas, con osamenta robusta y cierta talla, y alzada entre 150 y 160 cm, con la configuración típica de los caballos de silla. También con el encanto, brillo, nobleza y gracia propios de la sangre árabe. Destaca por su buen carácter, inteligencia y sobriedad, rápida recuperación tras el esfuerzo y longevidad. Se dan animales tordos, castaños, alazanes y negros.

Distribución: En su patria de origen, los Estados árabes, en Egipto, Turquía e Irán, y en el resto del mundo.

Aptitudes: Caballo resistente y duro hasta el límite de la capacidad, con un periodo rápido de recuperación. Ello hace de él un caballo óptimo para cabalgar largas distancias y un potente caballo de silla y enganche para el deporte y el tiempo libre.

Historia de cría: Su gran carencia es el conocimiento transparente de su ascendencia, pues el Árabe (A) acredita en su carta de origen un antecesor que, o no está autorizado para ser inscrito en un libro de registro, o cuyo origen no ha sido probado. En los considerados como Árabes predomina una mayor proporción de sangre árabe, siempre que sea demostrable que el animal proceda de su patria original. Los Árabes (A) criados por todo el mundo se han visto muy marcados por las condiciones locales ambientales y de mantenimiento, y presentan cierta variabilidad en tipo y envergadura. Un punto de conformidad entre todos sus criadores es no seguir una cría basada sólo en la belleza, sino en seleccionar animales nobles con buenas aptitudes. La cría sigue las estrictas pautas de registro en el libro de la Sociedad de Criadores del Caballo Árabe y de la World Arabian Horse Organization (WAHO).

ÁRABO-HAFLINGER

Características: Elegante caballo pequeño con típicos rasgos árabes. Cabeza corta y enjuta, perfil cóncavo y grandes ojos claros. Cuello bastante largo, bien insertado, con delgada cerviz. Espalda larga e inclinada, con buena musculación. Cruz larga y muy marcada en el dorso, tronco corpulento, pecho ancho y profundo, y grupa caída bien musculada. Miembros correctos y enjutos, con grandes articulaciones, corvejones de longitud media y cascos bien formados. Alazanes con crines claras. Alzada:138-148 cm.

Distribución: Alemania.

Aptitudes: Sobrio, de trato fácil, dinámico, imperturbable, sano, de buen carácter y temperamento equilibrado. Fiel caballo de silla y enganche, apto para niños y adultos, de andaduras básicas firmes, acompasadas, amplias y briosas.

Historia de cría: Las razas de partida del Árabo-Haflinger fueron el Haflinger y el Árabe, aunque en las tres primeras generaciones no debe darse un porcentaje mínimo inferior del 25% de la sangre de las razas de partida. La discusión en torno a la “sangre extranjera” árabe en el Haflinger fue el punto de partida de la existencia del Árabo-Haflinger como raza. Según los criadores del Haflinger de pura raza, quienes no admiten la presencia de sangre árabe en la raza original, dichos cruces no constituyen ningún Haflinger. La cuestión fundamental gira en torno a cómo mejorar las propiedades del Haflinger. Unos criadores defienden la cría de pura raza mediante selección, y otros son partidarios de añadir sangre árabe. Este último método de mejora de la raza con sangre árabe fue muy popular durante siglos, pues permitía una mejora de las aptitudes sin perder la conformación del tipo original. El libro de registro de esta raza es gestionado por la Asociación de Criadores del Caballo Alemán, con sede en Verden, en Alemania.

Ardenés

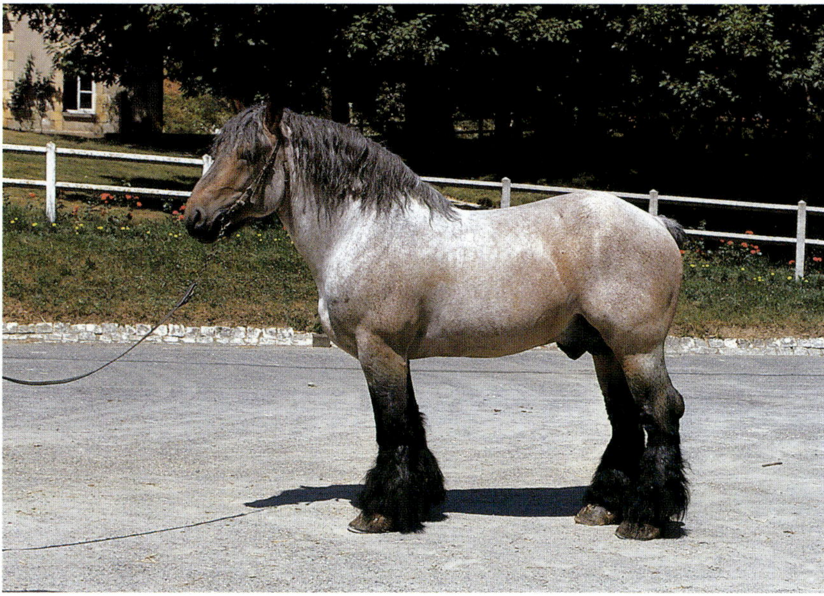

Características: Vistoso caballo de sangre fría y tamaño medio. Cabeza expresiva, grandes ojos despiertos y pequeñas orejas atentas. Cuello musculoso bien implantado en el tronco, espalda inclinada, cruz ancha, pecho amplio y profundo, dorso robusto y compacto y grupa caída. Extremidades correctas, cortas y con fuertes músculos, con articulaciones potentes y cascos anchos y sanos. Crines abundantes y cernejas bien patentes. Ruanos, castaños, bayos y más raramente alazanes. Alzada de unos 160 cm.

Distribución: Noreste de Francia, Bélgica, Luxemburgo y Suecia.

Aptitudes: El Ardenés es precoz, longevo, frugal, vivaracho y fiel. De paso claro y enérgico y buen trote. Tras siglos de emplearse como caballo de tiro, actualmente se aprovecha por su carne. También es apreciado en el tiempo libre como caballo de enganche y silla por su fuerza, robustez y versatilidad.

Historia de cría: Es una de las razas más antiguas de Francia, posible descendiente del caballo de Solutré (20.000 a.C.). Desde César, todos los emperadores romanos gustaron de emplearlo. En la Edad Media, a partir del caballo con entonces 140 cm de alzada, se buscó criar un Ardenés más grande y pesado. Entre los siglos XVII y XIX se emplearon ardeneses más ligeros para la caballería mejorados con sangre oriental. Napoléon I los empleó en la campaña militar de Rusia (1812) por su resistencia y capacidad para soportar el frío. En el siglo XX se volvió a buscar un tipo más pesado favorecido por la adición de sangre de sementales de Brabantés. Desde entonces se han vuelto a criar tipos más parecidos al original, más duros, enjutos y de tipo pesado-medio, con clara influencia árabe. En 1929 se abrió el libro de registro de esta raza, llevado por el Syndicat des Eléveurs du Cheval Ardennais en Malzeville, Francia.

ASIL ÁRABE

Características: Pura raza árabe con cabeza de lucio, ojos grandes y expresivos, orejas pequeñas, grandes ollares, hocico pequeño y cuello bien implantado. Dorso armonioso, extremidades firmes y enjutas con cascos pequeños y firmes. Hermoso pelaje y crines sedosas. Se pueden encontrar todas las capas básicas, frecuentemente tordos. Alzada entre 148 y 155 cm.

Distribución: La región principal de cría es el Oriente Próximo y la península Arábiga, dándose cierta distribución por todo el mundo.

Aptitudes: Resistente, fuerte, inteligente, sensible, fiel. De andaduras enérgicas y también elásticas. Especialmente bien dispuesto para competiciones de grandes distancias, aunque también tiene un buen rendimiento en la doma, las carreras o en disciplinas americanas, en donde llega a demostrar que belleza y buenas aptitudes son compatibles.

Historia de cría: Coincide inicialmente con la historia del Árabe, con la diferencia de que el Asil es el Pura raza árabe nacido y criado en un país árabe. El lugar de cría más importante de esta raza es la yeguada nacional de El Zaraah, en Egipto.

En lugar de Asil árabe se emplea cada vez menos el término "Árabe original". Ambas denominaciones subrayan que se trata de un caballo criado en el país de los beduinos, cuya ascendencia se remonta de forma ininterrumpida a los orígenes de la raza árabe. En todo el mundo hay unos 600.000 Árabes de pura raza, de los cuales unos 10.000 lo serían de Asil árabe.

En Alemania, donde los criadores se han asociado constituyendo el Asil Club y donde se estima que hay unos 600 ejemplares de Asil árabe, el objetivo de cría es la selección de fuertes caballos de alto rendimiento.

Australian Stockhorse

Características: Cabeza con rostro inteligente y despierto, frente ancha, ojos abiertos y ollares amplios. Cuello robusto y de buena longitud. Espalda inclinada, cruz bien marcada, pecho profundo, costillares bien arqueados, dorso fuerte de longitud media, cuartos traseros bien musculados. Extremidades correctas, enjutas y robustas con buena musculación y cascos regulares y duros. Hermosas crines. Todas las capas. Alzada entre 148 y 162 cm.
Distribución: Australia.
Aptitudes: Sobresaliente en todas las disciplinas de competición, *campdrafting*, pruebas de distancia y polo. Buen temperamento, resistente, con buenas andaduras fundamentales y aptitud para el salto.
Historia de cría: Se trata de la versión robusta de sus antecesores de pura raza. En 1788 llegaron en barco a Nueva Gales del Sur, en el este de Australia, los primeros caballos, Pura sangre ingleses y caballos "españoles", a los que siguieron más Pura sangre, Árabes y ponis de Timor y de montaña galeses. Todos ellos vigorosos y enérgicos que sobrevivieron a la travesía marítima y que luego se adaptaron a las duras condiciones de Australia. Sólo los tipos más robustos se dedicaron a la cría, a partir de los cuales surgió el tipo denominado "Waler", de Nueva Gales del Sur. Desde 1857, fueron empleados en la India como caballo de la caballería. En la guerra anglo-bóer y en la Primera Guerra Mundial los "Waler" alcanzaron prestigio mundial. En 1971 Alex Braid y Bert Griffith fundaron en Tamworth la Australian Stock Horse Society, estableciendo las bases para su admisión en el libro de registro abierto en 1974. Más del 50% provenían de Pura sangre, como el campeón del Derby *Hyperion*. Otros Australian Stockhorse destacados han sido *Cecil*, nacido en 1899 y *Radium*, nacido en 1918, fundadores de la línea *Cecil-Radium*.

Auxois

Características: Caballo de sangre fría del tipo del Ardenés, pero mayor que éste, con alzada entre 160 y 168 cm. Cabeza corta con frente ancha y pequeñas orejas móviles. Cuello corto y musculoso bien implantado, espalda inclinada, tronco macizo con cruz bien marcada, pecho ancho y mucha profundidad de cincha, dorso y lomo cortos y anchos, y grupa fuertemente musculada con cola de inserción baja. Extremidades muy robustas, cortas, claras y con músculos fuertes, articulaciones poderosas y cernejas escasas. Sobre todo castaños y ruanos; más escasamente alazanes y bayos.

Distribución: Francia.

Aptitudes: Resistente, robusto, manso, inalterable, y tranquilo; de paso amplio y elástico. Como caballo de tiro es muy apreciado en agricultura, para el turismo y como caballo de carne.

Historia de cría: Las fértiles tierras con ricos y abundantes pastos de Auxois en la Borgoña (Côte-d'Or, Yonne, Saône-et-Loire) dieron a esta raza el tamaño, la figura y el nombre. El Auxois es muy parecido al Ardenés. Es fruto de los cruces realizados en la yeguada nacional de Cluny entre yeguas autóctonas de la Borgoña y sementales de Ardenés, tras un aporte previo de sangre de Percherón y de Boulonés. Desde comienzos del siglo XX sólo se emplean sementales de Brabantés y Ardenés. La zona principal de cría es la Borgoña, en la región de la yeguada nacional de Cluny. Algunas áreas de la Côte-d'Or y de los departamentos de Yonne y de Saône-et-Loire también pertenecen a la zona de cría. En el año 1995 en la yeguada de Cluny todavía se contaba con 10 sementales de Auxois para su empleo en la estación de cubrición. La raza y el libro de registro abierto en 1913 son llevados y supervisados por el Syndicat du Cheval de Trait Auxois con sede en Dijon y por la yeguada nacional de Cluny.

AVELIGNESE

Características: Versión italiana del Haflinger. Se trata de un pequeño caballo robusto de montaña. Cabeza fina y expresiva, y cuello musculoso y bien implantado. Espalda bien dispuesta, cruz señalada, tronco con pecho ancho (perímetro pectoral de 175 cm), buena profundidad de cincha y costillares bien arqueados. Dorso corto y robusto, cuartos traseros poderosos con grupa musculosa, buenos apoyos con extremidades cortas (perímetro de caña: 18-22 cm), articulaciones robustas, cascos duros y ralas cernejas. Son típicas de la raza la capa rojiza y las crines y cola claras. Alzada de unos 140 cm.

Distribución: En las regiones montañosas de Italia. La región principal de cría son el Massicio del Sarentino y Val Venosta.

Aptitudes: Sobrio, robusto, longevo, de buen carácter y temperamento equilibrado. Caballo de montaña voluntarioso, fiel y de paso seguro adecuado para llevar cargas, para pasear y como caballo de tiro.

Historia de cría: Esta consolidada raza, con cierta proporción de sangre oriental, tiene la estampa del Haflinger y una base de cría común con esta raza a través de *El Bedhavi XXII.*

Desde el año 1922 se ocupan de su cría sistemática las asociaciones de criadores, las cámaras agrarias y el Istituto Incremento Ipicco de Ferrara. El momento más importante del año es el campeonato del caballo Avelignese que se celebra todos los años en Verona, en el cual el ganador es proclamado "caballo del año".

Bardigiano

Características: Claro caballo de montaña: robusto, de paso seguro y muy resistente. A pesar de su constitución compacta, es inconfundible su influencia oriental. Hermosa cabeza con perfil recto o ligeramente cóncavo, pequeñas orejas y grandes ojos expresivos. Cuello robusto y ligeramente arqueado, cruz medianamente alta, robusto tronco con pecho ancho y buena profundidad de cincha, dorso de longitud media y grupa marcada. Extremidades robustas con corvejones cortos y cascos duros. Espesas y negras crines y cola, tupé abundante y cernejas. Se prefieren los castaños y castaño-oscuros. Como marcas sólo se permiten una pequeña estrella en el rostro y extremidades semicalzadas. Alzada entre 135 y 149 cm.
Distribución: Italia, sobre todo en la provincia de Parma, en Bardi (que da nombre a la raza), en la Toscana, Liguria y Emilia Romagna.

Aptitudes: El Bardigiano es frugal, posee un buen carácter y es inteligente. Por las duras condiciones de su hábitat se adapta bien a climas adversos. Es muy apreciado como caballo de tiro y de silla en tareas agrícolas y cada vez más como caballo de paseo y para el tiempo libre.
Historia de cría: Las primeras noticias del Bardigiano datan de 1864, aunque ya existía una población homogénea de la raza desde varios siglos antes. Los caballos galos llegados con los pueblos procedentes del norte entre los siglos IV y VI d.C. debieron de ser el origen de su cría, en la cual entró más tarde sangre oriental. La raza pasó por un largo periodo de incertidumbre y desatención hasta que en 1977 se creó por orden ministerial un libro de registro. Desde entonces en la provincia de Parma una sociedad lleva libros de registro de yeguas y de sementales para gestionar y controlar el programa de cría.

BASKIR CURLEY

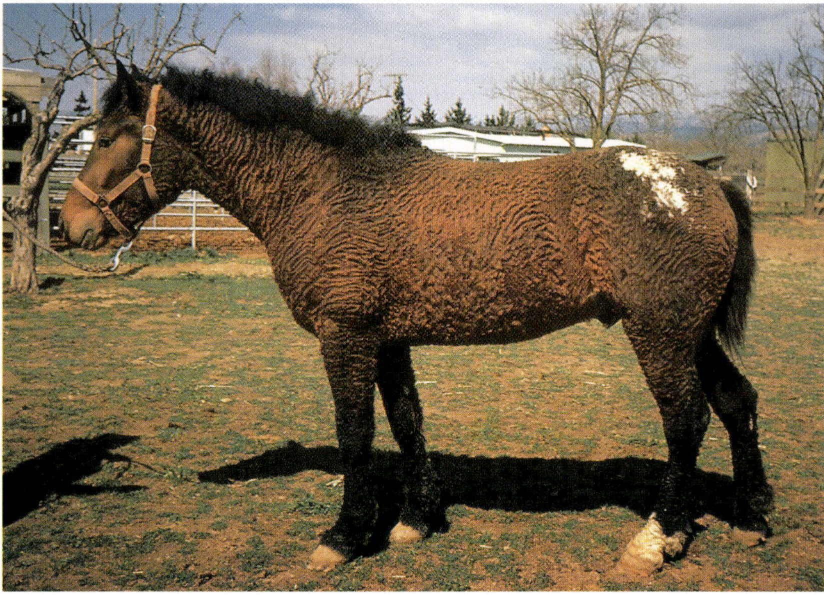

Características: Resulta característico el rizado de su pelaje durante todo el año. También es llamativo que en la muda anual también mude las crines e incluso a veces el pelo de la cola. Otro rasgo especial son las cebraduras en sus extremidades. La cabeza es de tamaño medio, con una frente ancha, maxilar superior alto, perfil recto y llamativos ojos rasgados. Cuello recto de inserción algo alta, tronco robusto y profundo con una línea dorsal elástica y grupa inclinada, y extremidades robustas con cascos muy duros. Predominan sobre todo los castaños, castaño-oscuros y alazanes. Alzada en torno a 148 cm.

Distribución: Estados Unidos, con la mayor cría en el estado de Nevada.

Aptitudes: Temperamento equilibrado y tranquilo, duro, resistente, sobrio, versátil y apto como caballo familiar.

Historia de cría: La raza surgió en el siglo XX. La población actual es de unos 2.000 caballos, cuyo origen es más que incierto. Lo único que se sabe es que los primeros ejemplares fueron vistos en 1898 por los granjeros Peter y Tom Damele, del rancho Peter-Hanson, durante un paseo a caballo por las montañas de Nevada. Ambos no cesaron hasta dar caza a los que consideraron “Mustangs de pelo rizado”. La “raza” recibió el nombre Baskir curley en recuerdo al caballo ruso Bashkir, cuyo pelaje se vuelve muy espeso y rizado. Pero su descendencia del Bashkir ruso está más que cuestionada por los zoólogos, pues hasta la llegada de los conquistadores españoles hacia 1500 no había caballos en América, y el antiguo puente entre Asia y Norteamérica, en el actual estrecho de Bering, no volvió a ser practicable desde las últimas glaciaciones. Algunos investigadores que podrían estar en lo cierto, apuntan a una mutación como una explicación plausible.

Basuto

Características: Poni de tamaño medio con alzada en torno a 145 cm, con fuertes rasgos orientales. Llamativa cabeza enjuta con perfil recto y quijada marcada, largo cuello con tendencia al cuello de ciervo, robustos cuartos delanteros y espalda recta. Es característico su rechoncho y robusto tronco con un dorso largo y apto para llevar cargas. Extremidades cortas y vigorosas con cascos duros y sanos. Sobre todo tordos, castaños, castaño-oscuros y alazanes.

Distribución: Sobre todo en el país de los Basutos (actualmente Lesoto) y en la República de Sudáfrica.

Aptitudes: Constitución inquebrantable al confluir en el Basuto un coraje excepcional y un buen carácter. Este poni de paso extraordinariamente firme presenta cinco marchas, con una predisposición natural al *tölt*, denominado *trippel* por los basutos. El paso es amplio, y el trote y el galope buenos. Poni muy resistente y adecuado como poni de silla, para la caza y para el polo, con especial disposición para cabalgar largas distancias por terrenos duros. En Lesoto también es empleado como caballo de carreras.

Historia de cría: A mediados del XVII llegaron a Sudáfrica los primeros caballos con marcada influencia oriental llevados por la Compañía Holandesa de las Indias Orientales. Más tarde llegarían también ejemplares de Pura sangre, Pura raza española y otras razas europeas, a partir de las cuales se desarrollaría el Caballo de El Cabo. Al país de los Basutos llegarían los primeros caballos tras ser obtenidos como salario, mediante trueque o en campañas bélicas, los cuales darían como resultado el desarrollo del Basuto en las ralas mesetas de Lesoto. Ya en 1870 la raza se había consolidado y era conocida en todo Sudáfrica. Gracias al apoyo del Gobierno ha sido posible preservar el tipo original del Basuto.

BELGA DE SANGRE CALIENTE

Características: Caballo de gran planta y conformación armoniosa, con una atractiva línea superior. Cabeza expresiva, cuello bien implantado, cruz marcada y espalda bien conformada. Tronco con mucha profundidad de cincha, dorso elástico con buena ensilladura, y enjutas extremidades robustas con articulaciones bien señaladas. Sobre todo castaños, castaños oscuros, alazanes y negros. Alzada de unos 165 cm.
Distribución: Bélgica y Europa occidental.
Aptitudes: Caballo de rendimiento con marchas básicas muy buenas, excepcionalmente dotado para el salto. Idóneo para disciplinas de alta competición.
Historia de cría: A pesar de disponer de una extraordinaria cría de caballos de sangre fría y de Pura sangre, Bélgica no contó hasta los años cincuenta con un programa de cría de sangre caliente digno de mención. La existencia de esta raza se debe al canónigo belga de Mey y al profesor luxemburgués Dr. Weyrich, quienes reconocieron la importancia de una cría de caballos autóctonos de sangre caliente con un objetivo de cría unificado. Las estirpes pesadas locales supusieron la base de cría, y como objetivo se eligió el tipo estándar del Hannoveriano. De este modo se importaron sementales procedentes de Hannover, Francia, Holstein y los Países Bajos, así como Pura sangre como mejoradores de la raza; se emplearon sementales tan importantes como el francés *Etretat* y los hannoverianos *Lugano* y *Flügel*. Los sementales franceses han tenido hasta el día de hoy la mayor influencia en la raza, con un 50% de todos los empleados. Una rigurosa selección contribuyó al éxito del Belga de sangre caliente. En 1955 se fundó una sociedad de cría, la Nationale Fokvereinigung Warmbloed Paard (NFWP).

Berberisco

Características: Caballo noble de líneas en armonía con pelaje denso y brillante. Cabeza enjuta con pequeñas orejas, ojos despiertos y perfil recto. Cuello robusto bien plantado, cruz marcada, espalda inclinada, dorso corto y robusto, grupa caída y cola con inserción baja. Extremidades robustas y enjutas con tendones y articulaciones marcados y cascos pequeños y duros. Pelaje de crines y cola abundante y ondulada. Predominan los tordos y los castaños. Alzada entre 148 y 160 cm.
Distribución: Argelia, Marruecos, Tunicia, Egipto y Libia. También en Europa y en todo el mundo.
Aptitudes: De rasgos inmejorables: sobrio, robusto, arrojado, fiel, veloz y longevo. De paso firme, trote ágil y galope resistente. También puede marchar marcando un entrepaso denominado *hetwahr* en los países del Magreb. Apto como caballo de polo y para el tiempo libre. Especialmente apto para pasear y largas distancias, y también como brioso caballo de enganche.
Historia de cría: Como representante de la raza más antigua del norte de África se ha visto sometido a modificaciones, aunque siempre fue un caballo codiciado y temido. Los númidas lo veneraban, los romanos lo temían y los moriscos llegaron montados sobre él al corazón de Europa en el siglo VIII d.C. La importancia y el aprecio por el berberisco crecieron en siglos posteriores. Newcastle y Pluvenil fueron admiradores suyos. Su sangre fluye en el Pura raza española, y *Godolphin Barb*, un Berberisco, fue uno de los sementales fundadores de los Pura sangre ingleses. Con el fin de mantener una raza pura, en 1988 los gobiernos de sus países de origen y Francia crearon una sociedad de cría, la Organitation Mondiale du Cheval Barbe (OMCB), que supervisa la cría pura y lleva libro de registro.

Bosnio de las montañas

Características: Caballo útil ideal, de conformación cuadrada, con marcados rasgos de poni. Cabeza algo pesada con frente ancha, perfil recto y grandes ojos despiertos. Cuello robusto de longitud media, pecho ancho, espalda inclinada bien conformada, tronco robusto y rechoncho, con dorso corto y recto y grupa caída con cola de inserción baja. Extremidades fuertes y vigorosas con pequeños cascos duros. Predominan los castaños, los castaños oscuros y los tordos, siendo más raros los negros y los alazanes. Crines y cola abundantes. Alzada entre 128 y 148 cm.

Distribución: Bosnia-Herzegovina, en otros estados balcánicos y en Alemania.

Aptitudes: Sólidas andaduras básicas. Caballo enérgico, de paso firme, resistente, con buen carácter, robusto, sano y longevo. Sobresaliente caballo para paseos y largas distancias, con aptitud para el salto y también para el enganche.

Historia de cría: Su origen se supone relacionado con las razas esteparias originarias de Asia occidental (Caballo de Przewalski, Tarpán) y las orientales. Hasta entrado el siglo XX fue el caballo de sangre fría de los agricultores montañeses de su patria original y un buen caballo de silla y de carga en los destacamentos militares de montaña. El cruce con Árabe para obtener un caballo más enjuto y de mayor talla amenazó acabar con el tipo original. La actual cría pura, cuyas directrices también son seguidas por los criadores alemanes, se basa en las líneas *Barut* y *Misko* de las yeguadas nacionales yugoslavas de Borik y Han Pijesak. Los criadores alemanes se han integrado en la Sociedad Internacional de Cría de Bosnio de las montañas, con sede en Düsseldorf. El libro de registro del Bosnio de las montañas es llevado en Oelde por el Equus International.

BOULONÉS

Características: Elegante caballo pesado de sangre fría con mucha nobleza. Cabeza noble con fino tupé, frente corta y enjuta, ojos y orejas vivos, y ollares abiertos. Cuello fuertemente musculado, línea superior del cuello bellamente arqueada y finas crines densas dobles. Pecho ancho con mucha profundidad, espalda robusta bien musculada, cruz suficientemente señalada, tronco con costillas bien arqueadas, dorso recto y potente grupa. Extremidades robustas y enjutas con articulaciones y cascos bien conformados. Cernejas ralas. Predominan los tordos. Respecto a la alzada se diferencian dos tipos: el Boulonés mayor, entre 160 y 170 cm y unos 700 kg de peso, y el menor o "Pescadero", entre 155 y 160 cm de alzada y sobre 550 kg de peso. Ambos tipos tienen un paso amplio, temperamento afable y vivo, gran resistencia, precocidad sexual y gran rendimiento.
Distribución: Sobre todo en Francia; centro de cría en Boulogne.

Aptitudes: Potente caballo de enganche y de tiro. El tipo más pequeño y más noble es apto para marchas al trote.
Historia de cría: En sus líneas sanguíneas se encuentran hasta el día de hoy sementales árabes. Su historia se remonta a los tiempos de Julio César, cuya caballería acampó en la zona de Boulogne y cuyos sementales orientales cubrieron a las yeguas indígenas. Después se empleó el Mecklemburgués para aportar más peso y el pura raza española para dar más tamaño. El Boulonés fue un apreciado caballo de la artillería en los ejércitos franceses por su temperamento. Hoy día la población de esta raza, muy apreciada para la mejora de otras, no es muy grande, explotándose fundamentalmente por su carne. En 1886 se abrió un libro de registro, el cual es llevado por el Syndicat des Eleveurs du Cheval Boulonnais, con sede en Wimereux, Francia.

Brabantés (Belga de sangre fría)

Características: Musculoso caballo de sangre fría de tamaño medio, cuya cabeza irradia nobleza. Cuello corto y ancho, cruz baja, tronco profundo bien conformado, pecho ancho, dorso corto y ancho y grupa caída con fuerte musculatura. Extremidades cortas y robustas con articulaciones anchas y bien marcadas, grandes cascos y cernejas. Crines gruesas y densas. Predominan los ruanos. Alzada entre 160 y 170 cm. Peso en torno a 1.000 kg.
Distribución: Bélgica, con la región principal de cría en Brabant.
Aptitudes: De carácter afable y temperamento tranquilo. Resistente, precoz, frugal, y con gran poder de tracción. Sus movimientos son vigorosos y ágiles, con amplio paso y trote llamativo. Óptimo para cargas pesadas y muy pesadas.
Historia de cría: El Brabantés, también conocido como Belga de sangre fría, 'Trait du Nord' o Belga, debe sus orígenes a un tipo de caballo robusto y activo de los tiempos de los romanos. A partir de aquél se desarrollaron las estirpes de Flamenco, Ardenés y Brabantés. La fusión de éstas se vio favorecida por la fundación en 1885 de una sociedad de cría caballar y la apertura en 1886 del correspondiente libro de registro. El nuevo tipo alcanzó un eco tan sonado dentro y fuera del país que comenzó a ser criado también en Alemania. Entre los años 1920 y 1930 el semental *Albion d'Hor* obtuvo un gran prestigio, traspasando su nobleza y capa ruana a sus descendientes, entre ellos a su hijo *Avenir d'Herse*, un Brabantés de estampa clásica. Pero el mejor semental de las últimas décadas ha sido *Costaud de Marche*. Aunque no hay yeguada nacional, la cría es apoyada por el estado belga. La cría y la llevanza del libro de registro están en manos de la Société Royale (S.R.) Le Cheval de Trait Belge, con sede en Bruselas.

Brandemburgués

Características: Caballo de sangre caliente noble, duro y de buena planta, del tipo y envergadura del Hannoveriano. Elegante cabeza enjuta con grandes ojos despiertos. Cuello bien implantado con la base delgada, cruz marcada y espalda inclinada bien musculadas, dorso elástico con buena ensilladura, grupa larga ligeramente inclinada con buena musculación y cola erguida con buena inserción. Extremidades correctas y enjutas con articulaciones bien dispuestas, corvejones correctos y cascos firmes de tamaño medio. Sobre todo castaños, alazanes, negros y tordos. Alzada de unos 165 cm.

Distribución: Alemania, Europa, Estados Unidos y Canadá.

Aptitudes: Movimientos elásticos y acompasados en todas las andaduras. Carácter afable, equilibrado y buen rendimiento. Versátil, apto para todas las disciplinas del deporte de silla y enganche, y para pasear en el tiempo libre.

Historia de cría: Su historia está vinculada a la yeguada Friedrich-Willhelm fundada en 1788 en Neustadt, al rey de Prusia Federico Guillermo II y al jefe de caballerizas del conde de Lindenau. Para obtener un noble caballo de silla, en 1789 se importaron sementales de España, Francia y de "Berbería" y 12 yeguas inglesas, a los cuales siguieron más tarde 11 sementales sirios y los sementales *Persianer* y *Turc Main Atty*. Condicionada por la historia de la yeguada, la cría de la raza prosiguió sin una base estable hasta que a mediados del siglo XIX se fijó como objetivo de cría "un caballo de silla noble". La yeguada fue disuelta en 1876 y reabierta en 1896. La sangre de caballos prusos orientales y hannoverianos, así como el restablecimiento de la cría tras 1945, contribuyeron a la consecución de un caballo de sangre caliente. El centro de cría es la yeguada principal de Neustadt/Dosse.

BRETÓN

Características: Este compacto caballo de sangre fría posee una cabeza mediana de forma rectangular con una frente ancha, ojos vivarachos, orejas pequeñas y perfil recto, a veces también convexo y amplios ollares. Cuello corto y robusto, ligeramente arqueado, cruz robusta, dorso corto, ancho y bien musculado, costillares bien arqueados y grupa ancha y partida. Extremidades robustas, enjutas y musculosas, con cascos duros bien formados. Existen tres tipos: el 'Petit Trait Breton', o "pequeño Bretón", del Macizo Central, con unos 152 cm de alzada y 700 kg de peso; el 'Trait Breton', o "Bretón de tiro", con una alzada entre 157 cm y 160 cm y 900-950 kg de peso; el 'Postier Breton' o "Bretón de postas", de alzada entre 157-160 cm y sólo 700 kg hasta un máximo de 900 kg, aunque de marchas muy nobles y elegantes. Sobre todo ruanos, alazanes, tordos y más raramente castaños; la cola se recorta.

Distribución: Francia (se cría sobre todo en Bretaña), Europa y ultramar.

Aptitudes: Caballo potente, vivo y también robusto, apto para el trabajo. Sobre todo el 'Postier Breton' posee unas marchas elegantes y briosas. También se llega a explotar como caballo de carne.

Historia de cría: Los antepasados de esta raza sirvieron de montura a los pueblos celtas de Bretaña. A la formación de la actual raza contribuyeron sementales y yeguas orientales, y ya en los siglos XIV y XV existían los tipos "Sommier" y "Roussin". En los siglos posteriores se cruzó con Boulonés, Ardenés y Percherón, y a finales del siglo XIX con Norfolk con gran éxito, obteniéndose el 'Postier Breton' como resultado. En 1930 se pusieron fin a los cruces y se procedió a practicar la cría en pureza. Los actuales centros de cría son las yeguadas nacionales de Lamballe y de Hennebont. El libro de registro de la raza fue abierto en 1909.

BRUMBY

Características: Poco uniforme. Su alzada oscila entre 130 y 150 cm. Predominan los ejemplares de planta cuadrada, con cabeza ordinaria, cuello corto y dorso robusto. Extremidades firmes y cascos duros. Hay dos tipos: el *Savannah* y el *Snowy Mountain.*

Distribución: En las Snowy Mountains (en el Parque Nacional Mount Kosciusko) y en las estepas de arbustos del interior y norte de Australia.

Aptitudes: Carácter tímido y desconfiado, resistente, sobrio y enérgico, de paso firme, veloz y ágil. Durante mucho tiempo fue diezmado sin piedad al competir con ovejas y vacas por los pastos. Se han creado áreas protegidas en el Parque Nacional, resultando arduo utilizar estos caballos como montura.

Historia de cría: No se trata de una raza sino de un tipo de caballo semisalvaje. El Brumby debe su existencia a la colonización de Australia en el siglo XVIII y al oficial de la Marina inglesa Philipp, quien en 1788 y en compañía de colonos y deportados, llevó a Australia (un continente sin caballos) un semental y tres yeguas. Posteriormente y durante la fiebre del oro de mediados del siglo XIX llegarían diferentes ponis (Highland, Galés, Batak, de Manipur y de Timor) y caballos (Árabe, Pura sangre, Persa, Berberisco y de El Cabo). Una vez pasada dicha fiebre del oro, los caballos que ya no se necesitaban fueron dejados "en libertad", volviendo a un estado semisalvaje. Otros caballos escapados de las granjas y los Waler soltados después de 1945 aportarían sangre nueva a las manadas ya existentes. Como los caballos salvajes crecieron en número y competían con el ganado por los pastos, comenzaron a ser abatidos sin piedad. Las protestas llevaron a la prohibición de su caza y a la creación de reservas especiales para el Brumby.

BUCKSKIN

Características: A pesar del pelaje bayo irregular característico de esta raza, este rasgo por sí solo no basta como prueba de pureza de raza, pues ya en el antiguo oeste el Buckskin era admirado por sus robustas extremidades, sus cascos duros como el hierro y su capacidad para transportar grandes cargas.
Su exterior y alzada son muy variables: desde un poni o pequeño caballo de silla hasta un tipo Quarter. El Buckskin no siempre es de un bayo uniforme, sino que también se dan distintos tonos (amarillentos a dorados con cabos y extremos negros, bayo rojizo o bayo grisáceo), raya de mulo e incluso cebraduras. Las manchas blancas no son deseables y sólo se permiten por debajo de las articulaciones carpianas y del corvejón.
Distribución: Estados Unidos.
Aptitudes: Resistente caballo de silla de extraordinaria fuerza, tenacidad y rendimiento.

Historia de cría: Sus orígenes se remontan, aunque no en línea directa, a antiguas razas. Lleva sangre del caballo castellano, de Mustang y de Quarter, así como de razas europeas de ponis, de Trotón Norfolk y del noruego poni de los fiordos, todas ellas razas entroncadas con el Tarpán. El libro de registro de esta raza es gestionado por la International Buckskin Horse Association, con sede en Shelby, Indiana.

BUDENNY

Características: Caballo de deporte de planta media con línea superior armoniosa. Noble cabeza enjuta con grandes ojos, orejas despiertas y perfil recto o cóncavo. Cuello bien formado, cruz bien marcada, espalda inclinada y bien musculada y mucha profundidad de cincha. Dorso recto con buena ensilladura, lomo musculoso y grupa inclinada. Extremidades enjutas con articulaciones y tendones bien marcados, cascos duros y crines finas y fuertes. Alzada en torno a 161 cm. Predominan los alazanes y bayos con brillo dorado.
Distribución: Rusia, con el centro principal de cría en las "estepas de los cosacos", entre el Don y el Cáucaso, y el mar Negro y el Caspio.
Aptitudes: Caballo robusto, resistente y vigoroso gracias a una estricta cría. Veloz y cómodo de cabalgar en todas sus andaduras. De buen temperamento. Caballo de gran rendimiento para todas las disciplinas hípicas clásicas y militares; apto también para carreras de obstáculos.
Historia de cría: El Budenny surgió del cruce de yeguas de las razas Don y Don-Chernomor con robustos sementales de Pura sangre, entre los que los sementales *Simpatjag*, *Swetz*, *Inferno* y *Kogat* ejercieron una gran influencia. El mariscal ruso Sergei Budenny, buscando criar un caballo duro para la caballería, comenzó su programa de cría en el siglo XX. La nueva raza se consolidó muy pronto con una estricta cría, siendo reconocida oficialmente en 1948 y denominándose 'Budenny'. La raza ha sido una de las más importantes de la antigua URSS. En 1951 se abrió el primer tomo del libro de registro de la raza pura. Los principales centros de cría son las yeguadas nacionales del sur de Rusia y la yeguada Ochkin en las cercanías de Moscú.

Caballo bávaro de sangre caliente

Características: Noble caballo de silla, corpulento y correcto, de movimientos briosos y amplios, de buen temperamento y carácter. Cabeza enjuta, expresiva, con ojos grandes y buena movilidad de la quijada. Cuello bien formado, espalda grande e inclinada, larga cruz prominente, dorso de longitud media bien musculado, suficiente profundidad de pecho y grupa larga y robusta, ligeramente caída. Extremidades bien conformadas, con articulaciones correctas de gran tamaño, corvejones de longitud media y cascos sanos y normales. La alzada no debe ser inferior a 158 cm. Se permiten todas las capas, excepto los píos; predomina la capa negra.

Distribución: Alemania, con la región principal de cría en Bavaria, y en países europeos vecinos.

Aptitudes: Apto para varios usos, dispuesto para el esfuerzo y de buen rendimiento. No sólo es adecuado para las disciplinas de doma, salto y pruebas mixtas, sino que gracias a su buen carácter también es un buen caballo para el ocio y la familia.

Historia de cría: Como caballo de silla alemán su cría se llevó a cabo a partir del famoso Rottaler, el cual desde mediados del siglo XVI fue criado de forma controlada. A estas estirpes de Rottaler se añadió en la década 1960-1970 sangre noble de Hannoveriano, Westfaliano, Trakehner y Pura sangre; entre ellos había sementales tan importantes como los Pura sangre *Niccolini, Manjara, Mordskerl* y *Nathusius*, el Anglo-árabe *Rasputin* por *Ramzes*, los Westfalianos obtenidos con base hannoveriana *Asco* por *Alpdruck* y *Durst* por *Ducker*, los Trakehner *Amor, Komet* y *Mahdi*, entre otros.

Tras la consolidación de la cría, en 1965 se introdujo y pasó a regularse la nueva denominación 'Bávaro de sangre caliente'. El centro principal es la yeguada federal y principal Schwaiganger, en Ohlstadt, Bavaria.

CABALLO BIELORRUSO DE SANGRE FRÍA

Características: Vistoso caballo de sangre fría de tamaño medio. Cabeza recta bien perfilada con frente ancha. Cuello robusto bien implantado, corto y musculado, cruz larga, espalda bien formada, tronco robusto con pecho ancho y profundo y buena profundidad de cincha (184 cm), dorso vigoroso (a veces algo hundido) con lomo recto y corto, y grupa musculosa bien formada. Extremidades firmes, enjutas y cortas, con perímetro de cañas de 21,5 cm y cascos sanos. Crines recias y tupé; cernejas ralas. Alzada entre 150 y 153 cm. Peso entre los 490 y 540 kg. Sobre todo castaños, castaños claros, alazanes y bayos.
Distribución: República de Bielorrusia y C.E.I. Centros de cría en las yeguadas bielorrusas de Zaraechye y Pobeda.
Aptitudes: Sobrio, buen carácter, resistente, fértil y longevo. Este caballo de sangre fría ágil y de tiro firme, con buen paso y trote, es empleado sobre todo en faenas agrícolas y forestales, así como para la obtención de carne y leche *(kumiss)*.
Historia de cría: Esta raza surgió sobre una base de "caballos forestales" autóctonos en el norte de Europa, los cuales fueron cruzados a principios del siglo XX con Døle (Gudbrandsdal), Ardenés, Brabantés y otras razas. El desarrollo de la raza se vio influido sobre todo por el Døle. Mediante una selección cuidadosa y cruces retroactivos se logró instaurar una cría pura.
En la raza así consolidada se distinguen dos tipos, el "medio-grande" y el "grande". Existen seis líneas, cuatro familias de yeguas y cerca de 30.000 caballos de raza pura, con una población total de casi 95.000 caballos. En el libro de registro hay inscritos 135 sementales y 616 yeguas de cría.

CABALLO BÓER DE EL CABO

Características: Caballo de sangre caliente de tamaño medio. Cabeza enjuta con perfil recto (no se permite una cabeza acarnerada ni un perfil cóncavo). Frente ancha, grandes ojos inteligentes, y cuello bien implantado de longitud media. Pecho ancho, tronco musculoso y bien arqueado, buena profundidad de cincha, dorso recto y corto, cuartos traseros bien musculados, cola de inserción alta y crines finas y abundantes. Extremidades enjutas con articulaciones marcadas y cascos sanos y bien formados. Todas las capas básicas, excepto albinos, píos y bayos. La alzada mínima permitida es de 142 cm y la máxima de 158 cm.
Distribución: República de Sudáfrica.
Aptitudes: Buen carácter y temperamento, sociable, adiestrable, de buen rendimiento, resistente, duro, grácil y brioso, con un movimiento de rotación muy elevado en su característica andadura denominada *trippel*, un tipo de ambladura. Apto como caballo de granja y cómodo caballo de silla.
Historia de cría: Conocido como Caballo bóer, desciende del Caballo de El Cabo, un caballo de la caballería obtenido de cruces entre caballos orientales, españoles y Pura sangre. Tras su exportación a lugares de todo el mundo y debido a la industrialización, casi se extinguió a partir de 1945. Desde 1948 se trató de recuperar la raza, muy marcada por el Saddle, y que durante algunos años fue identificada con aquél. Tras quedar fijado el estándar de cría, el libro de registro de la raza se cerró repetidas veces entre 1964 y 1981. En 1981 se creó la Boerperd Breeders Association. Como la raza seguía en 1993 estando demasiado marcada por el Saddle, a partir de 1994 se emplearon sólo sementales bien seleccionados para mejorar y afinar el tipo establecido, fijándose de nuevo el estándar y reconociéndose sólo los animales de cría contrastada.

Caballo checo de sangre caliente

Características: Vistoso caballo de sangre caliente de conformación rectangular con proporciones en armonía. Cabeza expresiva de tamaño medio, hermoso cuello erguido, espalda larga e inclinada, cruz señalada, dorso ancho de longitud media, tronco robusto con buena profundidad de cincha y grupa ancha y musculosa. Extremidades firmes y enjutas, con articulaciones bien marcadas y cascos sanos. Hermosas crines y cola. Todas las capas básicas; sobre todo castaños y alazanes. Alzada de aproximadamente unos 168 cm.

Distribución: República de Chequia.

Aptitudes: Caballo de silla y de deporte para todas las disciplinas, con sólidas andaduras básicas. Buen carácter y temperamento.

Historia de cría: La historia de esta raza de sangre caliente se remonta a la Casa de los Habsburgo. Tras la caída de la monarquía y el fuerte retroceso de la cría del Kladruber, el caballo checo de sangre caliente ganó en importancia al iniciarse en 1919 en Checoslovaquia la cría de un caballo útil.

En este proceso fue importante la contribución de la cría de medias sangre ingleses llevada a cabo en Kladrub, los cuales llevaban en sus venas la probada sangre austro-húngara de grandes sementales de Furioso, Przedswit, Gidran y Shagya. En las últimas décadas también se han empleado sementales de Hannoveriano y de Trakehner.

La cría de este vistoso caballo de sangre caliente tuvo que vencer desde el principio grandes dificultades políticas y económicas, especialmente durante el periodo del régimen comunista de economía dirigida. Actualmente también debe enfrentarse a la disminución de la demanda de caballos en toda Europa, a pesar de lo cual sería deseable que esta antigua y noble raza sobreviva para el futuro.

Caballo danés de sangre caliente

Características: Moderno caballo elegante de sangre caliente con formato rectangular. Cabeza noble, enjuta y de tamaño medio, con perfil recto, ojos expresivos y orejas móviles y despiertas. Cuello bien implantado, bellamente arqueado, cruz marcada, espalda inclinada y musculosa, tronco con costillares anchos, profundos y bien arqueados, dorso recto y buena ensilladura. Grupa musculosa y bien formada. Extremidades enjutas, robustas y correctas, con cascos sanos. Bellas crines y cola. Todas las capas básicas; sobre todo castaños, alazanes y castaños oscuros. Alzada de unos 165 cm.

Distribución: Dinamarca. La mayor yeguada privada es la Blue Horse Dressage, en Billund.

Aptitudes: Buen carácter y temperamento equilibrado. Andaduras básicas soberbias. Dotado para el salto y la doma.

Historia de cría: La base de cría de la joven raza está constituida por el Frederiksborg, raza que lleva sangre andaluza e italiana. A partir de 1945 empezó a requerirse un moderno caballo de deporte, por lo que los criadores daneses comenzaron a trabajar en una cría adaptada a la competición hípica moderna. Como mejoradores se emplearon sobre todo sementales de Holsteiner, Hannoveriano, Trakehner, Pura sangre inglés, Oldenburgués y caballos suecos y polacos con base pruso oriental-hannoveriana. La sociedad danesa de cría de sangre caliente se fundó en 1962. Entre los sementales que desarrollaron la raza destacan: *Allegro* por *Absatz-Ozean*, *Avanti* por *Ascari-Duenkel* y *Raimondo* por *Ramiro xx*. De esta raza danesa en el mundo de la cría y en el deporte destacan *Lucky Light* por *Lagano* y *Majbrit*, ganador en 1995 del campeonato mundial de cría en Zangersheide y que en 1993 fue declarado mejor caballo de competición en Dinamarca.

Caballo de Hesse de sangre caliente

Características: El moderno caballo de deporte de gran rendimiento y tamaño medio responde a los objetivos de cría del caballo de silla alemán. Caballo noble, correcto, de gran línea, con movimientos briosos y amplios y buen temperamento y carácter. Predominan los castaños, castaños oscuros, alazanes y negros. Alzada entre 160 y 170 cm.
Distribución: Alemania.
Aptitudes: Caballo de rendimiento, excelente para la silla, con buen paso y capacidad para el salto. Idóneo para actividades deportivas y de ocio.
Historia de cría: La cría caballar en Hesse tiene una historia de varios siglos, contando con yeguadas como las de Saburg, Beberbeck, Kassel, Darmstadt y Dillenburg. Éstas tuvieron su origen en las distintas casas nobles de la región, cumpliendo la función de proveer a las caballerizas de caballos de silla y de tiro para los carruajes y mejorar la cría caballar estatal. En la cría local se emplearon sementales nobles y de la mejor sangre de Árabe, P.R.E., Mecklemburgués, Oldenburgués, Holsteiner, Brandenburgués, Pommer, Hannoveriano y Pura sangre, para cubrir las diferentes necesidades de cría. Eso sí, poniéndose énfasis en la cría de sangre fría y caliente sirviéndose de la estructura corporal del caballo hessiano. Como en el caso de todas las demás estaciones alemanas de cría caballar, tras la última guerra mundial hubo que modificar los programas de cría. Como mejoradores se emplearon Pura sangre, Trakehner, Oldenburgueses y Hannoverianos. Se planteó así el problema de unificar el tipo moderno de caballo de Hesse para criar con: *Lotse* (Hannover), *Thor* (Trakehn.), *Adonis xx* y *Furioso's Sohn* (Oldemb). El pilar de la cría de la raza ha sido la Sociedad de Cría Caballar de Hesse, con sus instalaciones centrales en Alsfeld.

Caballo de Kinsky

Características: Llama la atención su pelaje isabela o bayo de brillo dorado con sus crines y cola como la plata o el charol. Su exterior es propio de un buen caballo de caza: de gran planta con elegante línea superior, constitución robusta con buena profundidad de cincha, espalda sin defectos, cuartos traseros bien musculados y extremidades firmes y enjutas. Alzada de unos 165 cm.
Distribución: República Checa.
Aptitudes: Versátil caballo de silla y enganche, buen carácter, monta cómoda, buenas andaduras básicas y capacidad de salto.
Historia de cría: El nombre de la raza se debe al conde Kinsky, miembro de una antigua casa noble de Bohemia, que desde 1574 mostró una gran predilección por la cría de animales de Chlumec, cerca de Pardubitz y Kladrub. Los caballos bayos de crines blancas ya estaban presentes en el siglo XVIII y fueron la base de cría a partir de caballos hispano-andaluces y napolitanos. Un cuadro de Hamilton de aquella época muestra a la condesa Teresina Kinsky montada sobre un caballo pío-bayo. Se supone que el fundador del linaje Lipizzano-Favory, un semental bayo, se reprodujo en Chlumec transmitiendo su pelaje bayo. El comienzo de la cría de caballos bayos fue el rechazo a la inscripción de la yegua baya de crines blancas *Themby II*, por *Whisker* y *Themby*, en el libro general de registro. De la unión de *Themby II* con el semental alazán de Pura sangre *Prince Djalma* nació *Caesar*, de crines blancas y fundador del tronco de caballos bayos de Chlumec, abriéndose el primer libro de registro de esta raza en 1838. Todos los caballos de cría de Chlumec han resultado dignos caballos de silla, de tiro en carruajes de cuatro caballos, en la caza de montería, en las carreras y en el polo.

Caballo de la Selva Negra de sangre fría

Características: Este caballo, también conocido como "Alazán de la Selva Negra", tiene una típica capa alazán oscuro con crines y cola claras. Cabeza corta, señalada y enjuta, con ojos expresivos. Cuello robusto bien implantado, espalda inclinada y grupa ancha, fuertemente musculada. Extremidades enjutas y correctas con claras articulaciones y cascos duros. Alzada entre 148 y 160 cm.
Distribución: En Alemania, en Baden-Württemberg y Bavaria.
Aptitudes: Sobrio, fértil y longevo. Buen carácter, enérgico y de tiro firme; movimientos amplios y briosos.
Historia de cría: Esta raza está influida por las condiciones de la Alta Selva Negra. En el siglo XVIII tuvieron gran influencia las caballerizas de los monasterios de la región, a través de las cuales entró sangre de Pinzgauer en la estirpe que vivía en los bosques y que había sido criada por los mismos campesinos desde la Edad Media. A partir de 1896 y con la creación de la Sociedad Cooperativa de Cría del Caballo de la Selva Negra, se dio una selección estricta de éstos, hasta entonces poco vistosos caballos, aunque se conservó la base autóctona para poder criar animales de sangre fría poco pesados con osamenta robusta, marchas amplias, así como también músculos, tendones y articulaciones bien desarrollados. El Estado se encargó de aportar sementales procedentes de las Ardenas, de Renania y del Bajo Baden, y pronto se obtuvieron resultados satisfactorios. Algunos sementales destacados empleados a partir de 1895 fueron *Hirschle* (alazán entrepelado nacido en 1888 en St. Märgen), *Coquet* (Ardenés original nacido en 1894), *Lux* (renano de tipo Ardenés nacido en 1902) y *Marquis* (nacido en 1896 en el Bajo Baden); este último transmitió su genotipo a su descendencia y fundó numerosas líneas de sementales y familias de yeguas.

Caballo de las Montañas Rocosas

Características: Caballo bien proporcionado, de talla media y con el tipo del Mustang original. La cabeza es fina y enjuta y tiene el rostro despierto. Cuello bien formado, cruz baja, tronco nervudo y bien contorneado, dorso corto, y la grupa es musculosa e inclinada. Extremidades esbeltas y robustas con cascos duros. Es frecuente un hermoso tono castaño de la capa, con crines y cola de un color paja. No son deseables las marcas blancas por encima de la rodilla o los corvejones. Alzada entre 148 y 163 cm.
Distribución: EE.UU., sobre todo en Kentucky, con el centro de cría en la granja Spout Springs.
Aptitudes: Versátil caballo de silla y enganche con agradable paso portante fijado genéticamente; caballo para todas las ocasiones, para el trabajo con reses vacunas, paseos a caballo, *trekking* y *raid.* Robusto, paso seguro, resistente, carácter afable y temperamento agradable.
Historia de cría: El origen de la raza son los caballos llevados a América por los españoles y sus descendientes salvajes, los Mustangs. También han contribuido el poni Highland y el Narragansett Pacer, del que heredó la capa.
El semental fundador de la joven raza, cuyo libro de registro se abrió en 1986, es *Old Tobe*, un probado animal reproductor propiedad de Sam Tuttle. El buen temperamento del semental y su sana e inquebrantable dureza y seguridad en el paso, unidos a su agradable paso portante, veloz y resistente, llevaron a su criador a iniciar un programa de cubriciones. Aún no se ha logrado un tipo racial uniforme, ya que la selección se practica fundamentalmente a partir de la calidad de sus marchas. En el libro de registro hay ya de unos 200 a 300 caballos inscritos.

Caballo de paso canadiense (Canadian horse)

Características: Pequeño caballo útil bien proporcionado. Con inteligencia, temperamento y fidelidad. Cuello fornido, cuartos delanteros musculosos, tronco compacto y cuartos traseros robustos. Fuertes extremidades y cascos de calidad. Crines y cola largas, pobladas y espesas. Negros, pero también castaños y alazanes. Alzada entre 142 y 162 cm.
Distribución: Canadá y Estados Unidos.
Aptitudes: Caballo ideal de competición, trabajo y para la familia. Duro, trabajador, sobrio y longevo.
Historia de cría: Los primeros caballos pisaron suelo canadiense el 25 de junio de 1647. Llegaron enviados por el rey francés Luis XIV procedentes de Normandía y Bretaña, y por sus venas fluía sangre árabe y anglo-normanda. Durante 150 años se mantendría una cría sin aportación de sangre de otras razas, dándose una selección natural gradual por las duras condiciones climatológicas reinantes. Se redujo así su tamaño, aunque también adquirió más fortaleza y resistencia, llegando a ser conocido como "el pequeño caballo de hierro".
A pesar de que en 1859 había más de 150.000, la cría se estancó a finales del siglo XIX por la importación de otras razas. El veterinario Dr. J. A. Couture se esforzó por salvar la raza y en 1886 se abrió el primer libro de registro; en 1907 el comisario del Gobierno, Dr. J. G. Rutherford, abrió un nuevo libro. En 1913, Canadá comenzó en Cap Rouge un programa de cría al que siguieron hasta 1981 otros en St. Joachim y La Gorgondiere al haber descendido en 1976 la población a 400 caballos; en la actualidad existen más de 2.000.
En 1895 se fundó la Canadian Horse Breeders Association. Uno de los sementales fundadores fue *Albert De Cap Rouge*. El Canadian horse sigue en la Lista de Cría Ganadera Americana de Razas Amenazadas.

Caballo de paso norteamericano (North American Single Footing Horse)

Características: Raza útil cuyo objetivo de cría es el de un versátil caballo ligero, con buena conformación, de aspecto agradable, de montura blanda, en varias capas y tallas.
Distribución: Estados Unidos.
Aptitudes: La sociedad oficial de cría da un gran valor a la resistencia, disposición al rendimiento, carácter sereno y dócil, y temperamento voluntarioso. En los caballos de varias andaduras se presta especial atención a una monta suave y cómoda durante el movimiento del animal. Su aire de marcha ideal es el *rack* (paso portante) o *broken amble* (ambladura quebrada), un tipo de andadura expresiva y con cuatro tiempos acentuados.
Historia de cría: El *single foot* (paso) es un concepto empleado en América para designar un tipo de andadura imperfecta. El objetivo de la Single-Footing Horse Association es incluir a los propietarios y criadores de caballos de cinco marchas en un programa específico de cría y de concursos hípicos. En las cinco secciones del programa de concurso se puede optar a distinciones en 50 categorías distintas. La asociación rechaza el uso de la fuerza y de medios no naturales en el adiestramiento de los caballos. El rendimiento del caballo debe lograrse gracias a una relación de respeto entre el jinete y el caballo. Así, debe "tenerse en cuenta la disposición del caballo" sobre lo que puede o no hacer, sin emplear la fuerza para lograr un comportamiento artificial. El empleo de la violencia implica la expulsión inmediata de la asociación.

Caballo de Przewalski (*Equus caballus przewalskii*)

Características: Pesada cabeza acarnerada sin tupé, con órbitas oculares blancas y hocico lavado, con pequeñas orejas y crines en tres bandas: las exteriores del color de la capa corporal y las interiores negras. Cuello corto y robusto, espalda recta, cuerpo rechoncho con dorso recto, raya de mulo cruzada, grupa ligeramente caída y vientre de pelaje aclarado. "Cola de caballo salvaje" de inserción baja, con pelaje corto en el tercio superior y pelaje largo negro en el resto. Anualmente muda las crines y el pelaje corto de la cola. Extremidades robustas, pigmentadas de negro, a veces con rayas de cebra; cascos pequeños y duros. La capa suele variar entre alazán cervuno y castaño boyuno con variantes más claras o más oscuras. Alzada entre 125 y 135 cm.

Distribución: Estepas desérticas del Gobi (Mongolia) y Dsungarei (China).

Aptitudes: Este antecesor vivo único de las razas equinas domésticas debe su supervivencia más reciente a parques zoológicos y otras instituciones.

Historia de cría: Como caballo salvaje primitivo, hace miles de años pobló Europa y parte de Asia. A finales del s. XIX se le dio por extinguido. Pero durante un viaje de exploración, N. Przewalski descubrió en 1879-1880 en el Dsungarei oriental unas manadas de caballos salvajes que recibirían su nombre. Los primeros ejemplares capturados fueron enviados en 1899 a la reserva de Askania Nova cerca de Falz-Fein. Carl Hagenbeck llevó a Europa algunos entre 1901 y 1902. En 1906 llegaron a Halle los primeros potros nacidos en un zoológico. En 1960 fueron avistados los últimos caballos que aún vivían en libertad y desde entonces se les da por extinguidos. En 1985 en China y en 1992 en Mongolia, se iniciaron unos ambiciosos programas de cría y asilvestramiento de ejemplares.

Caballo de silla alemán

Características: Armonioso y noble caballo de sangre caliente de grandes líneas. Cabeza enjuta y expresiva, grandes ojos, cuello bien formado de longitud media con buen juego de la quijada inferior. Gran espalda inclinada, cruz señalada, dorso robusto de longitud media, suficiente profundidad de cincha y grupa larga y fuertemente musculada. Extremidades enjutas, articulaciones robustas, cascos sanos y bien formados y crines abundantes. Predominan los castaños, alazanes, negros y tordos. Alzada entre 160 y 170 cm.

Distribución: Territorio principal de cría en Alemania. Estimado caballo de deporte en Europa y América.

Aptitudes: Movimientos briosos, amplios y elásticos en todas las andaduras. Buen carácter y temperamento fácil. Muy apto para el deporte hípico de alta competición, así como en prácticas deportivas en el tiempo libre.

Historia de cría: El Caballo de silla alemán es el resultado de los cambios en la Segunda Guerra Mundial de la cría caballar alemana, a partir de entonces abierta a otras influencias. Como sólo el deporte requería ya caballos, se crió un caballo para uso deportivo del tipo más uniforme posible. El Caballo de silla alemán, como caballo de deporte moderno que es, supone la fusión de estirpes locales con la adición de sangre mejoradora de otras razas (Árabe, Pura sangre, Trakehner) y es el producto de una selección de los mismos criadores. Esta raza responde a la denominación oficial de “Caballo de silla alemán”, admitida en la sociedad de cría alemana en 1973, y al objetivo común de cría formulado en 1975. Sus criadores tienen la libertad de establecer un programa y objetivos de cría propios para la cría común, pudiendo así mismo conservar el hierro propio de cada yeguada.

Caballo de silla argentino (Anglo-argentino)

Características: Elegante media sangre del tipo del Pura sangre inglés. Cabeza expresiva de tamaño medio y buena inserción del cuello, bastante largo. Cruz marcada, espalda bien inclinada, buena profundidad de cincha, dorso elástico, grupa larga y musculosa, extremidades firmes con cañas cortas de fuertes huesos, articulaciones correctas y cascos duros. Todas las capas. Alzada de unos 155 cm.

Distribución: Territorio principal de cría en Argentina; también muy apreciado en todo el mundo como caballo de deporte y de polo.

Aptitudes: Veloz y ágil, arrojado y obediente. Galope excepcional y buena capacidad de salto.

Historia de cría: El Anglo-argentino es un excelente caballo de silla y deporte con especial aptitud para el deporte del polo. Esta raza surgió hace más de 50 años debido al deseo de mejorar el exterior y el rendimiento del extendido Criollo mediante su cruce con el Pura sangre inglés, para su empleo como media sangre de deporte.

Ya en los años cincuenta los jinetes argentinos lograron sus primeros éxitos en torneos internacionales montando estos caballos, y en 1956 el mayor Delia logró vencer en el *derby* de saltos. Los Anglo-argentinos son criados como los Criollos, en manadas al aire libre, por lo que están adaptados a todo tipo de terrenos. Un cuidadoso adiestramiento permite disponer de excelentes caballos de silla muy obedientes. La cría está en manos de criadores privados aunque cuenta con apoyo estatal, pues supone una importante actividad exportadora en Argentina. El libro de registro de la raza es llevado por la Asociación Argentina de Fomento Equino.

CABALLO DE SILLA FRANCÉS (SILLA FRANCÉS, SELLE FRANÇAIS)

Características: Caballo de sangre caliente, robusto, muy noble y con mucha casta. Cabeza enjuta, cuello bien conformado, espalda inclinada, pecho profundo, buena ensilladura, tronco y grupa musculosa, y extremidades enjutas y robustas. Se admiten todas las capas; predominan los alazanes. Alzada de unos 165 cm.
Distribución: Francia; muy extendido en Europa por crías sucesivas.
Aptitudes: Excelente caballo para todas las disciplinas del deporte de silla, muy apreciado como mejorador de otras razas. Muy adaptable, buen carácter y temperamento agradable. Movimientos poderosos y fluidos en todas las andaduras básicas, y gran capacidad de salto.
Historia de cría: La denominación original de esta raza, "Cheval de Selle Français" (SF), obtuvo su reconocimiento oficial en 1958. Se trata de un producto de los eficaces cruces entre diferentes razas y tipos de media sangres franceses, cuyos representantes más destacados fueron los Anglo-normandos. Destacados ejemplares del Silla francés como *Orange Peel, Fra Diabolo* y *Ultimate*, acreditan una excelente carta de origen al descender de los tres grandes sementales de Pura sangre del siglo XVIII, *Eclipse*, *Herod* y *Matchem*. Con el cruce de distintas líneas sanguíneas de gran calidad se logró mejorar el estándar de cría. Otra medida ha sido la selección conforme a tres criterios: un examen de identidad y un análisis de la ascendencia, un examen sobre los aires y constitución del caballo, y sus resultados en las competiciones. Los sementales más destacados han sido *Furioso xx*, con una gran capacidad de salto, heredada por *Lutteur B., Pamone B.* y *Almé Z.*, y *Galoubet*, otro gran caballo saltador. El libro de registro de la raza se abrió en 1963.

Caballo de silla italiano (Sella italiano)

Características: Armónico y sólido caballo de silla con planta rectangular y elegante línea superior. Cabeza enjuta de tamaño medio, cuello bien implantado y espaldas inclinadas y musculosas. Larga cruz marcada, dorso elástico con buena ensilladura, tronco ancho y profundo con costillas bien arqueadas, grupa inclinada y extremidades firmes y enjutas. Se dan todas las capas básicas. Alzada entre 160 y 168 cm.
Distribución: Italia.
Aptitudes: Duro, fiable, inteligente, nada asustadizo, buen carácter, buenos movimientos en todas las andaduras básicas y capacidad de salto. Es un versátil caballo de deporte.
Historia de cría: De forma similar al Caballo de silla alemán, esta raza tuvo que pasar por unas circunstancias similares de reconversión en el programa de cría a partir de las estirpes de sangre caliente italianas. Como en toda Europa, conforme la demanda de caballos de sangre caliente de silla y de tiro descendía, fue aumentando la de caballos de deporte.
Los criadores italianos han logrado sobradamente la fusión de las razas italianas más aptas para sintetizar el moderno caballo de deporte italiano. En dicho proceso de fusión, se aunaron las sangres del Salerno, Sanfratellano, Maremmano, Murguese o el Angloárabe, incluyendo caballos de Sicilia y Cerdeña. Como mejoradores se utilizaron caballos procedentes de Francia, Irlanda, Alemania y Holanda, así como Pura sangre.
Con la ayuda del programa de cría desarrollado en 1960 por las instituciones oficiales para la cría del caballo italiano y a pesar de la falta de homogeneidad en el tipo inicial, finalmente se logró criar un tipo uniforme de caballo noble.

Caballo de silla ruso

Características: Caballo de sangre caliente, noble y armonioso, con largas líneas. Cabeza expresiva, no demasiado grande, cuello bien implantado, ligeramente arqueado. Cruz larga, espalda inclinada, tronco profundo, dorso elástico con buena ensilladura, grupa larga y robusta con cola de inserción alta. Miembros firmes con extremidades bien perfiladas. Hermosas crines y cola. Sobre todo negros y castaños oscuros, sin marcas llamativas. Alzada de unos 163 cm.
Distribución: Rusia, con el territorio principal de cría en la yeguada de Starozhilsk, en la región de Ryasan, al sur de Moscú.
Aptitudes: Caballo de gran rendimiento para la alta competición; gran aptitud para la doma y excepcionales andaduras básicas.
Historia de cría: Esta raza fue desarrollada entre 1930 y 1940 por iniciativa del mariscal ruso Budenny a partir de la raza Orlov-Rostopchin. Los caballos nobles criados por los condes Orlov y Rostopchin casi desaparecieron durante la revolución rusa. La Segunda Guerra Mundial retardó la recuperación de la cría. Sólo tras los éxitos del caballo de silla ucraniano, el Gobierno ruso estableció un plan de renovación de la raza, para el cual se dispusieron dos hatos de cría con sementales y yeguas. En el primero se incluyeron sementales y yeguas con un 25% de sangre Orlov-Rostopchin, y un 75% restante con sangre de Pura sangre y Trakehner; el segundo estuvo formado por Trakehner, Pura sangre inglés, Árabe y Akhal-Teké. Además algunas yeguas de Trotón Orlov fueron cruzadas con sementales de Pura sangre, Árabe, Akhal-Teké y Trotón ruso para fundar cinco estirpes de cría que serían fusionadas entre sí hasta obtener el Caballo de silla ruso.

CABALLO DE SILLA TURINGIO

Características: Armonioso caballo de silla. Cabeza enjuta y expresiva, cuello bien formado, espalda inclinada, cruz marcada, tronco profundo, dorso recto y larga grupa. Extremidades enjutas con articulaciones correctas y buenos cascos. Todas las capas básicas. Alzada de unos 165 cm.

Distribución: Alemania.

Aptitudes: Nervios templados; buen carácter y temperamento. Andaduras básicas amplias, esforzadas y acompasadas.

Historia de cría: Los "corceles turingios" ya eran célebres en la temprana Edad Media. La necesidad de caballos de trabajo en Turingia propició la cría preferente de Brabantés, Renano, Danés y Oldenburgués. El primer libro de registro se abrió en 1903, al que siguió la promulgación del reglamento de selección de reproductores de 1922, que dirigiría la cría caballar local, especialmente de sangre fría y sangre caliente pesada. Como el deporte ecuestre en Turingia no adquirió tras 1945 la importancia que en otras regiones de Alemania, la cría de caballos de silla no aumentó hasta finales de los sesenta, al concluir el periodo de mecanización del campo. La mayor parte de las yeguas lleva sangre de Mecklemburgués y Hannoveriano, mejorada por medio de Pura sangre y Trakehner. El mayor centro de cría ha sido la yeguada de Zöthen, fundada en 1969. Tras su disolución se reforzó la colaboración ya existente anteriormente con la yeguada regional de Moritzburg, que pone a disposición de los criadores, turingios sementales de alta calidad para la mejora de la cabaña equina regional.

CABALLO DE SILLA UCRANIANO

Características: Caballo de silla bien proporcionado, noble y robusto, y de conformación claramente rectangular. Está considerado como uno de los caballos de silla más hermosos de Rusia. Cabeza enjuta y expresiva, de tamaño medio, cuello bien implantado y formado, cruz marcada, espalda impecable, tronco robusto con buena profundidad de cincha, y dorso y grupa fuertes, anchos y bien formados. Miembros sólidos con huesos y articulaciones fuertes, extremidades cortas, enjutas y correctas y buenos cascos. Finas crines y pelaje de la cola. Castaños, alazanes y negros. Alzada de 165 cm.

Distribución: República de Ucrania. Yeguadas de Alexandrik cerca de Chobot, Derkulsk cerca de Jagolnik y Dnepropetrovsk.

Aptitudes: Buen carácter, temperamento agradable, sano, resistente, adiestrable para la doma, movimientos fluidos y suaves en todas las marchas, con empuje y amplitud, y buena capacidad de salto.

Historia de cría: Esta joven raza, reconocida y registrada en 1990, es el resultado de la cría planificada desde 1945 por técnicos y científicos húngaros para la obtención de un caballo de gran rendimiento. El programa de cría fue desarrollado en tres fases con cruces entre Trakehner, Hannoveriano, Nonius, Furioso, Gidran, Anglo-árabe, Pura sangre inglés, y en menor medida Caballo de silla ruso, cuyas descendencias fueron seleccionadas o descartadas en función de su genotipo y fenotipo, hasta que se obtuvo el objetivo de cría marcado y la raza se consolidó con seis líneas de sementales y 12 familias de yeguas. En los Juegos Olímpicos de México de 1968, Iván Kisimov ganó con *Ichor* la primera medalla de oro en la gran prueba de doma, confirmando las expectativas puestas en la planificación de la cría.

Caballo del norte de Suecia

Características: Caballo ligero de sangre fría y talla media del tipo de un poni. Cabeza grande y cuneiforme con perfil recto y tupé abundante, cuello corto y robusto, espalda bien formada, tronco compacto, largo, ancho y profundo, con grupa inclinada y musculosa. Extremidades firmes, cortas y fuertes, con cascos duros. Abundantes crines, cola y cernejas. Predominan los castaños y negros. Alzada de unos 156 cm. Se distinguen dos tipos: el **tipo útil** y el **tipo trotón**.

Distribución: Suecia, sobre todo en Jämtland, Dalekarlien, Värmland y en el golfo de Bottnisch. El lugar principal de cría es Wangen, en el norte de Suecia, una yeguada que practica una estricta selección de descendientes y valora su rendimiento.

Aptitudes: Sano, longevo, robusto, sobrio, de buen carácter y enérgico temperamento. Ágil, de tiro robusto, con buenas andaduras y trote amplio. Probado caballo de tiro en labores agrícolas y forestales. También tiene buena demanda como trotón resistente y veloz para las carreras de trotones.

Historia de cría: Esta antigua raza sueca se ha desarrollado influida por las diferentes estirpes locales seleccionadas por las condiciones geográficas y climáticas. También el Døle Gudbrandsdal, de la vecina Noruega, ha tenido gran influencia en la raza. En el siglo XIX se intentó cruzar con Brabantés y Clydesdale buscando darle más talla y masa, con resultados negativos. La cría consecuente no se retomó hasta comienzos del siglo XX, dándose una cría pura a partir de 1900 y registrándose en el pertinente libro de registro. El estado sueco apoyó la cría y puso a disposición las antiguas instalaciones militares de Wangen como estación de cría selectiva. También es en este centro donde se practica la cría del Caballo del norte de Suecia del tipo trotón.

Caballo del Rin de sangre caliente

Características: Caballo de sangre caliente correcto, noble y de gran rendimiento. Movimientos excelentes llenos de gracia. Cabeza expresiva y enjuta, cuello bien implantado, cerviz poco desarrollada, cruz marcada, espalda inclinada, dorso elástico, grupa musculosa y en armonía, y correctas extremidades enjutas. Todas las capas. Alzada entre 165 y 170 cm.
Distribución: Alemania, con el territorio principal de cría en Renania, y en el resto de Europa.
Aptitudes: Cómodo de monta, activo, brioso, movimientos amplios y elásticos, y buena disposición para la doma y el salto. Caballo típicamente equilibrado, con talento para las disciplinas de competición de silla y enganche, así como para el tiempo libre.
Historia de cría: Tras la regresión de la cría de la sangre fría experimentada en los años cincuenta, los experimentados criadores de caballos de Renania se dedicaron a la cría de un noble caballo de sangre caliente con base hannoveriana y pruso-oriental. Los valiosos caballos de raza de Hannover y Prusia oriental constituyeron el tipo racial de base. Sobre todo en los primeros años fue importante el empleo dosificado de sementales nobles de Trakehner, Hannoveriano, Westfaliano, Pura sangre, Árabe y Holsteiner. La cría, practicada con entusiasmo y con un fuerte compromiso (entre el 60 y 70% de los sementales estaban, como aún hoy, en manos privadas), llevó finalmente al éxito.
La yeguada federal de Warendorf, en Renania-Westfalia, y el libro de registro de Renania han contribuido de forma decisiva a dicho éxito. Entre tanto, estos caballos han probado claramente su valía en exhibiciones oficiales, campeonatos nacionales, en la competición y en la cría, no teniendo mucho que envidiar a otras razas nobles.

Caballo del sur de Alemania de sangre fría

Características: Caballo de sangre fría de tamaño medio, enjuto, ágil y manejable. Cabeza de peso medio con ojos afables y expresivos. Cuello robusto, bien implantado, de longitud media. Gran planta y tronco profundo bien musculado, con grupa larga, ancha y hendida. Extremidades robustas con articulaciones enjutas y bien conformadas, cascos duros y ralas cernejas. Sobre todo alazanes y castaños; más raramente negros, tordos y atigrados. Alzada entre 160 y 164 cm.
Distribución: Bavaria y Baden-Württemberg.
Aptitudes: Muy fiable y potente; temperamento bueno y equilibrado, duro, frugal y de tiro firme.
Historia de cría: La historia de la cría de sangre fría en la región de los Alpes se remonta al año 15 d.C. en Noricum. A partir de los pesados caballos de los romanos y de los pequeños caballos germanos surgió el Noriker, con dos estirpes, una más pesada y otra más ligera, de las que se desarrollaron el Oberlandés y el Pinzgauer. Tras algunos experimentos de cruces planificados con Pura sangre inglés y Pura raza árabe, así como con Norfolk, Holsteiner e incluso Brabantés y Clydesdale en el siglo XIX, se retomó la cría de la raza pura, apoyada por el mantenimiento de sementales en la yeguada de pura raza de Schwaiganger. Sólo el semental *Weißfuß* por *Albion*, nacido en 1879 en Pinzgau, llevado en 1884 a Bavaria, logró constituir una línea sanguínea a través de sus hijos *Jung Weißfuß* y *Herkules I.* En 1906 se abrió el libro de registro y en 1920 se adoptó el Edelweiss como hierro. La pretendida consolidación y uniformización de las tres razas llevó en 1939 a la denominación unificada del Noriker y en 1948 al objetivo de cría y a la adopción del nombre de 'Caballo del sur de Alemania de sangre fría'.

CABALLO ESLESVIGUÉS (SCHLESWIGER)

Características: Caballo de sangre fría de talla media. Son típicas su capa de alazán y las llamativas cernejas hasta las rodillas y corvejones. Cabeza vistosa, enjuta con vivos ojos. Cuello bien implantado y robusto, no muy corto. Costillares bien arqueados y profundidad de pecho. Miembros enjutos y sólidos y extremidades no muy cortas con fuertes articulaciones y cascos redondos cubiertos por las cernejas. Alzada entre 156 y 162 cm.
Distribución: Alemania, con el territorio principal de cría en Slesvig-Holstein.
Aptitudes: Temperamento vivo y enérgico, resistente, potente y frugal. Paso amplio y trote con mucho brío. Caballo de trabajo muy versátil.
Historia de cría: La relación con la casa real danesa explica la influencia sobre esta raza del Jutlandés. Desde 1732 se llevaron a cabo en Slesvig-Holstein y Jutlandia esfuerzos para la cría de un caballo de trabajo sólido y esforzado. Los fundadores de la cría fueron el semental *Oppenheim*, supuestamente de raza Shire, y sus hijos *Hövding* y *Prins af Jylland*. En 1891 se fundó la federación de asociaciones de cría caballar de Eslesvigués. Gracias a sus buenas andaduras y a su fuerza, fue muy apreciado como "caballo omnibús". Tras la entrega de la región de Slesvig del norte a Dinamarca (1920), Alemania perdió efectivos de cría de esta raza. El hundimiento de la cría se produjo con el avance del proceso de mecanización. La federación se disolvió y la raza pasó a ser gestionada por el libro de registro del Slesvig-Holstein, llevado por criadores comprometidos con mantener la raza. De los dos sementales importados en 1950 de Francia y empleados para la cría del Eslesvigués, *Faust Boulonnais* y *Hasta Breton*, fue *Faust* quien más transmitió su nobleza y constitución enjuta a sus descendientes.

Caballo esloveno de sangre fría

Características: Caballo de sangre fría enjuto, armonioso y de peso medio. Cabeza tosca con orejas pequeñas bastante separadas y ojos de mirada amigable. Cuello corto y bien musculado, espalda inclinada y musculosa, tronco ancho y profundo con costillares bien arqueados, cuartos traseros robustos con grupa caída, a menudo ligeramente hendida. Extremidades fuertes y sólidas. Crines y cola robustas. Sobre todo castaños, castaños oscuros y negros. Alzada de unos 155 cm. Peso de hasta 750 kg.

Distribución: República de Eslovenia y sureste de Europa.

Aptitudes: Robusto, carácter afable y buen temperamento. Caballo de montaña de sangre fría voluntarioso, resistente y de tiro firme, con amplias andaduras, muy empleado sobre todo para trabajos agrícolas y forestales, y de forma creciente también como caballo de enganche para el tiempo libre.

Historia de cría: La historia de esta raza está íntimamente ligada a la cría caballar en la Alta Austria y especialmente con la del Noriker y el Murakosi (Murinsulan). También se cruzó con Brabantés, Percherón y Eslesvigués, antes de pasarse finalmente a practicar la cría pura.

La cría bien organizada con las yeguadas de Presov y Samorin y con un libro de registro propio, alcanza a una población de unos 1.500 caballos registrados y más de 100 sementales, entre los cuales se cuentan algunos del Noriker original. La subasta de potros que tiene lugar todos los años en Ptuj da idea del interés que mantiene esta raza. En las zonas montañosas de Eslovenia sigue teniendo mucho futuro para trabajos agrícolas y forestales como fuerza de tiro en terrenos poco practicables. La dirección de la cría de esta raza tiene su sede en Ljubljana.

Caballo estonio (Jamelgo estonio, poni estonio)

Características: Ojos expresivos en una cabeza bien formada, frecuentemente tendente a cabeza de lucio. Cuello robusto entre corto y mediano, buena espalda, tronco de longitud media con mucha profundidad de cincha (165-180 cm) y buena grupa. Extremidades robustas con cañas cortas (17 a 19 cm), articulaciones generalmente muy marcadas y cascos duros. Pelaje fino, con hermosas crines y cola. Son frecuentes los castaños con raya de mulo, bayos, isabelas y alazanes con largas crines de color claro. Alzada entre 138 y 150 cm.

Distribución: República de Estonia, islas de Huima, Muhu y Saarema, y en el este de Estonia, lago Peipus.

Aptitudes: Buen carácter, temperamento tranquilo, sobrio, buen aprovechador de los pastos, sano, duro y longevo. De buenos movimientos, paso amplio, trote resistente y galope esforzado, por lo que resulta un excelente poni de silla y de tiro.

Historia de cría: El caballo estonio ha evolucionado a partir del caballo del este. A la formación de esta raza han contribuido yeguas descendientes de caballos salvajes domesticados y sementales orientales llevados a la región en la Edad Media por las órdenes alemanas de caballería. Los jamelgos fineses empleados en el siglo XIX como machos reproductores contribuyeron a que junto al tipo isleño se diera un tipo mayor y más tosco. El lugar principal de cría fue la yeguada de Torgel. A comienzos del siglo XX la asociación de criadores del caballo estonio en Hapsal comenzó a gestionar la cría, abrió los libros de registro de la raza y seleccionó los sementales a emplear. Las cualidades del "caballo isleño" han podido ser conservadas y son una valiosa fuente de sangre de la raza para el Toric.

Caballo finés (Suomenhevos)

Características: Ligero caballo de sangre fría de un tipo más próximo a la sangre caliente. Es típica la frecuente gran longitud del tronco de este musculoso y bien proporcionado caballo. Cabeza grande con frente ancha, pequeñas orejas, ojos amables y perfil recto. Resulta característica una protuberancia en la línea de unión de los dos huesos frontales. Cuello corto y robusto, espalda marcadamente recta y tronco con gran profundidad de cincha. Excelentes extremidades enjutas con buenos cascos. Generalmente alazanes claros y oscuros con crines claras, ralas cernejas y frecuentes marcas en cabeza y extremidades. Alzada entre 148 y 162 cm.

Distribución: Finlandia.

Aptitudes: Caballo de gran rendimiento, longevo, seguro en el tiro, rápido, de buen paso y excepcional trote.

Historia de cría: Sin duda desciende de razas mongolas y noreuropeas. Tiene una inconfundible impronta del Tarpán y de Przewalski. Desde hace siglos se ha cruzado con otras razas. En el siglo XIX se emplearon para su mejora sementales de Trotón Orlov y Norfolk, y algún Brabantés. Al presentar rasgos de sangre fría y caliente se conoce como "caballo universal finés".

Desde hace tiempo se practica la cría pura de cuatro tipos (caballo de trabajo, poni, caballo de deporte y trotón de carreras), mejorada por sementales de sangre caliente. El libro de registro para los cuatro tipos se lleva desde 1907, y desde 1929 todos los caballos deben pasar una prueba de rendimiento que hace especial hincapié en la potencia y en la seguridad de su tracción, así como en la calidad del paso y del trote. El centro de cría del caballo finés es la estación nacional de cría caballar Valtion Hevosjalostuslaitos en Ypäja, en el suroeste de Finlandia.

CABALLO HOLANDÉS DE SANGRE CALIENTE

Características: Atlético caballo de deporte de larga conformación rectangular. Cabeza enjuta con frente ancha, generalmente de perfil recto, ojos expresivos, ollares amplios y rostro de expresión leal. Cuello de longitud media bien implantado, espalda inclinada, cruz claramente marcada, tronco robusto y profundo con buenos costillares, dorso mediano a largo, grupa bien musculada y buena inserción de la cola. Extremidades firmes con articulaciones marcadas y cascos espléndidamente formados. Todas las capas. Alzada de unos 163 cm.
Distribución: Holanda, resto de Europa y por todo el mundo.
Aptitudes: Excepcional caballo de rendimiento con grandes éxitos en todas las disciplinas, sobre todo en doma y salto. Buenas andaduras básicas; carácter y temperamento sereno.
Historia de cría: Holanda mantiene una cría caballar excelente, habiendo logrado en las últimas décadas una moderna raza de deporte gracias a una selección rigurosa sobre una base de cría de Gelderlandés y Groninger a la que se ha añadido sangre de caballos de deporte (Caballo de silla francés, Holsteiner, Trakehner, Hannoveriano y Pura sangre inglés). La cría holandesa de sangre caliente se centra sobre tres tipos: el caballo de silla, el Tuigpaard (caballo de enganche de lujo) y el caballo base. En el libro de registro del Koninklijk Warmbloed Paardenstamboek Nederland, se seleccionan los sementales en cinco grados, sin referirlos a la edad del reproductor. Las yeguas de tres años son inscritas en el libro de registro y reciben la categoría de estrella o de élite, según los resultados en una prueba de campo o en una estación de examen. Las yeguas de cría especialmente destacadas se inscriben con la categoría de yegua preferente. La organización holandesa de cría caballar supervisa a cerca de 10.000 criadores y a unas 13.500 yeguas.

Caballo holandés de sangre fría

Características: Enérgico caballo de sangre fría. Cabeza relativamente pequeña de perfil recto, orejas cortas y ojos pequeños. Cuello corto y vigoroso, espalda musculosa, dorso recto, grupa caída y robusta y cola de inserción baja. Extremidades vigorosas, fuertemente musculadas, con robustas articulaciones, cascos sanos y calzado en los pies. Castaños, alazanes, ruanos y raramente negros. Alzada de unos 165 cm.
Distribución: Holanda, con centros de cría en Hertogenbosch y Hoogeveen.
Aptitudes: Buen carácter, temperamento equilibrado, resistente, activo y de tiro firme. Buen paso y trote relajado. Apreciado para labores agrícolas y forestales, y como caballo de espectáculo; cada vez se cría más para aprovechar su carne.
Historia de cría: El caballo de tiro holandés se remonta al belga de sangre fría. Antes de 1900 se criaba sobre todo en la provincia de Zeeland, aunque la cría se apoyaba en la importación de potros y yeguas gestantes de Bélgica.
La cría sistemática no comenzó en Zeeland, Noord Brabant y Limburg hasta 1910. Este proceso se vio favorecido por la gran demanda de caballos experimentada durante la Primera Guerra Mundial. Ya en 1914 los criadores se asociaron para llevar un registro uniforme en la Koninlijke Verenigung Het Nederlandsche Trekpaard (KNVT). El estándar de cría pronto alcanzó una gran calidad, por lo que se pudieron abandonar las importaciones, pasando a desarrollarse una cría de sangre fría con carácter y características propias.
Los sementales fundadores fueron *Certain van Lamswaarde, Clairon de la Lys, Nico van Melo* y *Nico van Beek*. Después de 1950 se redujo la demanda de caballos de sangre fría. En la actualidad todavía hay un núcleo de 30 sementales y más de 1.000 yeguas de cría, suficientemente amplio como para evitar problemas de endogamia.
El acontecimiento más importante relacionado con la cría de esta raza es la competición que tiene lugar cada dos años en Hertogenbosch.

CABALLO HÚNGARO DE DEPORTE

Características: Caballo de deporte atlético y bien proporcionado, del tipo de los caballos nobles de sangre caliente, con hermosa línea superior, cabeza expresiva, cuello robusto bien implantado, espalda bien formada, buena ensilladura y profundidad de tronco, grupa musculosa e inclinada, extremidades de fortaleza media con articulaciones robustas, tendones claros, y cascos firmes y sanos. Hermosas crines y cola. Todas las capas básicas. Alzada de unos 160 cm.

Distribución: Hungría. El centro principal de cría fue la yeguada de Mezöhegyes; cría en Europa central.

Aptitudes: Duro, buen rendimiento, inteligente, temperamento equilibrado y buen carácter; buenas andaduras básicas y capacidad de salto. Muy bien dispuesto para todas las disciplinas del deporte de silla y enganche.

Historia de cría: La cría húngara de media sangre resultantes del cruce con las antiguas razas Nonius, Furioso, Przedswit, North Star y Gidran ya contaba en la primera mitad del siglo XX con un gran reconocimiento. También cabe destacar la introducción de sangre árabe en el caballo húngaro por la importación anual de entre 300 y 400 sementales de Bábolna para la cría local.

La cría caballar en Hungría sufrió grandes pérdidas tras las dos guerras mundiales y la posterior mala gestión del régimen comunista, a pesar de lo cual la pasión por los caballos ha sobrevivido, por lo que no sorprende que prosiga la tradición de la cría de esta raza, también conocida como Caballo de deporte de Mezöhegyes. Las líneas genéticas de las razas húngaras unidas al aporte de sangre de grandes sementales de Hannoveriano, Holsteiner y Pura sangre inglés han permitido a Hungría recuperar su presencia en los círculos internacionales de la cría caballar por medio de este caballo.

CABALLO HÚNGARO DE SANGRE FRÍA

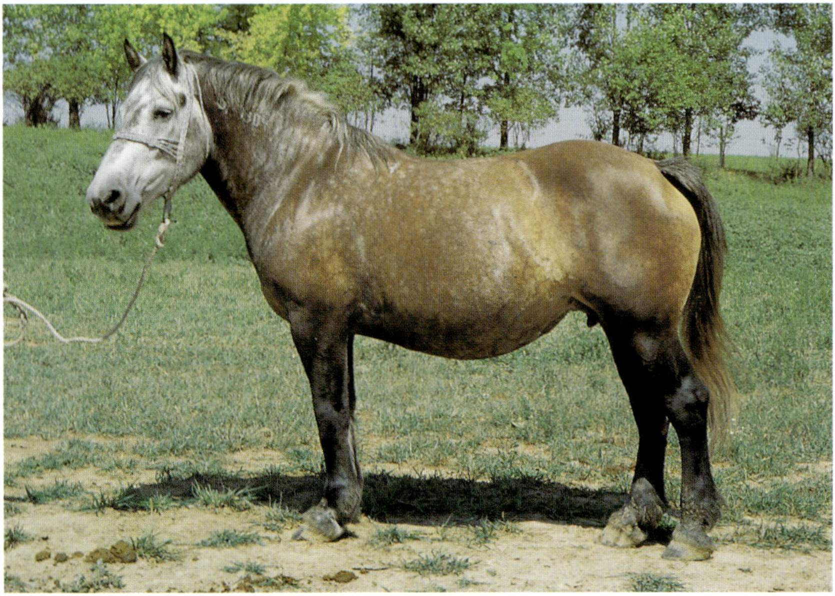

Características: Caballo de sangre fría, compacto, de peso medio y agradable exterior. Cabeza no demasiado pesada con perfil recto. El cuello es corto y bien musculado, tronco musculoso con mucha anchura y profundidad y costillares bien arqueados. Las extremidades son cortas, firmes y vigorosas, con huesos fuertes, articulaciones robustas y cernejas. Fuertes crines, tupé y cola. Todas las capas básicas. Alzada de unos 155 cm.
Distribución: Hungría.
Aptitudes: Sobrio, esforzado, fiel, con buen temperamento, afable. Paso firme y trote fluido.
Historia de cría: Esta raza no fue reconocida hasta 1954, pero los orígenes de su cría se remontan al siglo XIX, cuando Hungría aún formaba parte de la Corona austro-húngara. En aquella época se introdujeron en Hungría sementales de Noriker y Percherón para cubrir las demandas de un caballo de trabajo tranquilo y pesado. En 1883 se compraron tres sementales y tres yeguas de Ardenés para su cruce con caballos locales con el objetivo de criar un caballo de sangre fría no demasiado pesado. En el suroeste de Hungría se constituyó un territorio cerrado de cría que ha influido en la cría hasta la actualidad. Ésta se intensificó en 1920-1930 con la aparición de máquinas y aperos agrícolas más pesados y con el retroceso de la cría de bueyes de trabajo. Las directrices de la cría actual recae en las yeguadas nacionales públicas y privadas, y sobre todo en las asociaciones de criadores. Aunque en esta raza se han realizado cruces con Noriker y Murakosi, la cría se ha visto influida por el Ardenés. En Hungría no hay consumo de carne de caballo y el proceso de mecanización de la agricultura no precisa de estos caballos; así, su cría se destina a la exportación de carne a otros países.

CABALLO IRANÍ (NATIVE IRANIAN HORSE)

Características: Raza autóctona iraní de tipo poco homogéneo y muy variable. El exterior varía mucho según la región de cría, sobre todo en cuanto a la talla y constitución. La mayoría son animales no demasiado grandes, aunque sí robustos y fuertes. También se da un tipo más llamativo y elegante con claros rasgos orientales. Se dan todas las capas básicas. Alzada de unos 150 cm.
Distribución: Irán.
Aptitudes: Caballo de silla, carga y tiro de paso seguro que se emplea sobre todo en agricultura. Resistente, frugal, longevo, enérgico y de rendimiento.
Historia de cría: Se trata de una antigua "raza útil" con varios siglos de existencia y cuya sangre aúna las razas más diferentes: Poni caspiano, Caballo kurdo, Turkmen y Árabe. El Iraní se cría tanto en las montañas como en los valles y llanuras de uso agrícola, empleándose para todos los fines. Como caballo de transporte es capaz de llevar pesadas cargas a través de intransitables regiones montañosas o de tirar de pesados carros a través de extensas llanuras. También se emplea como caballo de silla.
El uso dado a cada caballo determina el valor y la estampa del Caballo iraní, incluso en la actualidad. La conservación y mejora del Caballo iraní está en manos de la National Horse Society of Iran.

Caballo irlandés de deporte (Irish sport horse)

Características: Robusto y equilibrado caballo de líneas armónicas y buenas extremidades. Cabeza hermosa y expresiva con frente ancha, orejas bien dispuestas y ojos claros que expresan audacia. Cuello bien conformado, pecho amplio y profundo, espalda inclinada, dorso corto y grupa larga y musculosa. Extremidades enjutas y firmes con articulaciones anchas y planas y cascos sanos bien formados. Todas las capas básicas. Alzada de unos 165 cm.
Distribución: Irlanda, con crías sucesivas en todo el mundo.
Aptitudes: Caballo sobresaliente de gran potencia dotado para el salto, doma y otras disciplinas. Buen carácter y temperamento, resistente e inteligente. Buenas andaduras básicas, mucho brío y extraordinaria capacidad de salto.
Historia de cría: El Irish sport horse (ISH) es el resultado de un "cruce útil" del Pura sangre con el Irish draught. Tras 1945 y con el transcurso de los años fueron seleccionadas las líneas probadas de Hunter con aptitudes y capacidad para el deporte del salto, las pruebas de obstáculos y disciplinas militares de salto, con la vigilancia más rigurosa de los criterios de rendimiento para este nuevo tipo de Irlandés, registrado a partir de 1970 en el Irish Sport Horse Studbook. Las líneas principales se remontan a la cría de caballos de caza más aptos entre los Draughts y Pura sangre, interviniendo otras razas europeas de caballos de deporte. Todos los sementales empleados en su cría deben superar pruebas de rendimiento, primero a los 3 años de edad, y más tarde al cumplir 4 años y 12 semanas. El Caballo irlandés de deporte cuenta con el mérito de haber ocupado la posición más destacada de 1994-1997 en la valoración que la World Breeding Federation for Sport Horses (WBCSH) hace cada año.

CABALLO ISRAELÍ (ISRAELI LOCAL HORSE)

Características: Joven raza con clara presencia de sangre árabe-oriental y grandes variaciones en el tipo. Es característica su cabeza enjuta relativamente larga, cuello de longitud media, tronco corto y extremidades firmes y correctas. Predominan los tordos, castaños y alazanes. Alzada entre 145 y 155 cm.

Distribución: Israel.

Aptitudes: Buen carácter, enérgico y sociable. Buenas andaduras básicas y disposición para el salto.

Historia de cría: La cría caballar en Israel tiene una larga historia. Ya el rey Salomón (972-932 a.C.) dispuso "estaciones de postas" para que las monturas de sus 12.000 jinetes y los caballos de tiro de sus 1.400 carros pudieran reponerse. Los caballos eran adquiridos en Egipto o bien se encontraban libres, fruto de las contiendas con los pueblos guerreros vecinos. Con la caída del antiguo Israel finalizó la época de esplendor de la cría caballar en el territorio. Los caballos que se encontraban en el país eran "caballos pequeños" influidos por los caballos árabes y orientales. En la Primera Guerra Mundial las tropas australianas llevaron consigo sus caballos Waler, y durante la soberanía inglesa llegaron a Palestina Pura sangre, Hunter y otras razas llegadas de Inglaterra. Tras la independencia del Estado de Israel llegaron de Europa y Estados Unidos unos 2.000 caballos de distintas razas, entre ellas Shagya, Poni de los fiordos, Quarter, Morgan y muchas otras, las cuales se cruzaron con los caballos locales. La mayor influencia fue la ejercida por los caballos árabes. En 1972 se abrió el Local Horse Stud Book, en el cual incluso se admite el registro de caballos que carezcan de carta de origen. El registro fue el primer paso para la consolidación del Caballo israelí como base de una cría moderna de caballos de deporte.

CABALLO ITALIANO DE SANGRE FRÍA (TIRO PESADO ITALIANO)

Características: Compacto caballo de sangre fría para el tiro pesado y veloz; robusta estructura ósea y unas fuertes cañas (perímetro medio: 23 cm), perímetro torácico mínimo: 188 cm. Hermosa cabeza, cuello robusto, bien conformado, espalda fuerte e inclinada, tronco musculoso con buena profundidad de cincha. Dorso corto y recto, cuartos traseros potentes con grupa redondeada y extremidades firmes y resistentes. Predominan los alazanes, siendo frecuentes los ruanos; más raramente castaños. Peso alrededor de 600-700 kg. Alzada: 150-160 cm.

Distribución: Italia, con los territorios principales de cría en Venecia, Ferrara, Ravenna, Cremona y Brescia.

Aptitudes: Móvil, poderoso y de tiro firme, temperamento vivo, buen carácter, buen paso largo y poderoso trote. Versátil caballo de tiro pesado para distintas labores.

Historia de cría: Esta raza nació en los años posteriores a la Primera Guerra Mundial; aparte del pesado Brabantés fue necesario el empleo de un caballo de trabajo pesado-medio activo y de buenas andaduras. Tras intentarse sin éxito los cruces con sementales de sangre fría de Boulonés y Percherón, se recurrió al Bretón. Estos cruces con las yeguas disponibles sí que proporcionaron una buena combinación de sangres, y tras fijarse mejor el objetivo de cría, la raza comenzó a consolidarse, cesando pronto las importaciones de yeguas de cría. Buena parte del éxito se debió a los concursos y pruebas de rendimiento y a una selección cuidadosa de la descendencia. La Segunda Guerra Mundial diezmó la cabaña de la joven raza, pero los criadores y el Instituto de Cría Caballar de Ferrara han logrado preservar la raza manteniendo el estándar inicial de cría.

CABALLO KURDO (KURDO)

Características: Compacto y vistoso pequeño caballo de montaña del tipo árabe. Cabeza de tamaño medio con un perfil recto, orejas vivas y grandes ojos expresivos. Cuello bien implantado, ligeramente arqueado, de longitud media; tronco robusto con buena profundidad de cincha, dorso elástico, buena ensilladura y grupa ligeramente caída. Extremidades firmes, largas, esbeltas y musculosas, con duros cascos. Hermosas crines y cola. Se permiten todas las capas básicas; son frecuentes los tordos. Alzada de unos 145 cm.
Distribución: Irán y Turquía.
Aptitudes: El Kurdo es un caballo de paso seguro, potente y apto como caballo de carga. Es excelente para las distancias largas y los terrenos montañosos, por su resistencia, dureza, energía y sobriedad.
Historia de cría: En su patria original, Irán es conocido bajo distintos nombres (Jaff, Afshar o Sanjabi) según el lugar de cría, ascendencia o planta. El Jaff, por ejemplo, es el tipo clásico persa representado en las obras de arte, y posee sangre de Asil, la sangre pura del Árabe persa. En todas las demás ramas de cría del Kurdo, todas ellas de tipos equinos compactos y robustos, se pueden vislumbrar signos de influencia de los caballos niseos, citados por los griegos antiguos.
La raza es supervisada por la National Horse Society of Iran, fundada en 1972 y encargada de conservar y mejorar todas las razas equinas presentes en Irán.

CABALLO LETÓN DE SANGRE CALIENTE (TIPO DE SILLA)

Características: Caballo enjuto de sangre caliente medio-pesado del tipo de silla. Cabeza vistosa y grande con perfil recto, cuello robusto de longitud media, cruz bien conformada y espalda larga e inclinada. Tronco robusto con pecho ancho, buena profundidad de cincha, dorso de longitud media y grupa larga, ancha y musculosa, aunque ligeramente caída. Extremidades enjutas con articulaciones marcadas y cascos duros de tamaño medio. Crines y cola robustas. Todas las capas básicas; sobre todo castaños, alazanes y bayos. Alzada entre 160 y 168 cm.
Distribución: República de Letonia. Centros principales de cría en las regiones de Dobele y Valmiere, con las yeguadas de Terrete y Burtnieki.
Aptitudes: Sano, frugal, buen carácter, temperamento equilibrado, con buenas andaduras y capacidad de salto. Versátil caballo de deporte.

Historia de cría: Sobre la base de las antiguas estirpes autóctonas de Europa oriental ya a finales del siglo XIX se criaba en las granjas de la región un caballo de sangre caliente. Pero el verdadero nacimiento del Letón se dio entre los años 1920 y 1939, actuando Martin Laze como renovador de la sangre caliente letona. Muy influido por el Oldenburgués (75%) y el Hannoveriano (25%), se desarrolló un tipo pesado y un tipo ligero; este último dio tan buen resultado que se generalizó la denominación de "Pruso oriental". La generalizada mecanización hizo decaer la demanda del tipo de silla, por lo que a partir de 1976 se cambiaron las directrices de cría buscando un tipo de deporte, para lo cual se efectuaron cruces con Árabe, Pura sangre inglés, Trakehner y Hannoveriano, sometiéndose a la descendencia a pruebas de potencia y a diferentes procedimientos de selección.

CABALLO LETÓN DE SANGRE CALIENTE (TIPO DE ENGANCHE)

Características: Gran cabeza de perfil recto, cuello corto y recto, cruz marcada y espalda robusta e inclinada. Tronco robusto con pecho ancho y buena profundidad de cincha, dorso de longitud media, a veces débil, y larga grupa con cola bien dispuesta. Extremidades firmes y fuertes, con articulaciones anchas y robustas y cascos duros. Crines y cola robustas. Todas las capas básicas; sobre todo castaños, castaños oscuros y alazanes. Alzada de unos 164 cm.

Distribución: República de Letonia.

Aptitudes: Versátil caballo medianopesado de sangre caliente, muy extendido por las explotaciones agrícolas. Sano, enérgico, frugal, de tiro firme, con buenas andaduras y capacidad para mantener el trote.

Historia de cría: Es la típica raza letona, símbolo nacional de su país. Sobre la base de una cría con razas autóctonas del Báltico, Finlandia y Rusia, en la segunda mitad del siglo XIX se comenzó un programa de mejora. Pero no sería hasta después de la Primera Guerra Mundial cuando Martin Laze logró la consolidación de la raza letona tras un metódico proceso de cruces con Oldenburgués (75%) y Hannoveriano (25%). Se obtuvieron así dos tipos, uno ligero y otro pesado, que entre los años 1945-1976, y mediante una estricta selección, originaron un caballo de trabajo de gran rendimiento, muy apreciado en el ámbito agrícola y en general. Cuando a partir de los años setenta la creciente mecanización del agro desplazó a la fuerza de tracción animal, el letón de tiro se vio desplazado por el de silla. A pesar de la preferencia actual por el letón del tipo de deporte, los criadores luchan por mantener el tipo de tiro de esta gran raza.

Caballo letón de sangre fría (Ardenés letón)

Características: Caballo de sangre fría medio-pesado del tipo del Ardenés sueco: cabeza pesada, cuello corto y robusto, dorso recto de longitud media y grupa redondeada y caída. Extremidades cortas y firmes, con articulaciones enjutas y cascos firmes. Hermosas crines y cola; cernejas ralas. Sobre todo alazanes, castaños y tordos. Alzada de unos 160 cm. Peso entre 650 y 800 kg.
Distribución: República de Letonia; también en Lituania, Estonia y C.E.I.
Aptitudes: Caballo voluntarioso y de tiro recio. Paso potente, trote enérgico, carácter sociable y buen temperamento.
Historia de cría: Su cría tiene mucho en común con la del Lituano de sangre fría, ambas muy vinculadas a la historia de las repúblicas balcánicas. Los antecedentes históricos de la raza se remontan a las órdenes alemanas de caballería de los siglos XII-XV. Los frugales y trabajadores caballos de aquella época fueron cruzados en los siglos XVIII y XIX con el Oldenburgués para mejorar su fuerza. Sobre 1930, el letón de sangre fría y la vecina raza lituana fueron cruzados con Ardenés sueco buscando más nobleza y robustez.
La cría del Letón de sangre fría, cuya importancia económica es hoy insignificante dada su exigua población, no se pudo desarrollar durante los años de administración soviética, pues incluso las cuestiones referentes a los centros de cría caballar eran decididas desde Moscú, lo que no favoreció en nada el desarrollo de esta raza.

Caballo macedonio de las montañas

Características: Agradable poni de tipo oriental. Cabeza hermosa y enjuta, tronco esbelto y extremidades finas y enjutas. Se diferencian dos tipos del caballo macedonio de montaña: el tipo A con alzada de hasta 132 cm, y el tipo B, hasta 145 cm.

Distribución: República de Macedonia, sureste de Europa, Yugoslavia y Grecia.

Aptitudes: Sobrio, bonachón, inteligente, audaz, robusto, resistente, enérgico y de paso seguro. Este poni de montaña y de carga también resulta excelente para el tiempo libre.

Historia de cría: La histórica Macedonia, al sur de los Balcanes, y que hoy comprende la República de Macedonia y la provincia griega de Macedonia, es la patria original de esta antigua raza. Ésta parece remontarse a los famosos caballos tesalios de la antigüedad, aunque no existen pruebas concluyentes de ello. Lo que sí es innegable es la presencia de sangre oriental en el Macedonio de las montañas.

A lo largo de los siglos resultó ser un ayudante indispensable para los agricultores de montaña, viéndose influido por el duro paisaje y los ocasionales cruces con caballos de sangre oriental. Pero desde el final de la Segunda Guerra Mundial ha sido desplazado por las máquinas y por otras razas equinas más vigorosas.

La antigua raza original está amenazada de extinción, pues no existe ninguna cría regulada, de modo que está siendo la Sociedad Suiza del Caballo Macedonio la que lucha por la preservación de la raza, ocupándose de proseguir con la cría y llevando un libro de registro.

Caballo miniatura americano (American miniature horse)

Características: La cabeza debe guardar las proporciones con el resto del cuerpo. Orejas móviles de tamaño medio, con las puntas algo arqueadas. Frente ancha, ojos grandes y llamativos, distancia entre ojos y hocico reducida en términos relativos. Perfil recto o ligeramente cóncavo, grandes ollares, hocico sin tacha y dientes finos. Cuello bien proporcionado y espaldas largas e inclinadas. Tronco musculoso con buena curvatura de las costillas y buena profundidad de cincha, dorso corto, cuartos traseros cortos y poderosos, y cola con buena inserción, ligeramente levantada. Extremidades correctas, con cascos redondeados y firmes. Pelaje y crines de un brillo sedoso. Todas las capas. Alzada máxima de 85 cm.
Distribución: Estados Unidos, Canadá y Europa occidental.
Aptitudes: Perfecto caballo enano con movimientos llenos de gracia y brío. De carácter afable, apto como caballo de silla, enganche o juego para niños.
Historia de cría: La American Miniature Horse Association fue fundada en 1978 en Arlington para conservar esta raza y mantenerla diferenciada de otros tipos de ponis y caballos de poco tamaño. Registra animales que no superen los 85 cm al llegar a los 5 años. Cuando ambos padres de un poni ya están registrados se otorga una acreditación provisional, para ver si supera la talla máxima al llegar a los 5 años prescritos. La asociación lleva un registro de cría y el control de las cartas de origen. El libro de registro se cerró el 31 de diciembre de 1987. Desde entonces sólo se registran potros hijos de animales registrados. Desde 1995 se somete a los potros a un análisis de sangre. Se inscriben unos 7.000 potros al año, con predominio de los del tipo Árabe y Quarter horse.

CABALLO PALATINO-ARDENÉS DE SANGRE FRÍA

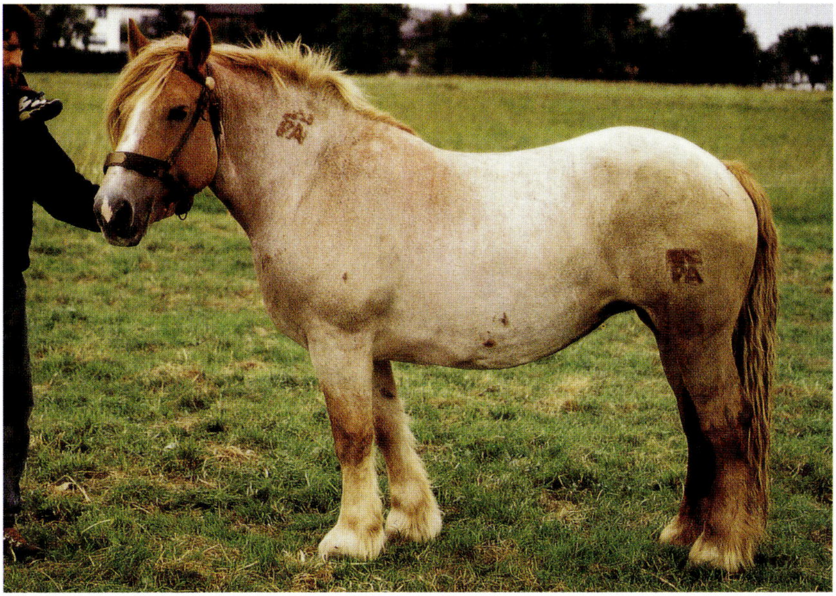

Características: Caballo de sangre fría de planta media. Expresiva cabeza pequeña y enjuta con orejas pequeñas y ojos vivos. Cuello bien insertado. Cuerpo con pecho ancho y profundo, grandes espaldas inclinadas, larga grupa bien musculada y cuartos traseros con fuertes músculos. Extremidades vigorosas, claras y enjutas, y cascos correctos y duros. Hermosas crines y cola; cernejas ralas. Todas las capas. Alzada entre 157 y 160 cm.

Distribución: Los territorios principales de cría son el Palatinado y el Sarre alemanes, con centros de cría en la yeguada de Zweibrücken y el centro de cría caballar de Standenbühl, así como en las Ardenas francesas.

Aptitudes: Buen carácter, nada complicado y temperamento tranquilo. Caballo versátil, apto para labores agrícolas o forestales y para el tiempo libre. Movimientos correctos, paso amplio y trote enérgico y brioso.

Historia de cría: Su origen se remonta al siglo XVII y a las estirpes locales de los agricultores del Palatinado, con cruces de Normando y Ardenés. En 1896 se fundó la Sociedad Cooperativa del Palatinado del Sur para la Cría Caballar de Sangre Fría y en 1906 la Asociación de Cría Caballar del Palatinado, la cual dispuso el primer libro de registro para los caballos renano-alemanes de sangre fría de pura raza. Su objetivo era criar caballos a partir de las yeguas poco uniformes y los sementales de sangre fría disponibles. Ello se logró durante la Segunda Guerra Mundial al emplearse en la yeguada de Zweibrücken sementales de Ardenés que marcaron el tipo racial Palatino-ardenés. En los cincuenta y sesenta, destacaron *Helder I* por *Successeur d'Horse*, *Gabardin* por *Gallus* y *Artist* por *Gambin de Forest*. La mecanización ha llevado al retroceso de la población.

Caballo pesado alemán de sangre caliente

Características: Animal de sangre caliente de una robusta elegancia. Cabeza expresiva y señalada, cuello de longitud media, musculado y con buena inserción en el tronco. Espalda larga e inclinada, cruz visible, dorso elástico con lomos anchos y musculados, y grupa inclinada. Extremidades enjutas con articulaciones claras y marcadas y cascos firmes y regulares. Negros, castaños, alazanes y tordos. Alzada entre 157 y 165 cm.
Distribución: Alemania; territorios de cría en Sajonia y Turingia.
Aptitudes: Frugal, buen carácter; movimientos amplios y cadenciosos con ligera acción en el trote. Versátil caballo de silla y enganche.
Historia de cría: Ya en la Edad Media se emplearon en la cría caballar local los caballos que vivían en los pastos de Rennsteig, en la franja fronteriza entre Franconia y Turingia. En el siglo XVI las caballerizas sajonas y turingias (Merseburg, Georgenthal, Vessra, Allstedt, Zella, etc.) ya tenían un gran prestigio. Los inicios de un programa organizado de cubriciones en Sajonia comenzaron en 1765 con el empleo de un semental de las caballerizas de Erzgebirge, y ya en 1767 había estaciones de cubrición en toda Sajonia. La cría caballar de los siglos XVIII y XIX fue liderada por las yeguadas de Graditz y Moritzburg. Las asociaciones de criadores apoyaron la cría con base de caballos hannoverianos y oldemburgueses-frisones orientales. Tampoco debe olvidarse la destacada labor de los condes de Münster y Lehndorff. Varias generaciones de criadores comprometidos debieron vencer las consecuencias de las nefastas guerras acaecidas en los siglos XIX y XX, y la exigencia planteada por el cambio de un caballo robusto autóctono de sangre caliente al moderno caballo de silla y enganche actual.

Caballo portugués de deporte

Características: Caballo noble de deporte, con marcada influencia árabe y constitución enjuta. Su cabeza es cuneiforme con orejas vivas y ojos oscuros. Cuello robusto, espalda inclinada, cruz marcada, tronco compacto, dorso robusto con buena ensilladura, grupa ligeramente caída y musculosa, y cola completa bien insertada. Extremidades correctas y enjutas con articulaciones marcadas y también cascos duros. Hermosas crines y cola. Todas las capas. Su alzada es de unos 158 cm.
Distribución: Principalmente en Portugal, España y Francia.
Aptitudes: Excepcional caballo de deporte para todas las disciplinas. Caballo militar dispuesto al esfuerzo, buenas andaduras básicas y con capacidad para el salto. Temperamento arrojado y buen carácter.
Historia de cría: Este caballo es el complemento ideal para el barroco Lusitano, empleado como caballo taurino y en la doma ibérica. Su existencia se debe al deseo de obtener un moderno caballo autóctono para el deporte de silla, con especial atención a sus cualidades como caballo militar. El doctor Manuel Domingues-Heleno, jinete con éxitos internacionales dedicado a la cría de caballos, comenzó su actividad como criador en 1980 en su yeguada Haras Biaritz, con una base de Lusitano, Pura raza árabe y el semental de silla francés Faust Biaritz, caballo con grandes éxitos en doma. Hay unas 30 yeguas de cría en la yeguada, distinguida en 1992 como la mejor yeguada de Portugal. Todos los caballos son montados con 4 años y probados en concurso. El caballo castrado *Liszt Biartiz* por *Faust* (SF) / El Biaritz (ox) alcanzó en el Trofeo Ibérico un destacado segundo puesto. El libro de registro sigue las pautas dispuestas por la WAHO.

CABALLO RENANO-ALEMÁN DE SANGRE FRÍA

Características: Caballo de sangre fría armonioso y con rostro agradable. Cuello bien implantado, cuerpo medio-pesado, espalda musculosa e inclinada, y grupa bien musculada. Miembros correctos y enjutos; cascos duros. Crines y cola robustas y espesas cernejas. Castaños, alazanes y ruanos. Alzada entre 158 y 165 cm.

Distribución: Alemania, sobre todo en Renania; también en Sajonia.

Aptitudes: Buen paso, movimientos amplios y tiro firme. Caballo de trabajo de buen trato para faenas en la agricultura, silvicultura e industria.

Historia de cría: Estos caballos de sangre fría eran imprescindibles para la agricultura e industria de finales del siglo XIX y comienzos del XX, gracias a su gran capacidad de tiro. Su cría estuvo vinculada a la del Belga de sangre fría, la cual cuenta a su vez con una larga historia. A finales del siglo XIX existía una línea de cría del Renano-Belga de sangre fría. Los positivos resultados obtenidos en la yeguada federal de Wickrath (fundada en 1839) con la sangre fría belga, llevaron a la extensión por el estado de Renania de la base de yeguas de cría belgas y a fijar un objetivo de cría homogénea: el Caballo renano-alemán de sangre fría. El libro de registro 1892 de la asociación de cría caballar de Renania favoreció dicha cría. Los fundadores de las líneas más célebres fueron los sementales *Albion d'Hor* y *Lothar III*, nacidos en 1916. Esta raza se extendió a las demás regiones alemanas incluyendo Prusia oriental. Además de la de Wickrath, también fueron célebres las yeguadas de Warendorf y Kreuz en Halle. El proceso de mecanización llevó a una fuerte regresión de la cría, y a pesar de la modificación de la envergadura desde el tipo pesado original hasta el pesado-medio, dicha cría sigue en retroceso.

Caballo renano-westfaliano de sangre fría

Características: Caballo armonioso con rostro agradable y ojos expresivos. Cuello robusto y bien implantado, cuerpo pesado-medio y espalda musculosa e inclinada. Grupa redonda, ligeramente hendida y bien musculada. Extremidades correctas y enjutas con cascos duros. Robustas crines dobles y cola, y cernejas. Castaños, alazanes y ruanos. Alzada entre 158 y 165 cm.

Distribución: Alemania, con el territorio principal de cría en Westfalia.

Aptitudes: Frugal, buen carácter, buen temperamento, trabajador y marchas amplias. Caballo de trabajo para la agricultura, silvicultura e industria.

Historia de cría: A mediados del siglo XIX se puso en marcha en Westfalia la cría de sangre fría con una base inicial de cría de Clydesdale y Suffolk, hasta que a partir de 1881 llegaron al país los primeros "Belgas". La cría se vio impulsada por los criadores involucrados y por el libro de registro de Westfalia, pasándose a importar yeguas de sangre fría de Renania y Bélgica. Ello llevó hasta la Segunda Guerra Mundial al desarrollo del "tipo westfaliano". Junto a la sangre fría renana, la sangre fría "renano-westfaliana" adquirió cada vez mayor importancia. Los fundadores de líneas más importantes fueron *Albin d'Hor*, semental ruano de talla media-grande y tronco profundo, y *Christal de Baele*, tordo claro nacido en 1921 con grandes manchas blancas y peso medio-pesado. Después de 1945, la cría de sangre fría sufrió un retroceso. En las últimas décadas ha destacado el enjuto y manejable semental castaño *Tonus*, nacido en 1972 y nieto del Ardenés sueco *Torol*, empleado tras 1945. Aunque el número actual de sementales y yeguas no es comparable con los efectivos anteriores a 1945, su clase no tiene nada que envidiar a la de sus antecesores.

Caballo ruso de sangre fría

Características: Éste es el más pequeño de los caballos rusos de sangre fría, con 152 cm de alzada. Constitución compacta, enjuta y armoniosa. Hermosa cabeza con frente ancha y orejas atentas. Cuello corto y ancho. Tronco cilíndrico y macizo, con unos 200 cm de profundidad de cincha y 160 cm de longitud del tronco. Dorso largo y ancho, y grupa larga y caída. Extremidades firmes y enjutas, con ralas cernejas y cascos duros; perímetro de caña de 22 cm. Sobre todo alazanes. Entre 600 y 700 kg de peso.
Distribución: Ucrania y Rusia.
Aptitudes: Sobrio, buen carácter, temperamento afable, sano, precoz, frugal y longevo. Capacidad de adaptación, rendimiento, fuerza de tiro y movimientos rápidos y amplios.
Historia de cría: Esta raza se remonta a los "caballos de carga" autóctonos ucranianos que ya a mediados del siglo XIX fueron cruzados con Ardenés, Brabantés, Percherón y desde 1870 también con Trotón Orlov. El tipo estándar de la nueva raza fue obtenido en la Academia de San Pedro de Moscú y en las yeguadas de las regiones de Voronesch, Poltava y Ucrania. El número de sementales pasó de los 9 en 1875, a los 597 de 1915. Los centros de cría fueron las yeguadas de Perschino y Crenovoy. El "caballo ruso de carga" de tipo Ardenés fue muy apreciado en Rusia. Pero la Primera Guerra Mundial y la guerra civil rusa ocasionaron grandes pérdidas. En 1924 sólo quedaban 92 sementales de cría en los centros de Novo Alexandrov, cerca de Vorochislogrado y Uralsk, no pudiendo volver a hablarse de una cría pura consolidada hasta 1937. En los años sesenta la raza ya representaba la cuarta parte de todos los caballos de sangre fría de la antigua Unión Soviética. En la actualidad goza de gran aceptación.

Caballo sajón-turingio de sangre fría

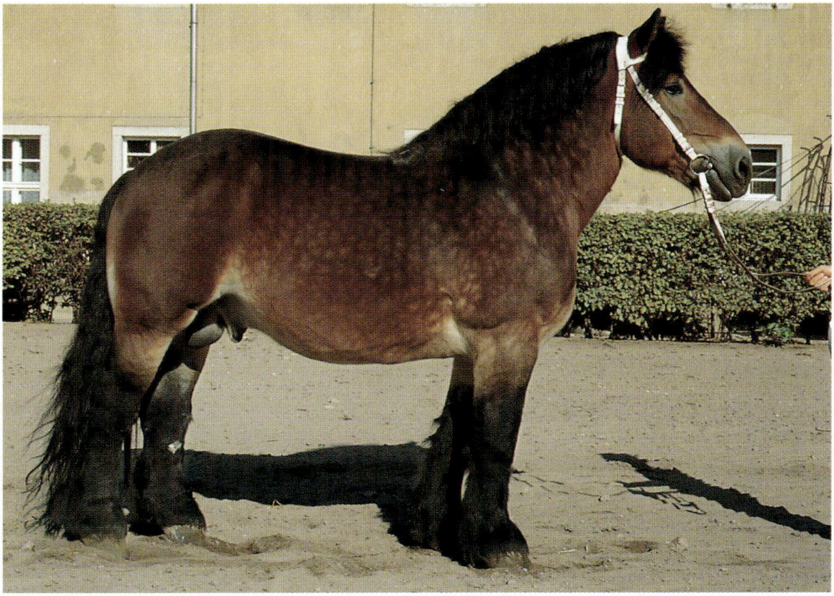

Características: Caballo de sangre fría armonioso y de peso medio. Cabeza con rostro enjuto y agradable, cuello robusto bien implantado, espalda musculosa e inclinada y grupa bien musculada. Los miembros son enjutos y correctos con cascos duros. Fuertes crines y cola y tupidas cernejas. Negros, castaños, alazanes y ruanos. Alzada entre 158 y 165 cm.

Distribución: Alemania, con los territorios principales de cría en Sajonia y Turingia.

Aptitudes: Frugal, buen carácter y temperamento, trabajador y andaduras amplias. Caballo para actividades agrícolas, forestales e industriales.

Historia de cría: La cría caballar en Sajonia y Turingia cuenta con una larga y acreditada tradición. Las antiguas yeguadas cortesanas de Merseburg, Torgau, Moritzburg y el plan de cubriciones a partir de 1765 de las yeguas locales en Erzgebirge, así lo atestiguan. Turingia ya contaba con las caballerizas reales de Allstedt, cuyas raíces se remontan al siglo XII. Si en Turingia se prefería la sangre caliente robusta y la sangre fría de peso medio del tipo del Brabantés o más tarde del Renano-alemán, en el reino de Sajonia la cría a principios del siglo XIX se basaba en el Noriker, el Percherón y el Shire. En Sajonia el número de caballos de sangre fría pasó de unos 90.000 en 1898 a unos 45.000 en 1928, mientras que en Turingia se pasó en el mismo periodo de 25.000 a 50.000. En ambos territorios de cría la población de sementales y yeguas registrados experimentó un fuerte retroceso después de 1945, aunque sin verse amenazada la población mínima. La cría es gestionada en la actualidad por las asociaciones regionales de Turingia y Sajonia, en coordinación con las de Bavaria, Hesse y Renania-Palatinado-Sarre.

Caballo salvaje del Namib

Características: Musculoso "caballo doméstico" vuelto al estado salvaje, de conformación rectangular y buenas cualidades de caballo de silla, no exento de nobleza. Cabeza expresiva, a menudo con perfil cóncavo, buenas espaldas, dorso de longitud media y grupa inclinada. Extremidades robustas y correctas con cascos duros. Sobre todo castaños, pero también alazanes y negros; ni tordos ni píos. Alzada entre 140 y 160 cm.
Distribución: En el desierto del Namib, en la República de Namibia, al este de la bahía de Lüderitz, en el parque nacional de Namib-Nauk.
Aptitudes: Resistente, duro y enérgico, extraordinariamente adaptado a las extremas condiciones del desierto.
Historia de cría: Se trata de descendientes de caballos abandonados y huidos de las antiguas tropas coloniales y de granjeros de la colonia alemana del África sudoccidental comprada en 1883 por el comerciante de Bremen, Lüderitz. Entre ellos, había otros de razas autóctonas del centro y sur del país, cuya resistencia, dureza y sobriedad poco común y sus "cascos y tendones duros como el acero" fueron célebres en su tiempo (ponis Basuto y caballos de El Cabo). Los caballos importados para las tropas alemanas sirvieron de base para la cría caballar, necesaria para abastecer de caballos de silla y enganche como medio de transporte. El Gobierno alemán apoyó la cría mediante la entrega de sementales de la yeguada nacional de Nauchas a los granjeros. En Nauchas también se emplearon Pura sangre ingleses, Trakehner y Berberiscos para obtener reproductores de calidad. Los caballos huidos y asilvestrados, durante y tras la Primera Guerra Mundial, se adaptaron al desierto. Desde hace 10 años las autoridades namibias velan por la conservación de estos caballos.

CABALLO SOVIÉTICO DE SANGRE FRÍA

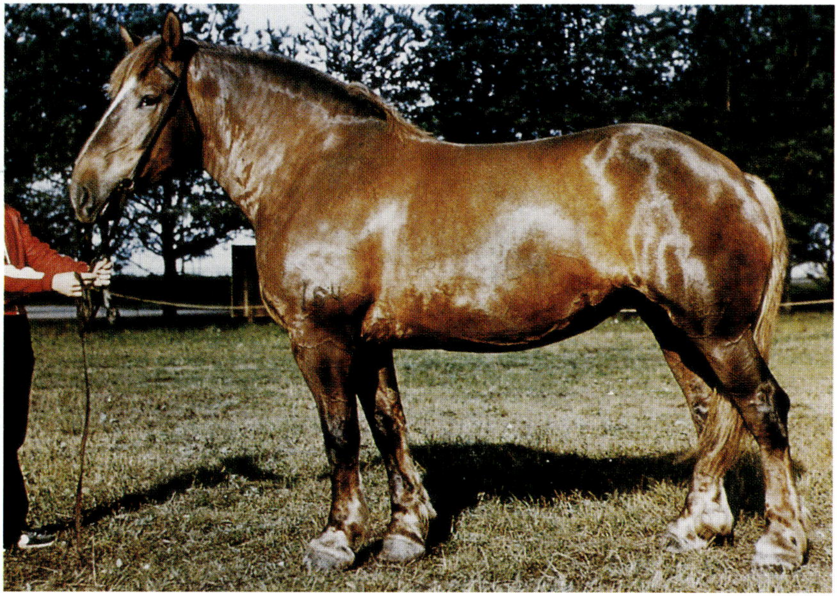

Características: Es el más pesado de todos los caballos rusos de sangre fría, con un exterior atlético y enjuto. Cabeza de tamaño medio bien proporcionada, cuello corto y musculoso, pecho ancho, cuerpo macizo y cilíndrico con costillares bien arqueados, tronco de 169 cm de largo, dorso robusto y ancho con un lomo también ancho, y grupa compacta e inclinada. Extremidades firmes y enjutas, perímetro de la caña: 25,2 cm, articulaciones bien formadas y grandes cascos; cernejas ralas. Sobre todo alazanes, aunque también ruanos, castaños y bayos. Alzada entre 161 y 165 cm. Peso entre 850 y 1.000 kg.

Distribución: C.E.I. Yeguadas importantes: Potschinkovski (antes Potschinski), en el antiguo territorio de Nishnij Movgorod, que ya en tiempos de los zares poseía una yeguada propia, así como las de Gorki y Mordovski en la región de Kujbyschev.

Aptitudes: Buen carácter, temperamento dispuesto al esfuerzo, sano, precoz, sobrio, de tiro firme y robusto. En 1957 el récord mundial de tiro lo logró un caballo de esta raza, tirando de 23 toneladas. Paso firme y buen trote.

Historia de cría: Esta raza, una de las más importantes de la antigua Unión Soviética, ha sido una de las más extensamente empleadas como "caballo de carga". Actualmente hay unos 300.000 caballos censados. El Caballo soviético de sangre fría es el resultado de una cría planificada practicada desde 1885, y fomentada desde 1936 en tres yeguadas estatales, a partir de cruces entre yeguas autóctonas y sementales de Brabantés, Ardenés, Percherón e incluso Trotón Orlov. El reconocimiento oficial de la raza tuvo lugar en 1952, tras consolidarse una cría sustentada en dos líneas de sementales y tres familias de yeguas.

Caballo sueco de sangre caliente

Características: Caballo noble de sangre caliente y talla media, de conformación rectangular, profunda y enjuta. Cabeza pequeña, noble y expresiva, inserción correcta del cuello, buena disposición de la espalda, cruz bien señalada, extremidades enjutas y correctas con articulaciones señaladas y buenos cascos. Todas las capas; predominan los animales castaños.
Distribución: Suecia y resto de Europa.
Aptitudes: Frugal, dócil a pesar de su temperamento enérgico, movimientos bien balanceados, buena disposición para la doma y el salto.
Historia de cría: Suecia ostenta una consolidada cría caballar con varios siglos de antigüedad. Su piedra angular es la yeguada real Flyinge, cerca de Mölme, desde 1661 en manos de la corona sueca. En 1629 Karl XI fundó las caballerizas reales de Stromholm, punto de partida de la cría caballar ordenada y del arte ecuestre en Suecia. Su objetivo ha sido un caballo de silla versátil apto para el trabajo. Durante la Guerra de los Treinta Años y entre los siglos XVII y XVIII, llegaron a Suecia muchos caballos españoles a los que en el siglo XIX seguirían otros. Desde mediados del siglo XVIII se emplearon en la cría Hannoverianos y Trakehner, para constituir la base de cría del moderno Caballo sueco de sangre caliente. A finales del siglo XIX se desarrolló dicha raza, tras un programa organizado de cruces con Pura sangre inglés, Pura raza árabe, Trakehner y varias estirpes autóctonas. En 1912 Suecia consiguió sus primeras seis medallas olímpicas en hípica con caballos de esta raza, y otros caballos criados en Suecia (*Piaff* por *Gaspari*) lograron revalidar estos éxitos. A partir de 1945 se importaron de Alemania distintos sementales (*Dohma II* por *Detektiv*, *Almjunge* por *Almfreund*, *Anno* por *Hirtensang* y *Polarstern* por *Portwein*).

CABALLO SUIZO DE SANGRE CALIENTE

Características: Caballo de deporte noble, atlético y de gran planta. Cabeza expresiva, buena inserción del cuello, cruz marcada, espalda fuerte y bien dispuesta, dorso robusto y elástico, cuartos traseros bien conformados con grupa musculosa y extremidades sólidas con articulaciones y tendones bien marcados, y cascos correctos y sanos. Todas las capas básicas; sobre todo castaños y alazanes. Alzada de unos 165 cm.

Distribución: Suiza, con el centro de cría principal en la yeguada de la Confederación Helvética de Avenches.

Aptitudes: Caballo de deporte de gran rendimiento, sano y apto para todas las disciplinas. Movimientos briosos, amplios y elásticos. Monta cómoda, buen carácter y temperamento agradable.

Historia de cría: La cría caballar suiza cuenta con una antiquísima tradición. Ya en la Edad Media el monasterio de Einsiedel era célebre por sus caballos. Los Einsiedler fueron muy conocidos fuera de sus fronteras como los "Cavalli della Madonna". En el valle de Emmental, en el Oberland bernés y en Les Ormonts, ya se daba a mediados del siglo XIX una cría de caballos de enganche y silla enérgicos, de poca talla y predominantemente alazanes. Como en el resto de Europa occidental, a partir de 1960 aumentó el interés por un caballo de deporte y silla, lo que llevó a la yeguada de Avenches a adquirir destacados sementales de sangre caliente a yeguadas de Francia, Suecia y Alemania para su cruce con yeguas autóctonas suizas y otras yeguas importadas. La raza nació en virtud de una adecuada planificación de la cría y una selección en distintos estamentos, incluyendo pruebas en estaciones de examen. Caben destacar los éxitos de Gauguin de Lully en doma y de Walido y Orée de la Brasserie en pruebas combinadas.

CAMARGUÉS

Características: Raza de una belleza original, con cuerpo compacto y fuerza vital. Gran cabeza, sin ser ordinaria, con frente ancha, ojos expresivos, orejas pequeñas y atentas y quijada robusta. Cuello corto y robusto, espalda corta e inclinada y mucha profundidad de cincha. Dorso de longitud media, grupa musculosa marcadamente inclinada y cola de inserción baja. Extremidades enjutas con grandes cascos redondos adaptados a su medio original. Crines y cola robustas y espesas. Es característica su barba bajo el labio inferior y el vello en el bajo vientre entre el ombligo y los genitales. Capa: sólo tordos. Alzada entre 135 y 148 cm.

Distribución: Francia, en el gran territorio de 750 km^2 de la Camarga en el delta del Ródano, al sur de la ciudad de Arles, donde viven manadas semisalvajes. También en Alemania, Bélgica, Gran Bretaña e Italia.

Aptitudes: Caballo de trabajo robusto, sobrio, sano y longevo empleado por los vaqueros o "guardianes" de los rebaños vacunos del sur de Francia. Su coraje y extraordinaria capacidad de recuperación hacen del Camargués un caballo sobresaliente para grandes distancias y el *raid*, y para el enganche.

Historia de cría: Los orígenes del Camargués o "crin blanc" (crin blanca) se remontan al caballo de Solutré (50.000 a.C.). Desde bien pronto se introdujo en la raza sangre árabe, y a partir del siglo XIX se practicó la cría controlada con Pura sangre, para aportar al Camargués más talla y ensilladura como caballo de las remontas de caballería. Después se retomó la cría pura debido a la Sociedad de Cría del Caballo Camargués. En 1972 se estableció la yeguada nacional de Uzés y en 1978 se abrió el libro de registro de la raza (Stud-Book du Cheval Carmargue).

Campolino

Características: Caballo de andaduras especiales de tamaño medio con buena línea superior. Cabeza larga y enjuta, cuello alto bien arqueado, cruz amplia y marcada y espalda inclinada. Tronco robusto con buena profundidad de cincha, dorso de longitud media, grupa larga y ancha y cola de inserción baja. Extremidades resistentes con tendones señalados. Castaños, alazanes, tordos, a menudo tonos mezclados; apenas negros. Bellas crines. Alzada en torno a 158 cm.

Distribución: Brasil: centro principal de cría en el estado de Minas Geraes.

Aptitudes: Resistente marcha de ambladura a campo través, de paso firme y gran dureza y resistencia. Es un caballo especialmente apto para distancias largas. Son características su batida y su paso a picada, un trote y paso de ambladura, respectivamente. Sin embargo no marcha al trote ni al paso normal.

Historia de cría: Pariente del Mangalarga, desciende de los caballos de los conquistadores portugueses y españoles. Por selección natural se obtendría más tarde el Criollo. La necesidad de criar un Criollo con mayor talla y envergadura llevó al desarrollo del Campolino, aún mayor. Con el concurso de otras razas (Pura sangre inglés, Trotón Orlov, Percherón, Holsteiner, Saddlebred), el criador Cassiano Campolino obtuvo a mediados del siglo XIX con una base de cría de Criollo la raza que llevaría su nombre. A la muerte de Campolino, Joaquim Pacheco, de la finca Tanque, y el Coronel de Andrade, de la finca Campo Grande, prosiguieron con la cría. Actualmente el Campolino se cuenta entre las mejores razas de Sudamérica. En 1951 se fundó en Bela Horizonte (Brasil) la Asociación de Criadores de Campolino. Desde entonces se han registrado unos 6.000 caballos de esta raza.

CANADIAN CUTTING HORSE

Historia de cría: El Canadian cutting horse está íntimamente emparentado con el Quarter, al que se asemeja en su exterior, carácter y temperamento. Como pura raza útil debe su existencia a los grandes rebaños de reses y a su gran instinto para sacar del rebaño a un determinado animal. Tras el fin de la época de esplendor de los rebaños trashumantes, esta raza pasó a ser muy apreciada en las disciplinas americanas de rodeo (*cutting, calf roping, barrel racing*, etc.).

Características: Atlético caballo "vaquero" de armoniosa conformación rectangular. Cabeza expresiva, enjuta y algo pesada, con cuello de inserción algo alta y suficientemente arqueado. Cruz marcada, pecho musculoso y ancho, espalda ancha e inclinada, dorso corto y fornido, tronco bien formado con profundidad de cincha, cuartos traseros compactos con grupa ligeramente caída. Extremidades firmes y bien musculadas, con tendones y extremidades bien señalados y cascos duros y correctos. Se permiten todas las capas básicas, excepto la capa pía. Sobre todo abundan los negros, castaños y castaños oscuros. Alzada entre 158 y 165 cm.
Distribución: Canadá.
Aptitudes: Excepcional caballo para uso ganadero *(cutting horse)* con gran esfuerzo final y excelente agilidad y rapidez. Buen carácter y buen temperamento.

CAYUSE

Características: Poni noble y musculoso. Pequeña cabeza enjuta, perfil recto o convexo. Cuerpo robusto y esbelto, grupa caída y cola de inserción baja. Extremidades enjutas y firmes, con cascos duros como el acero. Todas las capas; especialmente castaños y bayos de distintos tonos. También puede presentar rasgos propios de los caballos salvajes, como la raya de mulo. Alzada entre 140 y 148 cm.
Distribución: Estados Unidos.
Aptitudes: Es el caballo de los "indios de las praderas", de los cowboys y de la caballería norteamericana.
Historia de cría: En California, Texas y Nuevo México, los caballos que vivían en estado salvaje fueron conocidos como "mustangs", y en el norte como "broncos", "cayuses" o "ponis indios". Se trataba de caballos españoles y orientales (Andaluz, Árabe, Berberisco) que llegaron a Sudamérica en el siglo XVI con los conquistadores españoles. Los indios, que sólo conocían al perro como animal doméstico y de tiro, no tardaron en darse cuenta de las ventajas del caballo. En el siglo XVII los Sioux, Apaches, Cheyenne, Kiowas, Navajos y otros pueblos indios ya cazaban búfalos a caballo. Los ponis fueron moneda corriente. Como los indios a caballo eran superiores a los colonos que invadían sus tierras, en el siglo XIX no sólo fueron combatidos los propios indios sino también sus ponis y los búfalos. Estos últimos eran abatidos, y las tribus derrotadas eran despojadas de sus caballos.
En el siglo XX se dieron más masacres, aunque también hubo acciones eficaces de signo opuesto. Cabe destacar a Robert Brislawn en la Wild Horse Reasearch Farm de Porterville (California), el Spanish Barb Mustang Registry y la American Mustang Association.

CAZADOR IRLANDÉS (IRISH HUNTER)

Características: Elegante caballo de gran envergadura, que apoya en el suelo sobre unos firmes miembros. Mucha profundidad de cincha para albergar sus desarrollados corazón y pulmones; esta gran constitución le permite una extraordinaria resistencia, además de una gran capacidad para el salto. Cabeza bien proporcionada con rostro que expresa una viva inteligencia y una buena confianza en sí mismo. Cuello bien conformado con una longitud precisa, en armonía con la noble figura de este caballo con gran capacidad para llevar cargas, con una alzada en torno a 165 cm.

Distribución: Irlanda y en todos aquellos países donde se aprecien los caballos de deporte seguros y versátiles.

Aptitudes: Valiente, esforzado, fiable, con un talento natural y una excelente técnica para el salto, cualidades que hacen de él un estupendo caballo de caza.

Historia de cría: Es el resultado de una yegua de Irish draught con un Pura sangre. La cría del Hunter se debe a la pasión por la caza deportiva a caballo. Para obtener un caballo capaz de llevar al jinete a través de todo tipo de terrenos y salvar todos los obstáculos, se cruzaron Irish draught y Pura sangre. Conforme a unas reglas no escritas de cría se distinguen cuatro clases de Hunter: Hunter pesado (jinetes de más de 89 kg), Hunter pesado-medio (82,5-89 kg), Hunter ligero (hasta 82,5 kg) y el pequeño Hunter de menos de 157 cm de alzada. Sus aptitudes son examinadas en el campo de la caza y del ejército en las pruebas de aptitud para Hunter y en competiciones oficiales en colaboración con la Irish Horse Board. Es un caballo robusto que sortea obstáculos llevando sobre él al miembro más pesado de la familia, al tiempo que puede ser montado por un niño.

Chincoteague-Assateague

Características: Pequeño y ligero poni que vive en estado semisalvaje. Larga cabeza de caballo, con perfil recto, cuello de longitud media, dorso recto, cuartos traseros musculosos con grupa redondeada y extremidades ligeras. Todas las capas; predominan los píos. Alzada entre 122 y 142 cm.

Distribución: Estados Unidos, en las islas de Chincoteague y Assateague, frente a la costa de los estados de Virginia y Maryland.

Aptitudes: Poni enérgico y recio, a menudo con carácter terco y obstinado. Algunas personas lo aprecian como poni para niños.

Historia de cría: Es la única raza autóctona que se ha desarrollado sin influencia de otras razas. Desciende de caballos berberiscos y españoles que llegaron a América con los conquistadores españoles en el siglo XVII. En las dos islas, ambas deshabitadas y rodeadas de marismas de agua salada, la mayoría de los caballos degeneró por la fuerte endogamia, sobreviviendo sólo los mejor adaptados. Oficialmente no se supo de su existencia hasta la década de 1920-1930, momento en que se cruzó con Poni galés y Shetland. El empleo de Pintos en los cruces no ha sido demostrado, aunque así lo atestigua su típica "cabeza de caballo". Desde que en 1966 se empleó el Pura raza árabe *Skowreym* por *Skowronek* con un éxito absoluto, los ponis actuales han perdido su carácter de poni original y han adquirido más tamaño y nobleza. Actualmente viven unos 200 ponis en la isla mayor, Assateague. Dicha isla es Parque Nacional desde 1933 y está separada de la otra isla, Chincoteague, por una estrecha franja de agua. En julio de cada año se celebra una subasta de ponis en el denominado Pony Penning Day, tras ser obligados éstos a cruzar el canal a nado hasta la isla de Chincoteague.

CLEVELAND BAY

Características: Caballo de sangre caliente de gran planta. Hermosa cabeza grande y enjuta con grandes orejas, perfil ligeramente convexo y ojos expresivos. Cuello de longitud media, erguido y bien implantado, espalda bien conformada, cruz plana, tronco robusto con mucha profundidad de cincha, dorso recto, grupa y cuartos traseros largos y musculosos, y cola de inserción alta. Extremidades enjutas y robustas con sanos cascos oscuros. Crines y cola negras. En los hermosos caballos bayos o bayos oscuros son típicos una pequeña estrella y los cabos y extremos negros, únicas marcas permitidas. Alzada de unos 165 cm.

Distribución: Inglaterra, Estados Unidos, Australia, Nueva Zelanda y Sudáfrica.

Aptitudes: Inteligente, fuerte, resistente, fiel y longevo. Caballo con amplias andaduras, excepcional para la caza, la silla, el enganche y el salto.

Historia de cría: Esta raza autóctona equina, la más antigua de Inglaterra, vivía en el condado de Cleveland, en el noreste del país, y la historia de su cría comenzó ya en el siglo XVII. Su base de cría fueron yeguas autóctonas locales empleadas por comerciantes y viajantes para sus desplazamientos, el Chapman Horse, y caballos orientales y Pura sangre ingleses. El condado de Cleveland y el color de su capa (bayo) dieron nombre a esta raza, con buena demanda en todo el mundo como veloz caballo de enganche a carrozas. En 1884 se abrió el *studbook* de la Cleveland Bay Horse Society, al que más tarde seguiría otro libro de registro para medias sangre de Cleveland bay. La extensión de la mecanización por todo el mundo hizo retroceder la población de esta raza, aunque hoy día está experimentando una recuperación por su papel insustituible como caballo de silla, de enganche y de caza.

Clydesdale

Características: Caballo de sangre fría clásico, de gran planta y envergadura. Cabeza no demasiado grande con rostro amable, perfil recto y hocico ancho, grandes orejas y ojos despiertos. Cuello largo, bien arqueado, con buena inserción en el tronco, espalda inclinada y cruz alta. Dorso corto y fuerte, costillares bien formados, cuartos traseros fuertemente musculados, grupa larga, ancha y musculosa, con una cola de inserción alta. Extremidades robustas con cascos grandes y anchos. Cuatralbo alto o muy alto, con cernejas y rostro manchado de blanco. Actualmente la cola no se recorta, sino que se esquila del todo. Se prefieren los castaños claros y oscuros y los negros; también se admiten diferentes tordos. Alzada de unos 170 cm.

Distribución: Inglaterra, Irlanda, Europa, Estados Unidos, Canadá, Nueva Zelanda, Australia y Japón.

Aptitudes: La raza aúna fuerza y capacidad para la doma con un carácter amable y equilibrado. Es un apreciado caballo de tiro, noble y con paso poderoso.

Historia de cría: Su lugar de origen es el valle de Clyde, en Lanarkshire, Escocia. Su cría comenzó en el siglo XVIII al cruzarse yeguas locales con sementales flamencos. También se añadió sangre de Shire y de Cleveland bay. Con la apertura del libro de registro en 1878 por parte de la Clydesdale Horse Society, fundada en 1877, se inició la cría pura, favorecida por la revolución industrial que requería pesados caballos de tiro como el Clydesdale. Actualmente se emplea como caballo de exhibición en los concursos de tiro de carros o de arados. Su empleo en la cría de caballos pesados de silla o de caza mediante el cruce con Pura sangre augura a la raza y a la asociación de criadores del Clydesdale, con sede en Edimburgo, un buen futuro.

COB NORMANDO

Características: Caballo de sangre fría de talla media a grande, de figura rectangular, con clara influencia de la sangre caliente en sus venas. Cabeza expresiva de longitud media, orejas despiertas y ojos vivos, y perfil recto. Cuello bien arqueado y erguido, con cruz baja, espalda inclinada y marcada, y tronco compacto con mucha profundidad de cincha. Dorso corto, grupa ancha, larga e inclinada, con cola recortada, tupé y crines abundantes, y ralas cernejas. Extremidades cortas y robustas con cascos sanos. Alzada entre 160 y 170 cm y peso entre 550 y 800 kg. Predominan los castaños y alazanes, siendo más raros los tordos y bayos.

Distribución: Francia, con la región principal de cría en el departamento de La Mancha.

Aptitudes: Carácter dócil y agradable. Buen paso y trote elegante. Caballo de tiro de gran rendimiento para la agricultura, industria, ocio y deporte.

Historia de cría: Descendiente del robusto caballo normando y apreciado caballo de enganche a carrozas, presente en Normandía desde hace siglos. Durante mucho tiempo estos caballos eran descritos con la indicación de "media sangre". A comienzos del siglo XX se criaban dos tipos: el primero fue parte de la base para el actual caballo de silla francés; el segundo y más pesado, el Cob de cultivo, un caballo de uso agrícola con cola recortada, ha dado lugar al actual Cob. La razón para ello fue la distinción que los criadores introdujeron para satisfacer las distintas necesidades del ejército y de la agricultura. Los primeros conservaron su cola intacta; en los últimos fue recortada y se denominaron Cob. No existe ningún libro de registro. Si el padre es un semental de Cob, el potro también es Cob. Los mejores sementales se mantienen en la yeguada nacional de Saint Lo.

COMTOIS

Características: Práctico caballo de sangre fría y peso medio a pesado, de elegancia compacta. Cabeza cuadrangular con ojos vivos y orejas pequeñas y móviles. Cuello recto, musculoso y bien insertado; cruz acentuada, espalda inclinada, pecho ancho y mucha profundidad de cincha. Tronco compacto, con costillares redondeados, dorso corto y robusto con lomo cerrado en corto; grupa musculosa y caída con cola de inserción baja, cada vez más raramente recortada. Extremidades enjutas, robustas y cortas, con tendones señalados y articulaciones anchas y poco marcadas, cascos firmes y bien formados de talla media y cernejas claras. Son típicas las crines claras y abundantes de los caballos, en su mayoría alazanes y castaños. Alzada entre 150 y 160 cm. Peso entre 600 y 800 kg.

Distribución: Francia, en el Franco Condado.

Aptitudes: Enérgico, trabajador, obediente, sobrio, resistente y precoz. Caballo apreciado para trabajar en cultivos forestales y de vid con mucha pendiente, gracias a su robustez, paso firme, agilidad y capacidad de tiro.

Historia de cría: El Franco Condado de la Borgoña dio nombre a la raza. Sus raíces se remontan a las migraciones de pueblos del norte y centro de Europa, que obligaron a marchar hacia el oeste a los borgoñeses y sus caballos en el siglo VI. Siglos más tarde, estos caballos servirían a los caballeros en el medievo y más tarde a los modernos ejércitos de los siglos XIX y XX. En el siglo XIX se cruzaron con Percherón, Anglo-Normando y Bretón. Ya a comienzos del siglo XX, el empleo de sementales de Ardenés llevó a consolidar la raza. Desde 1925 se practica la cría pura de Comtois, llevándose un libro de registro desde 1919. El lugar principal de cría es la yeguada nacional de Besançon.

CONNEMARA

Características: Elegante poni de tamaño medio de conformación rectangular, con excelente línea superior. Cabeza expresiva con perfil recto o ligeramente convexo. Cuello de longitud suficiente y espalda larga e inclinada. Buena ensilladura, grupa de longitud media ligeramente caída y cola de inserción media. Extremidades robustas y correctas con cañas cortas, articulaciones marcadas y cascos duros y bien formados. Hermosas crines y cola. Tordos, bayos, castaños, negros, alazanes y palominos; no se dan los píos. Alzada entre 135 y 148 cm.
Distribución: Irlanda, Gran Bretaña y resto de Europa.
Aptitudes: Buen carácter, temperamento tranquilo, robusto, frugal y sano. Andaduras básicas extraordinarias y gran capacidad de salto. Poni de silla para paseos al aire para toda la familia.
Historia de cría: El lugar de origen de este poni es el distrito de Connemara, en Connaught. Los descendientes de los ponis celtas del siglo V a.C. dieron lugar en el siglo XIV a un apreciado poni de andaduras especiales conocido como "hobby". Ya en la Edad Media se cruzó con caballos ibéricos y orientales. Sobre todo se aportó sangre de Andaluz y Árabe, delatado por la capa torda, por las largas crines y el pelo de la cola y la tendencia a una exagerada acción de rodillas.
Ya en el siglo XX, en los años cuarenta se realizaron cruces con Pura sangre, con sementales como *Winter, Little Heaven* o *Buckna*. Testimonio de ello son, no sólo las capas oscuras y la cabeza enjuta del Connemara, sino también la presencia de caballos como *Dundrum* y *Stroller*. También en esos años se efectuaron cruces con Irish draught para aportar algo más de envergadura y de volumen del tronco. El estándar de cría se fijó en 1924. El primer libro de registro de la raza se abrió en 1926.

CRIOLLO

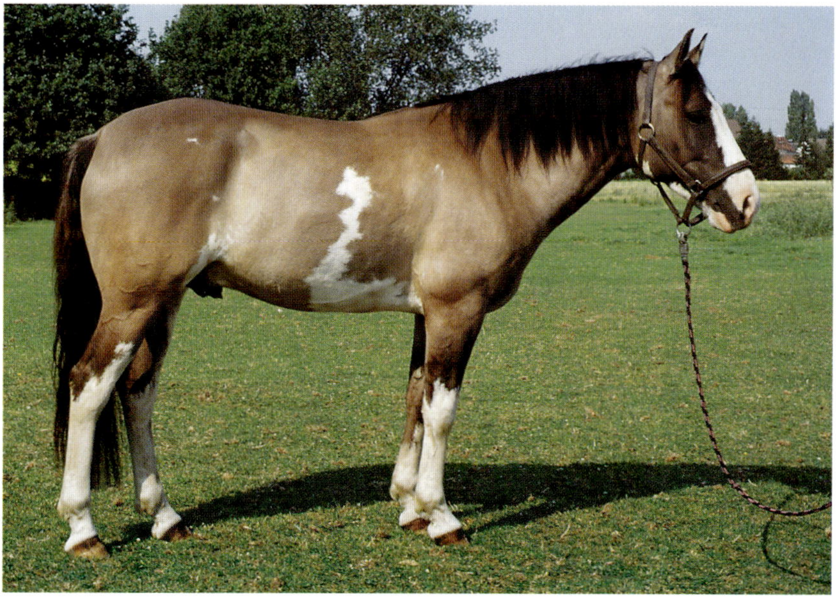

Características: Cabeza corta con frente ancha, perfil recto o convexo, orejas pequeñas y ojos grandes y expresivos. Cuello robusto de longitud media y espalda inclinada. Cuerpo musculoso, pecho ancho, mucha profundidad de cincha, dorso corto y grupa inclinada con inserción baja de la cola. Extremidades cortas con fuerte musculación, corvejones fuertes y correctos, pequeños cascos duros, normalmente negros; crines y cola abundantes. Todas las capas; predominan los bayos de tonos oscuros. En Brasil y Uruguay también se permiten los tobianos. Alzada entre 138 y 150 cm.
Distribución: Sudamérica, con los centros principales de cría en Argentina, Brasil, Chile y Uruguay.
Aptitudes: Resistente, sobrio, de gran rendimiento, obediente, ágil y enérgico. Paso firme y ligero, y cómodo de monta en todas las andaduras básicas. Excepcional caballo para el tiempo libre.

Historia de cría: El nombre "criollo" significa que desciende de los caballos de los conquistadores españoles y portugueses que llegaron en los siglos XVI y XVII al continente americano, hasta entonces sin caballos. Los primeros tenían llegados a Sudamérica desde la península Ibérica, influencia árabe y berberisca. En el nuevo territorio los caballos huidos y abandonados se asilvestraron pronto, evolucionando en los ralos territorios de la Pampa argentina del Criollo. Muchos viven en manadas semisalvajes, diferenciándose en los distintos países de la zona por poco más que el nombre. Tienen una fuerte disposición al paso y al trote de ambladura. En la cría pura del Criollo tuvo gran importancia Emilio Solanat. En 1918 se abrió el primer libro de registro, y en 1923 se fundó en Argentina la primera sociedad de cría. En 1959 los criadores se unieron para llevar un registro de cría pura y rechazar los cruces de poca casta.

DALES

Características: Robusto animal con hermosa cabeza de poni, con frente ancha y largo tupé. Cuello robusto y largo, espalda bien musculada y pecho muy ancho. Dorso robusto, mucha profundidad de cincha y costillares bien arqueados. Cuartos traseros musculosos con grupa ancha y alargada, y cola de inserción baja, larga y exuberante. Extremidades enjutas, fuertes y correctas, con articulaciones marcadas, cernejas espesas y cascos duros y bien formados. Predominan los negros; más raros los castaños, tordos y castaños oscuros. Se permiten marcas blancas en la cabeza y bajo los corvejones. Alzada entre 142 y 148 cm.

Distribución: Norte de Inglaterra, en los Dales.

Aptitudes: Leal, inteligente, sociable y valeroso. Movimientos enérgicos con mucho empuje, paso firme, trote elegante y buena disposición para el salto. Poni ideal de silla y de enganche.

Historia de cría: Los Dales están en la vertiente oriental de la cadena Penina, en el norte de Inglaterra, donde esta raza ha vivido desde hace siglos. En la vertiente occidental vive otro poni emparentado, el Fell, del que se diferencia en el exterior sólo por su mayor tamaño y peso. Muchas razas: Galloway (hoy extinguida), el Poni Hackney, el Trotón Norfolk y el Trotón Yorkshire, han contribuido a la formación del actual Dales. Durante siglos se empleó como caballo de carga y transporte. Para mejorar sus condiciones de tiro a comienzos del siglo XX se realizaron con éxito cruces con Clydesdale. En ambos campos de trabajo esta raza ha dado un resultado excelente. La amenaza de extinción ha sido evitada por la Dales Pony Society. Se han cruzado yeguas de Dales y sementales de Pura sangre, obteniéndose unos caballos útiles muy versátiles.

DARTMOOR

Características: Robusto y elegante poni de silla. Pequeña cabeza noble, con expresivos ojos, cuello robusto bien implantado y espalda inclinada. Dorso macizo con buena ensilladura. Miembros enjutos y fuertes, con articulaciones bien marcadas y cascos sanos. Predominan las capas oscuras, prefiriéndose sin marca alguna. Alzada entre 116 y 127 cm.
Distribución: Sobre todo en el suroeste de Inglaterra, en la región de Dartmoor, cerca de la ciudad de Exeter. Pero tiene admiradores en todo el mundo.
Aptitudes: Temperamento dócil y sociable. Es un poni de primera clase para los niños, con buenas aptitudes para el salto. Andaduras ágiles y acompasadas.
Historia de cría: Existe desde 1012. Los ponis eran empleados en trabajos agrícolas. Se usaron como caballos de carga para transportar estaño, lana y granito desde las turberas; también los emplearon por los guardianes de la prisión de Dartmoor. La cría estaba abandonada a sí misma, y los ponis eran dejados de nuevo en libertad una vez realizado el trabajo requerido. En 1899 se fijó un objetivo de cría y se habilitó una sección especial para el Dartmoor en el registro de la National Pony Society. A finales del siglo XIX y comienzos del XX existían en Dartmoor tres manadas principales de ponis. La influencia más importante fue la del semental *The Leat*, nacido en 1918 y descendiente del Árabe *Dwarka*. Sólo se cría un pequeño número de ejemplares de Dartmoor. Entre tanto, se han desarrollado dos tipos: el robusto tipo Moorland y un tipo más ligero y esbelto. Ambos son apreciados por su temperamento y por la fortaleza de sus huesos. En 1957 se cerró el libro de registro de la Dartmoor Society, a pesar de los intentos de cría y registrar medias sangre de Dartmoor.

Deliboz

Características: Caballo de silla de tipo oriental, con gran línea superior. Cabeza corta y enjuta con frente ancha y hocico estrecho. Cuello bien implantado de longitud media, tronco profundo de unos 172 cm de perímetro torácico, buena curvatura de las costillas, dorso recto y grupa inclinada. Extremidades firmes y bien formadas, enjutas, con 19,4 cm de perímetro de caña. Hermosas crines y cola. Todas las capas básicas, abundando los tordos. Alzada de unos 152 cm. La lengua tiene una hendidura, como seccionada en dos.

Distribución: En Azerbaiyán y en las regiones limítrofes.

Aptitudes: Buen caballo útil con buen paso y trote resistente (jornadas con el jinete de hasta 70 km en un día). Como caballo de carga llega a transportar pesos de 115-130 kg durante 45-55 km diarios. El récord de la milla (1.600 m) de esta raza está en 1 min 56 seg y para 2.400 m en 2 min 55 seg.

Historia de cría: Esta raza, desarrollada en el Cáucaso y en Transcaucasia a lo largo de siglos, fue conocida durante años como "caballo azerbayano". La primera selección estricta de caballos de esta raza se comenzó a practicar en los primeros 30 a 40 años del siglo XX. Lo característico del Deliboz fue la influencia que sobre esta raza tuvieron los sementales árabes y karabakíes. En 1943 se fundó una asociación de cría para mejorar la raza. Como a partir de 1950 sólo se criaban Karabak y junto a los sementales de Deliboz se empleaban Árabes y Tersk, la cría se estancó, y el número de caballos fieles al tipo del Deliboz original disminuyó. Desde hace algún tiempo se realizan cruces retroactivos en la remonta azerbaiyana de Dashyus (con unos efectivos de 140 yeguas y sementales del tipo original Deliboz), buscando practicar un programa de cría pura.

Don

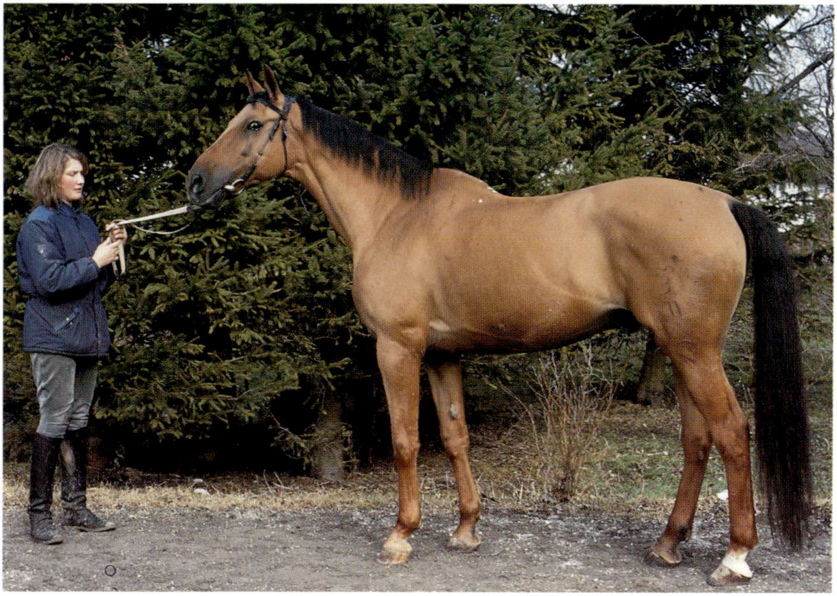

Características: Elegante y esbelto caballo de sangre caliente. Cabeza enjuta mediana, con frente ancha y perfil recto, orejas vivas, ojos despiertos algo separados y grandes ollares. Cuello recto de longitud media, cruz marcada, espalda correcta, tronco robusto y profundo con costillares bien conformados y grupa algo caída. Extremidades resistentes, largas, robustas y enjutas, con cascos duros. Predominan los alazanes dorados. Alzada en torno a 160 cm.

Distribución: C.E.I., con yeguadas en Rostov, Simovniki, Volgogrado, Stavropol e Issyk-Kulsk (Kirguisia) entre otras.

Aptitudes: Fértil, longevo, sano, sobrio, resistente, de temperamento tranquilo y buen carácter. Excepcional caballo de silla, de tiro y para grandes distancias.

Historia de cría: El Don desciende del caballo de los cosacos de los siglos XVIII y XIX, cuya tierra de origen eran las fértiles estepas a ambos lados del río Don. Se ha empleado para todo tipo de tareas agrícolas, se extiende por Rusia y fue el orgullo de los criadores rusos. A su formación contribuyeron especialmente sementales de Orlov-Rostoptschin, Streletz y Pura sangre y caballos orientales. También el Karabakh, del cual heredó su capa de brillo dorado. La recuperación de la raza, diezmada por la guerra y la revolución rusa, fue obra del Mariscal Budenny, quien en 1921 fundó una remonta en el Cáucaso con los mejores ejemplares de Don que se salvaron. Como en aquella época se reforzó el empleo de Pura sangre inglés para mejorar la cabaña de Don, los caballos resultantes fueron denominados Anglo-Don. Esta raza tiene gran valor para mejorar otras razas locales. La población de Don en la C.E.I. es de unos 400.000 caballos, el 16,5% de todos los caballos de la antigua URSS. Existen libros de registro de la raza.

DULMENER

Características: Este poni de pelaje bayo de diversas tonalidades y que vive libre en cotos privados presenta rasgos de caballo salvaje como su capa tordo ratón con raya de mulo cruzada, rayas de cebra en las anteriores, con manchas oscuras en la cara, y hocico y vientre claro. Cabeza expresiva de tamaño medio-grande, cuello de longitud media arqueado, dorso bien musculado y mucha profundidad de cincha. Extremidades enjutas con cañas fuertes y duros cascos. Alzada entre 125 y 135 cm.

Distribución: Alemania, viviendo al aire libre en el Merfelder Bruch cerca de Dülmen, en Westfalia.

Aptitudes: Antiguamente era un apreciado poni de tiro en las explotaciones agrarias de la zona. Actualmente se emplea como poni de silla y de tiro para la familia, para pasear o para grandes distancias, dada su disposición, inteligencia, robustez, longevidad y fidelidad.

Historia de cría: Desde hace más de 600 años vive en cotos privados. Existen documentos de 1316 donde ya se menciona la presencia de la raza. En el siglo XIX su existencia se vio amenazada por la parcelación de tierras. En 1850 los duques de Croy crearon una "reserva en un coto privado". Las manadas locales que viven al aire libre han recibido sangre de otras para aumentar su tamaño. Desde 1956 se emplearon sementales de Konik del programa de cría de Popielno, en Polonia, para renovar la sangre. En los últimos años se han desarrollado dos tipos principales: el Tarpán, de capa tordo ratón, y el Przewalski, overo. Existen también Dulmener de pelaje bayo oscuro y bayo-peceño, con marcas salvajes características. Gracias a la sociedad de cría en Alemania, se han tomado medidas de protección y de reconocimiento de esta raza como de interés cultural.

EINSIEDLER

Características: Robusto caballo versátil de planta armónica, con cabeza expresiva, cuello bien implantado, espalda fuerte, cruz bien conformada, dorso robusto y cuartos traseros musculosos. Extremidades correctas con tendones y articulaciones bien marcados y cascos duros y sanos. Todas las capas; predominan los castaños. Alzada entre 155 y 165 cm.
Distribución: Suiza, en la yeguada monacal de Einsiedeln.
Aptitudes: Briosas andaduras básicas, con temperamento vivo aunque dócil. Este versátil caballo de deporte cuenta también con buenas aptitudes para el salto y es un apreciado caballo de tiro.
Historia de cría: En la yeguada del monasterio de Einsiedeln, del que esta raza recibe su nombre, se practica la cría caballar desde hace más de 1.000 años. La referencia histórica más antigua sobre la raza data del año 1064. La época de esplendor se dio entre los siglos XVI y XVIII. El Einsiedler fue muy apreciado en Suiza y allende sus fronteras. En Italia conoció gran aceptación como "Cavallo della Madonna". En 1798 los ejércitos revolucionarios franceses expoliaron la yeguada suiza "hasta no dejar un solo potro". La reconstrucción de la cría a partir del reducido número de yeguas y sementales de la antigua estirpe original dispersos por el país fue ardua y penosa. Pero ya en 1811 se contaba con 53 caballos. En 1840 se dispuso un nuevo libro de registro. En la nueva etapa de cría tuvo gran repercusión el empleo desde 1866 del Media sangre inglés Bracken y desde 1882 y 1885 los Anglo-normandos *Corail* y *Egalité*, con los que se obtuvieron grandes logros de cría. El fuerte interés de los suizos por los deportes ecuestres locales llevó en 1960 a un mayor empleo de sementales procedentes de la cría de Francia, Alemania y Suecia.

Exmoor

Características: Son típicos su lavado en hocico, vientre y bragadas, y sus ojos con bordes claros, y el pelaje crespo y elástico en invierno, y denso, fuerte y brillante en verano. Se dan todo tipo de capas de tonos bayos y castaños, no estando permitidas las marcas blancas. Cabeza bien formada con frente ancha, gruesas y cortas orejas puntiagudas y grandes ollares. Cuello corto y robusto, con pecho ancho y profundo. Buena espalda, dorso ancho de longitud media, grupa caída robusta y cola de inserción baja. Extremidades enjutas con articulaciones robustas y bien conformadas, y duros cascos. Abundantes crines y cola larga. La alzada no debe superar los 130 cm.
Distribución: En el suroeste de Inglaterra, en los altos páramos de Exmoor, cerca de Sommerset y Devon, viviendo en manadas semisalvajes.
Aptitudes: Poni robusto y resistente. Sus armoniosas proporciones, su buen carácter y buenos movimientos hacen de él un excelente poni de silla y de tiro para niños y adultos.
Historia de cría: Esta raza fue un poni en verdadero estado salvaje. Ya en el siglo XII era objeto de comercio como apreciado caballo de trabajo. La raza se ha visto moldeada por su hábitat natural, los yermos páramos pantanosos de Exmoor. Los intentos para aumentar la talla fueron interrumpidos a tiempo. Actualmente no sólo se emplea como caballo de trabajo, de silla y de tiro, sino también para la caza, pues es capaz de atravesar todo tipo de terrenos con el jinete a cuestas; dichas cualidades hacen que sean frecuentes los cruces de Exmoor con Pura sangre. Todos los otoños los nuevos potros son registrados y marcados con el hierro: una estrella y el número de la manada en el espaldar izquierdo y el número individual en el cuarto trasero izquierdo.

FALABELLA (PONI MINIATURA ARGENTINO)

Características: Con una alzada media de 65 cm (los más pequeños hasta 38 cm), el Falabella es la raza equina más pequeña del mundo. La alzada máxima permitida es de 75 cm. Posee todas las características de un poni, incluyendo la relación de proporciones entre las distintas partes del cuerpo, aunque algunas no son muy correctas. Según J. Kidd, presentan dos costillas y dos vértebras dorsales menos que los demás caballos. Su periodo de gestación dura 12 o 13 meses en lugar de los 11 normales. Se dan todas las capas.

Distribución: El territorio principal de cría es la Argentina. También es abundante en EE.UU. y Canadá; en Europa aún es poco frecuente.

Aptitudes: Estos ponis enanos tienen un temperamento tranquilo, un carácter afable y son longevos. Tienen cierta inteligencia, son capaces de ejecutar pequeños saltos y toleran tirar de pequeños carros. Ello hace de él un inmejorable compañero de juegos y una buena "mascota" para los niños.

Historia de cría: Su origen no está claro. Según algunas fuentes se trataría de un grupo disperso de ponis Shetland que por un proceso natural y dado su aislamiento, habría evolucionado hasta el Falabella actual. El hacendado Julio Falabella, de la Hacienda Recro de Roca, encontró algunos ejemplares que habrían sobrevivido a la selección natural en condiciones de aislamiento. En 1869 empezó un programa de cría consecutiva de estos pequeños ponis. También se habrían empleado ejemplares de Pura sangre "degenerado". Según otros autores, Enrique Falabella, procedente de Inglaterra, habría comenzado hacia 1800 a criar pequeños caballos, obteniendo ponis de una talla cada vez menor, consolidándose la cría desde entonces. Según J. Kidd la pequeña talla habría quedado fijada genéticamente en algún momento del proceso.

FELL

Características: En un primer vistazo el Fell podría ser tomado por un Frisón joven o de poca talla debido a sus largas y densas crines y cola y al sedoso calzado de las cuartillas. Este compacto poni de montaña de costillares redondeados destaca por su profundidad de cincha, buena espalda inclinada, dorso robusto y cuartos traseros musculosos. Sus extremidades son robustas, con unos característicos cascos "azules", redondos y duros. Cabeza expresiva con orejas pequeñas, frente ancha, ojos inteligentes, grandes ollares y cuello de longitud media bien conformado. Predominan los negros, los castaño-peceño y los castaños, siendo más raros los tordos. No se permiten marcas, salvo una estrella o una mancha en la corona. Alzada máxima de 142 cm.

Distribución: En el noroeste de Inglaterra, en las montañas de Cumberland y Westmorland.

Aptitudes: Paso enérgico y amplio y trote regular y equilibrado. Es un excelente poni de silla y de enganche para la familia.

Historia de cría: El Fell desciende de los ponis celtas, de los frisones y del extinto Poni Galloway. Las duras y remotas montañas originarias del Fell favorecieron la consolidación de esta raza. Sus largas crines y cola le protegen del frío en el invierno. A lo largo de los siglos fue apreciado por pastores y granjeros, alcanzando un mayor reconocimiento desde comienzos del siglo XIX con el desarrollo de la revolución industrial, como poni de carga y de trabajo en la minería. Pronto fue conocida su buena aptitud como infatigable trotón de enganche, empleándose como caballo de enganche a coches postales y en carreras de trotones. El progreso le desplazó de sus áreas de trabajo y casi desapareció. En 1918 las iniciativas de los criadores llevaron a fundar la Fell Pony Society.

FLEUVE (CABALLO FLUVIAL DEL SENEGAL)

Características: Pequeño caballo del tipo del Berberisco. Cabeza mediana con perfil recto, a menudo acarnerada. Cuello robusto y recto, cruz claramente marcada, espalda bien dispuesta, dorso corto y robusto, grupa inclinada y extremidades recias con cascos duros. Sobre todo castaños, alazanes y castaño-oscuros. Alzada no permitida por debajo de 144 cm.

Distribución: República del Senegal, en África occidental, sobre todo en la región a ambos lados del río Senegal y su delta.

Aptitudes: Se emplea como caballo de carreras y como mejorador de otras razas autóctonas del Senegal. Según datos del departamento de cría caballar, la República del Senegal cuenta con unos 450.000 ejemplares de esta raza.

Historia de cría: Hace mucho tiempo en la región norteafricana (Marruecos, Argelia, Tunicia y Libia) había fértiles llanuras, habiendo renombrados caballos en la región y siendo conocida la zona como la tierra de los caballos. Los moros y númidas motivaron el desplazamiento de manadas de estos caballos en el siglo VI a.C. hacia el Senegal, Mali, Nigeria, Tchad, Camerún y Burkina Faso. Las difíciles condiciones climáticas y ecológicas no sólo limitaron la cría controlada, sino que también dejaron su impronta sobre el tipo y exterior de la descendencia. Pero los caballos de las razas y estirpes resultantes se adaptaron mucho mejor que los berberiscos traídos posteriormente por las potencias coloniales europeas. Además, el Fleuve también ha influido en la cría caballar del resto de África. Por ejemplo en Gabón, un país con unos exiguos efectivos de caballos, se ha empleado el semental *Tom Jones*, procedente del Senegal, para mejorar la cría en las yeguadas locales.

Foutanké (Narougor)

Características: Expresiva cabeza de perfil recto, cuello recto de longitud media, cruz marcada y espaldas frecuentemente rectas. Buena profundidad de cincha, dorso recto de longitud media, grupa inclinada bien conformada y extremidades fuertes y enjutas. Miembros posteriores frecuentemente remetidos o estevados. Las crines son ralas. Sobre todo castaños, castaños oscuros, alazanes y negros. No se permite una alzada por debajo de 144 cm.

Distribución: En las regiones selváticas del oeste de la República de Senegal, en África occidental.

Aptitudes: Destaca por su resistencia, gran fortaleza y voluntad incansable. Es un apreciado caballo de silla, de competición y de carreras, con buenas andaduras básicas y buenas aptitudes para el galope y el salto.

Historia de cría: Es el resultado de cruces habidos entre una yegua Mbayar y un semental de Fleuve para su empleo como caballo de carreras y de competición.

También el Foutanké o Narougor es una raza autóctona senegalesa y lleva sangre de berberisco. Cuenta con una excelente adaptación a las difíciles condiciones climáticas del Senegal, y como caballo útil ha tenido una gran importancia en el desarrollo económico y social de su país de origen, como es norma general en el caso de casi todas las razas de caballos.

FOXTROTTER AUSTRÍACO

Características: Caballo de andaduras especiales, de talla media. Cabeza hermosa y enjuta con pequeñas orejas puntiagudas, grandes ojos claros, cuello de longitud media bien erguido, espalda inclinada y bien musculada, pecho ancho y profundo, dorso corto y vigoroso, costillares bien arqueados, buena profundidad de cincha y hermosa grupa. Extremidades robustas y firmes con cascos regulares, sanos y duros. Crines y cola de pelaje suave y sedoso. Todas las capas; predominan los castaños, alazanes y negros. Alzada entre 147 y 155 cm.
Distribución: Austria.
Aptitudes: Carácter agradable, apegado a las personas, resistente, dispuesto al esfuerzo y con paso seguro. Es un caballo agradable para el tiempo libre. Son típicas sus andaduras "foxtrott" y "walk". El trote como andadura natural no es muy apreciado cuando se emplea como caballo de silla.

Historia de cría: El Foxtrotter austríaco nació ante el deseo de la pareja de criadores Raaz de criar un caballo cómodo de montar para el tiempo libre. Estos caballos son el resultado de cruzar el Foxtrotter de Misuri y el Trotón austríaco, con predominio de sangre del Standardbred americano.
La raza cuenta con reconocimiento oficial en Austria desde 1991. El libro de registro del Foxtrotter austríaco cuenta con secciones especiales abiertas para el Trotón austríaco con base de Standardbred, Tennessee Walker, Foxtrotter americano y Foxtrotter de Misuri y sus descendientes. Un examen de cría decide la admisión en el libro de registro. Desde 1995 se emplea como reproductor de cría el semental negro *Cloud's Brigadoon*, procedente de Estados Unidos. Una de las yeguas de cría es *Pepper Daisy*, descendiente de las antiguas familias de yeguas de Foxtrotter de Misuri.

Foxtrotter de Misuri (Missouri fox trotting horse)

Características: Caballo de andaduras especiales con paso seguro, cuyo rasgo más notable es su suave y especial marcha denominada "foxtrott". Caballo compacto, de tamaño medio, bien proporcionado, inteligente, con buen temperamento y carácter agradable. Todas las capas; fundamentalmente alazanes. Alzada entre 140 y 160 cm.

Distribución: Misuri y Arkansas y en Canadá; también en Centroeuropa, incluyendo Alemania.

Aptitudes: Paso seguro, resistente, de gran rendimiento para los terrenos salvajes y distancias largas. Su marcha innata, el foxtrott (que es un tipo de trote especial), resulta muy agradable para el jinete. Es típico el movimiento de cabeceo del animal y el balanceo de su cola.

Historia de cría: La "cría útil" de este caballo comenzó a principios del siglo XIX dada la necesidad de un caballo cómodo de montar en terrenos agrestes y durante largos trechos.

La base de cría estuvo constituida por caballos de ascendencia hispano-oriental, llevados a América por los colonos en el siglo XVIII, así como por las razas Saddle horse, Tennessee walker, Morgan y Standardbred. La raza se obtuvo por medio de una estricta selección centrada exclusivamente en la andadura foxtrott. En 1821 el centro de cría se hallaba en las Ozarks, un agreste territorio montañoso entre Misuri y Arkansas. El Foxtrotter de Misuri fue hasta la llegada de los vehículos a motor un medio de transporte muy apreciado, que debe su supervivencia a los criadores de ganado vacuno y a los cowboys.

En 1948 se constituyó la Missouri Fox Trotting Horse Breed Association en Ava, Misuri, que dispuso un libro de registro e inició la cría pura. Existen más de 40.000 caballos registrados.

Fredriksborg

Características: Caballo de sangre caliente de peso medio y vigorosa elegancia. Cabeza con perfil recto, frecuentemente acarnerado, como rasgo de su herencia ibérica. Cuello robusto y recto, pecho ancho, buena profundidad de cincha, dorso musculoso con ancha grupa y buena inserción de la cola. Extremidades correctas con cascos pequeños y regulares. Sobre todo alazanes. Alzada entre 160 y 169 cm.
Distribución: Dinamarca, fundamentalmente en Seeland y Bronholm.
Aptitudes: Inteligente, dispuesto, buen temperamento, enérgico, amplias andaduras básicas. Elegante caballo de silla y enganche.
Historia de cría: Su nombre procede de la remonta Fredriksborg de 1563, cerca de Copenhague. A partir de 1871 dejó de ser remonta real y una sociedad anónima pasó a gestionar la cría de raza pura. En Fredriksborg primero se efectuaron cruces con caballos de ascendencia ibérico-napolitana. También se emplearon en la cría Árabes y Pura sangre ingleses. Hasta finales del siglo XVIII los valorados Fredriksborg tuvieron gran influencia en la cría del Trotón Orlov, del Lipizzano, y más tarde del Knabstrupper. El deseo de lograr un caballo de mayor envergadura llevó a un programa de cruces con Jutlandés, Yorkshire y Oldenburgués, y con Hannoveriano, Pruso oriental y Pura sangre, lo que explica la falta de homogeneidad del tipo. Desde principios del siglo XX se comenzó a practicar la cría de un tipo puro de Fredriksborg a partir de los sementales y yeguas del reducido tipo original que aún quedaban. El buen estándar de cría actual se logró también añadiendo sangre de Pura sangre ingleses y árabes. El registro de esta raza se lleva desde 1897 en el libro de registro para caballos de las razas más ligeras.

Freiberger

Características: En el caso del ligero y ágil Freiberger, no exento de elegancia y con un correcto exterior, se trata más de un robusto caballo de sangre caliente. Llamativos cabeza y cuello de tamaño medio, buena línea superior con mucha profundidad de cincha, y dorso robusto y sólido de suficiente longitud, con buena ensilladura. Extremidades enjutas con cascos sanos. Predominan los castaños. Alzada entre 150 y 160 cm.
Distribución: Suiza, Italia, Francia y Alemania.
Aptitudes: Sano, frugal, temperamento tranquilo, buen carácter, uso versátil, correctas andaduras briosas y buena disposición al salto. Ideal caballo de silla y enganche para el ocio y la familia.
Historia de cría: Este caballo suizo recibe su nombre de su lugar de cría original, Friburgo, en la cordillera del Jura. Las primeras menciones históricas de la raza datan de 1315 y ya en 1619 la raza fue descrita por vez primera. Tras alcanzar la cría su peor momento en torno a 1850, por una serie de caóticos cruces con las más diversas razas, en torno a 1880 se obtuvo un ligero caballo de sangre fría para el tiro, también conocido como caballo del Jura, a partir de cruces con sementales de sangre caliente de procedencia inglesa y francesa. Este caballo se crió y se empleó en la agricultura y en el ejército. La creciente mecanización y el interés por un buen caballo de silla y enganche llevó a partir de 1950 a un cambio del tipo estándar con sangre caliente noble.
Como objetivo de cría del nuevo tipo, se fijó un caballo precoz, sobrio, expresivo, que pudiera servir tanto como caballo de silla para el tiempo libre como para la agricultura o el ejército. Para su registro, los actuales Freiberger deben superar una prueba de aptitud para la silla y el enganche.

Frisón

Características: De figura impresionante y majestuosa, con llamativas crines y cola de un negro brillante y sedoso, y abundante calzado en las cuartillas. Todos son negros sin excepción, con una alzada de 160 cm, no permitiéndose marca alguna, salvo una pequeña estrella en la frente. Cabeza noble, no demasiado larga, cuello erguido y bien arqueado, pecho ancho, grupa musculosa ligeramente hendida, y extremidades robustas.
Distribución: Países Bajos, resto de Europa y al otro lado del Atlántico.
Aptitudes: Gracias a su carácter, temperamento, fiabilidad y briosos movimientos con gran acción de las rodillas y flexión de las ancas, es apreciado para el deporte de silla y de tiro.
Historia de cría: La historia de este caballo de sangre caliente se deja rastrear hasta el 3000 a.C. gracias a los yacimientos prehistóricos. Ya Julio César se sirvió de los antepasados del tipo nórdico *(Equus robustus)* que encontró en Frisia con una alzada de 150 cm. De la mano de los romanos llegó a Inglaterra, influyendo en la cría de otras razas nórdicas, sobre todo en el Fell. La modificación del tipo estándar hacia un "caballo barroco" comenzó en los Países Bajos bajo el dominio de la Corona española entre los siglos XVI y XVII, al añadirse sangre oriental y andaluza. La fuerte influencia del caballo andaluz aún es visible hoy en su figura majestuosa y en su impresionante acción de rodillas. Como imponente caballo de silla y veloz trotón que es, influyó en la cría del Trotón Orlov a través del semental *Bars I* (nacido en 1784). Hacia finales del siglo XIX la raza llegó al borde de la extinción, al aparecer caballos de trote y galope más veloces. En 1878 se fundó el Friesch Paarden Stambock (F.P.S.), salvando así a la raza y llevándola a una nueva época de esplendor.

Frisón oriental

Características: Caballo robusto de sangre caliente y talla media, ancho y profundo, con armoniosa conformación física, cabeza expresiva, hermoso cuello bien implantado y buena espalda. Extremidades cortas, robustas y enjutas. Amplias andaduras y potentes cuartos traseros. Castaños, negros y alazanes. Alzada de 165 cm.
Distribución: Frisia oriental, donde desde 1988 la asociación de criadores de Frisón oriental y Antiguo Oldemburgués gestiona la población clásica con unos 100 animales de cría.
Aptitudes: Con temple y buen temperamento. Caballo útil robusto, de buen manejo. Hasta la Segunda Guerra Mundial no sólo se empleaba con éxito en concursos de enganche, sino también en pruebas de salto y como caballo de caza.
Historia de cría: Esta raza, con fuertes vínculos de cría con el Oldenburgués, cuenta desde 1755 con un reglamento de selección de reproductores. Ya en 1714 la región de Harlingerland, con una gran cría caballar, contaba con un reglamento similar para otras razas. En 1869 se dispuso el primer libro de registro; éste es llevado desde 1937 de forma cerrada. Desde entonces se practica la cría pura con gran éxito. La cada vez menor demanda de caballos de enganche y de trabajo obligó a los criadores a adaptarse a la nueva situación y modificar el tipo de cría. La introducción de sangre árabe mediante sementales de Pura raza árabe como *Wind* y *Jason*, resultó infructuosa. Desde 1967 se han empleado sementales hannoverianos cedidos para la cría. En 1975 se produjo la anexión a Hannover, dejando de existir la antigua raza como tal. El reinicio de la cría se produjo a partir de 1980 con la creación de la asociación de criadores de Frisón oriental y Antiguo Oldenburgués, la cual disponía de ocho yeguas de raza pura y de los sementales *Thake* y *Lord*.

FURIOSO (FURIOSO-NORTH STAR)

Características: De gran planta, líneas largas y gran nobleza. Hermosa cabeza enjuta de perfil recto, bello cuello robusto bastante largo, cruz bien conformada y musculosa espalda inclinada. Dorso robusto, mucha profundidad de cincha, grupa bien musculada y buena inserción de cola. Extremidades correctas y robustas, cañas cortas y fuertes, articulaciones y tendones bien marcados y cascos duros y regulares. Hermosas crines y cola. Sobre todo castaños y castaños oscuros. Alzada en torno a 162 cm.
Distribución: Región principal de cría en Hungría. También en Europa oriental y central.
Aptitudes: Robusto, resistente, duro, con temple y buen carácter. Fiable en todas las disciplinas de silla y tiro.
Historia de cría: Hasta su fusión, las dos estirpes "Furioso" y "North-Star" fueron consideradas como medias sangre ingleses. Originariamente se dio su cría en la remonta nacional de caballería de Mezohegyes fundada en 1784. *Furioso xx* por *Privateer* y *Min Furey*, nacido en 1836 en Hungría, fue llevado en 1841 a Mezohegyes. Éste era un semental con mucha nobleza, acción soberbia y robusta osamenta. The *North-Star* por *Jacques* y *Ringlet*, un brillante caballo negro con fuerte osamenta, dorso robusto, gran profundidad y buen temperamento (nacido en 1844 en Inglaterra), llegó en 1853 a Hungría. Ambas estirpes fueron cruzadas entre sí, obteniéndose la que hoy es la raza Furioso-North Star. En la década de 1930-1940 se fundó una nueva línea con Przedswit Junior, de la disuelta cría caballar austríaca de Przedswit, cuya descendencia fue muy apreciada. Las dos guerras mundiales supusieron grandes pérdidas para la cría, por lo que en la recuperación de la cría se recurrió a sementales de Pura sangre inglés.

Garrano (Minho)

Características: Ligero y pequeño poni de montaña de tipo oriental. Pequeña y hermosa cabeza con perfil generalmente cóncavo, orejas pequeñas y grandes ojos expresivos. Robusto cuello con abundantes crines, cruz larga y plana, buena espalda, tronco robusto y profundo, con costillas bien conformadas, dorso de longitud media con grupa inclinada y buena inserción de una cola con pelaje abundante. Extremidades cortas y fuertes con buenas cañas y duros cascos. Sobre todo castaños, aunque también se dan las demás capas básicas. Alzada entre 100 y 140 cm, la mayoría de ponis entre 125 y 130 cm. Hay grandes variaciones en el tipo según las distintas localidades.
Distribución: Portugal, en las provincias de Minho, Douro y Tras-os-Montes, y en el noroeste de España.
Aptitudes: Buen carácter y temperamento. Este poni enérgico, robusto y de paso seguro es empleado con fines agrícolas como animal de tiro ligero y de carga; también el ejército portugués lo ha empleado como animal de carga. Últimamente también se emplea como poni de silla.
Historia de cría: Las raíces del Garrano, también llamado Minho, se remontan hasta el Paleolítico. Las primeras pruebas de la presencia de caballos en el norte de la península Ibérica son las pinturas rupestres de la cordillera Cantábrica. También hay testimonios de épocas posteriores sobre la presencia de las manadas de caballos salvajes que poblaron a miles la Península y que después se extendieron por toda Europa con los primeros pobladores nómadas del continente. Más tarde los caballos traídos por otros pueblos invasores influyeron sobre los Garranos y Sorraias. De las razas introducidas las más influyentes fueron el Berberisco y el Árabe. La sangre del Garrano se encuentra también presente en el Pura raza española, y en las razas equinas del nuevo mundo.

GELDERLANDÉS

Características: Caballo medio de sangre caliente, de constitución armónica y robusta. Cabeza recta, cuello largo erguido y espalda inclinada. Poca cruz, tronco profundo con pecho ancho, dorso de longitud media, grupa algo caída y extremidades firmes y correctas con buena osamenta. Hermosas crines y cola; sin cernejas. Sobre todo alazanes con marcas blancas; menos castaños y tordos. Alzada: 163 cm.
Distribución: Holanda, con el centro principal de cría en la provincia de Gelderland.
Aptitudes: Buen carácter, temperamento enérgico y tranquilo, resistente e inteligente. Movimientos amplios. Buen caballo de enganche y silla.
Historia de cría: Cuando el robusto caballo de silla medieval dejó de ser útil, se comenzó a criar un tipo de tiro de carruajes a partir de caballos españoles. Más tarde se fundaría en 1823 la remonta real de Berculo, disuelta en 1842, en la que se emplearon sementales de Pura raza árabe y Pura sangre inglés y otros procedentes de Polonia y Hungría. La cría poco controlada proporcionaba caballos con defectos de carácter y temperamento. Ante la demanda de caballos más tranquilos y dóciles, se realizaron cruces con Oldenburgués y Frisón oriental. Se obtuvieron así dos tipos distintos: un caballo útil del tipo del Oldenburgués y Frisón oriental, y un tipo "carrosier", con sangre de Hackney, Holsteiner y Normando. Actualmente, el Gelderlandés constituye la base de cría del Tuigpaard u Holandés de sangre caliente. Entre 1890 y 1919 se constituyó la sociedad de registro llamada Nederlandsch Stamboek Tuigpaard (NSTg). En 1925 recuperaría su anterior denominación (Geldersch Paarden Stamboek-GPS). En 1939 ésta se fusionaría con la Tuigpaarden Verband (VLN) y en 1970 con la actual Koninklijk Warmbloed Paardenstamboek Nederland (KWPN).

GIDRAN

Características: Elegante caballo de tipo anglo-árabe con hermosa línea superior. Cabeza expresiva con perfil recto, cuello de longitud media, cruz marcada, espaldas largas e inclinadas, línea dorsal elástica y grupa larga y robusta. Extremidades correctas, con cascos firmes y regulares. Exclusivamente alazanes de varios tonos. Alzada en torno a 162 cm.

Distribución: Región principal de cría en Hungría, en la yeguada de Marócpuszta.

Aptitudes: Duro, resistente, fiel, con nervio. Excelentes andaduras básicas y buena capacidad de salto. Antiguamente fue el caballo de los Húsares, después de 1918, fiel caballo de la policía, y actualmente es un apreciado caballo de enganche y silla para el tiempo libre.

Historia de cría: La yeguada nacional de Mezehogyes del siglo XIX tenía como objetivo de cría buenos sementales para mejorar la cabaña equina del país. Con este objetivo se empleó el semental *Gidran (sen.)*, nacido en 1817, hijo del Pura raza árabe *Siglavy Gidran* y una yegua de Kopcscham. Éste tenía una altura de 155 cm, era del tipo puro árabe y tenía unas excelentes extremidades. *Gidran (sen.)* fundó la raza a la que daría nombre y que se consolidó gracias a sus hijos. El cruce con Pura sangre inglés aportó más tamaño y la estampa típica de Anglo-árabe. La capa de alazán del fundador se conservó en Mezehogyes y se transmitió a los animales de Radautz, donde también había castaños y tordos. Las dos guerras mundiales supusieron enormes pérdidas; sólo en Mezehogyes se perdieron 186 Gidrans. Los sementales de cubrición, todos Gidrans, son nombrados con números romanos y, tras un cierto tiempo, se vuelve a comenzar desde el I. Los números árabes delante del nombre de la descendencia indican el número en el libro de registro.

GOTLAND

Características: Vistoso poni de cabeza expresiva, con frente ancha y perfil recto, orejas pequeñas y grandes ojos, vivos y amables. Cuello corto y robusto, musculosa espalda inclinada, cruz marcada, dorso recto y largo, tronco bastante profundo y grupa inclinada con buena inserción de cola. Extremidades robustas y enjutas con cascos duros, bien conformados. Crines y cola abundantes. Sobre todo castaños, negros, bayos o palominos, con frecuencia con raya de mulo. Alzada entre 110 y 130 cm.
Distribución: Isla de Gotland, Suecia.
Aptitudes: Poni ágil, fácil de llevar a la mano. Paciente, sobrio, inteligente y con una constitución de hierro. Enérgico en todas las marchas y buena disposición al salto. Excepcional poni de enganche con enormes aptitudes para las carreras de trotones.
Historia de cría: El Gotland o 'Skogruss' (corcel de los bosques) o 'Gotlandruss' (corcel de Gotland) es un descendiente de las razas que han vivido desde hace siglos en los bosques en las landas (Lojsta) de la isla oriental de Gotland. Durante mucho tiempo se empleó en trabajos agrícolas y en el transporte terrestre de mercancías, hasta que la mecanización hizo que se prescindiera de sus servicios. En el siglo XVIII, se introdujo sangre árabe y oriental en la raza; más tarde, a finales del siglo XIX, se lograron grandes resultados con el semental *Olle*, nacido en 1880, producto del cruce de una yegua Gotland con un semental de poni sirio. La raza pudo ser preservada y en 1954 se constituyó en Gotland la Sociedad de Amigos del Skogruss para mantener la población, en descenso a causa de las exportaciones. Con el apoyo de la administración local de Gotland se consiguió proteger los bosques que son el hábitat de las manadas de Gotland que viven en libertad.

Groningen

Características: Pesado y compacto caballo de sangre caliente. Cabeza recta y expresiva, cuello erguido y musculoso, cruz bien conformada y espaldas robustas no demasiado rectas. Pecho ancho y profundo, tronco robusto y bien musculado con buena curvatura de las costillas. Miembros fuertes y robustos con cañas cortas y grandes cascos duros. Es característica su grupa, recta y con una cola de inserción alta. Castaños, castaños oscuros y peceños, con algunos píos-sabinos entrepelados. Alzada de unos 160 cm.
Distribución: Holanda, en la provincia de Groningen.
Aptitudes: Temperamento tranquilo, buen carácter, precoz, sobrio, sociable, paso amplio y trote fluido. Caballo con volumen, fuerza y energía. Constituye la base de cría del holandés de sangre caliente, siendo un popular caballo de silla y enganche.
Historia de cría: Al proceso de cría del Groningen han contribuido en años pasados sementales franceses, "Normandos" y Hackneys, y ya más recientemente sementales de Oldenburgués como *Gambo 325* y *Godehard 357*, o Frisones orientales (*Lord* y *Tallo*). Desde 1960 también han tenido gran influencia Holsteiner, Trakehner y Pura sangre. Cuando tras la Segunda Guerra Mundial se retomó la cría, se creó el Libro de registro de cría de sangre caliente de Holanda del Norte y más tarde el Libro de registro de sangre caliente de Holanda (Warmbloed Paardenstamboek in Nederland o W.P.N.), con la cabaña del Groninger original casi desaparecida. En 1982 fue fundada la Vereinging Het Groninger Paard para preservar el tipo racial original del Groninger. Su libro de registro tuvo reconocimiento oficial en 1985, y ya en 1996 había más de 300 Groninger, entre ellos 15 sementales reproductores.

HACKNEY

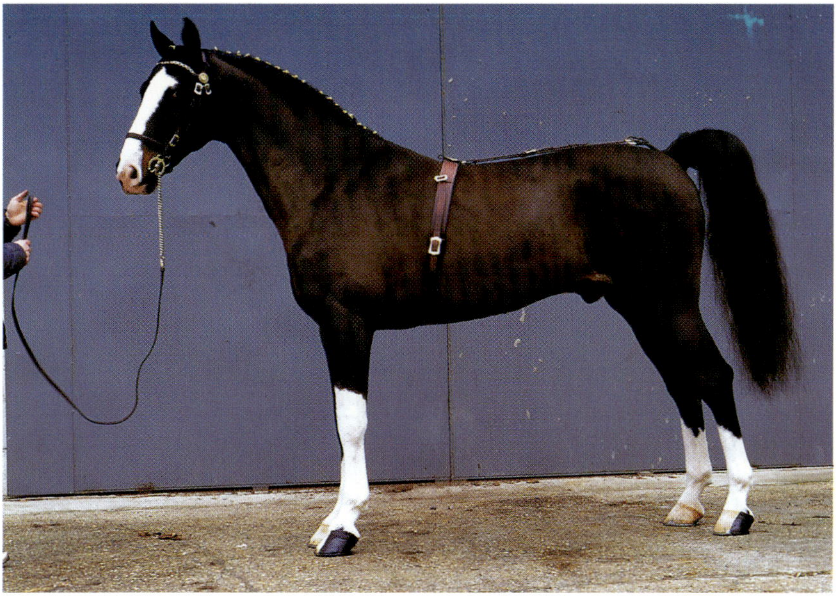

Características: Elegante caballo de enganche con nobleza, temperamento y llamativas y cadenciosas acciones de trotón. Pequeña cabeza noble, sostenida por un cuello bellamente arqueado y bien erguido. Musculosas espaldas y cuartos traseros entroncados por un robusto dorso y una grupa recta, de la que nace una cola bien erguida. Extremidades esbeltas y enjutas, con unos cascos sanos. Sobre todo castaños oscuros, castaños, alazanes y negros con pelaje fino y sedoso. Alzada entre 150 y 160 cm.
Distribución: Inglaterra; también en Holanda y EE.UU.
Aptitudes: Caballo de enganche veloz y resistente con brillantes movimientos, aunque con poca amplitud. Es un apreciado caballo de exhibición, con buenas aptitudes para el salto.
Historia de cría: En la Edad Media la denominación Hackney era dada a un caballo militar y de silla criado en Norfolk, por lo que también fue conocido como Trotón Norfolk. El Hackney, descendiente del francés haquenée, llegó a Inglaterra en torno al año 1100 con los normandos. El fundador del actual Hackney fue el semental *Shales* por *Scot Shales* por Origin Shales y su famoso descendiente *Marshland Shales*, nacido en 1802, a través de *Blaze*, nacido en 1733, un nieto de *Darley Arabian* y antecesor de *Messenger*, fundador de un linaje de trotones y caballos de cinco marchas. De *Shales* se llegó a decir: "Proporciona buenos caballos de carga, veloces trotones y grandes cazadores". Desde 1832, de la cría del Hackney, en gran estado de abandono por el ferrocarril, se ocupó la Hackney Horse Society, la cual también dispuso un libro de registro. En Alemania, el Hackney se considera engendrador de buenos saltadores. La célebre yegua *Tora* desciende de un semental de Hackney.

HAFLINGER

Características: Estos caballos alazanes de largas crines cautivan por su potencia y capacidad de rendimiento, su carácter equilibrado y su temperamento. Cabeza enjuta, con ancha frente y ojos claros, cuello suficientemente largo, tronco bien proporcionado, con cruz marcada y base de la grupa bien musculada y ligeramente inclinada. Extremidades correctas y enjutas con cascos duros. No se permiten los calzados ni los entrepelados. Alzada entre 138 y 148 cm.

Distribución: Amplia distribución mundial, con especial abundancia en Austria, Alemania, Italia y Suiza.

Aptitudes: Apreciado y sobrio caballo de trabajo, para el tiempo libre y para la familia como caballo de silla y de enganche. Andaduras amplias y correctas. Resistente y de paso seguro.

Historia de cría: Su nombre procede de Halfing, cerca de Meran, en el sur del Tirol, donde se empleaba como caballo de tiro y de carga. Por las venas de este caballo fluye sangre de antecesores del Noriker y orientales. Según el Dr. Feuersänger el semental *249 Folie*, nacido en 1874 e hijo del medio oriental *133 El Bedavi XXII* y de una yegua local surtirolesa y de la que poco más se sabe, se convirtió en el fundador de la raza. *Folie* cubrió en 1877 a un elevado número de yeguas y con gran eficacia, por lo que dicho año es el que se considera del nacimiento del Haflinger. Como resultado de la Primera Guerra Mundial, el hasta entonces cerrado territorio de cría de esta raza se vio dividido en dos. El sur del Tirol pasó a ser parte de Italia, y el norte, de Austria, donde se comenzó a practicar una cría renovada de la raza. Los inicios de la cría del Haflinger en Alemania datan de 1930. El necesario cambio de tipo del anterior caballo de carga llevó al excepcional resultado del actual Haflinger.

HANNOVERIANO

Características: Noble caballo de deporte de gran rendimiento con armónica línea superior y correctas extremidades. Todas las capas. Alzada de 165 cm. Buenas andaduras llenas de brío, elasticidad.
Distribución: Alemania, resto de Europa y América.
Aptitudes: Gracias a su carácter, temperamento y aptitud para la silla, constituye un excelente caballo para el deporte de alto rendimiento en todas las disciplinas de silla y enganche.
Historia de cría: En la Baja Sajonia ya se criaban en el siglo XV. La yeguada estatal fundada por Jorge II en Celle en 1735 para proveer a los granjeros de reproductores de primera, ha tenido hasta el día de hoy una gran repercusión en la cría de esta raza. El jefe de caballerizas Von Spörcken (1816-1866) recuperó la cría tras las pérdidas de sementales en las guerras napoleónicas. Éste importó sementales de Inglaterra y Mecklemburgo y en 1844 dispuso las primeras ordenanzas de cubrición para sementales hannoverianos. En 1870 Von Unger (1869-1891) realizó la primera selección de sementales, y en 1888 se abrió el libro de registro de la raza. El jefe de caballerizas Dr. Grabensee (1892-1913) obtuvo con *Norfolk* y *Zerneborg* el tipo del noble caballo de uso corriente. A pesar de las bajas por la Primera Guerra Mundial, se pudo conservar la base de cría, aunque los usos agrícolas pasaron a demandar un tipo de Hannoveriano con mejor aptitud para la silla. A ello contribuyeron también los éxitos de los jinetes alemanes en salto. Tras la última gran guerra la poca demanda de caballos para trabajar en la agricultura llevó al último cambio en el estándar de cría. Éste se logró a partir de la base de acreditadas líneas de sementales y familias de yeguas, junto con el empleo de sementales mejoradores.

HIGHLAND

Características: Poni de silla de constitución robusta y muy atractivo. Cabeza característica con ojos afables, cuello de longitud media bien arqueado, cuerpo compacto con espaldas largas e inclinadas. Dorso robusto, cruz marcada, grupa robusta con cola de inserción alta. Extremidades propias de un caballo de carga, con robustos antebrazos, cañas cortas, buenos corvejones y firmes cascos oscuros. Crines y cola abundantes y sedosas, y cernejas. Son frecuentes los ejemplares con raya de mulo y cebraduras. Sobre todo bayos, alazanes, tordos y castaños-oscuros; ocasionalmente con crines y cola plateadas. Las marcas blancas son un rasgo indeseable. Alzada entre 132 y 147 cm.
Distribución: Sobre todo en Escocia (lugar de origen), en Inglaterra, resto de Europa, Australia y por todo el mundo.
Aptitudes: Sobrio, robusto, con buen carácter. Poni familiar de silla y enganche para todas las edades y pesos. Paso seguro con buenos movimientos y capacidad innata para el salto.
Historia de cría: También conocido como 'Scottish Highland Pony', es el mayor y más robusto de los "ponis de montaña y páramos" de Gran Bretaña. Su patria son los *highlands* e islas de la costa occidental escocesa. Sus orígenes no son claros del todo, pero existe desde hace siglos, considerándose descendiente del "caballo celta", el cual recibió el aporte de sangre foránea para mejorar su constitución, lo cual explica la marcada influencia árabe que muestra. A partir del poni empleado por cazadores y agricultores como montura y animal de carga se desarrolló el mayor y más robusto "Garron" o tipo de tierra firme, y el menor y más grácil "tipo isleño". También ha sido empleado para la cría de caballos de caza. Desde 1889 la Highland Pony Society, con sede en Elie, lleva los libros de registro, así como un registro de los cruces de Highland.

HISPANO ANGLO-ÁRABE

Características: Caballo de deporte noble, elegante, bien proporcionado, del tipo del Pura raza árabe y del Pura sangre inglés. Cabeza noble y expresiva con perfil generalmente recto, ojos grandes y expresivos, orejas atentas, fina base del hocico y amplios ollares. Cuello de longitud media bien implantado, cruz marcada, espalda larga e inclinada, tronco con buena profundidad de cincha y costillares bien arqueados, dorso recto con buena ensilladura, cuartos traseros musculosos con grupa inclinada y buena inserción de la cola. Extremidades correctas, sólidas y enjutas, con articulaciones bien señaladas y cascos firmes bien formados. Pelaje, crines y cola finos y sedosos. Todas las capas básicas; predominan los caballos castaños y alazanes. Alzada de unos 160 cm.

Distribución: España, sobre todo en las regiones de Andalucía y Extremadura.

Aptitudes: Sano, resistente, de buen rendimiento, arrojado e inteligente, con buen carácter y temperamento equilibrado. Movimientos elegantes en todas las andaduras básicas, además de una buena capacidad de salto.

Historia de cría: Esta raza se desarrolló en España en el siglo XIX como resultado de la búsqueda de un caballo que aunara las mejores cualidades del Pura raza árabe y del Pura sangre inglés. En comparación con el francés Anglo-árabe, el exterior del Hispano anglo-árabe está intensamente marcado por el Pura raza árabe. Originalmente fue empleado en remontas del ejército. En la actualidad se emplea como versátil caballo de deporte.

HISPANO-NORMANDO

Características: Versátil caballo de deporte atlético de gran belleza. Cabeza de perfil recto con grandes ojos expresivos. Cuello largo y elegante, espalda inclinada, dorso corto y cuartos traseros musculosos. Extremidades sólidas con cascos duros. Predominan los tordos, aunque también se dan los negros y castaños. Alzada entre 160 y 172 cm.

Distribución: Estados Unidos.

Aptitudes: Caballo de gran rendimiento, duro y resistente, con buen carácter y buen temperamento. Movimientos sueltos y esforzados, con ritmo armónico. Es un caballo probado en las disciplinas de silla y enganche, doma americana, exhibiciones históricas y desfiles.

Historia de cría: El caballo de caballería medieval europeo era un cruce entre el español y el Percherón. La cría recuperada del moderno Hispano-normando nació por iniciativa del criador Allan H. Hamid, de Connecticut, quien en 1991 fundó el Spanish-Norman Horse Registry, con sede en Woodbury.

Este criador fue apoyado por el Dr. Gus Cothran, de la Universidad de Kentucky, quien mediante un estudio de tipos sanguíneos demostró que el Pura raza española y el Percherón tienen antecesores berberiscos, este último a través del extinguido Normando, caballo que transmitió en parte su genotipo al Caballo de silla francés. Hamid cruzó por tanto el Pura raza española con el Percherón para así obtener de nuevo el Hispano-normando.

Desde 1996 se cuenta para la cría de esta raza con 32 sementales de P.R.E., 30 procedentes de EE.UU. y 2 de Canadá. Los caballos Hispano-normandos pueden tener hasta un 50% de sangre de Pura raza española. En 1994, fruto del cruce entre la yegua *Mariposa CBF* y el semental *Ambassador HHF* nació el primer potro de Hispano-Normando, *El Primero PBF*.

Holsteiner

Características: En este caballo de silla alemán se han conservado las cualidades de un caballo de sangre caliente noble, musculoso, ágil, versátil y con gran temperamento. Rostro expresivo, línea superior llena de armonía, extremidades musculosas y correctas y movimientos amplios y briosos. Sobre todo castaños y todas las capas básicas. Alzada entre 160 y 170 cm.
Distribución: Alemania, resto de Europa y en países de ultramar.
Aptitudes: Caballo de rendimiento de primera clase para disciplinas de silla y enganche, leal, buenas andaduras básicas y disposición para el salto.
Historia de cría: Ya en la Edad Media existía en Schleswig-Holstein una floreciente cría caballar, de gran influencia sobre la cría en todo Alemania y resto de Europa, donde el Holsteiner era un caballo muy apreciado en las remontas de caballería. A comienzos del siglo XIX la modificación de la cría buscando criar un tipo de enganche empleando caballos de tiro de raza Yorkshire influyeron en gran medida sobre ésta, al aumentar la demanda de los orgullosos caballos con poderosa acción de trote, lo que llevó al establecimiento de la yeguada estatal de Traventhal. Georg Ahsbahs fundó en 1883 la sociedad de cría caballar Kremper Marsch al verse amenazado el tipo del Holsteiner original ante el empleo de reproductores de otras regiones de cría; en 1886 se abrió el primer tomo del libro de registro. Las diferentes condiciones de cría tras la Segunda Guerra Mundial y la disolución de Traventhal (1960) llevaron a la adquisición de todos los sementales por parte de la sociedad de cría caballar de la Escuela de silla y tiro de Elmshorn (1894). La modificación de la cría operada a través del empleo de *Ramzes AA* y los Pura sangre seleccionados llevó a la recuperación del Holsteiner, caballo de rendimiento de reconocido prestigio.

Huçul

Características: Probado caballo de montaña de tronco desarrollado y cabeza expresiva, cuello robusto, dorso muy resistente al peso y grupa musculosa. Miembros enjutos, con fuertes huesos y duros cascos. Crines y cola tupidas. Sobre todo castaños y negros, así como bayos de distintos tonos, frecuentemente con rasgos de los caballos salvajes. Muy raramente tordos, como residuo de los cruces con sangre árabe en el pasado; más frecuentemente píos, muy apreciados en su territorio de origen. Alzada entre 136 y 142 cm.
Distribución: El territorio central de cría son los Cárpatos boscosos, en la región donde se encuentran Polonia, Rumania, Ucrania, Hungría, Eslovaquia y República Checa. En menor número también en Austria, Suiza y Alemania.
Aptitudes: Caballo de buen rendimiento, con la cualidad de marchar con un paso muy seguro y regular por senderos estrechos en pendiente. Duro, sobrio, frugal, resistente, sano, longevo y buena tracción de tiro.
Historia de cría: A lo largo de los siglos, su cría en los Cárpatos boscosos, con el centro principal en el valle de Zabia, se vio estimulada y abandonada a su propio curso. Así se desarrollaron tres tipos: el *Huçul-Tarpán*, el *Huçul-Bystrzec* y el *Huçul-Przewalski*. La cría sistemática comenzó a mediados del siglo XIX, viéndose favorecida la cría de caballos de silla y carga en virtud de la demanda por parte del ejército. La fortificación de Luczyna perteneciente a la remonta estatal de Radautz se constituyó en 1877 en una yeguada de Huçul. Las dos guerras mundiales no permitieron una cría continua y uniforme. Los intentos de cruzar el Huçul con Árabes y otras razas para dotarles de mayor peso y envergadura resultaron infructuosos. Los actuales centros de cría más importantes son las yeguadas de Topolcianky (Eslovaquia) y Luczyna (Rumania).

IRISH DRAUGHT HORSE

Características: En el Irish draught o caballo de tiro irlandés confluyen las cualidades útiles de los caballos de tiro, de silla y de caza. Cabeza noble de talla media con ojos inteligentes bien dispuestos en el rostro y grandes orejas. Cuello bien implantado en el tronco, pecho ancho con mucha profundidad de cincha, espalda bien formada, dorso recto y robusto, extremidades correctas y bien musculadas. Bellas crines y cola, con un pelaje corto y brillante en todas las capas básicas; se aceptan las marcas blancas y los calzados. Alzada entre 160 y 170 cm.
Distribución: Además de en Irlanda, su territorio principal de cría, se puede encontrar en países de todo el mundo.
Aptitudes: Dispuesto, servicial, valeroso, resistente, con buenas condiciones y temperamento afable. Buenas andaduras básicas y marcada capacidad de salto. Mediante su cruce con Pura sangre se han obtenido excelentes tipos de caza.

Historia de cría: El clima húmedo y suave y los suelos calizos de Irlanda han marcado el desarrollo de esta raza desde hace siglos. La base de cría para el Irish draught fueron los antiguos caballos irlandeses de carga, los "Irish hobbies", emparentados con el Connemara, y más tarde se dio el cruce de éstos con otras razas europeas. La cría autóctona se consolidó en los siglos XVII y XVIII, cuando a partir de los ligeros caballos locales existentes famosos por su rapidez y agilidad se seleccionaron los más pesados para la cría del Irish draught. Este versátil caballo, capaz de tirar del arado o el carro o de llevar a su jinete siguiendo a los perros de caza, ha llegado a conocer una amplia distribución mundial. También ha sido un apreciado caballo dentro del ejército gracias a su fuerza, rapidez y frugalidad. El libro de registro es llevado desde 1917 por la Irish Draught Horse Society.

Jomud (Jamud)

Características: Cabeza enjuta de rostro largo, ocasionalmente acarnerado, cuello de longitud media, cruz suficiente, espalda inclinada, tronco recio con buen perímetro torácico (168 cm), dorso sólido y grupa inclinada. Extremidades sólidas y enjutas (perímetro de caña de 19 cm) con duros cascos. Pelaje fino y sedoso, más denso y largo en el invierno; crines ralas y ausencia de cernejas. Sobre todo castaños, tordos, alazanes y, más raramente, alazanes dorados y negros. Alzada entre 148 y 158 cm.

Distribución: En el norte de Irán y en la región transcaucásica de la República de Turkmenistán.

Aptitudes: Carácter equilibrado y buen temperamento, sano, sobrio y resistente. Buenas y briosas andaduras básicas y capacidad de salto. Caballo de silla y enganche, excelente para grandes distancias y en las montañas.

Historia de cría: Esta raza, criada por la etnia Jomud en el sur de Turkmenistán, desciende de los caballos turkmenos. El Jomud se remonta al caballo mongol de las estepas. Por sus venas fluye también la sangre de los célebres corceles niseos, medos y orientales. Hace más de 100 años se emplearon en Turkmenistán sementales de Plateau persa y de Árabe para mejorar la raza; de estos cruces surgieron dos líneas diferentes: el Jomud en Irán y el Akhal-Teké en Turkmenistán. El Jomud es de menor talla, tiene una osamenta y unos cascos más fuertes, en conjunto es más robusto y sus crines y cola son más largas. A pesar de que en las distancias cortas no es tan veloz como el Akhal-Teké, tiene mayor resistencia y aguante en las distancias largas. La raza es supervisada desde 1972 por la National Horse Society of Iran, la cual vela por la conservación y mejora de las razas autóctonas iraníes.

JUTLANDÉS

Características: Robustos caballos de sangre fría de tamaño medio, generalmente alazanes de distintos tonos con crines claras. Vistosa cabeza de talla media, pequeños ojos amistosos, largas orejas y cuello fuerte y bien conformado de longitud media. Tronco robusto con buena profundidad de cincha, pecho ancho, musculosa espalda inclinada, dorso ancho y largo, bien musculado y grupa ancha, fuerte y bien formada. Extremidades firmes, cortas, correctas y vigorosas, con cernejas y grandes cascos. Crines y cola hermosas y onduladas. Predominan los alazanes con crines claras; más raramente castaños o tordos. Alzada entre 155 y 160 cm. Peso entre 600 y 800 kg.
Distribución: Dinamarca, con el territorio principal de cría en la península de Jutlandia, y también en Escandinavia y norte de Alemania.
Aptitudes: Buen carácter, temperamento equilibrado, frugal y precoz. Resistente, potente, dispuesto y enérgico. De paso y trote amplio. Leal caballo de trabajo de paso ligero ideal para labores agrícolas, forestales e industriales; tradicionalmente empleado en las fábricas de cerveza.
Historia de cría: Esta raza autóctona danesa de sangre fría ya era conocida por los vikingos en el siglo VIII, y era célebre en Europa en el siglo XII. En la Edad Media fue el corcel de batalla de los caballeros, y más tarde fue el "caballo de las cervecerías". Además, también fue y es un apreciado y leal caballo de trabajo. En la formación actual de esta raza intervinieron sementales de Frederiksborg y de Yorkshire.
En el proceso de la cría moderna tuvo gran influencia el alazán Oppenheim LXLL, llegado de Inglaterra en 1862, y que debió de ser un semental de Suffolk o de Shire. Pero el que cuenta como verdadero fundador de la raza fue el semental *Aldrup Munkedal*, quien a su vez desciende de Oppenheim. En 1887 se fundó en la península de Jutlandia el centro de cría y la asociación local de criadores, reconociéndose oficialmente la raza, a la cual tiene mucho que agradecer la cría caballar del estado alemán de Schleswig.
La cría del Jutlandés se ha visto fuertemente limitada, pues su uso en las labores agrícolas y forestales ha decaído casi totalmente. Sólo la fábrica de cervezas de Carlsberg, en Copenhage, mantiene su uso como caballo de tiro tradicional desde 1928, para el disfrute de los daneses.

KABARDIN

Características: Caballo de montaña de media planta. Cabeza mediana, a veces con hocico acarnerado. Cuello musculoso, cruz baja, espalda inclinada, tronco robusto con pecho ancho y profundo. Dorso corto y recto, grupa ligeramente caída, extremidades firmes y enjutas con articulaciones y tendones marcados y cascos muy duros. Hermosas crines y cola. Sobre todo castaños y castaños oscuros; más raramente negros. Sin apenas marcas. Alzada de unos 155 cm.
Distribución: En las repúblicas caucásicas, en la región kabardino-balkaria del norte del Cáucaso, en la "Karbada". Los centros principales de cría son las yeguadas de Karadjai, Malkinsk, Malo Prochladnoje y Malo Karachajev.
Aptitudes: Sobrio, resistente, fértil y longevo. Carácter sociable, paso seguro, buen marchador en las montañas, fácil de montar, con movimientos elásticos y acompasados. Especial disposición para grandes distancias y marchas por las montañas.
Historia de cría: De entre las razas de caballos de montaña de Rusia, el Kabardin es una de las mejores y más veloces. La caballería de cosacos del Don antiguamente sólo se servía de estos caballos. Ya en el siglo XVI y a partir de cruces de yeguas de Kalmyk y de Nogay con sementales turcos, persas, karabakeses y árabes, se produjo en condiciones naturales la selección de este caballo. El Kabardin ha sido empleado en el Cáucaso como "mejorador de las razas de montaña". El tipo racial del Kabardin también se vio marcado por su manejo en manadas durante todo el año. Se lleva un libro de registro de la raza y también existe desde hace algunas décadas el Anglo-Kabardin, un elegante y veloz caballo de deporte, cruce entre yeguas de Kabardin y sementales de Pura sangre.

KARABAIR

Características: Caballo de montaña de mediana envergadura y tipo árabe. Hermosa cabeza de tamaño medio con perfil recto o subconvexo, orejas separadas y ojos expresivos. Buena movilidad de la quijada. Cuello de inserción alta, a veces corto, cruz marcada y espalda más bien recta. Tronco robusto con pecho ancho y profundo, dorso corto y recto, y grupa ancha, musculosa y redondeada. Extremidades sólidas, enjutas y fuertes, con cascos pequeños y muy firmes. Piel fina y crines y pelaje poco desarrollado. Sobre todo tordos, castaños, alazanes y negros. Alzada de unos 154 cm.
Distribución: El territorio principal de cría es la República de Uzbequistán, con las yeguadas de Dshisak y Avangard, cerca de Samarcanda.
Aptitudes: Raza muy influida por el rudo clima del centro de Asia. De gran potencia, resistencia y sobriedad; voluntarioso, paso seguro y movimientos armoniosos y suaves. Apreciado caballo de silla y enganche. Excelente para marchas campo a través y grandes distancias.
Historia de cría: Su patria original, los semidesiertos, valles y montañas de Uzbequistán y Tayikistán, han conformado a esta antigua raza desde hace más de 2.000 años. Por sus venas fluye sangre de las razas esteparias mongolas, persas y turcas y del árabe puro. Es difícil precisar desde cuándo se practica la cría, pues se han valorado más las buenas cualidades y el rendimiento que una buena ascendencia. Ello ha llevado además a la formación de tres tipos: de silla, de tiro y de carga. Ya en el siglo XVIII era conocido el Karabair más allá de las fronteras de su territorio de origen. El cambio de tipo operado en las últimas décadas para obtener un versátil caballo de deporte mediante el cruce con Pura sangre inglés y Pura raza árabe ha dado buenos resultados, existiendo unos 28.000 Karabairs, de los cuales 25.000 son de pura raza.

KARABAKH (KARABAKÉS)

Características: Típico "caballo de montaña" con constitución enjuta y sólida. Hermosa cabeza con grandes ojos vivos. Cuello erguido de longitud media, cruz medianamente marcada, pecho ancho y profundo, dorso bien musculado y grupa redondeada y musculosa. Extremidades enjutas con articulaciones bien constituidas para el salto y cascos pequeños y duros. Sobre todo alazanes y castaños de distintos tonos, con un brillo metálico. Alzada entre 145 y 150 cm.
Distribución: El territorio principal de cría es la República de Azerbaiyán, en la Transcaucasia, con la remonta de Agdan.
Aptitudes: Temperamento enérgico y audaz, sensible pero leal, no se espanta en situaciones agitadas. Resistente, duro, veloz, de paso seguro y ágil. Movimientos amplios y acompasados en todas las andaduras básicas. También tiene predisposición para marchar al *tölt*.

Historia de cría: La región de Nagorno-Karabakh, de la provincia de Baku, es su patria original. La raza tiene sus antecedentes en el siglo IV, a partir de cruces de caballos árabo-persas con otros turkmenos. El "karabakés puro" fue célebre por su "pelaje dorado", influyendo en la cría del Don. A comienzos de 1970 sólo había unos 600 caballos. La raza sigue estando hoy en día tan amenazada como lo estuvo durante la invasión persa de 1826. Los pozos de petróleo han sido pretexto de conflictos y guerras, como el habido entre Armenia y Nagorno-Karabakh, en esta región del Karabakh. Para garantizar la supervivencia de la raza, se han realizado cruces con Akhal-Teké y Pura sangre árabe. El mantenimiento de las manadas libres se practica como desde antaño: desde la primavera hasta el otoño pastan en la alta montaña y en el invierno bajan a los valles. Existe un libro de registro de la raza.

Karaçabey

Características: Vistoso y bien proporcionado caballo de silla. Cabeza expresiva y enjuta de tamaño medio, con orejas móviles, ojos vivos y claros y perfil recto, o a menudo ligeramente cóncavo. Cuello recto medianamente erguido, línea inferior con frecuencia ligeramente abombada, cruz larga y enjuta, y espalda larga y robusta, a veces rectos. Tronco armónico, ancho y profundo, dorso recto resistente a la carga, y grupa robusta ligeramente inclinada. Extremidades firmes y enjutas, con articulaciones bien señaladas y cascos regulares. Todas las capas básicas; sobre todo castaños. Alzada de unos 162 cm.
Distribución: Turquía, sobre todo en la meseta de Anatolia, con la remonta estatal de Karaçabey como centro principal de cría y que dio nombre a la raza.
Aptitudes: Originalmente se trataba de un caballo de buen rendimiento para la caballería turca. Actualmente se emplea en labores agrícolas como caballo de silla, tiro y carga, aunque cada vez se usa más como versátil caballo de silla.
Historia de cría: Se trata de la raza autóctona turca por excelencia, cuyas raíces se remontan a los tiempos de los hititas y los otomanos. Los caballos turcos encarnaron el poder y la gloria del Imperio otomano y de su cría caballar con sangre árabe, cuyo esplendor aún brilla a través de Byerley Turk. La remonta de Karaçabey, en Anatolia, recibió su nombre en 1927 bajo Kemal Atatürk, quien impulsó la cría caballar. La raza se desarrolló mediante la cubrición de yeguas locales con sementales de Árabe y Pura sangre inglés. Para criar un tipo de caballo apto para la agricultura se empleó sangre de Nonius y Haflinger. El semental que más imprimió su esencia fue el Pura sangre árabe *Kurus XVIII*, un descendiente del legendario *Baba Kurus* por *Kuheyletuz Kurus* y *Siklewi Siayfi*, nacido en 1921.

KATHIAWARI

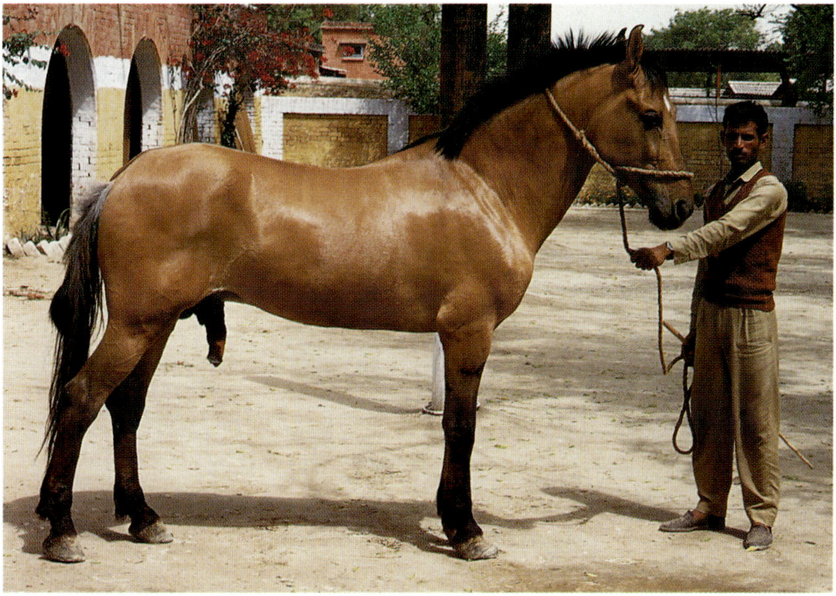

Características: Poni delgado de marcada influencia árabe y largas extremidades. Son características sus orejas arqueadas de forma llamativa hacia la cabeza recta y enjuta, llegando a tocarse las puntas de las mismas y pudiendo girar 360°. Cuello bien implantado, cruz bien formada, espalda fuerte e inclinada, dorso largo y recto, grupa inclinada y cola de inserción baja. Las débiles extremidades con los bien formados cascos son muy resistentes a pesar de la debilidad de su osamenta, aunque a veces tienen una mala disposición. Todas las capas, salvo los negros, incluyendo los bayos con raya de mulo y cebraduras. Alzada de unos 152 cm.

Distribución: República de la India, sobre todo en la península de Kathiawar, en la costa occidental de la India.

Aptitudes: Robusto, muy enérgico y sobrio. Muy adaptado al calor. Precisa poca comida y agua. Inteligente, con tendencia a un temperamento inestable. Resistente, de paso seguro, con un veloz galope. Estimado poni de silla y deporte. Es característico su *revaal*, un innato paso rápido y confortable.

Historia de cría: Desde la península de Kathiawar, célebre por sus caballos, se dio la distribución a todo el subcontinente indio de este "tipo del desierto". Su origen concreto resulta incierto. Ya antes de la islamización (sobre el año 1000 d.C.) existía una raza mixta autóctona que durante los tiempos del Gran Mongol y luego de soberanía inglesa, fue cruzada con Árabes y Caballo de El Cabo (Sudáfrica). La cría, estimulada por los maharajás indios, llevó a la constitución de 28 líneas nombradas a partir de las yeguas de cría principales. Su máximo esplendor lo conoció en el siglo XIX como valioso caballo de la caballería de los príncipes indios y del ejército británico. El libro de registro es llevado por la Kathiawari Horse Breeders Association.

KAZAJO

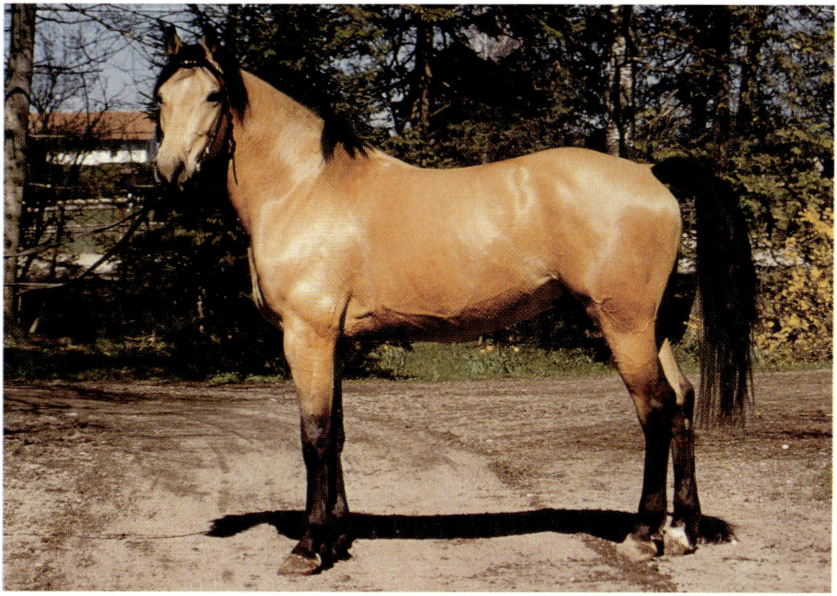

Características: Caballo de las estepas, del tipo del poni mongol. Cabeza ordinaria con perfil convexo y quijada ancha y robusta. Cuello carnoso, pero más enjuto que en el Mongol. Cuerpo ancho y macizo con buena profundidad y dorso robusto y corto. Firme sustentación con extremidades cortas, enjutas y robustas, y cascos duros. Crines y cola tupidas y largas. Sobre todo castaños, alazanes, tordos y negros; más raramente bayos y píos. Alzada de unos 142 cm.
Distribución: República de Kazajistán.
Aptitudes: Sobrio, resistente al frío y al calor, no muy rápido, pero con mucha resistencia. Se mantiene en manadas itinerantes. Es un caballo de silla para llevar los rebaños de reses, y se aprovecha para obtener carne y *kumiss*, un tipo de leche de yegua fermentada. Además de las andaduras básicas, también tiene predisposición a un paso de ambladura y al *perestrup* (denominación rusa para el *tölt*).

Historia de cría: Este caballo estepario descendiente del poni mongol ya estaba presente en la región en el II milenio a.C., como han demostrado las excavaciones arqueológicas. En el siglo V a.C. poblaba las estepas formando grandes manadas, cruzándose ya desde entonces con el Karabair, el Árabe y el Akhal-Teké, y adaptándose a las duras condiciones de las estepas.
A mediados del siglo XX se cruzó con Pura sangre, Trotón Orlov y Don para mejorar la cría. En el curso de la formación de la raza se han desarrollado dos tipos: el menor y robusto tipo Dzbabye, del tipo original, y el tipo Adajewsky, algo mayor y con influencia oriental. Ambos tipos se emplearon en la cría del "Kustaner". La población, aún importante, cuenta con unos 300.000 caballos. La yeguada más importante es la de Mugojar, en la región de Aktjubinsk.

KISBÉRER

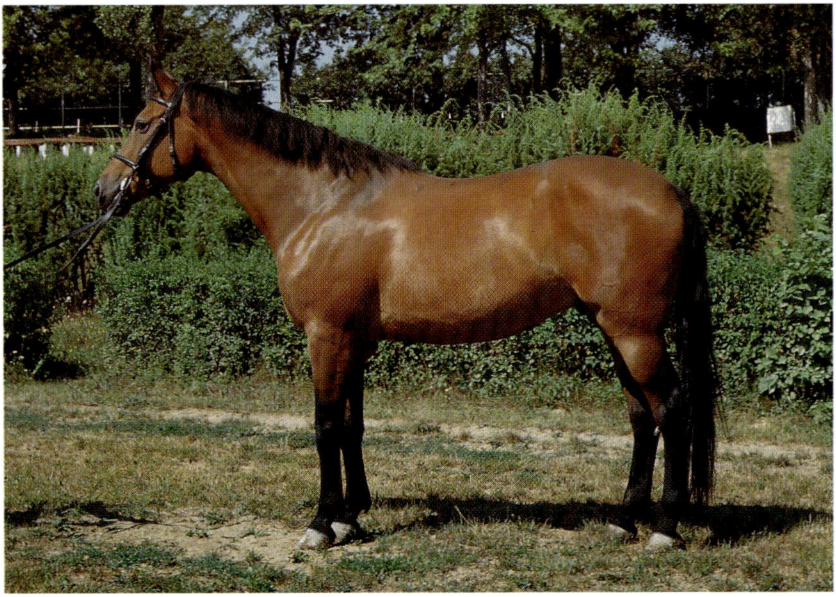

Características: Elegante caballo de sangre caliente del tipo del Pura sangre y fortaleza media. Cabeza expresiva, cuello bien implantado, robusta espalda inclinada, dorso de longitud media, grupa larga, inclinada y bien musculada, extremidades enjutas medianamente robustas, con articulaciones bien marcadas y cascos sanos y regulares. Todas las capas básicas; predominan los castaños, alazanes y negros. Alzada entre 160 y 165 cm.
Distribución: Hungría.
Aptitudes: Caballo con acentuado rendimiento apto para todas las disciplinas de silla y enganche. Andaduras amplias, bajas y elásticas, capacidad para el salto, buen carácter y temperamento afable.
Historia de cría: La cría se inició en Kisber en 1853 con sementales ingleses y árabes. El objetivo era criar Pura sangre y medias sangre nobles. En 1867 se contaba en Kisber con 10 sementales de Pura sangre, entre ellos *Buccanneer*, nacido en 1857, y considerado como el fundador de la cría de Pura sangre húngaros, y *Cambuscan*, nacido en 1872, y padre de la formidable yegua invicta *Kinscem*. Además, para la cría de medias sangre se contaba con 475 caballos de media sangre. Pero a partir de 1869, sólo se emplearon reproductores de Pura sangre para la cría de medias sangre. Así se logró un caballo con buena ensilladura, musculosos cuartos traseros y extremidades enjutas muy sólidas. Tras la Primera Guerra Mundial se aportó sangre árabe, y de Furioso, North Star y Trakehner. Entre los Pura sangre más significativos empleados entre las dos guerras mundiales cabe mencionar a *Major, Ganelon, Fortis* y *Nepomuk*; entre los Medias sangre *Maxim II, Maxim III, Slieve Gallion I* y *Kozma III*. En la actualidad destaca *Szikrázó I*. La cría prosigue en las yeguadas de Dalmand y Sárvar.

KLADRUBER

Características: Imponentes caballos de enganche de los que desde hace siglos se crían dos líneas de diferente capa (tordos en Kladrub, y negros en Slatina). Lo típico en esta raza longeva y de madurez tardía es su gran cabeza acarnerada y el cuello con gran amplitud de balanceo, del que nacen gruesas crines. Dorso elástico, grupa ligeramente recta, cola de inserción alta, pecho ancho, tronco profundo bellamente contorneado, extremidades robustas y enjutas con duros cascos. Alzada de unos 170 cm; nunca por debajo de 163 cm.

Distribución: República Checa, Austria y Alemania.

Aptitudes: Es típico del Kladruber su trote enérgico y cadencioso con elevada acción y a pesar de ello amplio. Este excelente caballo de tiro también es adiestrable como caballo de silla, resultando persuasivo para este fin por su buen carácter y fácil monta.

Historia de cría: Las caballerizas de Kladrub, mandadas construir en 1579 por Rodolfo II de Habsburgo, ya contaban en 1729 con 18 sementales reproductores y 170 yeguas del tipo antiguo español-italiano, cuando por culpa de un incendio destruyó la construcción más el archivo, causando una ostensible interrupción en la cría. Pero José II hizo reconstruir las instalaciones y los caballos pudieron regresar. El reproductor que marcó la nueva cría de Kladruber fue *Pepoli*, nacido en 1764 en las caballerizas italianas de la casa de Ferrara. Éste fue el abuelo de *Generale*, nacido en 1787, y fundador de la línea homónima de capa torda. El fundador de la línea de capa negra fue *Sacramoso*, descendiente de la raza noritaliana Polesina procedente de la yeguada del arzobispado salzburgués de Ries. Tras la caída de la corona austrohúngara, fue el Estado checo el que veló por la preservación del Kladruber.

KNABSTRUP

Características: Los cinco diferentes patrones de la capa de estos caballos atigrados abarcan los tipos **barroco, moderno** y **poni**. En el tipo barroco destaca la robusta cabeza con tendencia a ser acarnerada, un cuello fuerte y erguido, la forma barroca del tronco con su ancho pecho, un dorso no demasiado largo y una grupa redondeada. Las extremidades son fuertes, enjutas y con cascos duros. El tipo moderno se corresponde con el estándar de cría del Caballo de silla alemán. Alzada superior a 148 cm, salvo en el tipo poni.
Distribución: Dinamarca y Alemania.
Aptitudes: Gracias a su inteligencia, temperamento equilibrado y rendimiento el Knabstrup resulta ideal para todas las disciplinas de silla y enganche.
Historia de cría: Ésta es una de las razas más antiguas de Dinamarca. Esta línea colateral del Fredriksborg está íntimamente ligada a la historia de las caballerizas de Fredriksborg fundadas en 1536. En ellas se trabajó durante décadas sobre una base de cría de sangre hispano-oriental que proveyó a todas las academias ecuestres y casas reales de los barrocos caballos atigrados (aleopardados en realidad). Pero a finales del siglo XVIII, el desarrollo de la caballería tomó otros derroteros y cesó la demanda de estos caballos. Su cría prosiguió en manos privadas, sobre todo en las propiedades del mayor Lunn en Knabstrup. Lunn cruzó en 1812 una yegua entrepelada de origen español, comprada como "yegua Flaebe" a un comerciante del mismo nombre, con el semental de Fredriksborg *Baeveren*. El semental resultante de dicha unión fue *Flaebehingst*, fundador de los Knabstrup. La sociedad de cría danesa fundada en el año 1972, que trabaja en estrecha coordinación con la alemana, reestructuró la cría y los estándares de la misma.

KONIK

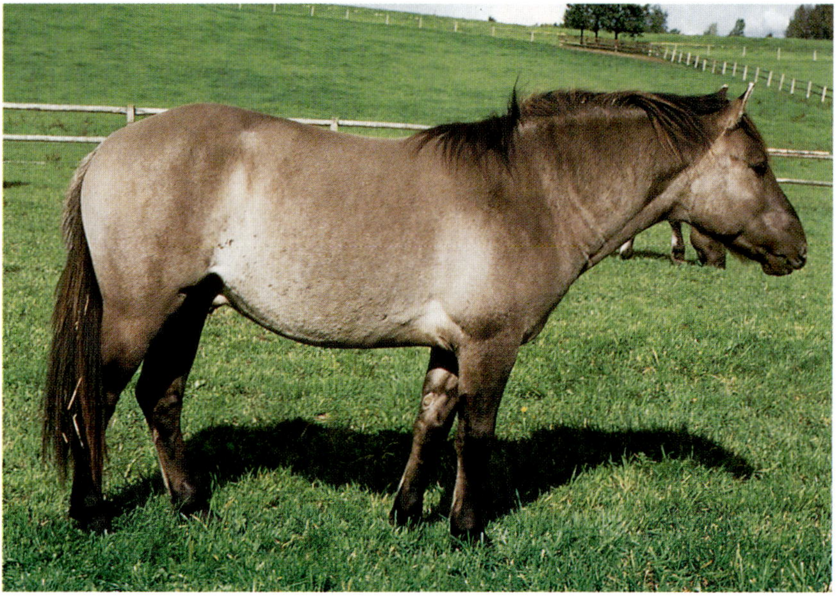

Características: Robusto caballo pequeño del tipo del Tarpán, con capa tordo ratón más clara o más oscura con zonas bayo-grisáceas. Todos los ejemplares presentan rasgos primitivos (raya de mulo cruzada y cebraduras, con extremidades más oscuras). Cabeza expresiva con rostro despierto, perfil ligeramente cóncavo y constitución armónica. Miembros corpulentos, musculosos y robustos con duros cascos. Crines y cola completas. Las marcas son un rasgo indeseable. Unos 140 cm de alzada.

Distribución: Polonia, Europa oriental y Alemania.

Aptitudes: Robusto, sano, bonachón, duro y frugal. De vitalidad incansable delante del tiro o bajo la silla.

Historia de cría: El departamento polaco de cría caballar lleva décadas tratando de mantener la cría pura del Konik y para diferenciar a esta raza del Panje. Como descendiente del Tarpán y del Mongol, vivía en estado salvaje durante los grandes movimientos de pueblos europeos entre los siglos IV-VI d.C., siendo presa de caza en las zonas pantanosas y bosques de la Europa oriental. Fue apresado, domesticado y por medio de cruces con sangre árabe y oriental mejorado; en la Edad Media el Konik era un enérgico, sobrio y veloz caballo útil en la región. Para proteger a la raza, abandonada a sí misma en grandes parques naturales y zonas boscosas, los zoólogos polacos lograron la creación de reservas para evitar su extinción. En 1936 el Konik encontró en la reserva de Bialowiezá un hábitat para su regeneración en libertad. Actualmente se practica la cría pura del Konik bajo control científico en Popielno, junto al lago Spirding en Masuria, en la antigua Prusia oriental. En la Frisia oriental también se emplea el Konik en un programa de cría retroactiva del Tarpán.

Kushum

Características: En el Kushum destaca su sólida constitución: alzada de unos 159 cm, longitud del tronco alrededor de 161 cm, perímetro torácico: 187 cm y perímetro de caña: 20,5 cm. Cabeza grande pero magra, cuello robusto de longitud media, cruz marcada, dorso largo y recto, y grupa musculosa aunque algo corta. Tronco profundo con pecho ancho y extremidades correctas. Sólo castaños y alazanes. Peso entre 520 y 550 kg.
Distribución: C.E.I. y República de Kazajistán. Cría caballar en las yeguadas de Pyatimarsk y Krasnodon.
Aptitudes: Caballo de silla y tiro con gran agilidad y resistencia, sano y fértil. Es importante el aprovechamiento de su carne y leche; las yeguas aportan durante el periodo de lactación de 13 a 14 l de leche diarios.
Historia de cría: La raza se desarrolló entre los años 1931-1976 sobre una base de caballos kazajos probados en las yeguadas de Pyatimarsk y Furman en el Kazajistán, en la región en torno al río Ural. Se buscaba dar más talla y mejores andaduras al caballo kazajo. Para ello se emplearon sementales de Pura sangre, de sangre caliente y trotones para cubrir a las yeguas kazajas. A continuación, las yeguas descendientes fueron cubiertas por sementales de Don, buscando mantener la robustez del Kazajo y mejorar la talla y las acciones, y la descendencia cruzada después entre sí.
El resultado fue un caballo grande, muy bien adaptado y con múltiples aptitudes. Dentro de esta raza se diferencian tres tipos: el tipo genérico, el pesado tipo de tiro y el tipo de silla. El objetivo de las yeguadas de Krasnodon y Pyatimarsk, con las seis líneas de cría abiertas, es la cría pura.

KUSTANER

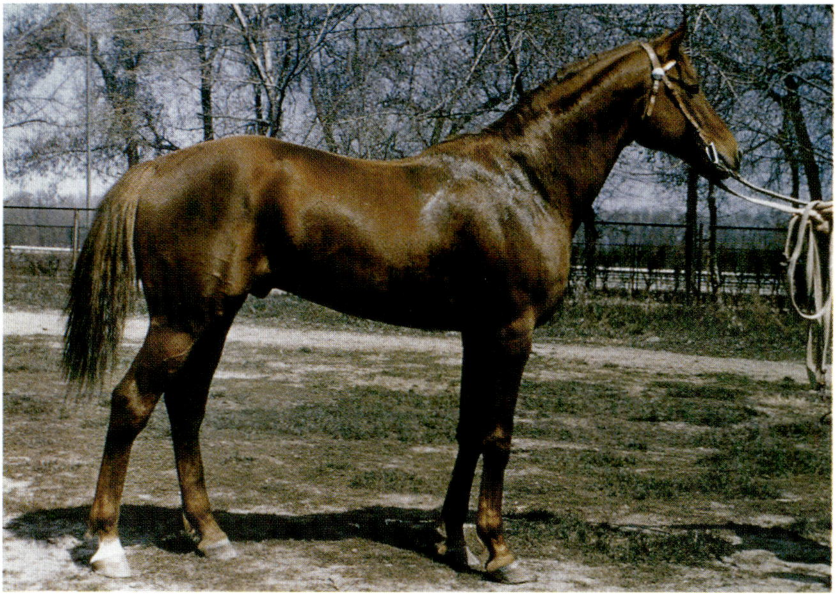

Características: Caballo de las estepas, macizo y de planta cuadrada, del tipo de silla. La cabeza es de tamaño mediogrande, generalmente con frente ancha y perfil recto, y en raras ocasiones convexo. Ojos despiertos, orejas móviles y grandes ollares. Cuello largo, recto y bien musculado, cruz marcada, espalda larga e inclinada, tronco ancho y profundo, dorso recto y robusto con buena ensilladura. La grupa es musculosa y ligeramente caída. Extremidades firmes y enjutas con fuerte osamenta, y cascos firmes y sanos. Crines y cola completas. Sobre todo alazanes, castaños y castaños oscuros. Alzada de unos 155 cm.

Distribución: Territorio principal de cría en la República de Kazajistán, yeguadas de Kustanaj, Majkulsk, Trorzk, Krasnodonsbij y Saryturgaskij.

Aptitudes: Buen caballo de silla y tiro. Sobrio, duro, resistente, potente, con buenas andaduras básicas y gran capacidad de salto. Muy veloz (1.600 m en 1:40,8 min) y muy resistente (286 km en 24 horas).

Historia de cría: Ya en el siglo XIX se intentaron cruces mejoradores en las yeguadas de Orenburg, Turgay y Kustanaj del pequeño caballo Kasajo con sementales de Don, Streletz, Orlov-Rostoptschin y otros de sangre caliente. Para reorganizar la cría a finales de la década 1930-1940 se cruzaron yeguas kazajas con sementales de Pura sangre y medias sangre rusos. Su descendencia fue cruzada entre sí, practicándose una selección rigurosa para llegar a una cría pura de una raza nueva, objetivo plenamente logrado.

Pronto creció su demanda, aumentando rápidamente su número. En 1955 la raza ya era reconocida oficialmente y se contaba con un libro de registro con unos 40.000 caballos matriculados.

LEWITZ

Características: Pequeña cabeza enjuta y expresiva, sustentada por un cuello bien arqueado para la monta. Cruz larga, espalda bien musculada, tronco bien contorneado y grupa inclinada. Extremidades enjutas y robustas en armonía con el tronco, con buenas articulaciones y unos aplomos correctos. Predominan los píos negros y castaños, con una alzada entre 139 y 148 cm.
Distribución: Alemania.
Aptitudes: Poco exigente, inteligente, sano, equilibrado, buen carácter y elevada capacidad de recuperación tras el esfuerzo. Sus movimientos elásticos en todas las andaduras básicas y su capacidad para el salto hacen de él un excelente poni de silla y de enganche.
Historia de cría: Los "píos Lewitz" son el resultado de la cría planificada de un tipo de poni en 1971 en Lewitz, en Mecklemburgo, al sur de Schwerin. Ulrich Scharfenorth y Hans J. Schwark diseñaron el programa de cría y lo pusieron en práctica para crear un pequeño caballo de deporte y de trabajo. El objetivo de cría marcado fue un caballo de planta cuadrada, vigoroso y con envergadura. Para ello Schwark cruzó sementales de gran talla (Árabe, Pura sangre, Trakehner) con diferentes yeguas de razas de ponis, algunas pías de la región de Teterow. Los cruces de descendientes emparentados entre sí y una adecuada selección llevaron a la obtención del "Poni Lewitz" o "Pío de Lewitz", que desde 1976 es inscrito en el correspondiente libro de registro. El Lewitz entró en el ámbito de los criadores de ponis a partir de 1988, cuando algunos ejemplares hicieron su aparición en Bavaria y el semental *Graveur*, por *Sharib ben Lancer*, fue seleccionado como reproductor. Desde entonces la raza sigue consolidándose y su población ya asciende a unos 300 ponis.

LIPIZZANO

Características: Animal de una noble elegancia y una fuerza en armonía impresionantes. Es típica su cabeza enjuta, no demasiado pesada, con perfil entre recto y convexo. Grandes ojos expresivos, cuello fuerte de longitud media, pecho ancho, dorso musculoso suficientemente largo y grupa redondeada. Extremidades enjutas con articulaciones y tendones marcados, y cascos pequeños y correctos. Predominan los tordos; más raramente castaños y negros. Alzada entre 150 y 160 cm.
Distribución: Austria, Eslovenia, Hungría, República de Eslovaquia, Rumanía, Italia, Croacia y Alemania.
Aptitudes: Irradia nobleza, movimientos con gracia, carácter excelente como caballo de silla y enganche, y aptitudes para las distintas escuelas de doma.
Historia de cría: La U.E. logró que esta raza fuera declarada patrimonio cultural de la humanidad. Su máximo esplendor se dio entre los siglos XVI y XVII. El archiduque Carlos de Habsburgo dispuso en 1580 en la cordillera de Karst la yeguada de Lipizza para criar caballos veloces, duros y resistentes, a partir de 24 yeguas y 3 sementales españoles. En el siglo XVII ya se había definido el tipo del Lipizzano. Los fundadores de la raza fueron los caballos Neapolitano, Conversano, Pluto, Maestoso, Favory y Siglavy. La raza vivió momentos de gloria con Francisco José I y sus "tordos imperiales" o "Jucker españoles". La Primera Guerra Mundial supuso la segregación de la cría en Lipizza, que pasó a manos yugoslavas, y Piber, en Austria. La Segunda Guerra Mundial y los acontecimientos en Yugoslavia llevaron a nuevas crías estatales con diferentes criterios de cría. Lipizzano es todo caballo descendiente directo de alguna de las las seis líneas clásicas de los fundadores.

LOKAI

Características: Vistoso caballo de montaña de diferentes tipos y planta media. Cabeza no demasiado grande, en general de perfil recto, frente ancha, orejas vivas y ojos despiertos de mirada amistosa. Cuello recto de longitud media, cruz alta y ancha, espalda inclinada, tronco con pecho ancho y buena profundidad de cincha, dorso recto, ancho y corto, y grupa caída, larga y musculosa. Extremidades robustas, nervudas, con articulaciones y tendones señalados, y cascos sanos y muy duros. Crines y cola finas y cortas, a menudo onduladas. Sobre todo tordos o castaños; también alazanes con brillo dorado. Alzada de unos 145 cm.

Distribución: Fundamentalmente en el sur de Tayiskistán, a alturas de unos 3.000 m (cordillera de Pamir).

Aptitudes: Robusto caballo de silla y carga de paso seguro. Resistente, precavido, con aguante, sobrio, buen carácter y con un temperamento arrojado. Mantiene la orientación y la calma en situaciones extremas. De pasos suaves y cómodos en todas las andaduras básicas. Buen caballo de deporte y para el ocio. Los caballos bien adiestrados sólo obedecen a sus amos.

Historia de cría: Al desarrollo de esta valiosa raza de las montañas del Asia central han contribuido las más diferentes razas, especialmente el caballo mongol y las razas esteparias con fuerte influencia. En el siglo XVI se cruzó con éxito con Akhal-Teké, Karabair y Árabe. Su nombre se debe a la etnia de los Lokai, emparentados con los nómadas uzbecos. Este pueblo mantiene grandes manadas transhumantes con una población de más de 20.000 Lokais de raza pura. Para la mejora de sus aptitudes como caballo de silla del Lokai se ha cruzado con Pura sangre ingleses y árabes, y actualmente se lleva un libro de registro de la raza.

Lusitano

Características: Caballo noble al tiempo que robusto, de gran capacidad de adaptación. Cabeza enjuta y finamente modelada, con perfil entre recto y convexo, y grandes ojos afables. Cuello de longitud media, bien insertado en un tronco robusto y rechoncho con dorso casi recto, largas espaldas inclinadas y grupa robusta. Extremidades enjutas, cañas llamativamente cortas y cuartos traseros bien conformados. Crines y cola gruesos. Castaños, negros, y más raramente alazanes. Alzada entre 150 y 165 cm.
Distribución: Portugal y Alemania.
Aptitudes: Resistente y robusto para cuidar reses y para el rejoneo, extremadamente ágil y diestro, movimientos amplios y elásticos, y trabajador voluntarioso. Es un caballo apto para la doma, agradable para la monta en el tiempo libre y dócil como caballo de enganche.
Historia de cría: La cría caballar en Portugal posee una larga y célebre historia. A partir de antepasados andaluces, ya en la Edad Media el Lusitano se había diferenciado de éstos. A su desarrollo han contribuido caballos árabes y berberiscos, habiéndose mantenido después algo ajena al aporte de sangre foránea. El hipólogo Pasqual Caracciolo ya citaba en su obra *Gloria del Cavallo* (Venecia, 1556) las yeguadas portuguesas, donde se criaban los célebres "barbari" y "ginetti". Los caballos descendientes de éstos fueron diseminados por los marinos portugueses por el Nuevo Mundo en la primera mitad del siglo XVI. Importantes para la cría fueron las yeguadas Fonte Boa y las caballerizas reales de Alter do Chao; también cabe mencionar la escuela de caballería de Torres Novas. Fue decisivo el papel desempeñado por el Dr. Ruy d'Andrade, quien dio más valor al tamaño, osamenta y andaduras que a la propia nobleza de los caballos criados.

MALOPOLSKI

Características: Hermoso caballo de sangre caliente del tipo del Anglo-árabe, de media planta, con grandes y largas líneas y cualidades excepcionales como caballo de silla. En esta joven raza se diferencian tres tipos. Se dan todas las capas básicas. Alzada en torno a 160 cm.
Distribución: Polonia, con las yeguadas principales de Janov Podlavski y Chyszóv.
Aptitudes: Sobrio, duro, resistente, frugal y fértil. Andaduras básicas amplias y elásticas, y apto para el salto; interesante caballo de deporte muy versátil.
Historia de cría: La estirpe de cría se constituyó con una base de razas autóctonas polacas mejoradas con sangre oriental. Este programa continuó de forma intensificada a partir de 1945. Influidos por los objetivos de cría de las principales yeguadas se desarrollaron tres tipos principales: en Janov Podlavski el tipo **radautz** del noble caballo de silla de talla media; las tareas iniciadas en 1919 prosiguieron cruzando una base de cría de Shagya con las yeguas de Pura sangre árabe *Siglavi Bagdady, Hebda, Hermitka, Koalija* y *Amielka*. El tipo **húngaro** de grandes líneas cuenta con una base de Furioso, Gidran y Przldwit, y se obtuvo en las yeguadas de Chyszóv, Stubno y Walewice. El tipo francés es un caballo de gran envergadura con base de Anglo-árabe francés (yeguadas de Pruchna, Klikowa y Ochaby). Las diferencias regionales en el tipo casi han desaparecido, pudiéndose hablar de una raza anglo-árabe consolidada, cuyos representantes más destacados han sido *Ramzes AA.* por *Rittersporn* y *Jordi* por *532 Shagya X-3*, y *139 Demeter* por *Bakszysz ox*, nacido en 1937, y traspasado en 1945 por la administración polaca a Clemens F. Nagel, de la yeguada Vornholz, por su buena dirección de la yeguada de Razot; dicho semental transmitió su excepcional genotipo.

MANGALARGA (MANGALARGA MARCHADOR)

Características: Caballo bien proporcionado y de tamaño medio, con alzada entre 146 y 155 cm. Cabeza mediana-grande, con grandes ojos expresivos y orejas bien dispuestas con las puntas apuntando ligeramente hacia el centro. Cuello bien implantado, cruz marcada, tronco robusto y profundo, espalda larga e inclinada y larga grupa ligeramente caída. Extremidades enjutas con fuerte musculación y articulaciones claras. Las articulaciones de los corvejones son más débiles que las de las rodillas. Una condición necesaria para la "marcha" (un tipo de trote de ambladura) son unos cascos firmes de tamaño medio. Todas las capas, excepto albinos.
Distribución: Brasil, resto de Sudamérica y Europa.
Aptitudes: Duro y sobrio caballo con buena disposición para cabalgaduras a grandes distancias. Carácter manso y tranquilo. Además de las andaduras básicas posee un paso colado innato, la marcha, con movimientos laterales y diagonales combinados de las extremidades que implican que al menos siempre un pie o mano esté tocando suelo.
Historia de cría: El origen de la raza se remonta al Brasil colonial bajo soberanía portuguesa. Los fundadores fueron caballos berberiscos e hispano-portugueses que se cruzaron con yeguas locales de ascendencia ibérica. Gran importancia tuvieron la casa real portuguesa y la remonta de Alter do Chao, al enviar en 1808 João VI caballos de la yeguada real a Brasil. En Campo Alegre, de Gabriel Francisco Junqueira, en Minas Gerais (aún hoy un centro de cría), se desarrolló la raza en el siglo XIX. El nombre de Mangalarga parece deberse a una montaña del mismo nombre. La asociación brasileña de criadores de Mangalarga se fundó en 1949 y supervisa 11.000 criadores de Mangalarga.

MAREMMANO

Características: Caballo de sangre fría robusto y vigoroso. Cabeza expresiva, larga, robusta, con frente ancha, orejas vivas y grandes ojos. Cuello musculoso, tronco robusto y profundo con pecho ancho, dorso recto y grupa caída. Extremidades recias, enjutas y correctas, con duros cascos. Hermosas crines y cola. Solamente se permiten los castaños y negros, y en el caso de las yeguas también los alazanes; los tordos no son admitidos en ningún caso. Alzada de unos 158 cm.

Distribución: Territorio principal de cría en las provincias de Grosseto y Viterbo, en la Toscana, Italia.

Aptitudes: Es el caballo de los vaqueros italianos, los "butteri". También se emplea como caballo de silla, de tiro y para marchas al aire libre. Movimientos amplios y briosos, endurecido, sobrio y muy resistente, con temperamento y carácter equilibrado.

Historia de cría: El difícil medio natural de la Maremma, con calor, zonas pantanosas, mosquitos y vientos fríos y lluvia, han dado forma a esta raza a lo largo de milenios y han obrado una selección natural de la misma. La presencia de sangre oriental es inconfundible, a pesar de algunos defectos de conformación, lo que le da coraje, brío, resistencia y docilidad con el hombre. La asociación natural de criadores trata de renovar la población de los 3.000 caballos registrados. Con ayuda de mejoradores de distinta raza, sobre todo de Pura sangre inglés, se pretende modificar el tipo original buscando un caballo de deporte versátil y potente. Desde 1979 la asociación nacional de criadores de Maremmano (Associazione Nazionale Allevatori Cavallo di Razza Maremma o A.N.A.M.), con sede en Grosseto, lleva un libro de registro.

MARWARI

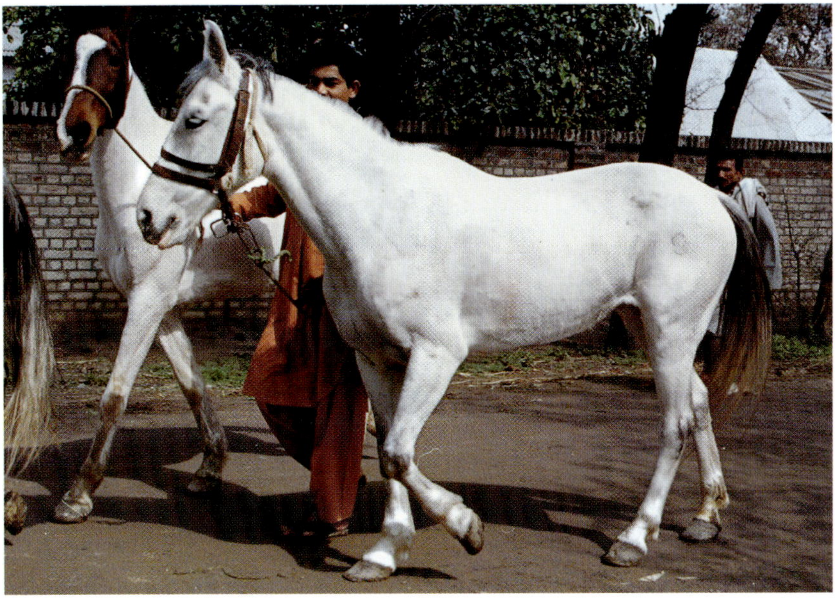

Características: Caballo hermano del Kathiawari, elegante y con buena conformación. Cabeza enjuta mediana-grande con perfil recto y características orejas falciformes. Cuello suficientemente largo, cruz marcada, tronco robusto y musculoso con buena profundidad de cincha. Espalda robusta, dorso largo con lomo musculoso y grupa inclinada. Extremidades resistentes y claras con cascos duros y firmes. Pelaje, crines y cola finos y sedosos. Todas las capas; también palominos y píos. Alzada de 150 cm.

Distribución: República de la India, sobre todo en Rajasthán-Marwar, en el noroeste de la India.

Aptitudes: Arrojado y leal, muy resistente, sobrio y enérgico. Paso seguro en todas las andaduras, siendo característico el *revaal* o paso portante de nacimiento, típico de muchas razas asiáticas. La población de este antiguo caballo de caballería y polo, hoy empleado como caballo de silla y "caballo-taxi" (caballo de Tonga), está en regresión.

Historia de cría: Las condiciones extremas de las regiones desérticas y montañosas de Kazajistán, Uzbekistán, Turkmenistán, Mongolia y Arabia, a las que debe su existencia el Marwari, han conformado el "tipo del desierto" de esta raza. Ya en la Edad Media esta raza era bien conocida y apreciada en la región Marwari del noroeste de la India (Jodhpur). En el siglo XVI el gran Mongol Akbar pertrechó a su caballería con 50.000 Marwaris. Y en 1917 la caballería del mariscal Allenby efectuó su célebre incursión por el desierto hasta Haifa montando caballos Marwari. A principios del siglo XX, la raza había perdido su esplendor, y gracias al maharajá Umaid de Singhji y a su nieto Gaj Singh II se salvó de la extinción. Actualmente la Marwari Horse Breeder's Association vela por su conservación.

MBAYAR

Características: Poni robusto de tamaño medio y conformación cuadrada. Cabeza grande con frente ancha y convexa. Cuello robusto y corto, más propio de un caballo, pecho ancho y profundo, dorso corto y recto (a menudo ensillado), y grupa musculosa y redondeada. Extremidades robustas con articulaciones anchas. Sobre todo castaños, aunque también alazanes, tordos y píos. Alzada entre 133 y 144 cm.
Distribución: República del Senegal en África occidental, en la cuenca de Arachidier y la región de Niayes.
Aptitudes: Robusto, resistente y sobrio, de paso ligero y gran rendimiento. El poni Mbayar se cría en su país de origen sobre todo como caballo de tiro para el transporte ligero y tareas agrícolas.
Historia de cría: El origen del Mbayar se remonta, como en el caso de casi todas las razas africanas al sur del Sahara, al caballo berberisco. El Berberisco estaba adaptado al calor y a las condiciones de sequía de modo excepcional, lo que le permitió adaptarse a las duras condiciones climatológicas de todo el continente africano, aunque no estuviera preparado para soportar las infecciones transmitidas por la mosca tse-tse, lo que dificultó su extensión por el sur de África. En virtud de su ascendencia pura africana, el Mbayar es considerada como una raza autóctona uniforme. Sin embargo, a partir de 1948 se emplearon sementales de Pura sangre inglés para la mejora del Mbayar y modificación del tipo "africano puro". En la actualidad se prefiere la mejora y renovación de la sangre empleando el Fleuve senegalés, del tipo del Berberisco.

MECKLEMBURGUÉS DE SANGRE CALIENTE

Características: Caballo de deporte noble, de gran línea, correcto y de gran rendimiento. Cabeza enjuta y expresiva, cuello bien conformado, espalda inclinada, cruz marcada, dorso de longitud media, pecho profundo y grupa inclinada, larga y musculosa. Extremidades enjutas con articulaciones robustas. Todas las capas. Alzada de unos 165 cm.
Distribución: Alemania. Territorio principal de cría en Mecklemburgo (yeguada federal de Redefin).
Aptitudes: Buen temperamento y carácter. Buena montura, movimientos briosos y amplios y capacidad para el salto. Apto para todas las disciplinas.
Historia de cría: Su cría se remonta al siglo XIV, con el empleo de caballos orientales, frisones y daneses. En el siglo XVI, bajo las órdenes del duque Juan Alberto I, junto a yeguas y sementales turcos y húngaros se añadieron otros italianos y españoles. Pero el fundador de la raza mecklemburguesa es el duque Gustavo Adolfo (1654-1695), quien fundó yeguadas e hizo cruzar yeguas locales con sementales orientales, ingleses, ibéricos y frisones. Redefin pronto fue en el siglo XVIII una yeguada con una cría de calidad, cuando el jefe mayor de las caballerizas Von Bülow inició la organización de la yeguada principal y regional. Pero a partir de 1847 la yeguada sólo prosiguió su actividad como yeguada regional. En el tiempo que siguió, el antiguo Mecklemburgués fue víctima del empleo exagerado de Pura sangre ingleses. En 1895, la promulgación de las ordenanzas para la gestión de libros de registro obligó a efectuar una selección de los reproductores y al empleo de buenos sementales hannoverianos. Éstos influyeron en la antigua raza, entre otros con sementales como *Duell, Feierabend* u otros de la línea *Kingdom xx* como *Körling*.

Mecklemburgués de sangre fría

Características: Caballo de sangre fría armonioso, bien proporcionado, con alzada entre 156 y 165 cm. Cabeza robusta y enjuta con ojos de mirada afable, cuello vigoroso bien implantado, tronco medio-pesado con espalda musculosa y grupa bien musculada. Extremidades enjutas y correctas, con cascos duros bien formados. Sobre todo negros, castaños, alazanes y tordos.

Distribución: Alemania, con la región principal de cría en Mecklemburgo.

Aptitudes: Buen carácter, frugal y trabajador, con andaduras amplias. Caballo para el trabajo y las exhibiciones.

Historia de cría: A mitad del siglo XIX se comenzó a demandar un caballo de trabajo para los campos de cultivo de remolacha azucarera. Para ello en la yeguada de Mecklemburgo se adquirieron sementales de Clydesdale y Suffolk. El primer semental fue *Young Hercules*, un Clydesdale que entró en servicio en 1845 y al que siguieron otros, por lo que ya en 1872 se contaba con 19 Suffolks y 8 Clydesdales. Estos sementales fueron desechados en 1880. Según un censo de 1898 de la Sociedad Alemana de Agricultura, el 20% de todos los caballos en Alemania eran de sangre fría, predominando el Danés y el Schleswig y siendo más escaso el porcentaje de otros (Ardenés, Brabantés). Una vez que en 1910 todos los criadores de sangre fría constituyeron una asociación de cría, la raza hizo grandes progresos a partir de una base de caballos de sangre fría alemana y del Rin. En el caso de la cría del Mecklemburgués de sangre fría, con los centros de cría principales en los alrededores de Güstrow y Rostock, se dio más una cría sucesiva del Mecklemburgués que del Caballo renano-alemán de sangre fría; con gran éxito, por cierto, sobre todo con sementales de la línea *Albion d'Hor*.

MONGOL

Características: Descendiente del Caballo de Przewalski, de unos 135 cm de alzada. Cabeza vasta y ordinaria con grandes ojos. Cuello corto y robusto, pecho profundo, tronco rechoncho, extremidades robustas y cascos duros. Todas las capas.
Distribución: República de Mongolia.
Aptitudes: Caballo para los ganaderos, para caza y carga, suministrador de carne, cuero y leche de yegua. Soporta temperaturas extremas, resistente, veloz y capacidad de recuperación tras el esfuerzo. Además de las andaduras básicas, también marcha con frecuencia al paso y trote de ambladura.
Historia de cría: Se remonta, a través de la del Caballo salvaje mongol, aún presente en Mongolia al Caballo de Przewalski. Actualmente vive en manadas de unos 250-500 individuos, que se desplazan juntos en busca de los pastos y que se defienden en grupo de los depredadores. Mongolia, tierra de caballos por excelencia, depende económica y socialmente en gran medida de los caballos, por lo que este animal es una de las posesiones más importantes. En sus expediciones militares de conquista, los mongoles sometieron en el pasado a las 4/5 partes del continente euroasiático durando su hegemonía hasta el siglo XV. En dicha situación el poni mongol contribuyó involuntariamente a la formación de otras razas autóctonas. Los intentos de cruce con el Don y el Trotón ruso son responsables de su aumento de tamaño y de su aspecto más agradable. También se han realizado cruces de yeguas de Mongol con Budenny y Pura sangre para criar caballos de deporte de estampa clásica. El tipo primitivo, no obstante, se ha logrado preservar y se da una cría pura de éste para las apreciadas carreras de caballos y para grandes distancias.

Morgan

Características: Caballo bien proporcionado que aúna nobleza y belleza con manejabilidad. Cabeza de tamaño medio, con pequeñas y despiertas orejas separadas y puntiagudas, y ojos grandes. Espalda robusta e inclinada, dorso corto, grupa robusta con una cola erguida como la del Árabe. Extremidades correctas, de longitud media, firmes y enjutas, y cascos sanos. Crines y cola recios. Casi todas las capas. Alzada de unos 155 cm.
Distribución: EE.UU., Canadá, Europa.
Aptitudes: Para la familia, el ocio y para competiciones en todas las disciplinas. Dócil robusto, fácil de mantener y longevo. Andaduras elásticas, vivas y acompasadas. La acción extrema de sus cuartos delanteros conocida como *park* sólo se adiestra para exhibiciones.
Historia de cría: Esta raza, que ha recibido el título de "el caballo que hizo América", acredita una cría pura de más de 200 años de antigüedad. El reproductor fundador y que sirve de "estampa" es el semental castaño oscuro *Justin Morgan* (nacido en 1789) por *True Briton xx* y una yegua "diamond", con gran proporción de sangre de Árabe y Berberisco. Este semental alcanzó un gran renombre en carreras al galope y al trote, así como en concursos de potencia de tiro. Sus aptitudes excepcionales y su exterior fueron heredados por sus hijos *Bulbrush, Sherman* y *Woodbury*, a los que se remontan todos los Morgan actuales. El Morgan fue en los siglos XVIII y XIX el caballo de los colonos, de los suristas, de la caballería de Estados Unidos y también fue empleado como trotón. La historia de Estados Unidos es también la historia del Morgan. Y también corre sangre de Morgan por las venas de los American Saddlebred, American Standardbred, Tennessee walking horse, Quarter, Hackney y de las principales familias de trotones.

MURAKOSI (MURINSULAN)

Características: Caballo de sangre fría, enjuto y de peso medio, en el que se reconoce la presencia de sangre caliente. A menudo la forma de su cabeza también delata su ascendencia oriental. Cuello vigoroso corto y arqueado. Tronco profundo y ancho, costillares arqueados y grupa caída. Extremidades firmes, cortas y musculosas, con ralas cernejas. Predominan los alazanes, con crines rubio-rojizas; también castaños y ruanos y más raramente tordos. Alzada de unos 162 cm.

Distribución: Hungría y resto de Europa sudoriental.

Aptitudes: Leal, sobrio, dispuesto y enérgico. Caballo de trabajo con buenas andaduras y buen temperamento.

Historia de cría: A finales del siglo XIX fueron llevados caballos de sangre fría a Austria para emplearlos como caballos de trabajo. Como los sementales de los depósitos de Hungría eran demasiado ligeros, pero la distancia hasta el lugar de estancia de los sementales de Noriker corta, se decidió llevar yeguas de sangre caliente para que fueran cubiertas por los sementales de Noriker de Austria. Durante mucho tiempo no se dio una cría adecuada y se obtuvieron dos razas distintas: en las regiones montañosas la Pinkaföer/Pinkafelder, y la desarrollada a lo largo del río Mur y más pesada, Murakosi. Para hacer más pesadas a ambas, a comienzos del siglo XX se realizaron cruces con sementales de Ardenés. En 1911 en Hungría se contaba con 142 sementales de sangre fría y con 3.021 reproductores de pura sangre y sangre caliente. La demanda de caballos pesados de trabajo llevó en 1920-1930 a practicar la cría de sangre fría húngara en los dominios públicos de la yeguada estatal de Babolna. El fomento de la cría por parte del estado llevó a un aumento de la sangre fría en el país.

MURAN (CABALLO ESLOVACO DE LAS MONTAÑAS)

Características: Robusto caballo de montaña. Predominan los alazanes con crines claras, aunque también se dan castaños, negros y bayos. La cabeza es relativamente grande con una frente ancha. El cuello es corto y robusto, espalda bien dispuesta, tronco robusto y profundo con dorso recto y la grupa algo inclinada. Miembros robustos con extremidades enjutas y cascos duros. Alzada de unos 140 cm.

Distribución: República Eslovaca, en la meseta de Muran, en la Alta Tatra. Yeguadas de cría de Muran y Topolcianky.

Aptitudes: Buen carácter, fiel, sobrio y endurecido. Vigoroso y de tiro firme ideal para transportar leña y madera.

Historia de cría: Esta raza reciente surgió tras mejorar mediante cruces la descendencia de una raza desarrollada originalmente en la antigua Checoslovaquia hace unos 50 años. La cría prosigue con éxito desde 1950 en la yeguada de Muran. Se trata de una cría obtenida de cruces con base de Huçul procedente de la antigua yeguada militar de Presov. La manada original de cría fue constituida con 136 yeguas de Huçul y 10 sementales de la misma raza; su descendencia fue cruzada básicamente con sementales de Haflinger, entre otros, *Mikado* 1956 por *Massino* 1927, *Starost* 1957 por *Student* 1927, y *Norton* 1956 por *Nibbio* 1920. Las yeguas nacidas de éstos fueron cruzadas a su vez con sementales de Noriker. El empleo temporal de sementales de Poni de los fiordos no dio los resultados esperados.

El resultado actual ha sido un caballo de montaña apto para todas las faenas forestales. Estos caballos viven en manadas semisalvajes en extensos prados de montaña a alturas entre 1.200 y 1.400 m, soportando temperaturas de hasta –30 °C sin necesitar ser resguardados en los establos.

MURGESE

Características: Robusto caballo para todo uso de conformación cuadrada, que destaca por sus proporciones armónicas, su buena osamenta y su excelente musculatura. Tronco con buena profundidad de cincha, extremidades firmes con buenas cañas, articulaciones robustas y cascos excepcionales. Hermosas crines y cola. Sobre todo negros sin marcas, exceptuando una estrella blanca, y a veces castaños y alazanes oscuros. Alzada entre 158 y 163 cm.
Distribución: Italia, en la provincia de Apulia y el distrito de Murge, como territorio principal de cría, y en los distritos de Abrussi, Calabria y Basicala.
Aptitudes: Buen carácter, temperamento equilibrado, sobrio, resistente, con movimientos enérgicos y paso seguro. Caballo de silla y enganche apto para las disciplinas militares y de salto.
Historia de cría: La provincia militar de Apulia es la patria de esta raza. Tiene una influencia inconfundible de Árabe, Berberisco y Lusitano. El tipo original, más reducido, fue empleado en los siglos XV y XVI como caballo de la caballería, estando apenas 200 años después al borde de su extinción. El conde Conversano, quien en la década de 1920-1930 introdujo sementales orientales procedentes de África para renovar la raza, fomentó la cría del tipo actual. Mediante la mejora de la alimentación se logró también el aumento de la talla corporal. La introducción de sementales de Pura sangre inglés en 1950 dio caballos más nobles y enjutos, con mejores condiciones para el galope y el salto. No obstante, todavía hoy se emplean yeguas de esta raza para la obtención de mulas. Los trabajos de preparación para llevar un libro de registro permitieron a partir de 1960 la colaboración con el instituto estatal de Foggia y la admisión de la sociedad de cría de Martina Franca.

MUSTANG

Características: Caballo duro y de poca talla con exterior muy variable. Alzada entre 145 y 165 cm. Cabeza pesada, cuello fuerte, tronco robusto con pecho ancho y dorso corto. Extremidades firmes y sanas con cascos muy duros. Todas las capas.

Distribución: EE.UU., Nuevo México, Texas, Wyoming y California, y reservas protegidas en Arizona y Utah.

Aptitudes: Aguante extraordinario, duro, resistente, sobrio, y temperamento vivo y desconfiado. Muy apreciado en los rodeos norteamericanos y para el cruce con otras razas.

Historia de cría: A comienzos del siglo XX había unos 2 millones de Mustangs, también llamados Broncos, por su estado salvaje o sin domesticar. El nombre procede del español "mesteño", que describía a un animal perteneciente a la "Mesta". Sus antepasados llegaron a América en el siglo XVI desde España, y aún hoy se puede reconocer en ellos la impronta de la sangre andaluza, árabe y berberisca. Los caballos escapados llegados desde el sur del continente se multiplicaron en el vasto territorio norteamericano. Fue el caballo de las praderas, de los indios, de los rancheros, de los buscadores de oro y de la caballería norteamericana, y por tanto el verdadero caballo de Estados Unidos. Los "Mustangs genuinos" se han diferenciado de otros caballos mestizos asilvestrados. El progreso y la llegada de otras razas, fueron desplazando a estos caballos de sus hábitats naturales. El grado de persecución al que los Mustangs fueron sometidos en el siglo XX es inimaginable; fueron abatidos por pura diversión, por su carne y para fabricar comida para perros. En 1930 ya sólo quedaban unos 6.000, por lo que los americanos comenzaron a preocuparse y adoptaron medidas para conservar la raza.

MUSTANG ESPAÑOL (SPANISH MUSTANG)

Características: Caballo pequeño y corto, de conformación cuadrada, a menudo con clara impronta berberisca. Cabeza pequeña con frente ancha, orejas pequeñas y móviles, y ojos vivos de expresión inteligente. Hermoso cuello de longitud media, pecho estrecho y profundo, cruz señalada, dorso con buena ensilladura, grupa corta y musculosa con cola de inserción baja. Extremidades enjutas con largos antebrazos y cañas cortas; cascos duros. Todas las capas básicas; también se dan los palominos, isabelas, bayos, píos y appaloosas. También raya de mulo y cebraduras. A menudo se da un color diferente y en contraste entre el pelaje de crines y cola. Alzada: 135-145 cm. Se dan dos tipos: el berberisco, más ligero, y el tipo cuadrado, más robusto.
Distribución: EE.UU., con todas las yeguadas importantes en Wyoming, Arizona, California y Oklahoma.

Aptitudes: Marcado "sentido vaquero", sobrio, adaptable, resistente y con buen nervio. Las distancias largas son su especialidad, pero no es nada adecuado para la silla, el salto o las carreras de velocidad.
Historia de cría: El Mustang español es un caballo doméstico. Desciende de los caballos españoles e ibéricos introducidos en América en el siglo XVI. La raza se desarrolló a partir de caballos huidos o abandonados que se asilvestraron en la naturaleza. En 1920 los hermanos Brislawn y Gilbert Jones se dedicaron a reunir los últimos ejemplares de raza pura para recuperar ésta. En 1957 se abrió el primer libro de registro, en el que sólo se admiten caballos de puro origen español, siendo rechazados los Mustangs americanos. Hoy hay unos 1.000 ejemplares de raza pura inscritos. Se considera como un rasgo de buena casta la presencia de "bigote" y tener sólo cinco vértebras lumbares.

NEW FOREST

Características: Respetable caballo de deporte de pequeña talla con una potencia legendaria y buen carácter de poni. Cabeza expresiva con grandes ojos claros. Cuello bien implantado, cruz marcada, espalda inclinada, buena profundidad de cincha, grupa musculosa y extremidades correctas y robustas. Todas las capas, excepto píos y albinos. Alzada entre 138 y 148 cm.

Distribución: Su patria de origen es New Forest, en el condado de Hampshire, en el suroeste de Inglaterra. Actualmente está presente en toda Europa.

Aptitudes: Robusto, bonachón, frugal, sobrio, inteligente y fiable. Movimientos amplios, elásticos y enérgicos, paso seguro, disposición para el salto y apto para todas las disciplinas.

Historia de cría: New Forest, en Hampshire, da nombre a esta raza, y desde la promulgación de las Reales Ordenanzas Forestales de 1016 es la patria del "Forester". Sus orígenes se pierden en los albores de los tiempos. Podría descender de alguna estirpe emparentada con los ponis Exmoor y Dartmoor, dadas las similitudes entre las tres razas. Además de razas autóctonas, a la formación de la raza han contribuido caballos orientales y Pura sangre. Por ejemplo, el Pura sangre *Marske*, padre de *Eclipse*, fue empleado en New Forest como semental entre 1765 y 1769. Entre 1852 y 1860 la reina Victoria dejó al servicio de las caballerizas su semental árabe *Zorah*. Esta cría algo desorganizada llevó a la pérdida de esencia y dureza en la descendencia. En 1891 se creó una sociedad de cría para la mejora de la raza, y lord Cecil promovió la renovación de la sangre mediante el empleo de sementales de Fell, Highland, Dartmoor y Galés. Al final se logró el tipo uniforme del New Forest. En 1906 comenzó el registro por parte de la New Forest Society, y en 1910 se abrió el primer libro de registro.

NONIUS

Características: Caballo de sangre caliente de gran planta, musculoso, de peso entre medio y pesado, del tipo de los caballos de enganche a carruajes. Cabeza expresiva con ojos tranquilos y amistosos y perfil cóncavo. Cuello de longitud media y bien erguido, cruz marcada, larga espalda inclinada, tronco con pecho ancho y buena profundidad de cincha, y grupa musculosa. Extremidades robustas y enjutas con buenos cascos. Sobre todo castaños, castaños oscuros y negros. Alzada de unos 165 cm.
Distribución: Hungría y Europa.
Aptitudes: Caballo versátil con cualidades para el enganche. Tranquilo, dispuesto, potente y de buen carácter.
Historia de cría: El semental fundador fue el Anglo-normando *Nonius* por *Orion*, más tarde llamado *Nonius senior*, nacido en 1810 en Rosiers aux Salinex, que sirvió de reproductor en Zweibrücken y que en 1815 cayó en manos de los austríacos como botín de guerra en la guerra de independencia y que fue llevado a la yeguada austro-húngara de Mezehögyes. Allí sirvió como semental entre 1815-1832 y fue apareado con yeguas hispano-napolitanas para engendrar un robusto caballo de sangre caliente. Para consolidar la raza se añadió sangre árabe y de Pura sangre inglés. Aunque el exterior de Nonius presentaba alguna deficiencia, éste engendró potros excelentes: dejó una descendencia de más de 100 yeguas y un número casi igual de sementales. En 1869 la raza se subdividió en dos estirpes, una mayor y otra menor de Nonius; esta división se realizó en función de una alzada por encima o por debajo de 158 cm. Dicha distinción no se sigue ya con el Nonius actual, pues sólo se cría el moderno tipo de deporte con especial disposición para el enganche. La yeguada que se encarga de la cría pura sigue siendo Mezehogyes, además de la anterior yeguada nacional de Hortobagy.

Nooitgedachter

Características: Robusto caballo compacto con dorso corto y espalda inclinada bien dispuesta. Extremidades correctas, firmes y enjutas con articulaciones marcadas y cascos de gran dureza. Predominan los castaños, castaño-peceños, alazanes y tordos; los píos no están permitidos. Alzada sobre los 138 cm, idealmente de 153 cm.
Distribución: República de Sudáfrica.
Aptitudes: Apegado al trato humano, carácter amigable, buen temperamento, inteligente, resistente, de paso seguro, fiable, fácil y cómodo de monta en todas las marchas. Buena capacidad de salto y rendimiento en todas las disciplinas de silla y enganche.
Historia de cría: El origen del Nooitgedachter se remonta al Poni Basuto, con fuerte influencia de sangre berberisca y española, de Pura sangre y del caballo de Utrecht, que se desarrolló entre los siglos XVIII y XIX en Lesotho (país Basuto) en condiciones de aislamiento de otras razas, pues éstas no llegarían a El Cabo hasta mucho más tarde. El tipo racial se ha visto influido por el clima extremo de las inhóspitas zonas montañosas, lo que ha condicionado que esta raza muestre una inclinación natural hacia el trato humano. Otro rasgo destacable es la herencia de rasgos orientales de sus antecesores, empleados con intención en el desarrollo de la raza cuando en los años cuarenta el poni basuto sufrió la amenaza de su extinción. Ya en 1931 se creó la estación de experimentación de Nooitgedachter cerca de Ermelo, en la que se dispuso una pequeña manada de ponis Basuto. Por medio de una rigurosa selección, la raza pronto alcanzó su entidad. En 1967 ya se disponía de ocho yeguas de cría y se fundó la sociedad de cría de la raza. En 1976 por fin se reconoció el Nooitgedachter como primera raza autóctona de caballo surafricano por parte de la South African Stud Book.

NORIKER

Características: Es típica su grupa doble y la coloración de la capa, atigrada (aleopardada). También se dan castaños, negros, alazanes y ruanos. El objetivo de cría es un caballo de montaña sano, noble y de peso medio a pesado con medidas armónicas de anchura y profundidad, buenas articulaciones y buena osamenta, andaduras correctas, agilidad y paso seguro, enérgico y resistente, temperamento tranquilo y buena seguridad sobre terrenos agrestes. Alzada entre 150 y 165 cm.
Distribución: Austria y Alemania.
Aptitudes: El Noriker actual es un versátil caballo de silla y enganche para la agricultura y el tiempo libre.
Historia de cría: Hace unos 2.000 años llegaron a las provincias romanas de Noricum, Retia y Panonia los caballos de la legión romana; allí se adaptaron a las condiciones locales, siendo criados desde entonces sólo en la región alpina de la provincia de Noricum. Así se llegó al Noriker, a partir del antiguo caballo robusto de sangre caliente de las llanuras de Tesalia. En el Renacimiento la cría experimentó un nuevo impulso gracias al arzobispo de Salzburgo y al establecimiento de nuevas yeguadas. En 1703 se dictó el primer reglamento de selección de reproductores para sementales en manos privadas, y ya en 1688 se había prohibido la cubrición de yeguas autóctonas con sementales extranjeros. Desde hace unos 400 años se practica la cría pura siguiendo una estricta selección en un terreno de cría bien aislado. De especial valor son las líneas *Vulkan, Schaumitz, Elmar* y *Diamant* (esta última debe su nombre a los fogosos ojos de los animales de esta línea). La capa atigrada de la línea *Tiger* es herencia de sus ascendientes españoles. El Noriker está emparentado con el Bávaro de sangre caliente. En 1897 se fundó la sociedad de Pinzgau. En 1903 se abrió el primer libro de registro.

NUEVO KIRGUIS

Características: Elegante caballo de talla media, del tipo del caballo de silla. Cabeza no demasiado grande con perfil recto, orejas medianas, móviles y bien dispuestas, y ojos atentos. Cuello de longitud media, robusto, bien conformado y con buena inserción, cruz marcada, espalda bien formada, tronco esbelto y musculoso, con buena profundidad de cincha, dorso recto y grupa fuerte y caída. Extremidades firmes y enjutas con cascos correctos y duros. Crines y cola de pelaje fino; sin cernejas. Todas las capas; sobre todo castaños y alazanes. Alzada entre 151 y 156 cm.
Distribución: República de Kirguisia, pero también en las repúblicas de Kazajistán y Tayikistán.
Aptitudes: Resistente, sobrio, muy robusto, buen temperamento y paso seguro. Caballo de silla y carga fiable con buena aptitud para el enganche, muy adecuado para distancias largas. También se aprovecha su leche para la obtención de *kumiss* (leche fermentada de yegua).
Historia de cría: Esta raza es el equivalente al poni Kirguis en versión de caballo de silla, pues acredita la gran fuerza y resistencia de la raza de montaña original. Tras la Primera Guerra Mundial se cruzó con Don y Pura sangre inglés, obteniéndose caballos más nobles y esbeltos. Desde 1954 también se han practicado cruces con Trotón Orlov y Trotón ruso para dar a la raza más calibre y envergadura.
Se han desarrollado tres tipos distintos de la raza: el estándar, el caballo de deporte y el tipo de carne, para la producción de carne y leche de yegua. La raza contaba en 1996 con un censo de unos 56.650 caballos, de los cuales unos 10.700 eran de pura raza.

OLDENBURGUÉS

Características: Moderno caballo de silla de gran planta y buena línea superior, constitución armoniosa y clara influencia del Pura sangre. Cabeza enjuta y expresiva, y cuello bien implantado. Cruz marcada, espaldas fuertes e inclinadas, tronco profundo con pecho ancho, buena ensilladura, grupa redonda y musculosa, y extremidades robustas y correctas. Castaños y negros. Alzada entre 165 y 168 cm.
Distribución: Alemania, con el territorio principal de cría en Oldenburgo.
Aptitudes: Resistente, robusto y de buen trato; caballo de silla y enganche con buen carácter y temperamento. Andaduras básicas sólidas con movimientos amplios y briosos.
Historia de cría: Ya en el siglo XVII se criaban en el Gran Ducado de Oldenburgo unos nobles caballos de enganche muy apreciados en las cortes de toda Europa. La fuerte influencia que durante el siglo XVI tuvieron los sementales españoles y napolitanos concluyó con la promulgación del reglamento sobre selección de reproductores de 1819. El establecimiento en 1861 del registro de cría y la reglamentación de 1897 sobre la cría caballar recondujeron la misma en la dirección adecuada. Gracias a la cría pura se desarrolló un elegante y robusto caballo de sangre caliente, muy apreciado para el enganche. La situación de desorden posterior a 1945 exigió reconducir la cría del Oldenburgués hacia un caballo de deporte noble y moderno. El camino de mejora de la raza emprendido con el Pura sangre *Lupus xx* antes de 1945 continuó con una adición controlada de la raza inglesa. Más tarde se emplearían otros: en 1950 el semental Anglo-normando *Condor*, en 1959 el Pura sangre *Adonis xx* y en 1968 el Anglo-normando *Furioso II*, mezclándose así las mejores sangres alemana y francesa.

Paint

Características: Caballo estrechamente emparentado con el Quarter en relación con su origen y su tipo y características. Cabeza cuneiforme corta con frente ancha, perfil recto, grandes ojos inteligentes y afables, y orejas finas y pequeñas. Cuello largo, con cerviz poco desarrollada; conformación rectangular con larga espalda, dorso corto, grupa larga e inclinada y cuartos traseros con fuerte musculación. Correctas extremidades enjutas con articulaciones desarrolladas, cañas cortas y cascos pequeños y duros. Alzada: 148 a 160 cm. Píos con grandes manchas con dibujo tobiano u overo.

Distribución: Estados Unidos, Canadá y Europa.

Aptitudes: Agradable caballo del tipo del Oeste americano adecuado para la familia, con andaduras correctas y acompasadas. Robusto, sereno e inteligente, y con buen "sentido vaquero".

Historia de cría: Raza surgida a comienzos del siglo XX, de gran parecido con el Pinto, aunque con el rasgo diferencial de que el Pinto agrupa a varias razas criadas en función de su capa, y el Paint sólo puede presentar sangre de Quarter. Esta raza debe su existencia a los potros píos que a causa de su capa no eran admitidos por la Quarter Horse Association para su registro. Ello motivó la fundación en 1962 de la American Paint Horse Association (APHA) en Fort Worth, Texas. Las condiciones requeridas para su registro son que los caballos presenten manchas blancas con piel rosa bajo las mismas *(chrom)* y que los padres hayan sido registrados como Paint, Quarter o Pura sangre. El objetivo de cría es el de un Quarter con capa pía. Los patrones de dibujo de la capa son el tobiano (cabeza oscura y extremidades blancas) y el overo (cabeza blanca o con marcas blancas y extremidades oscuras).

Palomino

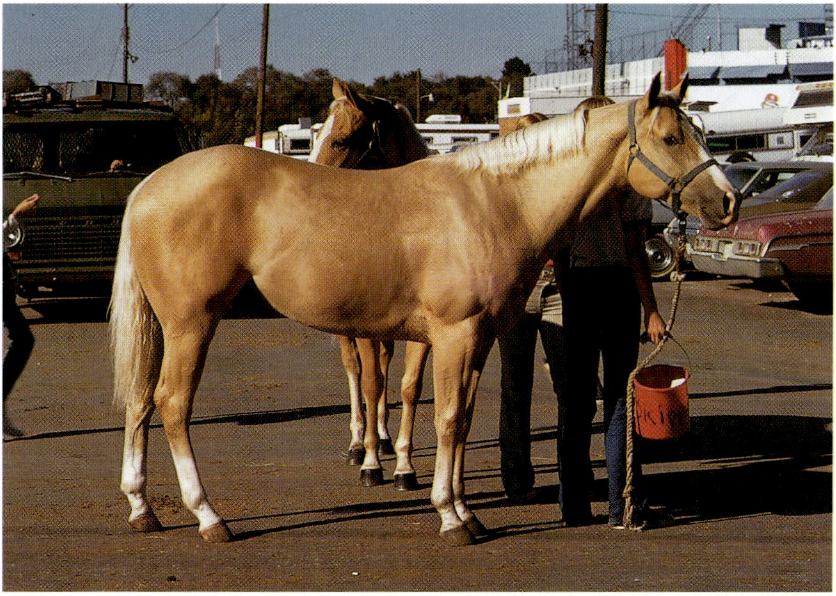

Características: Caballo criado por su capa dorada con crines y cola entre blanco plateado y blanco, con no más del 15% de pelos más oscuros; se admiten blancos en cabeza y extremidades. Las prescripciones en Estados Unidos no permiten ningún animal con raya de mulo o cebraduras, ni manchas negras o blancas, salvo las originadas por heridas. Se distinguen tres tipos: cazador (**Hunter**) con más de 158 cm, el de paseo (**Pleasure**) entre 148 y 158 cm, y el tipo **Poni**, con menos de 148 cm.
Distribución: Estados Unidos, Canadá.
Aptitudes: Adecuado para las disciplinas de rodeo, silla y enganche, así como para exhibiciones ecuestres.
Historia de cría: Ya en la antigüedad existían caballos isabelas, como consta en documentos escritos de la China del siglo III a.C. En 1632 Rembrandt pintó un caballo palomino, capa muy apreciada en la época del célebre pintor. En 1519 llegaron a México los primeros caballos con Hernán Cortés de las caballerizas de la reina Isabel la Católica. Desde México se extenderían por América hasta California. Allí recibieron el nombre de Palominos en honor de don Juan Palomino, miembro de la corte real española. Los palominos se vieron forzados a reproducirse en condiciones de consanguinidad, lo que engendró caballos albinos y con distintos tonos bayos, blanquecinos y crema. Por la escasez de sementales se introdujeron Puras sangre, los descendientes conservaron su capa original y mejoraron su exterior. Entre los sementales empleados ha habido Puras sangre, razas de andaduras especiales, Standardbred y Quarter. En 1932 se estableció el primer registro. En 1941 los criadores se agruparon en la Palomino Horse Breeder of America Incorporation, con sede en Texas.

Panje

Características: El Panje no presenta un tipo racial homogéneo. Se trata de animales robustos y de una dureza y disposición al esfuerzo excepcional. La forma original de este tipo de caballos obtenidos por una serie de cruces sin una verdadera planificación sería el Konik, quien transmitió al Panje su aspecto exterior y su talla. Las capas típicas son el lobero y el tordo ratón, así como distintos tonos de bayo, en ocasiones con rasgos primitivos como raya de mulo simple o cruzada y rayas de cebra en sus extremidades. Alzada entre 130 y 148 cm.
Distribución: Polonia, Europa del Este, Rusia y Ucrania.
Aptitudes: Caballo sin par en cuanto a su vigorosa dureza y su capacidad de esfuerzo; cuenta además con una gran salud, es fértil y frugal, y requiere pocos cuidados, siendo de mantenimiento poco complicado.

Historia de cría: El nombre Panje deriva de *Pan*, que significa caballero o señor en su lengua original; el sufijo *-je* es un diminutivo, por lo que *Panje* vendría a ser un diminutivo de caballero. Tras esta denominación no hay un tipo racial homogéneo. Más bien, y en contraste con el Huçul y el Konik, el Panje sería un caballo local primitivo.
Se trataría de un mestizo silvestre surgido del cruce entre distintas razas, comenzando por caballos salvajes con rasgos primitivos (raya de mulo simple o cruzada y cebraduras), los cuales se habrían cruzado con Pura sangre, Árabe, caballos de sangre caliente e incluso de sangre fría, para obtener la forma original del Konik. El Panje habría retenido la dureza y rusticidad del caballo salvaje y la noble capacidad del Árabe. Dada la falta de uniformidad de su estampa, este caballo no ha logrado extenderse más allá de Europa oriental. Este caballo aún mantiene cierta utilidad en pequeñas explotaciones agrícolas, aunque a la larga se está viendo desplazado por la forma original, el Konik.

Paso criollo (Criollo de paso, Criollo antiguo)

Características: Elegante cabeza con perfil moderadamente cóncavo, frente ancha, orejas finas, grandes ojos vivos y hocico pequeño. Cuello ancho y robusto de proporciones armónicas, cruz marcada, tronco profundo con pecho ancho y costillares bien arqueados. Dorso de longitud media con buena ensilladura y grupa musculosa y redondeada ligeramente inclinada. Extremidades firmes, robustas y enjutas con duros cascos. Hermosas crines y cola finamente onduladas. Todas las capas. Alzada entre 140 y 155 cm; los sementales por encima de 145 cm.
Distribución: República de Argentina. El centro de cría está en la región de Salta, en el noroeste del país.
Aptitudes: Caballo típico del gaucho, duro, sobrio y resistente, que marcha al paso portante, un paso innato en él. Excepcional caballo para el tiempo libre y para grandes distancias.

Historia de cría: El Paso criollo desciende de los caballos llevados por los conquistadores españoles a Perú en el siglo XVI. Desde allí se extendieron rápidamente por todo el continente, llegando hasta Argentina. Como todos los Pasos, también el Paso criollo ha conservado el paso portante, herencia de sus ascendientes castellanos.
Aunque en épocas aún recientes se practicaron cruces con razas europeas y norteamericanas, la raza ha conservado su genotipo original. Mucho del mérito se debe al Dr. F. Díez Barrantes y a la Asociación de Criadores de Paso Criollo por él fundada, con sede en Salta.

Paso fino

Características: Elegante caballo de gran temperamento. Cabeza noble con perfil recto, ojos vivos y grandes ollares. Cuello robusto y musculoso, cruz bien señalada, línea dorsal armónica, grupa redonda, tronco ancho y profundo, y buena disposición de la espalda. Extremidades enjutas con cañas cortas, articulaciones bien desarrolladas y cascos firmes. Crines y cola de pelaje abundante. Todas las capas. Alzada entre 140 y 150 cm.
Distribución: Nativo de Colombia y Puerto Rico. También se ha extendido por Cuba y República Dominicana, por Sudamérica, Norteamérica y Europa.
Aptitudes: Caballo versátil de marcha alegre, cómodo de monta, sensible, fiel y con paso seguro. Con apego a las personas, por lo que constituye un buen caballo para la familia y el tiempo libre. Domina un paso portante "fijado genéticamente" en los tiempos corto (paso lento), largo (a velocidad media y paso más amplio) y fino (más veloz y con las extremidades más recogidas). Según el tipo y su adiestramiento también puede marchar a la trocha (amblando al trote) y al trote normal; y por supuesto al paso ordinario y al galope.
Historia de cría: En 1493 Cristóbal Colón llevó consigo varios caballos hasta el Caribe. Entre ellos, además de los caballos españoles también había castellanos que marchaban al paso portante. Los descendientes de estos caballos se extendieron por Sudamérica. Así se desarrollaron tipos y líneas autóctonas que se cruzaron entre sí ocasionalmente. Éstos pudieron mantener sus rasgos peculiares dentro de sus territorios de cría "nacionales", lo que ha llevado a la actual variedad de tipos de Paso existentes. En Alemania los Pasos son gestionados como "raza especial" por la Fino Horse Association Europe.

Paso peruano

Características: Animal con clara influencia ibérica. Cabeza enjuta con perfil recto o convexo, frente ancha y ojos despiertos. Cuello bien erguido, con tendencia a ser robusto, espalda larga e inclinada, cruz marcada y mucha profundidad de cincha. Dorso elástico y bien musculado, grupa caída e inserción baja de la cola. Extremidades robustas y enjutas terminadas en unos cascos duros y pequeños. Crines y cola largas y abundantes. Todas las capas; sobre todo alazanes y castaños, estando permitidas marcas pequeñas aunque no los caballos píos. Alzada entre 145 y 155 cm.
Distribución: Perú, EE.UU., Canadá y Europa.
Aptitudes: Este caballo aún tiene gran importancia para conducir las reses de ganado y como cómodo caballo de silla. Es típico su 'paso llano' o paso portante fijado genéticamente, suave, libre de sacudidas y en cuatro tiempos. En total exhibe tres andaduras: paso, paso portante y galope. El llamado 'término', una oscilación suave transmitida desde la espalda a los antebrazos, le otorga una mayor tranquilidad y equilibrio. También el 'brío', su innato empeño en obedecer y seguir al jinete, y su robusta elegancia, comodidad de monta, resistencia y dureza son otros rasgos que hacen de él un extraordinario compañero.
Historia de cría: Los conquistadores españoles llevaron consigo caballos de ascendencia castellana para su cría en el continente americano. El Caballo Peruano de Paso ha sido tradicionalmente un apreciado medio de locomoción cómodo y barato. Dentro de esta raza se distinguen los tipos **Costenio, Cholo** y **Murichuco**. Tras el registro regional se abrió en Perú en 1946 el libro de registro de la Asociación Nacional de Criadores y Propietarios de Paso (ANCPCPP).

PENEO (ELEIA)

Características: Caballo de montaña robusto, pequeño y con influencia oriental. Cabeza expresiva con orejas pequeñas, ojos inteligentes, perfil recto y frondoso tupé. Cuello recto y fuerte con crines abundantes. Tronco estable con grupa caída y cola de inserción baja. Extremidades enjutas, largas e inquebrantables con cascos pequeños y duros. De miembros posteriores a veces zancajosos y otras huecos de corvejones. Sobre todo alazanes, negros y ruanos; más raramente castaños o castaño oscuros. Alzada entre 125 y 143 cm.

Distribución: Se encuentra en el sur de Grecia, en la provincia montañosa de Eleia (Elis), en el Peloponeso, cerca del río Peneia.

Aptitudes: Tenaz poni de carga y silla. Extraordinariamente sobrio, duro y trabajador. Excelente para ascender laderas montañosas y con considerable capacidad de salto. De monta muy cómoda cuando marcha al "aravani", un tipo de paso portante.

Historia de cría: El Peneo es una de las cuatro razas puras equinas griegas reconocidas. Ya desde la antigüedad los apreciados ponis peneos se vieron muy influidos por otros caballos de sangre oriental, siendo empleados de forma general en la región montañosa del Peloponeso como caballo de carga, tiro y silla. El Peneo está al borde de la extinción, pues también en Grecia el proceso de mecanización de la agricultura ha ido apartando a los ponis de sus funciones tradicionales. Actualmente tan sólo se emplean algunos sementales para la cría de mulos. Los cruces con Pura sangre inglés proporcionan un caballo útil bastante robusto.

PEQUEÑO CABALLO DE SILLA ALEMÁN

Características: Caballo de silla noble, correcto y de gran línea. Cabeza enjuta y expresiva, cuello bien conformado, buena movilidad de la quijada, espalda inclinada, cruz marcada, suficiente profundidad de pecho, cuerpo bien proporcionado y musculado y grupa con potente musculación ligeramente inclinada. Extremidades enjutas con articulaciones y cascos correctos. Se admiten todas las capas, sin discriminar los píos o los atigrados. Alzada entre 149 y 158 cm, tolerándose cierto margen por encima o por debajo. Los sementales llegan hasta los 162 cm.

Distribución: Alemania.

Aptitudes: Caballo de deporte y para el tiempo libre para niños, jóvenes y adultos, tanto de silla como para el enganche. Sano y robusto, tolera ser sometido a esfuerzos físicos y psíquicos. Sobrio, frugal, afable, dinámico, con nervio, seguro, buen carácter, sereno y con temperamento equilibrado. Andaduras básicas esforzadas, cadenciosas y amplias con bastante buen empuje de los cuartos traseros.

Historia de cría: Las poblaciones de partida son todas las razas de caballos y ponis de silla, así como las mejoradoras como Pura sangre árabe, Árabe, Shagya-árabe, Anglo-árabe, Pura sangre inglés y Trotón alemán. Los caballos deben superar ciertas pruebas en función de las razas originales. Además, los ejemplares del Pequeño caballo de silla alemán con alzada de hasta 158 cm, en lugar del denominado "examen de 100 días" deben superar el "examen de 30 días". Los sementales considerados bajo esta denominación deben pasar dicho "examen de 30 días" en su quinto año de vida con éxito. El libro de registro es llevado por la Sociedad de Cría de Caballos Alemanes (Zuchtverband für Deutsche Pferde o ZfDP).

PERCHERÓN

Características: Cabeza fina de tamaño medio con frente ancha, orejas largas y delgadas, ojos vivos, perfil recto y amplios ollares. Cuello largo, robusto y arqueado con crines abundantes, cruz bien destacada y espalda inclinada. Pecho ancho, dorso corto, costillares arqueados, grupa musculosa e inclinada, con tendencia a la grupa doble, y cola de inserción alta. Extremidades bien musculadas, con articulaciones anchas y robustas, corvejones anchos, cañas cortas y anchas, y cascos sanos, con ralas cernejas. Tordos y negros. Alzada entre 158 y 172 cm.

Distribución: El terreno principal de cría es el Perche, en el sur de Normandía. También está muy extendido por los cinco continentes.

Aptitudes: De tiro potente, trabajador, obediente, vivo y precoz. No sólo sirve como caballo de tiro y mejorador de otras razas, sino también para el enganche y para aprovechar su carne.

Historia de cría: Procede del "Perche de los grandes caballos", cuyo centro es Nogent sur Rotrou, la "capital del percherón". Sus orígenes se remontan al siglo VIII d.C. y a la victoria de Carlos Martel sobre los musulmanes cerca de Poitiers; los caballos árabes apresados y los traídos por los cruzados entre los siglos XI y XIII fueron cruzados con las yeguas autóctonas, dándose otros cruces con Berberisco, Caballo español, Bretón y Boulonés. Ello marcó la cría y se denominó al Percherón "Árabe engrosado en virtud del clima y el trabajo". Los sementales que más marcaron la cría a comienzos del siglo XIX fueron el árabe *Gallipoli* y el berberisco *Godolphin*. Los Percherones han sido muy apreciados y se han exportado ejemplares a EE.UU., Australia y Japón. En 1833 se abrió un primer libro de registro; en 1966 se abrió otro para las secciones de cría del Percherón.

PERSA ÁRABE (ASIL, IRANO-ÁRABE)

Características: Hermoso caballo con gran sentido del equilibrio. Cabeza destacada con frente ancha, ojos inteligentes, orejas erguidas de longitud media, amplios ollares y a veces perfil cóncavo. Cuello de longitud media, erguido y arqueado de forma natural, cruz marcada y largas espaldas inclinadas. Tronco robusto y buena profundidad de cincha, con grupa amplia y cola erguida de inserción alta. Extremidades enjutas y firmes. Hermosas crines y cola. Alzada de unos 155 cm.

Distribución: Irán.

Aptitudes: Inteligente, arrojado, resistente y tenaz. El Persa árabe posee un carácter agradable, madurez sexual tardía, longevidad y velocidad. Paso liviano y movimientos ágiles.

Historia de cría: El Asil, como es conocido de forma general en Irán, es el Árabe de Irán y se remonta a las conocidas estirpes *Kuhaylan, Hamdani, Obayan, Saqlawi* y *Habdan*, entre otras. Pertenece a una de las más antiguas razas equinas y de las primeras en ser domesticadas. Estos caballos ya eran conocidos en Persia en el 2000 a.C., siendo además más antigua su existencia que la del propio Árabe de la península Arábiga.

El Asil no sólo ha demostrado tener el carácter original de sus antecesores que hizo mundialmente famoso al Árabe, sino que también cuenta con una gran capacidad de rendimiento. En Irán los criadores otorgan más valor al rendimiento y a la potencia que al exterior, por lo que muchos occidentales interesados gustan de adquirir caballos de esta procedencia. La Sociedad Nacional del Caballo de Irán lleva dos libros de registro: el Asil Stud Book reconocido por la Organización Mundial del Caballo Árabe (WAHO) y el National Asil Stud Book.

Pintabian

Características: Caballo de extraordinaria estampa. La coloración de la capa varía desde los caballos casi blancos con pequeñas manchas de color hasta los ejemplares con apenas pelaje blanco. Normalmente presenta una cabeza con manchas blancas y grandes ojos separados. Cuello bellamente arqueado, dorso corto y robusto, grupa relativamente recta y cola erguida. Extremidades firmes y enjutas.

La coloración de las extremidades suele ser blanca, aunque en el tronco sólo se admite una capa tobiana. También es un rasgo apreciado una relación entre las zonas blancas y pigmentadas 1:1. Normalmente suele haber un contraste entre la coloración de las crines (claras) y la del pelaje de la cola (oscuro). Alzada entre 148 y 158 cm.

Distribución: Estados Unidos.

Aptitudes: Apreciado caballo para el tiempo libre, exhibiciones y rodeos.

Historia de cría: El Pintabian no es un tipo de cría en función de su capa, sino un caballo con casi un 100% de sangre árabe. Su cría se lleva a cabo de forma sistemática. En la cría del Pinto, por ejemplo, uno de los padres debe ser pío para poderse heredar la capa pía, pero en el caso del Pintabian esto no es indispensable.

La Universidad de California ha establecido mediante distintos análisis y pruebas que los caballos portadores de genes determinantes de capa tobiana tienen descendientes exclusivamente tobianos. El objetivo de cría de los criadores de Pintabian es lograr una cría de pura raza con casi un 100% de sangre árabe y capa pía mediante una selección rigurosa con ayuda de análisis genéticos. La Pintabian Horse Registry lleva el registro de cría de estos caballos.

PINTO - SECCIÓN A: TIPO DE SANGRE CALIENTE

Características: Se incluye como variación de tipo dentro de los caballos criados por su capa bajo la denominación Pinto. Caballo de silla de gran planta con conformación rectangular. Cabeza enjuta y noble, preferentemente con perfil recto, frente ancha, ojos atentos, orejas medianas y buen juego de la quijada. Cuello bellamente balanceado con inserción no demasiado baja y pecho ancho y profundo. Dorso con bella línea superior, buena ensilladura y espalda inclinada y bien musculada. Extremidades robustas y correctas con articulaciones bien marcadas y cascos duros y regulares. Alzada por encima de 158 cm. Capa pía overa o tobiana.
Distribución: Estados Unidos, Alemania y en el resto del mundo.
Aptitudes: Con mucho temperamento, enérgico, carácter leal, con potencia y buena capacidad de recuperación tras el esfuerzo. Movimientos briosos y amplios y capacidad de salto. Adecuado como caballo de silla y enganche.
Historia de cría: La palabra Pinto deriva del español "pintado", pues se trata de un caballo de capa pía. Estos caballos, como demuestran los yacimientos arqueológicos, ya estaban presentes en Europa en épocas precristianas. También en Oriente hubo en el siglo VII caballos píos, según atestiguan estatuas y pinturas. Los conquistadores españoles bajo las órdenes de Hernán Cortés llevaron consigo a América en el siglo XVI varios caballos, entre los cuales había dos sementales overos de poca talla. Los caballos descendientes de éstos dejados en libertad se cruzaron con yeguas de otras estirpes criadas por los indios americanos, quienes apreciaban los pintos sobre todos los demás, pues su capa servía de camuflaje frente a sus enemigos. De este modo, los indios practicaron su cría y selección en función de la capa pinta, perdiendo poco a poco los descendientes su belleza original; dichos caballos fueron conocidos en Norteamérica como Mustangs o caballos de los indios.
No fue hasta mediados del siglo XX cuando comenzó una verdadera cría del caballo Pinto en Estados Unidos, sobre todo con base en el Saddlebred, Árabe, Galés, Morgan, Pura sangre y Quarter.

PINTO - SECCIÓN B: TIPO DE PASEO (PLEASURE)

Características: Caballo de silla de tamaño medio de conformación cuadrada, con influencia árabe reconocible. Cabeza pequeña y enjuta con perfil entre recto y cóncavo, orejas separadas, frente ancha, ojos separados y grandes ollares. Cerviz poco marcada y gran juego de la quijada. La cabeza de lucio es un apreciado rasgo. Cuello largo y erguido, musculoso y balanceado. Pecho ancho y profundo, espalda inclinada, cruz marcada, dorso corto, grupa musculosa de longitud media e inserción alta de la cola. Extremidades enjutas de vigor medio con articulaciones marcadas y cascos regulares duros. Píos overos o tobianos. Alzada entre 145 y 162 cm.
Distribución: EE.UU., Alemania y en otras partes del mundo.
Aptitudes: Leal, con apego al ser humano, resistente, inteligente y de fuerte constitución. Movimientos rectos, correctos, amplios y rítmicos con un paso enérgico, un trote brioso y un poderoso galope ladera arriba. Dotado para todas las disciplinas de silla y carreras de larga distancia.
Historia de cría: El tipo de paseo **(Pleasure)** corresponde en Norteamérica a las clases de caballos de monta del oeste con una clasificación y regulación reconocida en el resto del mundo. En este tipo deben existir una armonía entre las andaduras y el exterior, para la silla y comodidad para la monta en una postura natural y relajada, juicio que resulta de una prueba de largo recorrido con el jinete a cuestas. El trabajo en recorridos largos es la base para el adiestramiento del caballo de rodeo. Los caballos nacidos de cruces entre Árabe y caballos de sangre caliente son los que mejor cumplen los requisitos. La condición necesaria para su registro es que acredite una proporción de sangre árabe mínima del 50%.

Pinto - Sección C: tipo ganadero (Stock)

Características: Caballo musculoso de talla media y conformación cuadrada. Cabeza cuneiforme pequeña con frente ancha, grandes ojos bastante separados entre sí, generalmente con perfil recto y pequeñas orejas. Buen juego de la quijada, cerviz estrecha y buena inserción del cuello. Pecho ancho y profundo, musculosa espalda inclinada, cruz marcada, dorso corto y elástico, y grupa extremadamente musculosa. Extremidades robustas y enjutas, con articulaciones señaladas, marcados músculos de la pierna y cascos pequeños, duros y regulares. Capa pía overa o tobiana. Alzada entre 145 y 160 cm.

Distribución: EE.UU. y Alemania. También es fácil de encontrar en otras partes del mundo.

Aptitudes: Carácter afable y leal, dispuesto al esfuerzo y con temple; temperamental aunque muy manejable. Movimientos rasos y correctos en todas las andaduras, esforzado, brioso y con mucho empuje.

Historia de cría: El tipo ganadero corresponde al Quarter y a todas las razas del oeste americano del tipo stock incluidas dentro de las clases *working* y *cutting*. Se trata de caballos empleados en el manejo de reses vacunas, aunque también en clases especiales de caballos de exhibición y divisiones de caballos ganaderos.

El requerimiento para su admisión en el libro de registro principal o en el registro de sementales I es una proporción mínima del 50% de sangre de Quarter o de Paint. También en el caso del Pinto del tipo ganadero no se trata de ninguna raza, sino de un tipo especial de caballos seleccionados por su capa.

Pinto - Sección D: Poni pinto

Características: Su exterior e interior se corresponden con los del Poni de silla alemán. Cabeza finamente modelada, relativamente pequeña, frente ancha y plana, grandes ojos vivos, perfil recto o ligeramente cóncavo, ollares medianos y buen juego de la quijada. Cuello armonioso, de inserción no demasiado baja, pecho con excelente anchura y profundidad, espalda inclinada, cruz marcada, dorso elástico y grupa inclinada. Extremidades correctas y enjutas, con articulaciones marcadas y cascos duros y regulares. Alzada entre 118 y 148 cm.
Distribución: EE.UU., Alemania y en otras partes del mundo.
Aptitudes: Carácter leal, temperamental, trabajador, inteligente, buena constitución y excelente capacidad de recuperación tras el esfuerzo. Sus movimientos son armoniosos y correctos de gran amplitud; paso largo, trote brioso y galope poderoso y amplio. Apto para todo tipo de usos como caballo de silla y enganche.
Historia de cría: El Poni pinto tiene características de cría similares al Poni de silla alemán o a otros ponis de silla. Al inscribir a estos ponis en el libro de registro al cumplir 3 años, se registra como definitiva la medida de su alzada. Los ponis de raza Shetland e Islandés no se admiten en el registro, aunque cumplan la condición de la capa, al no ser ninguno de ellos ponis de silla. Sin embargo sí se admite al Lewitz por cumplir dicha condición. Para el Lewitz se reserva la sección G: Pinto Lewitz. Además de las secciones A-D y G, existen la sección E, para razas de ponis de andaduras especiales, y la sección H, para el Tinker.

POITEVIN (LE CHEVAL MULASSIER POITEVIN)

Características: Caballo de sangre fría de constitución robusta. Cabeza larga y pesada, con ligera tendencia al acarnerado, con grandes orejas y ojos pequeños. Cuello recto, corto y musculoso, espalda recta y fuerte, cruz alta y corta, cuerpo largo y robusto con pecho ancho, buena profundidad de cincha y grupa ancha y caída, con inserción baja de la cola. Extremidades largas, bien musculadas y proporcionadas, con fuerte osamenta, fuertes articulaciones y grandes cascos, con diámetro de hasta 20 cm. Pelaje de crines y cola abundante, fuerte y rizado; con cernejas. Sobre todo tordos y negros, aunque también castaños, alazanes, isabelas y bayos, a menudo con raya de mulo. Alzada entre 155 y 170 cm.
Distribución: Francia, con el territorio principal de cría en la reserva natural de Poitou en el suroeste francés, con las yeguadas de La-Roche-sur-Yon y Saintes.
Aptitudes: Aunque también se emplea como caballo de tiro, se usa fundamentalmente para la cría de mulas, cubriéndose yeguas de Poitevin con garañones.
Historia de cría: El Poitevin, también conocido como "mulo de Poitou", tiene su origen en el siglo XVI. Se trata de un cruce de yeguas locales homogéneas y sementales brabanteses. Éstos llegaron al país con los ingenieros holandeses a los que Enrique IV encargó la desecación de las zonas pantanosas de la región. Desde 1884 se lleva el libro de registro "du Cheval Mulassier du Poitou", con dos secciones: una para el Poitevin, y otra para las mulas de Poitou. A comienzos del siglo XX sólo quedaban unos pocos ejemplares de Poitevin, que se vieron reducidos a 250 en 1994. La asociación nacional de criadores hace actualmente todo lo posible por mantener la raza, que de hecho experimenta una gran demanda de "mulas de Poitou".

PONI ATIGRADO (SPOTTED PONY)

Características: Cría en función de la capa con gran variabilidad en el tipo medio. Se trata de ponis pequeños y robustos con un exterior correcto, extremidades firmes y alzada de hasta 148 cm. El rasgo más característico es la capa atigrada (aleopardada) con grandes manchas negras y copos blancos, además de la esclerótica blanca, los cascos rayados y la piel moteada en el hocico (hocico de sapo) y alrededor de ojos y genitales.

Distribución: Inglaterra, Europa y en el resto del mundo.

Aptitudes: Apreciado poni de silla y enganche apto para todas las disciplinas. Robusto y enérgico, de buen carácter, sobrio y con temperamento equilibrado y agradable.

Historia de cría: La capa atigrada siempre va ligada a una piel rosa alrededor de las manchas. Aunque ya Opión el joven (200 d.C.) mencionó este tipo de capas, fue en la Edad Media cuando los caballos atigrados se hicieron populares en Europa, sobre todo en Inglaterra. En Gales y el suroeste de Inglaterra se emplearon ponis de este tipo como animal de trabajo, así como para la guerra y torneos de caballería. Pero no sería hasta mediados del siglo XIX cuando los ponis atigrados serían manifiestamente empleados como animales de silla y enganche. En 1946 se fundó la British Spotted Horse and Pony Society (BSpPS) con el objetivo de registrar los animales criados y obtener el reconocimiento oficial de esta estirpe equina.

PONI AUSTRALIANO

Características: Su parentesco con el Poni galés es inconfundible. De cabeza noble, con pequeñas orejas y ollares amplios, en los cuales se reconoce la influencia árabe. Cuello bien implantado y arqueado. Cruz escasa y espalda inclinada, dorso corto y robusto, mucha profundidad de cincha, grupa musculosa con cola de inserción alta algo erguida. Extremidades fuertes y enjutas, con tendones y articulaciones bien marcados, y cascos sanos y duros. Crin completa, con copete. Todas las capas, excepto los píos. Alzada entre 120 y 140 cm.
Distribución: Australia.
Aptitudes: Poni de silla con elegantes y amplios movimientos en todas las marchas, y apto para el salto; inteligente, con buena disposición y resistente.
Historia de cría: Los colonos británicos llevaron consigo los primeros ponis a Australia. Parece ser que en 1803 llegó a Australia el primer semental de Árabe, al cual siguieron en el siglo XIX importaciones de razas de ponis de Gran Bretaña (sobre todo Galés y Highland), de Pura sangre inglés y Pura raza árabe, y más tarde de ponis del sureste de Asia (ponis de Timor, de Batak y de Manipur). El fundador de esta raza de ponis fue el semental de poni de montaña galés *Grey light*. A partir de la gran variedad de razas llegadas, se llegó al Poni australiano, un cautivador poni apto como poni de silla. Pero la raza no se consolidó como tal hasta 1920, culminando con la creación en 1929 de la Australian Pony Stud Book Society (APSB) y en 1931 con la apertura de un libro de registro con varias secciones para las razas de Poni australiano, Galés (tipo Cob), Hackney, Connemara, Highland y New Forest. Desde 1975 existe el Australian Riding Pony Stud Book con secciones para Poni australiano, Poni galés, Riding Pony y Árabe.

PONI CASPIANO

Características: Elegante poni árabe. Cabeza fina y enjuta con frente ancha y llamativos huesos de la mandíbula, ojos claros y vivos, orejas cortas y despiertas, amplios ollares y hocico pequeño. Cuello curvado, espalda inclinada y cruz señalada. Tronco esbelto y musculoso, dorso corto y recto, grupa robusta y cola de inserción alta erguida. Extremidades enjutas, esbeltas y firmes con duros cascos ovales. Crines finas y sedosas. Sobre todo castaños, tordos y también alazanes; más raramente negros o isabelas. Están admitidas las marcas en la cabeza y en las extremidades. Alzada entre 100 y 120 cm.
Distribución: Originariamente en Irán, en la vertiente norte de la cordillera del Elbrus, cerca del mar Caspio y en la región fronteriza con Rusia. Actualmente también se cría en Inglaterra, Alemania, Australia, Nueva Zelanda y en las Bermudas.
Aptitudes: Inteligente, temperamento afable y buen carácter. Resistente y obediente, de movimientos amplios, paso seguro y buena capacidad de salto. Poni ideal para niños y jóvenes.
Historia de cría: Esta antigua raza, cuyos orígenes se pierden en la noche de los tiempos, ha logrado mantener el tipo original sin grandes cambios por cruces con otras razas. Las excavaciones de los arqueólogos iraníes han permitido dar casi por seguro que el Caspiano fue el primer caballo empleado en la región de Oriente Medio, habiendo constancia de su existencia desde el año 3000 a.C. Durante mucho tiempo esta raza se consideró extinguida, hasta que la zoóloga Louise Firouz la reencontró en 1965 de forma casual. Los hipólogos y científicos se interesaron por la raza y siguieron el rastro de las pequeñas manadas supervivientes por su territorio de repliegue en el Elbrus y cerca del mar Caspio. Desde entonces la Sociedad Nacional del Caballo de Irán vela por su mantenimiento y seguridad.

PONI DE BIRMANIA (PONI SHAN, PONI PEGU)

Características: Pegueño poni rechoncho y musculoso. Cabeza regular con perfil normalmente recto. Cuello de longitud media bien implantado y erguido. Cruz normal, espalda inclinada, dorso mediano con lomo robusto y cola de inserción baja. Extremidades robustas, cortas y enjutas con cascos muy duros. Cola y crines elegantes. Todas las capas, también píos, castaños y bayos, frecuentemente con raya de mulo. Alzada de unos 134 cm.

Distribución: República de Birmania (Myanmar), en Indochina. El territorio principal de cría del Poni de Birmania son las altiplanicies montañosas de la Alta Birmania.

Aptitudes: Sobrio, sano, buen aprovechador de los pastos, resistente al calor y a la humedad. Caballo de carga veloz y resistente. Apto para la silla y para trabajar delante del carro. También apreciado como poni de polo.

Historia de cría: La cría del Poni de Birmania, también conocido como Poni Shan o Poni Pegu, e íntimamente emparentado con el Mongol y otras razas indias (sobre todo con el Poni de Manipur), está en manos de los Shan, una etnia de las montañas de la Alta Birmania.

Los ponis no comen grano alguno, sino que se alimentan exclusivamente de los nutritivos pastos y henos birmanos. Al final de la estación de los monzones, los potros sobrantes son vendidos por los Shan, unos excelentes tratantes de caballos, exportándose muchos de ellos. Alrededor de 1900 el Poni de Birmania se cruzó de forma exitosa con Árabe, para obtener un poni más noble y con 3 a 5 cm más de alzada.

PONI DE CHEJU

Características: Hermosa cabeza con grandes ojos, pequeñas orejas y perfil recto. Cuello corto y musculoso, espalda inclinada, dorso corto y robusto, grupa caída y cola de inserción alta. Extremidades resistentes con articulaciones marcadas y tendones señalados. Sobre todo alazanes, castaños, negros, y a veces tordos, albinos y pintos. Alzada: 120 cm.
Distribución: Corea del Sur, en la isla Cheju, en el sureste.
Aptitudes: Sobrio, longevo, resistente y con potencia de tiro. Pese a su escasa talla, es capaz de transportar cargas de más de 100 kg. Los ponis en libertad soportan las duras condiciones del verano sin refugios ni establos. Las yeguas paren hasta los 20 años.
Historia de cría: Según el profesor D. C. Choung, de la Universidad Nacional de Cheju, los primeros caballos llegaron a Corea desde China en tiempos de la dinastía Chosun (2333-194 a.C.). En opinión de este especialista, el poni autóctono de Cheju ya existía en una época anterior a Cristo, aunque no hay pruebas sobre ello. En tiempos de la dinastía Korya (1276-1370 d.C.), Corea estaba dominada por los mongoles, quienes llevaron sus caballos hasta la isla de Cheju. Según acreditan antiguos documentos, fueron llevados 160 caballos nobles a la isla procedentes de Mongolia para mejorar la raza autóctona. A partir de entonces se exportaron ponis de Cheju hacia el continente y hacia China, siendo cruzados con otras razas extranjeras y orientales. En los tiempos de las dinastías Chosun y Korya, Cheju fue un importante territorio de cría caballar, llegando a haber más de 20.000 caballos en la isla. En 1989 sólo había ya 2.500 registrados, pesando sobre la raza la amenaza de su extinción. Por ello, en 1987 el Gobierno de Corea del Sur declaró el Poni de Cheju como patrimonio cultural.

PONI DE HOKKAIDO

Características: Pequeño poni fuerte de tipo robusto. Cabeza recta con abundante tupé, orejas separadas, ojos pequeños, amplios ollares y ancha base del hocico. Cuello corto, fuerte y ancho con crines tupidas, cruz poco marcada y espaldas rectas, tronco suficientemente profundo con dorso robusto, grupa rendondeada y cola de inserción profunda. Extremidades ligeras y esbeltas con cascos bien formados. Todas las capas básicas; son frecuentes los ruanos. No se admite el registro de animales con marcas blancas. Alzada de unos 132 cm.
Distribución: Japón, en la isla de Hokkaido, la isla más al norte de las cuatro principales.
Aptitudes: Frugal, voluntarioso, buen carácter, robusto, muy resistente. Antiguamente fue empleado como caballo de trabajo en la minería y agricultura. Aún hoy es insustituible para labores de carga en montañas intransitables para los vehículos; cada vez se emplea más como poni de silla.
Historia de cría: Como todas las razas primitivas el Poni de Hokkaido, incluido entre las razas "mongolas-japonesas", es un descendiente del caballo Mongol. La llegada de éste al Japón tuvo lugar a través de China y de Corea. Desde entonces ha estado expuesto a las influencias de otras razas y estirpes equinas en desarrollo, lo que llevó a la formación de tres razas mixtas diferentes. Las razas del distrito de Tohoku ejercieron la mayor influencia. Desde el centro del Japón los primeros ponis llegaron a Hokkaido en el siglo XV con los colonos, llegando a sobrevivir sólo los más adaptados a las condiciones climáticas, sobre todo del invierno. Con una población de 2.000 ponis, esta raza es la más abundante de las antiguas razas japonesas. Su apelativo Do-san-ko, que significa "estimado", deja claro que se trata de la raza más apreciada en el Japón.

PONI DE JAVA

Características: Poni poco agraciado de robusta constitución. Cabeza recta y algo ordinaria de tamaño medio, cuello corto y ancho, cruz plana, espaldas regulares, tronco estrecho con costillas planas, dorso recto (es frecuente el dorso de carpa), y grupa de mula. Extremidades débiles, frecuentemente mal conformadas, con articulaciones poco marcadas y cascos duros. Crines abundantes. Todas las capas, predominando los tonos castaños. Alzada de hasta 125 cm.

Distribución: En la isla de Java y en la pequeña isla de Madura. Java, con Yakarta como capital de Indonesia, es uno de los países más poblados del mundo.

Aptitudes: Resistente, soporta de forma extraordinaria el calor. Es incansable tirando de los típicos carros de Java de dos ruedas *(sados)*, típico taxi para personas y mercancías de la isla. Debido a su incómodo dorso de carpa no suele ser montura frecuente, y en caso de usarse para tal fin, siempre con silla. También exhibe un paso portante *tandakkan*, y el *tölt*.

Historia de cría: Los colonos portugueses y holandeses favorecieron la cría desde su llegada (siglos XVI y XVII) y se esforzaron por mejorar la raza mixta mongola-oriental empleando sementales árabes y berberiscos. Los mejores ponis, conocidos como *kuda gunung* o *gunnunge* (caballos de montaña), eran criados en las regiones montañosas de la isla. Para el servicio de los europeos y para su empleo como caballo de caballería, a finales del siglo XIX se emplearon Árabes y Pura sangre en la parte occidental de Java en cruces con el caballo *Preang* de 130-160 cm de alzada. También en la pequeña isla de Madura, enfrente de Java, se desarrolló un poni homónimo del poni de Java y emparentado con éste. Pero sólo ha sobrevivido el más pequeño y poco vistoso, aunque activo y enérgico poni de Java actual.

PONI DE KISO

Características: Cabeza pesada con robusta base del hocico y frente ancha, cuello corto y grueso, tronco largo, extremidades cortas y robustas, con cañas fuertes y bien formadas, cascos muy duros y, a veces, tendencia a ser zambo. Las crines y cola son tupidas y recias. Todas las capas básicas; sobre todo castaños, castaños oscuros y negros. Alzada máxima de 138 cm.
Distribución: Japón, en el monte Ontake, territorio originario del Kiso.
Aptitudes: Se ha empleado sobre todo en labores agrícolas, en el transporte de mercancías y con fines militares.
Historia de cría: El Poni de Kiso vive desde hace más de 1.000 años en Japón. Su origen, así como el de las demás razas japonesas, no es bien conocido. Se supone que, o bien descienden del Plateau persa, o bien del Mongol. Estos caballos fueron indispensables para las labores agrícolas, el transporte o como signo de poder y consideración en Japón. En el siglo XII el samurai Yashinaka Kiso ya estaba al mando de 10.000 jinetes que montaban este tipo de poni. Y en la era Edo (1600-1867) el Kiso fue empleado por el ejército japonés. La administración de la región de Kiso reconoció la importancia estratégica del Poni de Kiso y fomentó su cría, de forma que pronto se dispuso de más de 10.000 animales de esta raza. En el periodo Meiji (1868-1903), Japón entró en guerra con distintos estados extranjeros, descubriendo pronto que sus caballos eran inferiores en tamaño y fuerza a los de las potencias continentales. Ello llevó a los mandos militares a diseñar un programa de cría a base de cruces del Kiso con diferentes razas alóctonas. El gran avance en el uso de maquinaria que sucedió a la Segunda Guerra Mundial supuso el retroceso de esta raza. En la actualidad aún existen pequeños efectivos de Poni de Kiso de raza pura, que viven protegidos en Kaida, al pie del monte Ontake.

Poni de las Américas (Poni of the Americas, POA)

Características: Este poni presenta rasgos típicos de un poni al tiempo que sintetiza un modelo reducido de un cruce de Árabe con Quarter. A menudo exhibe los rasgos principales de ambas razas: la cabeza cóncava arqueada del Árabe y la buena musculación del Quarter, con las finas crines y cola del Appaloosa. La capa y el patrón de manchas de ésta se corresponde con la del Appaloosa. La alzada varía entre 113 y 133 cm.
Distribución: EE.UU., Canadá, Venezuela, España, Inglaterra y Australia.
Aptitudes: La atractiva capa y dibujo de ésta la debe a otros caballos emparentados de mayor talla, mientras que sus versátiles cualidades y aptitudes las ha heredado del Árabe y del Quarter. Sus andaduras no son malas, algo poco frecuente entre los caballos de tamaño reducido. Resulta perfecto para niños y jóvenes entre los 6 y 16 años. El Poni de las Américas no suele ser terco o de temperamento difícil. Los tipos de mayor talla también resultan adecuados para adultos. Aunque no tiene la constitución de un caballo de salto, su capacidad para saltar es más que aceptable. En Norteamérica se emplean sobre todo en las disciplinas y exhibiciones de rodeo.
Historia de cría: Con la atractiva capa de un Appaloosa, surgió en los años cincuenta en E. Unidos. El semental fundador fue *Black Hand*, que tenía una alzada de 129,5 cm. Este poni fue el resultado de un cruce con diferente intención en una cubrición de prueba entre un semental de Shetland y una yegua de Appaloosa. *Black Hand*, con la capa de un Appaloosa, cautivó a sus criadores por su carácter y sus aptitudes, de forma que a partir de él se desarrolló toda una cría planificada.
El Pony of America Club, con sede en Mason City, Iowa, lleva un registro de cría desde 1954, con más de 30.000 ejemplares.

PONI DE LOS FIORDOS (NORUEGO)

Características: El típico poni de los fiordos es bayo, con una raya de mulo desde la cabeza hasta la cola, frecuentemente con rayas de cebra en las extremidades, cruz llana y hocico con manchas de sapo. Las erectas crines bicolores se deben a la práctica del peinado tradicional. Cabeza expresiva y enjuta con frente plana, orejas pequeñas y separadas, grandes ojos y amplios ollares. Cuello bien implantado, grandes espaldas sobre un dorso elástico y robustos cuartos traseros. Extremidades correctas, con articulaciones enjutas y marcadas, y duros cascos. Robusto poni, sin demasiada envergadura, de gran resistencia y buen carácter y temperamento. Bayos con todo tipo de tonos oscuros; no se permiten las marcas blancas. Alzada entre 138 y 148 cm.
Distribución: Noruega, resto de Europa y EE.UU.
Aptitudes: Caballo de silla y enganche para el tiempo libre. Movimientos amplios, gran seguridad en el paso, buen rendimiento y carácter afable.
Historia de cría: Los vikingos ya practicaban la cría de caballos de este tipo. Es una de las razas más antiguas de Europa. Ha sido el caballo de los granjeros noruegos. A mediados del siglo XIX se hicieron intentos de cruces con razas de mayor tamaño para darle más talla y calibre, aunque se abandonaron al resultar infructuosos. Desde 1864 se ha practicado y mantenido la cría pura. Todos los ejemplares actuales descienden del semental *Njal 166* a través de sus tres descendientes *Bergfast 635, Hakon Jarl 645* y *Øjarblakken 819.* La mecanización de la agricultura supuso el retroceso de los efectivos de esta raza. En Alemania a partir de 1950 aumentaron la cría y ventas de estos ponis. Como la mecanización también afectó a este nuevo mercado, los programas de cría fueron modificados buscando un poni de los fiordos más apto para la silla.

PONI DE MÉRENS

Características: Raza de ponis inteligentes, armónicos y robustos, de capa oscura-negruzca, en la que se prefiere la ausencia de marcas. Pelaje fino y sedoso; crines, cola tupidas y recias, y cernejas. Cabeza expresiva, cuello mediano y robusto, tronco compacto, espalda inclinada, dorso largo y fornido, extremidades sólidas con cascos sanos y duros. Alzada entre 135 y 147 cm.
Distribución: En el sur de Francia, en el departamento de Ariège en los Pirineos. También en Europa central y en África.
Aptitudes: Este caballo originalmente de trabajo de montaña, ha conservado su salud robusta, su resistencia, seguridad y carácter bonachón. Sus andaduras de pasos excepcionalmente seguros, enérgicos y amplios, su buen carácter y su destreza, hacen de él un versátil caballo de silla y enganche. Las yeguas también son ordeñadas por proporcionar una leche de buena calidad.
Historia de cría: Las pinturas rupestres en Ariège dan idea de la larga historia de estos pequeños caballos, a los que el pueblo de Mérens da su nombre. Incluso Julio César reconoció las virtudes de estos ponis, cuyo nombre original completo es el de "Poni Ariègois de Mérens". El aislamiento secular de la raza en los Pirineos favoreció el desarrollo de una raza autóctona homogénea. Aún hoy pastan libres desde mayo a octubre en los pastos de los puertos de montaña, siendo conducidos en invierno a los fondos de los valles; es cuando se separa a los jóvenes sementales, preparándose los ejemplares que más tarde serán vendidos para su uso posterior. La Association Française d'Elevage de la Race Pyrénéenne Ariègoise dite de Mérens (SHERPA), con sede en La Bastide de Sérou en el Centro Nacional del Caballo de Mérens, supervisa la raza y las actividades de cría desde 1933, y lleva desde 1947 un libro de registro.

PONI DE MIJASAKI (PONI DE MISAKI)

Características: Una de las varias razas originarias del Japón, del tipo mongol-chino. Cabeza pesada, cuello corto y ancho, tronco corto y rechoncho y extremidades robustas con articulaciones y tendones enjutos. Crines y cola fuertes. Sobre todo castaños y negros; más raramente alazanes. No son frecuentes las marcas blancas en cabeza y extremidades. Alzada aproximadamente de unos 135 cm.

Distribución: Japón, viviendo en estado salvaje al sur de Mijasaki (Misaki), en el territorio del cabo Toi, en la isla Kiushu.

Aptitudes: "Raza primitiva" sin gran importancia económica.

Historia de cría: "Raza primitiva" japonesa muy antigua, cuyos ascendientes serían caballos chinos que llegaron al Japón hace unos 2.000 años, y de los que descenderían las ocho diferentes razas japonesas.

La palabra *misaki* significa "cabo", por lo que el nombre de la raza se refiere al territorio en el que habita en el Japón. No se puede hablar de una cría propiamente dicha, pues los caballos se reproducen en libertad a su aire. Sólo una vez al año los sementales sobrantes son capturados y retirados de la manada, dejándose algunos de los mejores para la reproducción.

Tras la Segunda Guerra Mundial, su población disminuyó de forma importante. Actualmente sólo existe una manada con unos 100 caballos.

Poni de Nordkirchen (Arenberg-Nordkirchen)

Características: El objetivo de cría es un poni de silla robusto, armónico, enjuto y vistoso, con unas extremidades correctas y andaduras amplias y rítmicas. Predominan los ponis castaños, castaño-peceños y negros, con rasgos típicos de caballos salvajes como son la raya de mulo y el hocico lavado. Alzada: 140 cm.
Distribución: Alemania. El centro principal de cría ha sido Westfalia, con la yeguada silvestre de Nordkirchen, cerca de Münster, fundada por el duque de Arenberg. La población actual es de unos pocos ejemplares y están amenzados de extinción.
Aptitudes: Poni de silla resistente, sano y sobrio apto para niños, jóvenes y adultos de poco peso. Carácter amistoso y leal, resistente y enérgico. Andaduras básicas elásticas y amplias, aptitud para pequeños saltos y también para el enganche.
Historia de cría: El punto de partida de la cría de estos ponis originalmente salvajes fue la yeguada de ponis en estado silvestre de Nordkirchen. Poco antes de 1930 el heredero del ducado de Arenberg, pariente del duque Von Croy, fue quien dispuso dicha yeguada en su coto de cría de venados de más de 1.500 acres de terreno. Para la cría se cruzaron yeguas de la "estirpe lituana" (Panje) con sementales de Dülmener. La descendencia bien desarrollada y adaptada a los suelos y pastos recibió el nombre de Poni Arenberg.
En 1968 la manada se vendió al señor Orthmann, de Nordkirchen. El nuevo propietario se propuso un objetivo de cría similar al logrado con el Poni galés de la sección B, a partir de las 100 cabezas que conformaban la manada original, que recibieron desde entonces la denominación Arenberg-Nordkirchen. De este modo se logró mejorar el poni en estado salvaje en el coto original, entrando a formar parte de la cría de ponis de silla de Westfalia.

Poni de polo

Características: El Poni de polo no supone ninguna raza, aunque es un consolidado tipo de cría útil para el juego del polo, con una alzada de 150 cm y el exterior de un Pura sangre pequeño y musculoso. Cabeza enjuta con rostro inteligente. Cuello bien formado y musculoso de longitud media, cruz marcada, espalda robusta y bien dispuesta, tronco ancho y profundo con costillares bien arqueados y dorso corto resistente a la carga y cuartos traseros extraordinariamente musculosos. Extremidades enjutas y correctas, con articulaciones, tendones y ligamentos robustos, buena libertad de acción del codo, corvejones anchos bien articulados y cascos duros. Las crines y el tupé en el deporte del polo suelen ser rasurados. Se dan todas las capas.
Distribución: La mayor cría se da en Argentina, siendo también importante en Inglaterra y en la India.

Aptitudes: El Poni de polo está muy adaptado a su principal uso deportivo. Es sano, enérgico, resistente, veloz, móvil, vivo en el juego y normalmente con buena capacidad de salto.
Historia de cría: El juego del polo procede de la India. Ya en 1854 los oficiales ingleses fundaron en Calcuta el primer club de polo, llevándolo también en 1877 a Argentina, donde encontró una gran aceptación.
Tras emplearse inicialmente los Criollos autóctonos y pequeños y ágiles ejemplares de Pura angre, pronto comenzaron distintos cruces con gran éxito. El Pura sangre argentino (Pura sangre de carreras) y el Criollo argentino dieron lugar a los pequeños, elegantes, compactos y veloces medias sangre, que fueron mejorados mediante cruces rigurosos y dosificados con Pura sangre y una selección coherente hasta obtenerse los extraordinarios Ponis de polo actuales.
Cuando actualmente se habla de Poni de polo, en realidad se trata más del Poni de polo argentino, criado hoy en día en casi todo el mundo. Aunque la población en Argentina es enorme, todavía no se ha fijado un estándar de cría de forma oficial por parte de ninguna sociedad de cría.

PONI DE SILLA ALEMÁN

Características: Animal noble, de gran línea, con grandes cualidades como poni de silla. Cabeza pequeña y enjuta con suficiente movilidad de la quijada, ojos grandes y vivos, orejas pequeñas y ollares grandes y amplios. Cuello bien conformado de longitud media, espalda larga e inclinada y cruz marcada. Tronco robusto con mucha profundidad de pecho, dorso mediano, grupa caída y buena inserción de la cola. Extremidades correctas y enjutas, con articulaciones robustas. Se admiten todas las capas y marcas, excepto animales con ojos glaucos. Alzada entre 138 y 148 cm.

Distribución: Alemania, con la región principal de cría en Westfalia.

Aptitudes: Resistente, testarudo, sano, longevo y arrojado. Movimientos amplios en todas las marchas; aptitud para el salto y el deporte de competición; buen poni de silla para niños y jóvenes, además de elegante como poni de tiro.

Historia de cría: La demanda creciente de ponis de mayor talla y con buena aptitud como poni de silla llevó a finales de la década 1960-1970 a criar un "pequeño caballo de silla" con exterior armónico, buena línea superior y todos los puntos deseables para un caballo de silla. Se puso especial énfasis en una buena ensilladura, una grupa larga y bien conformada, unas extremidades correctas y enjutas, y en una monta cómoda y fácil, sobre todo para los jinetes más jóvenes. Como base de cría se emplearon razas de ponis alemanas autóctonas y otras alóctonas naturalizadas. Como mejoradoras se emplearon fundamentalmente Árabe, Anglo-árabe, Pura sangre y Riding pony. La región de cría de Westfalia dejó su impronta en la raza a través del semental nacido en 1956 en Inglaterra *Nazim* por *Salih* y *Tyland Lass* (hija de *The Pelican*), criado desde 1963 en Münster. Las sociedades de cría se encargan de su registro.

PONI DE SILLA FRANCÉS (PONEY FRANCAIS DE SELLE)

Características: El objetivo de cría es un poni hermoso y elegante del tipo del caballo de silla. Cabeza expresiva con perfil recto o ligeramente convexo. Cuello de longitud media, robusto y bien implantado, pecho ancho y profundo, buena espalda y cruz marcada. Tronco en armonía con buena ensilladura y grupa musculosa. Extremidades sólidas y correctas con robustas articulaciones y cascos firmes. Crines y cola de pelaje fino y sedoso. Todas las capas. Alzada entre 125 y 147 cm.
Distribución: Francia.
Aptitudes: Apto para todas las disciplinas de silla y enganche. Movimientos brillantes, buena capacidad para el salto, temperamento de buena raza, manejable, inteligente y con buen rendimiento. Es un poni de gran calidad, aunque quizá no sea el mejor para los jinetes principiantes.
Historia de cría: Esta versión reducida del Caballo de silla francés es el resultado positivo de una cría a base de cruces cuidadosamente planificada por el departamento francés de cría caballar.
Bajo esta denominación se busca criar un verdadero caballo de deporte con buen rendimiento apto para jóvenes y adultos de peso ligero a base de cruces entre razas autóctonas y extranjeras. Para poder registrar un poni en el Livre Généalogique Français de razas de ponis como Poni de silla francés, los animales deben descender de un "Francés de silla" o bien ser un cruce de una yegua de poni francés con un semental de Pura raza árabe, Connemara, New Forest o Galés. También se pueden registrar los potros nacidos de yeguas de Connemara, New Forest y Galés cruzadas con sementales de Pura sangre. Para favorecer una estampa homogénea y en armonía de la joven raza y consolidar ésta genéticamente, la selección se sustenta sobre la base del Caballo de silla francés.

PONI DE SILLA HOLANDÉS

Características: La presencia de sangre árabe se reconoce en su exterior. Cabeza noble y enjuta con perfil árabe, frente ancha, pequeñas orejas, ojos grandes y expresivos, fina base del hocico y ollares amplios. Cuello hermoso bien implantado, pecho ancho, espalda inclinada, tronco bien formado con cruz marcada, cola con buena inserción, extremidades finas y enjutas con cascos pequeños y firmes. Hermosas y sedosas crines y cola. Sobre todo tordos, aunque también se dan el resto de capas. Alzada de hasta 148 cm.
Distribución: Holanda.
Aptitudes: Buen carácter, temperamento equilibrado, dispuesto, leal y duro. De paso ligero y con movimientos elegantes. Formidable poni de silla y enganche.
Historia de cría: El "Poni de silla holandés con sangre árabe" (denominación precisa) es un poni con una proporción mínima de sangre árabe del 25%. Cuando en 1981 se constituyó la Nederlands Rijpaarden en Pony Stamboek (NRPS), dicha sociedad se propuso satisfacer las mayores exigencias para el deporte de silla y al tiempo aunar en dicha raza nobleza, expresión y potencia. Ello se logró cruzando ponis con buenas aptitudes para la silla con Pura raza árabe. La proporción de sangre árabe del 25% ha quedado fijada como una exigencia del reglamento de cría. Los sementales son seleccionados conforme a los siguientes criterios: exterior, movimientos sobre terrenos blandos y duros, salto libre, movimientos bajo la silla y distintos aspectos veterinarios. Sólo los animales con un valioso genotipo son seleccionados, lo que se refleja en una capacidad de rendimiento y unas cualidades para la silla excepcionales. La sociedad de cría lleva tres registros: el Poni de silla holandés, el Caballo de silla holandés con un mínimo de un 12,5% de sangre árabe (NRA) y el Angloárabe (AA).

Poni de silla inglés

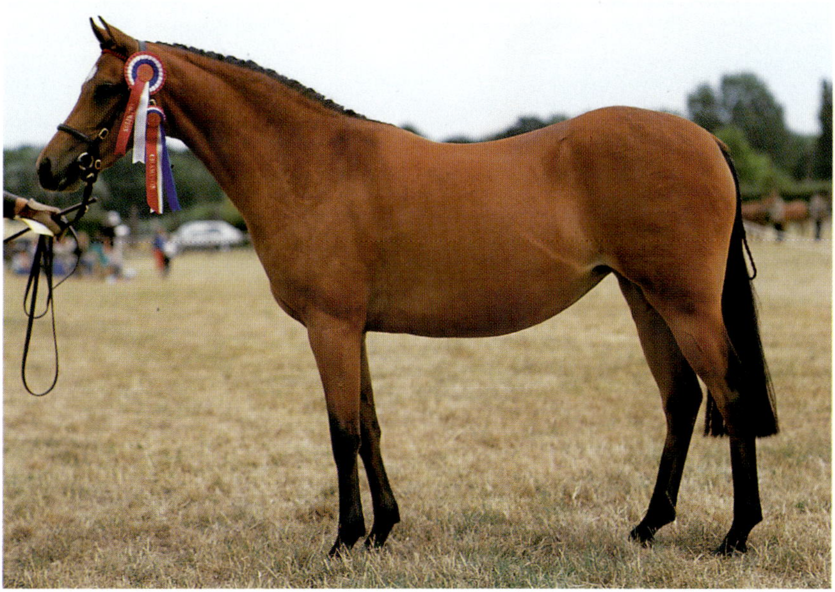

Características: Poni de silla de enorme elegancia. Hermosa cabeza enjuta con expresión de poni, con grandes y amables ojos claros y pequeñas orejas. Cuello de longitud media bien implantado y bellamente arqueado, larga espalda inclinada, tronco profundo con buenos costillares, línea dorsal elástica y buena ensilladura, grupa inclinada y cola con buena inserción. Extremidades enjutas y robustas con articulaciones y tendones bien marcados y cascos bien formados. Crines finas y sedosas. Todas las capas de tonos sólidos. Alzada: unos 148 cm en el Poni de silla de exhibición y hasta 152 cm en el tipo cazador (Hunter pony).
Distribución: Gran Bretaña, Europa y Australia.
Aptitudes: Poni de extraordinaria nobleza con rasgos de caballo de silla y las mejores características de un poni: temperamento amable y equilibrado, constitución robusta y estable, movimientos elegantes y enérgicos, paso firme y aptitud para el salto.
Historia de cría: Cuando a comienzos del siglo XX se popularizaron los deportes ecuestres y la cría caballar, creció la demanda de un poni elegante con mejor aptitud para la silla que las conocidas razas autóctonas de ponis. Ello supuso el desarrollo y cría controlada del Poni de silla, un poni de pura raza del grupo de razas *Mountain & Moorland Ponies* (ponis de montaña y páramos), a partir de cruces de Poni galés, Exmoor y Dartmoor con Pura sangre y Árabe. El resultado fue un extraordinario poni, y no tanto un pequeño caballo. El British riding pony no es una raza, sino un cruce útil. La British Pony Society diferencia dos tipos: el elegante 'Poni de competición' y el algo más robusto 'Poni cazador' (Hunter-Pony). Esta "raza" cuenta con reconocimiento oficial y desde 1983 se lleva un libro de registro.

Poni de Sumba

Características: Poni pequeño de tipo variable. Cabeza enjuta y pequeña, con grandes ojos y perfil cóncavo o recto. Cuello corto y recto, cruz plana, espalda recta, tronco esbelto con dorso recto, buena profundidad de cincha y grupa inclinada. Extremidades sólidas con cascos duros. Hermosas crines, cortas y recias. Todas las capas, a menudo bayos con raya de mulo, cabos y extremos negros y cebraduras. Alzada hasta 127 cm.
Distribución: Territorio principal de cría en la isla de Sumba, a Indonesia. Muy extendido en todo el sureste de Asia mediante su exportación.
Aptitudes: Temperamento tranquilo, sobrio y enérgico. A pesar de su talla reducida, es un poni versátil, veloz y ágil, con un trote muy resistente.
Historia de cría: En el Poni de Sumba fluye la sangre del caballo salvaje asiático, como se puede reconocer en la pesada cabeza y en otros rasgos propios. El desarrollo de la raza comenzó en la época precristiana, como se ha visto en bajorrelieves. Existen indicios de que tratantes chinos llevaron caballos desde el Asia interior hasta Indonesia, adonde también llegaron caballos árabes llevados por comerciantes de sus países de origen. En la época colonial (1600-1950) tuvo lugar una cierta sistematización de la cría, importándose caballos de mayor talla y mejores marchas. Actualmente el Gobierno local fomenta la cría del Poni de Sumba y sólo permite el cruce de yeguas reconocidas con sementales de Árabe. El juego nacional es el lanzamiento de lanzas desde los ponis, montados sin silla ni bocado, con una mera rienda y un cabezal, en un ejercicio de puntería por parte de los jinetes. Pero el orgullo de los habitantes de Sumba son los llamados "caballos danzantes", que se mueven con gracia y elegancia con campanillas en sus extremidades al son de los tambores.

Poni de Terranova (Newfoundland Pony)

Características: Poni adaptado de forma extraordinaria a las duras condiciones de Terranova. Pequeña cabeza con quijada ancha, orejas cortas y peludas, cuello musculoso con crines gruesas y oscuras, tronco compacto con buena profundidad de cincha, cola de inserción baja y firmes extremidades con pequeños cascos duros como el acero. Predominan las capas de tonos castaños, aunque tampoco son raras las de otras coloraciones. En algunos casos se verifica un cambio radical de la coloración con el cambio de pelaje tras el invierno. Alzada entre 120 y 148 cm; peso entre 180 y 360 kg.

Distribución: Terranova, en Canadá.

Aptitudes: Sus mejores cualidades son su buen temperamento, la capacidad de sobrevivir con pastos escasos y poca comida, y su grueso manto invernal, que le permite afrontar el duro invierno. En el pasado fue empleado fundamentalmente para el transporte.

Historia de cría: Este poni ha sido durante mucho tiempo parte del orgullo de la cultura e historia de Terranova. Los primeros colonos llevaron consigo desde Gran Bretaña sus ponis Exmoor, Dartmoor, New Forest, Galloway, Galés y Highland a Canadá. De los diferentes cruces surgió a lo largo de un proceso de unos 300 años el "Newfoundland Pony" o poni de Terranova. Desde 1935 y hasta 1980 aún perduraba una población de unos 9.025 ponis, la cual ha descendido desde entonces no sólo por el proceso de mecanización, sino también por las exportaciones de carne de caballo desde Quebec hacia Bélgica y Francia. En 1997 sólo quedaban 144 ponis de Terranova, incluyendo entre ellos ponis castrados y viejas yeguas, una base de cría demasiado exigua. La Newfoundland Pony Society y otros grupos se esfuerzan por conservar y aumentar dicha población.

Poni de Timor

Características: Pequeño poni vistoso con cabeza de tamaño medio y algo pesada, con frente ancha, orejas pequeñas, ojos vivos, perfil generalmente recto y amplios ollares. Cuello corto y musculoso, cruz señalada, espalda recta, tronco con buena profundidad de cincha, dorso robusto, cuartos traseros vigorosos con inserción baja de la cola. Extremidades enjutas y robustas con cascos duros. Hermosas crines y cola; predominan las capas oscuras. Alzada entre 100 y 120 cm.

Distribución: Territorio principal de cría en la isla de Sunda, perteneciente a la isla de Timor; extendido a todo el sudeste asiático.

Aptitudes: Poni resistente, sobrio, inteligente, fogoso, de paso seguro, ágil y versátil. Es el medio de transporte más empleado en Timor en usos de silla y enganche; también es empleado por los pastores para conducir los rebaños de ganado vacuno, los cuales se sirven para ello de un lazo, a semejanza de los vaqueros norteamericanos. Apreciado poni de silla para niños.

Historia de cría: Esta raza, la más pequeña y antiguamente más noble del archipiélago indomalasio, ha ido degenerando desde el siglo XX por la alta consanguinidad. Su origen es incierto, pues la cría ha estado sometida a numerosas influencias. Especialmente ha contribuido a su actual desarrollo la sangre árabe-oriental. La cría caballar floreció en Timor en los siglos XVIII y XIX. Los ponis de aquella época, frecuentemente castaños, eran de tal nobleza que eran vendidos como "Sandalwood". Pero sobre todo eran apreciados por su resistencia. El Poni de Flores también ha sido influido por el de Timor. Muchos fueron exportados a Java hasta el sureste de Asia o Australia, donde ha contribuido a la cría del Poni australiano y ha sido cruzado con razas de mayor tamaño.

Poni de Tokara

Características: Ésta es la raza autóctona de ponis con más antigüedad del Japón, con la inconfundible impronta del caballo mongol: cabeza de tamaño medio, algo pesada, cuello corto y robusto, tronco profundo y bien arqueado con dorso vigoroso y grupa inclinada, y extremidades firmes con cascos duros. Sobre todo castaños, castaños oscuros y negros, sin marcas, aunque puede haber alguna mancha oscura en cuello y espalda. Alzada entre 110 y 120 cm.
Distribución: Japón, en la isla de Tokara, al sur de la isla Kiuschu.
Aptitudes: Se emplea como poni de silla y en labores agrícolas.
Historia de cría: Como las demás razas japonesas de ponis, el Poni de Tokara tiene una marcada influencia del caballo mongol, que llegó a Japón desde el Asia interior, a través de China y Corea. En 1840 el Dr. Shigeyuki Hayashida descubrió un grupo de caballos en la parte sur de la pequeña isla de Tokara, de sólo 12 km de perímetro, a los cuales nombró como "ponis de Tokara". En 1897 se llevaron más de 10 de estos animales a la isla algo mayor de Takara para labores agrícolas. En 1943 esta raza alcanzó su máxima popularidad, tras lo cual disminuyó drásticamente. Ante tal situación, el Gobierno puso bajo su protección a esta raza y la declaró patrimonio nacional. Durante un periodo los ponis fueron llevados a la isla principal de Kiuschu dadas las malas condiciones en Tokara. En la actualidad se hacen esfuerzos conjuntos de la Universidad de Kagoschima, la granja Iriki, el Parque Nacional de Kaimon y personalidades de la isla de Nakano con el fin de proteger y fomentar la cría de estos ponis. Aunque en 1988 ya se contaba con 88 ejemplares, aún no ha desaparecido la fuerte amenaza de extinción.

PONI DE YONAGUNI

Características: Pequeño y raro poni japonés, de capa alazana. Cabeza larga con ojos bien dispuestos y orejas pequeñas. Cuello corto y grueso, espalda más bien recta, dorso largo, cuartos traseros débiles, grupa a menudo recta y cola de inserción alta. Extremidades frecuentemente separadas, a menudo con los huesos del pie muy verticales, y siempre con la parte córnea del casco muy dura.
Distribución: Japón, en la isla de Yonaguni, al suroeste del país.
Aptitudes: Carácter afable, buen temperamento, muy fuerte y resistente. Antiguamente fue empleado en las granjas locales delante del arado y del carro.
Historia de cría: Sobre el origen de esta raza se sabe más bien poco. Los caballos del Japón pueden clasificarse en dos grupos: uno, el de los grandes ejemplares de Hokkaido, y otro, el de las razas más pequeñas, entre ellas el Yonaguni. Muchos especialistas están convencidos de que estos pequeños caballos fueron llevados a Yonaguni desde las islas del sur en la época de la cultura Jomon, hace más de 2.000 años. El profesor Ken Nozawa, de la Universidad de Kioto, explicó en 1983 que los genes característicos de la raza permitían observar un parentesco con el Poni de Cheju, raza de Corea del Sur. En el pasado toda hacienda disponía de un caballo apto para todo tipo de trabajos, pero desde que en 1939 los criadores se vieran obligados a obtener caballos de mayor talla para el ejército, el Yonaguni fue sacado de su remota isla de origen para obtener una cría pura en otras zonas más apropiadas. La moderna tecnología ha permitido prescindir de ellos como fuerza de trabajo y ha llevado así a la drástica disminución de sus efectivos. Actualmente sólo unos pocos granjeros conservan sus ponis de trabajo, por lo que han pasado a ser un caro y escaso bien cultural.

PONI GALÉS DE MONTAÑA (SECCIÓN A)

Características: Cabeza pequeña y enjuta con frente ancha, ojos grandes, vivos e inteligentes, orejas pequeñas, puntiagudas y erguidas, perfil cóncavo, amplios ollares y buena movilidad de la quijada. Cuello suficientemente largo y bien implantado, con cerviz liviana. Tronco con gran profundidad de cincha y costillares bien arqueados, pecho ancho, espalda larga e inclinada, dorso oscilante bien musculado, grupa oval y cola bellamente insertada. Extremidades enjutas y robustas, con cascos redondos, firmes y bien formados. Todas las capas, excepto píos. Alzada hasta 122 cm.
Distribución: Gran Bretaña, resto de Europa y en otros países del mundo.
Aptitudes: Sencillo de manejo y mantenimiento. Inteligente, recio, vivo, dispuesto y arrojado. Poni para niños, con dotes excepcionales para el enganche. Movimientos amplios y rasos con enérgico arranque y mucho empuje.

Historia de cría: El poni original, subdividido en cuatro secciones en la cría actual, desciende del pequeño caballo celta y vive desde hace más de mil años en las montañas de Gales, donde ha sobrevivido bajo las duras condiciones de su medio natural gracias a su constitución, a su fuerte osamenta y a su aislamiento. Resulta clara su influencia oriental, sobre todo berberisca, pues el caballo árabe no llegó a Inglaterra hasta el siglo XII d.C. Pero ha sido la montaña galesa la que ha condicionado la gran variabilidad de tipos del Poni galés, originalmente empleado como animal de carga y como poni minero. *Merlin xx* fue el fundador de varias líneas en el siglo XVIII, aunque el semental *Dyoll Starlight*, nacido en 1894, alcanzó mayor repercusión, fundando el tipo A y transmitiendo su capa torda. En 1902 apareció el primer libro de registro con las secciones A, B, C y D, libro cerrado a partir de 1960.

PONI GALÉS (SECCIÓN B)

Características: Cabeza noble, enjuta, no demasiado larga, con frente ancha, ojos vivos, orejas gráciles y bien dispuestas, y buena movilidad de la quijada. Cuello largo y bien insertado, con cerviz estrechada. Espalda larga e inclinada, bien dispuesta, cruz no demasiado alta, tronco con gran profundidad de cincha, costillares bien arqueados, dorso balanceado, grupa larga y oval, y cola bien inserta y bellamente portada. Extremidades robustas y enjutas, con cañas cortas y ovales y corvejones de longitud media. Cascos bien formados, redondos y firmes. Todas las capas, excepto los píos. Alzada hasta 137 cm.

Distribución: Gran Bretaña y en el resto de Europa y del mundo.

Aptitudes: Resistente, sobrio, duro, con carácter de poni fiel, agradable, con buen arranque, cadencia y empuje. Pequeño caballo de gran clase apto como poni de torneo y caza para los más jóvenes.

Historia de cría: Este hermano mayor del Poni galés de montaña existe desde hace mucho tiempo, pero en el libro de registro no empezó a ser inscrito hasta 1931, bajo la denominación de *Riding pony*. Aunque en origen se trataba más de un poni, la adición de sangre de Árabe, Berberisco y Pura sangre han hecho de él más un caballo pequeño, aunque no haya perdido sus características típicas de Poni galés. Algunos fundadores de líneas de cría de la sección B del libro de registro de Galés fueron *Tanybwich*, nacido en 1924, hijo del semental berberisco *Sahara*, y *Craven Cyrus*, nacido en 1927 e hijo del semental Árabe King Cyrus. Otro fundador de otra línea fue el semental ruano *Criban Victor*, nacido en 1944 e hijo del semental de Galés de la sección A *Criban Winston*. La mayoría de las líneas se remontan a los sementales nombrados o a sus descendientes, cuyas líneas están representadas en Alemania a través de la sangre de *Coed Coch*.

PONI GALÉS (SECCIÓN C)

Características: Poni compacto y musculoso con mucha esencia y expresión de Galés. Cabeza noble y expresiva, frente ancha, ojos grandes y vivos, orejas finas bien dispuestas, amplios ollares y buena movilidad de la quijada. El perfil acarnerado es un rasgo indeseable. Cuello bastante largo y bien implantado, con cerviz estrecha; tronco fuertemente musculado, pecho ancho, espalda larga e inclinada, gran profundidad de cincha, costillares bien arqueados, dorso balanceado, grupa oval y buena inserción de la cola. Extremidades enjutas y robustas, cañas cortas y ovales, articulaciones marcadas, corvejones de longitud media y cascos redondos bien formados. Se valora positivamente la presencia de cernejas sedosas. Todas las capas, excepto ponis píos. Alzada de hasta 137 cm.

Distribución: Gran Bretaña, resto de Europa, EE.UU. y en todo el mundo.

Aptitudes: Poni excepcionalmente versátil y dotado para niños y mayores; apto para todos los usos imaginables, exhibe una gran capacidad de salto y es excelente para el enganche. Activo, duro, paso seguro, enérgico con mucho empuje y ritmo. Sobrio, voluntarioso, esforzado y fiel.

Historia de cría: Se trata del complemento más robusto y rechoncho del Poni galés de montaña, aunque con sangre de Cob. El poni galés de la sección C surgió del cruce entre ponis galeses de las secciones A o B con Cob galés. La actual ordenación en cada sección fue fijada en 1948 por la Welsh Pony and Cob Society (WPCS) y rige en todo el mundo para esta raza y sus respectivas secciones.

La asignación a dicha sección sigue la siguiente regla: AxC=C; AxD=C; BxC=C; BxD=C; CxC=C; CxD=C, siempre con una alzada de hasta 137 cm. El libro de registro se lleva de forma cerrada desde 1960.

PONI GALÉS - COB (SECCIÓN D)

Características: Vigoroso caballo de talla pequeña (en realidad un pequeño Cob) siempre con alzada mayor de 137 cm, en general entre 142 y 158 cm. Cabeza noble y expresiva típica del galés; el perfil acarnerado es un rasgo indeseable. Cuello bien formado, bastante largo y bien implantado, con liviana cerviz. Cuerpo robusto y musculado, dorso claramente balanceado, grupa oval, cola bellamente erguida, pecho ancho, espalda larga e inclinada, gran profundidad de cincha y costillares bien arqueados. Extremidades enjutas y robustas, articulaciones marcadas y cascos firmes y bien formados. Se prefieren los animales con cernejas de pelaje sedoso. Todas las capas, excepto animales píos.

Distribución: Inglaterra, resto de Europa, EE.UU. y en todo el mundo.

Aptitudes: Muy adecuado como caballo familiar de silla y enganche, sobrio y sencillo, con buena talla, buen carácter y muy fiel. Dotes naturales para el salto, marchas amplias y elásticas y mucho empuje desde los cuartos traseros.

Historia de cría: Caballo versátil ya apreciado desde la Edad Media como "Powys Horse" o "Welsh Cart Horse", empleado en la batalla o para la caza, y para el enganche de carros y carruajes. Durante muchas generaciones los Cobs galeses realizaron los trabajos duros en las granjas y resultaron indispensables para el ejército. El Cob galés fue el caballo útil por excelencia para médicos y clérigos, tirando de sus carruajes por todo el país, y para los cazadores, siguiendo a las jaurías campo a través salvando todo tipo de obstáculos. Ello le hizo merecer el reconocimiento de ser "el mejor caballo de silla y enganche del mundo" en su tierra de origen. Las yeguas de Gales son muy apreciadas para la cría de caballos de caza *(hunter)*, de polo, de salto y de caballos útiles. En 1902 se abrió el libro de registro, cerrándose en 1960.

PONI GALÉS (MEDIA SANGRE - SECCIÓN PB)

Características: Producto de cruce entre el Poni galés de todas las secciones y otras razas, sobre todo de Pura sangre inglés y Pura raza árabe, con al menos 25% de proporción de Galés. No hay límite en la alzada, pero debe tener una estampa típica de galés: cabeza noble y enjuta, gran juego de la quijada, cuello suficientemente largo, estrechado hacia la cerviz y bien implantado, espalda larga e inclinada, dorso fuerte y elástico, gran profundidad de cincha, ancha base del lomo, cruz marcada, grupa larga e inclinada e inserción de la cola no demasiado alta. Extremidades correctas, fuertes y enjutas, cascos redondos, firmes y bien formados. Todas las capas. Alzada superior a 137 cm.
Distribución: Gran Bretaña, resto de Europa y en todo el mundo.
Aptitudes: Caballo de silla bien dotado y poni de silla del tipo del galés para el concurso de silla y enganche, con rendimiento extraordinario. Carácter inmejorable y temperamento equilibrado; movimientos elásticos y amplios con enérgico brío.
Historia de cría: El Media sangre galés es un moderno poni o pequeño caballo de silla en su mayor parte descendiente de ponis galeses de las secciones A y B. En 1950 se creó el Welsh Part Bred Registry (PB = *Part Bred* o media sangre). Todos los caballos deben demostrar una proporción mínima de sangre de galés del 25%, procedentes de animales de cualquiera de las cuatro secciones del libro de registro del Poni galés, aunque no de ponis demasiado valorados de la sección B. En Alemania los Medias sangre galeses son inscritos en el libro de registro del Poni de silla por parte de las sociedades de cría.

PONI HACKNEY

Características: Vivo y fogoso hermano pequeño del Hackney que debido a su reducida talla (alzada entre 122 y 142 cm) también es descrito como 'Hackney enano'. Llaman la atención su largo cuello erguido, su cruz poco desarrollada, su grupa recta con una cola de inserción alta, la correcta espalda, el cuerpo compacto y robusto y las extremidades enjutas con tendones claros y articulaciones bien marcadas. También es típica la acción de sus antebrazos y la elegante flexibilidad de la articulación entre cañas y cuartillas, característicos de su condición de poni. Sobre todo castaños, dándose también los castaños oscuros y los negros.
Distribución: Gran Bretaña y EE.UU.
Aptitudes: Bello poni elegante y apreciado para las competiciones y exhibiciones de enganche, sobre todo en Estados Unidos. Poni de manejo y mantenimiento fácil.

Historia de cría: Su historia es casi la misma que la del Hackney, aunque el poni Hackney tiene un origen moderno más azaroso. Como fundadores de la raza figuran el semental *Sir Georg* por *Sportsman*, nacido en 1866, y una yegua desconocida. *Sir Georg* era exageradamente pequeño, pues en su edad adulta su alzada no superaba los 135 cm.
Originalmente, los Hackneys enanos recibieron el nombre de uno de sus primeros criadores, Hack Christoph Wilson, quien realizó cruces un poco al azar con Fell y con Poni galés. El "fenómeno" resultante, en un principio destinado a ser poni de tiro de paseo o para los niños, causó auténtico furor en Estados Unidos al satisfacer las demandas de ponis de exhibición, y dado que en su manejo y mantenimiento no era tan exigente como en el caso de otras razas de ponis.

PONI ISLANDÉS

Características: Este robusto poni de conformación rectangular tiene un característico paso colado *(tölt)* y un simpático atractivo. También es típico de la raza su cabeza con ojos despiertos y expresivos y su cuello bien implantado y erguido. Buena profundidad de pecho y curvatura de las costillas, largo dorso musculoso y grupa robusta caída. Extremidades enjutas con fuertes articulaciones y buenos cascos. Resulta inconfundible por sus abundantes crines. Todas las capas y marcas, excepto atigrados (aleopardados). Alzada entre 125 y 145 cm.

Distribución: Islandia, con crías sucesivas en Europa y América. En la Federación Internacional de criadores de caballo islandés están representados 15 países.

Aptitudes: Longevo, robusto, duro, resistente, afable y dispuesto. Es un versátil poni de silla y enganche para el tiempo libre y la familia. Además de las tres andaduras básicas también posee un paso y un trote de ambladura característico de la raza.

Historia de cría: Hace unos 1.000 años llegaron a Islandia los primeros caballos, ponis celtas y escandinavos, llevados por los vikingos. La situación de aislamiento y el duro clima de la isla favoreció el desarrollo de la raza y su cría pura. En ello ha tenido que ver la falta de carreteras transitables por carruajes y coches, disponiéndose sólo de los caballos para realizar el transporte de mercancías y personas por la isla. Los animales que viven en grupos de manadas en estado semisalvaje también han sido aprovechados por su carne. Como no está autorizada la entrada de ningún caballo, la cría de la raza pura se ha mantenido hasta nuestros días. Aunque en Europa occidental esta raza ya era conocida, no fue hasta la década de 1960-1970 cuando se hizo popular. En Alemania se encuentra representada por la Asociación de Criadores y Jinetes del Caballo Islandés.

PONI MPAR

Características: Poni fuerte de conformación rectangular, con cuello corto, golpe de hacha, pecho profundo, dorso recto y grupa derribada. Extremidades firmes; a menudo remetido de atrás. Sobre todo castaños y alazanes. Alzada máxima de 133 cm.

Distribución: República del Senegal, en África occidental, en la cuenca del Arachidier y en la región de Niayes.

Aptitudes: El poni Mpar se emplea actualmente en labores agrícolas como caballo de tiro ligero y para el transporte de agua.

Historia de cría: Como casi todas las razas autóctonas africanas, su origen se remonta al Berberisco. Debido a las condiciones climatológicas, topográficas y económicas, así como a los escasos pastos y malos cuidados, la raza fue degenerando en el curso del tiempo, lo que conllevó una considerable pérdida de tamaño y masa corporal. El poni Mpar se ve desplazado en la actualidad en su propio país de origen por el poni Mbayar, de mayor tamaño, lo que le ha llevado casi al borde de la extinción.

Poni Quarter

Características: El Poni Quarter es el hermano menor del Quarter horse. Su alzada máxima es de 142 cm. Su cuerpo es compacto y al igual que el Quarter, exhibe una atractiva musculatura, fuerte y bien modelada, especialmente en las extremidades. Están representadas todas las capas, incluyendo animales píos.

Distribución: Estados Unidos.

Aptitudes: Versátil poni de silla y enganche con el buen carácter, temperamento equilibrado, naturalidad y potencia del Quarter.

Historia de cría: El uso diferenciado del Quarter como caballo de los vaqueros, de carreras o de silla, llevó al desarrollo de los tipos "Bulldog" y "Pura sangre". Pero el deseo de un Quarter apto para niños y jóvenes llevó a la consecución del Poni Quarter, conforme al principio de los criadores americanos de criar un caballo adecuado para cada tipo de uso y de registrarlo como una raza nueva. La popularidad creciente del Poni Quarter llevó finalmente a fundar la *International Quarter Pony Association*, con sede en Sheridan, California.

PONI SHETLAND AMERICANO

Características: Ya en su exterior no tiene nada en común con el tipo clásico, más robusto; se trata de un pura raza en miniatura. La cabeza presenta una expresión noble, con perfil recto o arqueado, con ojos que irradian inteligencia y amabilidad, sostenida por un hermoso cuello con buena inserción en un tronco profundo y fuerte, buena curvatura de las costillas, cruz de altura media a alta y espaldas inclinadas. El dorso es fuerte y corto, y la grupa casi recta, larga y ancha, con una cola de inserción alta. Extremidades fuertes, bien musculadas y con articulaciones bien marcadas. Las cañas y corvejones son más largos que en los otros tipos de Shetland, lo que le permite unas andaduras más ligeras y briosas. Los oscuros cascos son de tamaño medio, fuertes y redondeados. Las crines son onduladas y más bien finas. La alzada oscila entre 91-117 cm. Se dan todas las capas, con predominio de los castaños claros, negros y tordos.

Distribución: Estados Unidos y Canadá, Puerto Rico, Sudamérica y Europa.

Aptitudes: Caballo de exhibición con mucha acción de rodillas, apto para el enganche y las carreras de trotones. Como poni para niños, los ejemplares con carta de origen son demasiado caros.

Historia de cría: Los primeros ponis Shetland llegaron a América en 1800. Cuando en 1870 lord Londenderry logró criar en Escocia el Shetland buscando un poni de silla de mayor talla, se consiguió con ello la base de lo que sería el Shetland americano. Después se añadiría sangre de Hackney, lográndose un poni vivo de extremidades más esbeltas, con mejores andaduras como las del tipo de exhibición, con rasgos más nobles. En 1888 se fundó el American Shetland Pony Club para conservar las características más importantes de la raza.

POSAVINA (HVRATSKI POSAVAC)

Características: Compacto y pequeño caballo de sangre fría, con conformación rectangular y línea superior armoniosa. Cabeza enjuta con ojos expresivos y grandes ollares. Cuello bien implantado, relativamente corto, fuerte y bien arqueado. Pecho ancho y robusto, con mucha profundidad y costillares bien arqueados, espalda de longitud media, dorso robusto, grupa ancha, a menudo oblicua y ligeramente hendida; inserción baja de la cola. Miembros correctos, relativamente enjutos; cascos anchos y planos. Pelaje recio en crines y cola; tupé y cernejas. Castaños, castaño oscuros, negros y tordos. Alzada de unos 150 cm.
Distribución: República de Croacia, en las vegas del Save, en Posavina.
Aptitudes: Caballo de trabajo esforzado, de tiro firme y poco complicado. Resistente, buen carácter, fértil y sobrio.
Historia de cría: El Posavina es un caballo croata autóctono, criado por los agricultores croatas desde hace siglos. El territorio de cría son los bosques y terrenos de aluvión de las vegas del Save y de los ríos Odra, Lonja, Sunja y Strug, cuyas severas condiciones han marcado al Posavina. Cuando no son requeridos para las faenas agrícolas son dejados en libertad en las vegas desde la primavera hasta finales de otoño, cuando los pastos son escasos. Sólo cuando se producen inundaciones o nieva, los caballos son llevados al establo. En los años cincuenta se fomentaron los cruces con sementales importados de sangre fría para dar a la raza más tamaño y peso. Desde hace algunos años se trata de mantener la pequeña población de 600 Posavinas. Los animales son registrados y marcados con el hierro como condición previa para la apertura de un libro de registro. En 1993 se creó la asociación de criadores de Posavina "Hvratski Posavac", con sede en Trebarjevo Desno.

Pottok (Poni vasco)

Características: Robusto poni de montaña con alzada entre 115 y 147 cm. Hermosa cabeza pequeña con perfil recto, ligeramente cóncava a la altura de los ojos y con pequeñas orejas. Cuello corto y fuerte con crines abundantes. Dorso largo con buena ensilladura, grupa ligeramente caída y cola de inserción profunda. Miembros correctos con extremidades robustas y enjutas, con cascos pequeños y duros. Crines largas y espesas, tupé frondoso, cola tupida y cernejas. Castaño-peceños, castaños, alazanes y píos negros o castaños, además de un tipo especial de "píos tricolores".

Distribución: Francia y País Vasco.

Aptitudes: Dispuesto al salto, tiro firme, robusto, sociable, adiestrable, sobrio y longevo. Excelente poni familiar para la silla, el salto y el enganche.

Historia de cría: El origen de estos ponis se remonta a los inicios de la historia de la Humanidad. Las pinturas rupestres de Altamira y Lascaux representarían caballos de este tipo. Sobre esta raza han dejado su huella todos los Árabes y Berberiscos que cruzaron su región de origen a través de los Pirineos. Fue el caballo de trabajo de los agricultores vascos y el caballo de carga de los comerciantes y contrabandistas de estas tierras. El territorio principal de cría es el triángulo Hendaya, Hasparren, Itholdy y St. Jean Piet-de-Port, a los pies de los Pirineos, cuyo rudo hábitat ha marcado a esta raza. El Pottok suele vivir en libertad, aún hoy en día, formando pequeños grupos o manadas dirigidos por un semental dominante. Sólo se recurre a los caballos cuando son necesarios para alguna faena o cuando se quiere vender alguno. Los cruces con otras razas para lograr más tamaño y peso fracasaron y fueron abandonados. En 1971 se dispuso un libro de registro, y en 1978 se fijó un estándar de cría homogéneo.

Pura raza árabe

Características: Caballo de una nobleza y belleza incuestionables. Llaman la atención su fina piel, las sedosas crines y su cuerpo en armonía. De cabeza seca y cuneiforme (cabeza de lucio), con una ancha frente y perfil más o menos cóncavo, ojos grandes y orejas bien formadas, grandes ollares dilatables y hocico pequeño. La quijada, con buen juego, es ancha y robusta. El cuello está bien implantado, ligeramente arqueado y con cerviz no muy robusta. Cruz de normal a marcada, con larga espalda bien musculada e inclinada. Dorso elástico de longitud media con grupa casi horizontal con caída a ambos lados, con una cola erguida de inserción alta. Los cuartos delanteros son correctos, con marcada musculatura del antebrazo y el nacimiento de las cañas claramente modelado. Los cuartos traseros tienen una buena angulación, con la articulación de los corvejones marcada y poderosa. Los cascos son duros. Alzada entre 148 y 155 cm. Sobre todo tordos, castaños y alazanes; más raramente negros, aunque éstos son muy apreciados.

Distribución: Su tierra de origen es la meseta central de Nedshel en la península Arábiga, en la actual Arabia Saudí. Desde allí se extendió el Árabe por todo el mundo islámico. Posteriormente, y llevado por el ímpetu religioso de los seguidores de Mahoma, no sería el Islam quien conquistara el mundo, sino el propio caballo Árabe, pues actualmente es criado por todo el planeta. Los centros principales de cría son, junto con los países árabes y Egipto, Polonia, Francia, Inglaterra, Estados Unidos y Alemania.

Aptitudes: El Pura raza árabe es un caballo sano, longevo, de gran resistencia, sobrio y adaptable a las condiciones de su medio de forma, sobresaliente. El

paso es enérgico y esforzado, el trote elástico y brioso, el galope redondo, rodado y enérgico. La impresión general es la de un caballo con una planta orgullosa, tranquilo en su interior y con pisada segura. Cabe resaltar su excelente y rápida recuperación tras un esfuerzo debido a su extraordinaria capacidad, lo cual se debe no sólo a sus órganos y buena mecánica, sino también a su carácter y a su "nervio". Su gran aptitud como caballo para la caza y el ejército están bien acreditados históricamente. Pero no menos conocidas en la actualidad son sus aptitudes como caballo de doma, salto, enganche y carreras. También es extraordinario en las grandes distancias, donde destaca sin igual. El Pura raza árabe es muy apreciado como mejorador de otras razas de todo el mundo, gracias a su inmejorable carácter, su salud inquebrantable y sus excelentes aptitudes.

Historia de cría: Las antiguas representaciones artísticas de caballos muestran frecuentemente un exterior del caballo árabe verdaderamente llamativo. Los investigadores suponen por ello que la cría del Árabe debe de ser extremadamente antigua, pues la manifestación de caballos tan nobles sólo es explicable debido a un periodo de cría muy dilatado. Fue Mahoma (570-632) quien reconoció el valor de los caballos nobles y la superioridad que éstos otorgaban a los pueblos de jinetes, por lo que llegó a incluir la cría de caballos dentro de sus preceptos religiosos. En el occidente de Europa también se llegó a conclusiones semejantes, lo que supuso que los cruzados llevaran a Europa el caballo árabe, traído de sus guerras en Oriente. La sangre árabe aportó a los caballos autóctonos europeos fortaleza, resistencia y agilidad. Desde entonces el caballo árabe se ha empleado hasta el día de hoy como mejorador en la cría caballar en todo el mundo. La cría fomentada en Europa con sangre árabe, especialmente en yeguadas estatales y privadas, cuenta con una larga historia que puede ser rastreada fácilmente sobre todo en España, Polonia, Francia, Austria, Hungría, Inglaterra y Alemania. La primera yeguada de Pura raza árabe en Europa fue fundada en Polonia por el rey Segismundo Augusto (1548-1572) en Knyszyn. Su tradición ha sido mantenida hasta hoy por la yeguada principal Janov Podlaski, institución de cría del caballo árabe influyente en Polonia y en toda Europa.

En Alemania, el rey Guillermo I de Württemberg fundó en 1827 en Weil una yeguada real de cría de Árabe, de gran importancia y cuya labor ha sido continuada por la yeguada de Marbach. En Prusia el jefe de caballerizas de la casa de Burgsdorff (1815-1842) reconoció tempranamente la importancia de la raza árabe en la cría de razas alemanas de sangre caliente sobre aspectos como la nobleza y las aptitudes de los animales, por lo que empleó sementales árabes en la selección del Trakehner. La condición única del Pura sangre inglés no es explicable sin la presencia de los sementales fundadores de raza árabe *Darley Arabian*, *Godolpin Barb* y *Byerley Turk*. La cría del Pura raza árabe ha sido establecida y supervisada por la World Arabian Horse Organization (WAHO), según la cual: "Un Pura raza árabe es todo caballo registrado y matriculado en el libro de registro de la WAHO". En Alemania los criadores de Árabe se han agrupado en la Sociedad de Criadores del Caballo Árabe, miembro asociado de la WAHO. Las demás directrices de cría del caballo árabe son llevadas por las sociedades de cría de Shagya-Árabe, Anglo-Árabe y Árabe.

Pura raza española (P. R. E., Andaluz)

Características: Caballo noble de tamaño medio, con mucha expresión. Cabeza enjuta con perfil recto o convexo, orejas bien dispuestas y ojos vivos. Cuello de talla media bellamente conformado. Espalda musculosa larga e inclinada y cruz ancha musculada. Tronco fuerte que permite una buena ensilladura y grupa caída con una cola de inserción baja. Extremidades enjutas bien conformadas, relativamente largas, con corvejones algo inclinados y cascos duros. Crines abundantes y onduladas. Hay predominio de tordos, negros y castaños, siendo peor aceptados los alazanes y los píos. Alzada entre 155 y 162 cm.
Distribución: España (con la región principal de cría en Andalucía), Europa, Latinoamérica y en otros países.
Aptitudes: Caballo rápido, resistente y sobrio, apto para la silla y el enganche, con grandes dotes para la Alta Escuela y como caballo útil. Movimientos amplios y enérgicos, siendo típico su "campaneo" y elevada acción de rodillas.
Historia de cría: El "caballo español" autóctono ya estaba presente antes de la llegada de los árabes en el siglo VII y de la influencia resultante que los sementales árabes y berberiscos dejaron en la cría caballar española. En la Edad Moderna los caballos de Pura Raza Española eran un símbolo de nobleza y poder, muy apreciados como mejoradores de otras razas: Frisón, Holsteiner, Oldenburgués, Trotón Orlov, Lippizano y Trakehner. Los monasterios cartujanos de Jerez , a los que se remonta la línea más antigua, la del *Cartujano*, tuvieron gran influencia en toda la cría posterior. En Andalucía se encuentra el núcleo principal de cría, con las yeguadas de Jerez y Córdoba, donde se supervisa la cría de sementales de pura raza. El organismo que la supervisa está en Sevilla, con un registro de más de 2.000 yeguas.

PURA SANGRE INGLÉS (PURA SANGRE, THOROUGHBRED)

Características: Son rasgos típicos del Pura sangre su nobleza, fuerza, energía y proporciones armónicas. Pero tampoco deben obviarse sus propiedades internas o interior. Tras la primera impresión general, en una segunda observación destacan su expresiva cabeza con grandes ojos y grandes ollares, que dicen mucho sobre la capacidad de rendimiento y voluntad del caballo (si permanecerá en el pelotón o si irá por delante con espíritu ganador). Es deseable un cuello bien implantado y bien formado (a menudo con "golpe de hacha"), una cruz escasa, espalda larga e inclinada, dorso elástico de longitud media con lomos robustos, larga grupa inclinada y musculosa, extremidades enjutas con articulaciones marcadas y cascos correctos y duros, no demasiado grandes. Llamativa textura del pelaje y crines, finas y sedosas. Alzada entre 160 y 170 cm. Todas las capas, con predominio de tonos castaños y castaño-oscuros. Sus movimientos son rasos, amplios y elásticos en todas las andaduras.

Las características exteriores no deben ser valoradas en exceso, pues ya en el General Stud Book, en el tomo XIX de 1901, los hermanos Weatherby aclaran que el concepto de "Pura sangre" (*Thoroughbred*, es decir, de pura raza) no debe ser determinado sólo por su exterior: *"Todo caballo inscrito en el General Stud Book debe acreditar 8 o 9 generaciones de pura sangre a lo largo de más de 100 años, debiéndose constatar además en su linaje más próximo garantías suficientes sobre sus aptitudes en el hipódromo, por las cuales se podrá confirmar la confianza en su pureza de sangre"*. La conformación exterior, según Von Oettingen, sólo puede ser una ayuda y apoyo al juicio sobre el contenido interior, es decir, los órganos internos, pues *"el Pura sangre galopa con sus pulmones, se mantiene firme con su corazón y gana con su carácter"* (Federico Tesio).

Distribución: Sobre todo en Gran Bretaña (patria original de la cría del Pura sangre), Francia, Italia, EE.UU., Japón y en el resto del mundo.

Aptitudes: Mediante la coherente selección practicada a lo largo de más de dos siglos, el Pura sangre ha llegado a ser la raza equina de mayor rendimiento. En la cría del Pura sangre sólo se emplean caballos que acrediten fuerza, nobleza, resistencia, velocidad, energía, nervio, carácter y salud de hierro. A ello se debe que en todo el mundo se empleen sementales de Pura sangre como mejoradores de las razas autóctonas. El Pura sangre no sólo fascina por su rendimiento en las carreras, sino también por sus victorias en el resto de disciplinas hípicas.

Historia de cría: En el siglo XII ya había en Inglaterra yeguas orientales y carreras de caballos. La primera descripción fidedigna de una carrera (tuvo lugar en Newmarket entre el Príncipe de Gales y el conde de Arundel) es del año 1377. A comienzos del siglo XVII ya existían carreras con carácter regular implantadas por Jaime I (1603-1625), gran entusiasta de los caballos y las carreras. Dicho monarca, sabedor de su valor, introdujo en la cría sangre oriental para mejorar los caballos ingleses, comprando en 1616 el semental Árabe *Markham Arabian*. Hay constancia, no obstante, de que anteriormente los cruzados ya habían llevado consigo a Inglaterra caballos orientales.

También bajo el reinado de Carlos I (1625-1649) hubo carreras regulares desde 1627 en Newmarket. Pero sería Carlos II (1660-1685) quien estableció en los verdes pastos de Inglaterra las renombradas yeguadas de las *Royal Barb Mares*, con grandes éxitos de cría; 59 de ellas fueron las yeguas fundadoras de las 59 familias a las que hoy pertenecen todos los Pura sangre vivos. Estas familias deben su importancia y prestigio a tres sementales orientales que llegaron de forma más o menos casual a Inglaterra y que finalmente fueron los sementales fundadores de los Pura sangre ingleses.

Byerley Turk, el fundador de la línea *Herod*, fue apresado por un holandés en 1683 durante el sitio de Viena, llegando a Inglaterra en 1689 con el capitán Byerley, comprador del semental.

Darley Arabian, semental castaño-rojizo de la familia árabe *Managhi*, fue adquirido por un comerciante, Mr. Darlay de Buthercramb, del condado de Yorkshire, en un viaje al oriente, y llegó a Inglaterra en 1705. De los tres sementales, éste, el bisabuelo del caballo más famoso de todos los tiempos, el magnífico *Eclipse*, que nunca perdió ninguna de sus carreras, fue el fundador de la línea *Eclipse*.

Godolphin, según Newcastle, fue un Berberisco (de nombre original *Sham*) donado por el Bey de Túnez al rey Luis XV y que llegó a Francia junto con otros caballos. A pesar de la carta de origen con su genealogía contenida en una ostentosa taleguilla bordada que llevaba al cuello, el valor del caballo, exhausto tras el largo viaje, fue pasado por alto. El semental fue así vendido a un carretero de París, quien disgustado al no dejarse el caballo montar por su nuevo dueño, juzgó que al menos mediante el castigo y el hambre le sacaría provecho como caballo de tiro. El caballo, que un día se desplomó mientras tiraba del carro, despertó la compasión de un tal Mr. Cooke, un cuáquero inglés que lo compró y lo llevó consigo a Inglaterra.

A la muerte de su último propietario, *Sham* pasó a manos del conde de Godolphin, quien tampoco reconoció la nobleza del animal y le usó como reproductor sustituto del semental *Hobglobin*. Cuando este último rehusó un día cubrir a la yegua *Roxana, Sham* fue empleado por vez primera. Esta alteración del programa de cruces llevó al nacimiento de *Lath*, uno de los caballos más famosos de la época y responsable de que *Sham* pasara a ser *Godolphin Barb*, uno de los sementales más buscados y valiosos de su época. Éste fue el fundador de la línea *Matchem* y murió en 1753 con 29 años. Todas las líneas paternas de todos los caballos de Pura sangre inglés se remontan a alguno de estos tres sementales orientales. Y la carta de origen de todos los Pura sangre se remonta por parte de madre y padre a caballos inscritos en el General Stud Book.

La marcha triunfal del Pura sangre desde Inglaterra hacia Europa y el resto del mundo constituye un fenómeno sin igual. En Alemania se inició la cría de Pura sangre y su uso en las carreras a comienzos del siglo XIX, cuando los caballeros Von Plessen, Von Biel, Von Hahn y otros, introdujeron sementales de Pura sangre en Mecklemburgo. En 1822 se fundó la Sociedad de Carreras de Caballos de Doberan, en 1829 el Hipódromo de Berlín y tras éste vendrían muchos más. El primer libro de registro, el *Allgemeine Deutsche Gestütbuch*, se estableció en 1842.

El florecimiento de las carreras de caballos comenzó con la fundación del Union Club en 1867. El siglo XIX fue una época fundamental para otras prestigiosas yeguadas de Pura sangre como las de Bad Harzburg (1831), Graditz (1866), Schlenderhan (1865), Waldfried (1896), Groß Strehlitz (1825) y Siemianowitz (1832). En las décadas siguientes se abrieron hipódromos por todas partes para carreras en llano y de obstáculos. Éstas sólo admitían jinetes varones al ser considerado un "deporte viril", y gozaban de gran aceptación por parte del público, seguidores de caballos y jinetes. Las dos guerras mundiales supusieron el fin de la época de esplendor de la cría del Pura sangre.

En el siglo XVIII, *Eclipse*, caballo nacido en 1764 y nombrado una vez "estrella radiante en un cielo de ocaso", resultó invicto en todas las carreras en que participó. El 80% de todos los Pura sangre actuales llevan sangre de este caballo. Éste llevó en su victoria en el King's Plates la pesada carga de 12 *stones* (76,25 kg). Su corazón pesaba 14 libras inglesas y fue un *roarer*, un fenómeno en su género. En todas las carreras corría con el hocico agachado no gustando de ser molestado ni por el jinete. Así se mantenía durante toda la carrera sin salir de la pista. Este caballo también alcanzó fama mundial entre los criadores. Fue padre de 400 potros, entre ellos tres ganadores del Derby, y de él descienden 1.344 caballos ganadores de carreras. Hasta el día de hoy, el 85% de los ganadores se remontan a él por vía paterna. *Eclipse* pasó sus últimos días de vida en Gut Canons, en el condado de Middleessex, donde murió con 25 años el 26 de febrero de 1789.

De gran importancia fue la prodigiosa yegua *Kinscem*, nacida en 1874 en Hungría, ganadora en todas sus carreras, y ya en el siglo XX el invicto semental italiano *Ribot* (nacido en 1952). En las yeguadas alemanas fueron famosos *Dark Ronald* (1905), *Herold* (1917), *Alchimist* (1930), *Oleander* (1924), *Nereide* (1933), *Schwarzgold* (1937), *Ticino* (1939), *Athenagoras* (1970), *Star Appeal* (1970) y *Mondrian* (1986).

De las grandes pruebas clásicas de la cría alemana de Pura sangre, vale la pena mencionar las cinco más prestigiosas:

• Premio ARAG, desde 1919, anteriormente Carrera Schwarzgold, para yeguas de 3 años, en Düsseldorf, a comienzos de mayo, 1.600 m.
• Desde 1857 el Premio de la Diana, para yeguas de 3 años, en Mülheim/Ruhr, a comienzos de junio, 2.200 m.
• Carrera Mehl-Mülhens, para sementales y yeguas de 3 años, en Gelsenkirchen-Horst, a mediados de mayo, 1.600 m.
• Desde 1869 el Derby alemán, para sementales y yeguas de 3 años, en Hamburgo, a comienzos de julio, 2.400 m.

El Pura sangre es irreemplazable en la cría, como demuestra cualquier análisis del registro de las instituciones alemanas de cría. "Sin carreras ningún Pura sangre, sin Pura sangre ningún caballo de sangre caliente, sin sangre caliente ningún caballo útil para uso cotidiano" (Wrangel). El Directorio para la Cría y Carreras con Pura sangre, con sede en Colonia, tiene como objetivo preservar la cría y la celebración de carreras en Alemania con caballos Pura sangre.

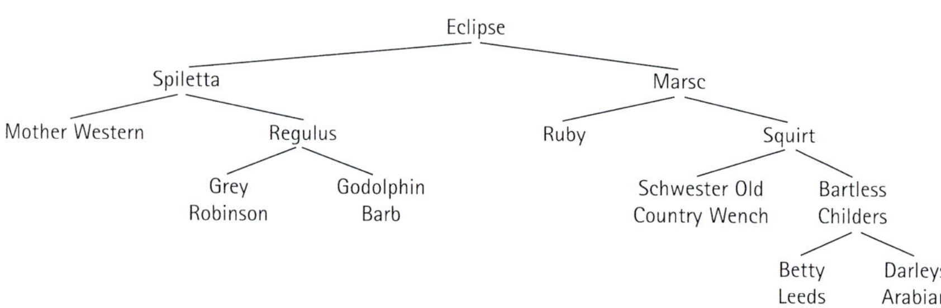

Carta de origen de los descendientes de *Eclipse* (según Cría Caballar Schwarzecker, Berlín).

Pura sangre iraní (Iranian thoroughbred)

Características: Animal fino y musculoso de tamaño medio y vistosa línea superior. Enjuta cabeza expresiva de perfil recto, grandes ojos vivos, orejas de tamaño medio y amplios ollares. Cuello recto bien insertado en el tronco, musculosa espalda larga e inclinada y cruz marcada y enjuta. Tronco profundo, con buenos costillares, dorso musculoso de longitud media, grupa ligeramente recortada, miembros enjutos y recios, con articulaciones bien desarrolladas y cascos sanos y duros. Crines finas y suaves. Predominan los castaños y los castaños oscuros. Alzada de unos 160 cm.
Distribución: Irán.
Aptitudes: Movimientos amplios y excelente capacidad de galope. Caballo de carreras seleccionado por su velocidad y dureza. Popular mejorador de los caballos de sangre caliente.
Historia de cría: La cría del Pura sangre inglés en Irán aún se practica desde hace pocos años, pues para las carreras de caballos en el pasado se criaban Árabes y Turkmenes seleccionados por su velocidad y dureza, es decir, Akhal-Teké y Jomud. La cría de Pura sangre comenzada por la Royal Horse Society fue proseguida por la National Horse Society of Iran, fundada en 1972, con gran éxito, con sementales y yeguas de grandes cualidades, apoyada por una cuidadosa administración de la yeguada y unas excelentes condiciones de mantenimiento de los animales.

QUARTER (QUARTER HORSE)

Características: Cabeza cuneiforme corta, ojos grandes de mirada afable, cuello suficientemente largo, larga espalda, cuerpo robusto y armonioso con conformación rectangular. Miembros enjutos y correctos, con músculos de la pierna marcados. Todas las capas, salvo la pía. Alzada entre 150 y 160 cm. Cuatro tipos: *Bulldog, Semi-Bulldog, Progressive* y *Running*.
Distribución: EE.UU. y resto del mundo.
Aptitudes: Buen carácter, nervio templado, con "sentido vaquero", movimientos elásticos y buen arranque. Caballo para todas las disciplinas y tipos de monta.
Historia de cría: Los colonos ingleses que llegaron a Virginia y Carolina en el siglo XVII no quisieron renunciar a las carreras de caballos, por lo que como no contaban con hipódromos, organizaron carreras por las calles y caminos de sus poblaciones. Como éstas raramente eran más largas de un cuarto de milla (quarter mile), el tipo de caballos empleados recibió el nombre de Quarter horse. En sus orígenes encontramos sangre de Mustangs indios, sobre todo de los indios Chikashaw, unos excepcionales *sprinters* resistentes y vigorosos, así como sangre de caballos orientales de los primeros tiempos coloniales y de los Pura sangre de Inglaterra e Irlanda. La cría se vio influida por las "yeguas inglesas" importadas en 1620 y conocidas como "caballos coloniales", que engendraron potros musculados y con buena disposición para unos veloces movimientos y arranque y parada ágiles. El semental fundador fue el Pura sangre inglés Janus (147 cm de alzada), un gran *sprinter* cuyo propietario se había establecido en 1756 en Virginia. Éste inició la cría del Quarter con *Janus* y otros Pura sangre importados. Desde entonces existen más de 2,6 millones de caballos Quarter registrados en un total de 41 países.

RACKING HORSE

Características: Caballo que domina el *tölt* o paso colado y que está estrechamente emparentado con el Tennessee walker, con el que tiene en común su cabeza expresiva y perfil ligeramente convexo. Cuello largo, bien erguido y musculado, larga espalda inclinada, cuerpo sólido y profundo, cuartos traseros poderosos y miembros robustos con largas extremidades. Todas las capas. Alzada en torno a unos 155 cm.
Distribución: Estados Unidos. También Alemania dispone actualmente de algunos ejemplares.
Aptitudes: En su país de origen el Racking horse es un popular caballo de exhibición, torneo y tiempo libre con una excelente disposición para el *rack* (paso colado o *tölt*), en tres aires claramente definidos: *show rack, fast rack* y *speed rack.* Los caballos de esta raza bien adiestrados llegan a alcanzar una velocidad de hasta 60 km en el *speed rack.*
Historia de cría: El Racking horse es una de las razas que pueden marcar el *tölt* y a cuyo origen ha contribuido el Tennessee Walker como fundador de esta familia de caballos. El criterio de cría no siempre responde a la pertenencia a una raza, sino a veces en función de una determinada capa o aptitud. En el caso del Racking horse el rasgo que ha llevado a su cría y selección es el *rack*, denominación norteamericana del *tölt.* Sobre esta base los caballos que pueden ser registrados en el libro de registro del Racking horse pueden pertenecer a distintas razas. El libro de registro de la Racking Horse Breeders Association of America (RHBA) se abrió en 1971, y desde entonces se han registrado más de 60.000 caballos, lo cual es un claro signo de la popularidad de este tipo de caballos.

ROTTALER

Características: Vistoso caballo de sangre caliente, de grandes líneas y peso medio. Miembros robustos y correctos. Sobre todo castaños. Alzada de 160 cm.
Distribución: Alemania; territorio principal de cría en Bavaria.
Aptitudes: Potencia, buen carácter, frugal, fértil, longevo, sano y duro. Excelente caballo de silla y enganche, y para el ocio, con movimientos briosos y elásticos. Apto para el salto.
Historia de cría: En Rottal, en la Baja Bavaria, se lleva practicando la cría caballar desde hace más de mil años. La base fueron los caballos húngaros que quedaron en la región tras las batallas de Rott (909) y Lechfeld (955), y que se cruzaron con las yeguas locales. Ya en el siglo XI existía el "Alazán Rottaler", un robusto y cómodo caballo de silla. La cría organizada comenzó en el siglo XIX, favorecida por el empleo de sementales en las caballerizas de los monasterios y más tarde en las yeguadas de los señores de la región. El impulso de la cría comenzó cuando la administración de la yeguada real bávara puso en servicio en Rottal en 1840 a los primeros cubridores (sementales de ascendencia inglesa), a los cuales sucedieron en 1880 otros sementales de Oldenburgués. En 1906 se fundó la sociedad de cría del Rottaler y se dispuso un libro de registro. El fundador de la línea del Rottaler moderno fue el semental *Edelweiss*, por *Edelwolf I* y *Antonette 167*, nacido en 1913 y criado en Rottal; dicho caballo tenía una gran conformación y excelentes marchas. Tras 1945 se produjeron cambios decisivos en la esforzada cría que lo unirían a la sangre caliente bávara y que llevaron al cierre del libro de registro. La reapertura del libro en 1995 fue obra de la asociación de criadores del Rottaler de sangre caliente, fundada en 1988.

SADDLE DORADO AMERICANO (SADDLE HORSE)

Características: Se trata de un tipo de Saddle seleccionado por el color de su capa, dorada y con un brillo sedoso, y las crines y cola de un blanco-nieve. Cabeza hermosa y bien proporcionada, con pequeñas orejas móviles y claros ojos de tono oscuro o castaño. Buen juego de la quijada, cuello largo y arqueado, espaldas inclinadas, cruz alta, dorso corto y robusto, cuartos traseros musculosos con larga grupa y cola de inserción alta. Extremidades recias y acodado de corvejones como condición para una marcha cómoda y suave. Las crines y cola deben ser blancas, preferiblemente de un blanco-nieve. El dorado de la capa puede variar entre tonos cremosos y cobrizos. La capa más apreciada es similar a la de una moneda de oro. Se permiten manchas blancas en cabeza y extremidades. Alzada entre 152 y 172 cm.

Distribución: Estados Unidos.

Aptitudes: Caballo de exhibición, competición y para disciplinas americanas, con inagotables posibilidades. Sus andaduras incluyen un paso y trote de ambladura. Gran capacidad de adaptación y temperamento amable.

Historia de cría: Fascinados por el "brillo dorado" de los caballos palominos e isabelas, los criadores trataron de obtener un caballo de capa dorada, y que fue reconocida por la sociedad americana de cría de Saddlebred en 1864 al registrarse el caballo *Pat Cleburne*. En 1939 la Sociedad de Cría del Palomino registró el primer Saddle dorado, el *Pot O'Gold*, más tarde conocido como *Richard-son's Pot O'Gold*. Su criador fue S.A. Clift, de Waxahachie, Texas. La Sociedad de Cría de Saddlebred lo registró con el nombre de *Clift's Pride*. Esta raza es gestionada por la American Saddlebred Association (ASHA) y por la Golden American Saddebred Association.

SALERNO (SALERNITANO)

Características: Caballo de sangre caliente de gran planta, con líneas en armonía y clara influencia de Pura sangre. Cabeza expresiva, mediana y enjuta. Cuello de longitud media bien formado, espalda larga e inclinada, cruz marcada, tronco con profundidad de cincha y buena ensilladura, y robustos cuartos traseros con grupa caída. Miembros sólidos con extremidades correctas y cascos duros. Todas las capas. Alzada de 165 cm.

Distribución: Italia, con yeguadas privadas en el territorio principal de cría, la llanura de Salerno, al sur del país.

Aptitudes: Buen carácter y temperamento equilibrado. Versátil caballo de deporte con buenas andaduras básicas y excepcional capacidad de salto.

Historia de cría: Los orígenes de esta raza autóctona se remontan a las invasiones sarracenas del sur de Italia en el siglo IX, que dejaron en el país numerosos sementales orientales. También entre los ascendientes se cuentan caballos orientales-ibéricos y los apreciados napolitanos. Buena parte del mérito en el desarrollo del Salerno se debe a la casa real de los Borbones, por sus importaciones de sementales orientales y la fundación de la yeguada "Persano". En el siglo XIX, se intentaron cruces con sementales de diferentes razas (Norfolk, Hackney, Trotón francés o Maremmano) para mejorar la cría. Pero fue con el Pura sangre inglés como se logró criar un estándar racial correcto y homogéneo. Los sementales *Rockbridge* y *My First*, adquiridos en 1929 para su empleo en el depósito de sementales de S. Maria Capua Vetere y que entraron en servicio en la estación estatal de sementales de Battipaglia, proporcionaron resultados sensacionales. Estos caballos, muy apreciados antiguamente en caballería, han pasado a ser grandes caballos de deporte con éxitos internacionales.

Sanfratellano

Características: Caballo bien proporcionado de conformación rectangular y hermosa línea superior. Cabeza cuneiforme algo pesada con perfil recto, a veces acarnerado. Cuello recto bien implantado, cruz marcada, espalda larga e inclinada, tronco ancho y profundo, buena ensilladura, grupa larga e inclinada y cola de inserción baja. Miembros firmes con extremidades enjutas y correctas, con buena fortaleza de las cañas y cascos duros. Hermosas crines y cola. Sobre todo castaños, castaños oscuros y negros. Alzada de unos 158 cm.
Distribución: Italia, con la provincia de Messina, en Sicilia, como territorio principal de cría.
Aptitudes: Su serenidad, inteligencia y buenos movimientos hacen del Sanfratellano un versátil caballo de silla y enganche.
Historia de cría: Sicilia siempre ha sido una puerta de acceso hacia Italia desde África, por lo que todas las razas italianas se remontan al Árabe y al Berberisco. Desde una perspectiva histórica se distinguen tres periodos: el periodo clásico hasta finales del siglo XVIII con empleo del Pura raza árabe; la época de los cruces experimentales, en el siglo XIX y primera mitad del XX, con diferentes "mejoradores"; y la época actual, con un regreso al Anglo-árabe y al Pura raza árabe para la cría de un elegante caballo de silla y enganche, pues durante mucho tiempo se había criado en la región de San Fratello un robusto caballo cuyas yeguas eran empleadas para la cría de mulas.
El depósito de sementales de Catania ha tenido gran influencia en la consecución de un tipo homogéneo. Actualmente se pretende lograr un Sanfratellano de mayor talla, más robusto y correcto, y con una capa más oscura, entre castaña y castaño-peceña.

Sanho/Sanpeitz

Características: Pequeños caballos de silla compactos y musculosos, con constitución armoniosa. Cabeza recta con mirada clara y amplios ollares. Cuello de longitud media, espalda robusta e inclinada, tronco ancho y profundo con dorso recto y corto, y grupa inclinada. Crines y cola largas y tupidas. Extremidades sólidas con articulaciones robustas y cascos duros. Alazanes y castaños; más raramente otras capas. Alzada de unos 148 cm.

Distribución: República de Mongolia (China).

Aptitudes: Muy sobrio, resistente e incansable. El Sanho es requerido para todo trabajo que surja, aunque se usa como caballo de silla, carreras y tiro.

Historia de cría: El noroeste de la Mongolia interior autónoma es la patria original de este caballo emparentado con el Sanpeitz. El nombre chino de Sanho significa "territorio de los tres ríos", y allí se encuentran los mejores pastos de toda la China. Los caballos de esta región han contribuido al desarrollo de todas las razas equinas chinas. Ya durante la dinastía Liao (1000 d.C.) la región era conocida por la calidad de sus caballos, y 700 años después, durante la dinastía Quing, fue el lugar de cría del célebre caballo Soulum. En los años 1904-1905 se practicaron cruces con caballos traídos de la región Baikal, en el este de Siberia. En 1917 los colonos rusos llevaron consigo sementales de Trotón Orlov y Baskir. Los japoneses mantuvieron entre 1934 y 1945 una yeguada con caballos de las razas Árabe, Anglo-árabe, Pura sangre inglés, Trotón americano y el Gidran húngaro. En 1955 todos los caballos descendientes de estos cruces fueron registrados por el ministerio de agricultura de la República Popular China y se dispusieron dos yeguadas para la cría de una nueva raza con la denominación de Sanho.

SARDO (SARDO ANGLO-ÁRABE)

Características: Caballo de deporte musculoso, con larga conformación rectangular y proporciones armoniosas, extremidades firmes y enjutas, y excelentes cascos. Sobre todo castaños, alazanes y tordos. Alzada de unos 158 cm.

Distribución: En Cerdeña (yeguada estatal de Foresta Burgos) y en el continente italiano.

Aptitudes: Veloz, duro, resistente, carácter enérgico y tenaz. Caballo con excelentes capacidades para el galope y el salto.

Historia de cría: El Sardo surgió por cruces entre las distintas estirpes de caballos llegadas a la isla de Cerdeña con las sucesivas invasiones de cartagineses, griegos, romanos y musulmanes, y que a partir de su ascendencia árabe-berberisca se adaptaron a las condiciones de la isla.

En los siglos XIV y XV se dio una verdadera cría caballar organizada en Cerdeña bajo soberanía de la corona de Aragón, la cual dispuso la yeguada Regia Tanca de Paulilatino, cerca de Abbasanta, y cuya disolución en 1868 supuso un grave revés para la raza. Si hasta 1874 se habían empleado sementales de Pura raza árabe y Pura sangre inglés, Pruso oriental, Anglo-normando, Mecklenburgués e "Italiano", a partir de la creación del depósito de sementales estatal cambió la situación: los sementales de Árabe de primera clase entraron en servicio sólo para cubrir a yeguas de cría seleccionadas. A partir de 1936 se volvió a autorizar el empleo de sementales de Pura sangre inglés como mejoradores.

La Segunda Guerra Mundial trajo consigo nuevas dificultades para la cría caballar, que sobre todo se basaba en la cría de media sangres ("mezzo sangue"). En los años sesenta el Estado puso también a disposición de los criadores yeguas irlandesas y anglo-orientales. Actualmente el Estado italiano gestiona la selección de los sementales empleados en las cubriciones de mejora de la raza y supervisa la selección de reproductores en manos privadas. El objetivo de la cría actual es obtener un buen caballo de deporte con talla y envergadura.

Sárvár

Características: El objetivo de cría es un caballo de silla y enganche de gran línea y buen rendimiento, con mucha nobleza y movimientos vistosos. Se corresponde con el Caballo bávaro de sangre caliente o el Caballo de silla alemán. Castaños o castaños oscuros, en su mayoría sin marcas; a veces alazanes oscuros. Alzada de 160 cm.

Distribución: Alemania. Yeguada Leutstetten, cerca de Starnberg.

Aptitudes: Sano, fértil, longevo, nervios templados, resistente, dispuesto para el rendimiento, duro y veloz. Monta cómoda con silla y buena capacidad de salto; andaduras básicas extraordinarias, con especial aptitud para doma, usos militares, caza y paseos en el tiempo libre.

Historia de cría: La cría se inició en la yeguada privada de la casa real de Bavaria en Sárvár, en Hungría. Allí se criaron medias sangre ingleses con base de Furioso-Northstar, y casi todos los sementales descienden de la yeguada de Mezohegyes. La población actual desciende de tres yeguas de pura raza de los años 1926-1930. Gracias a la rigurosa selección (tras 14 generaciones continúa la cría con 7 líneas sanguíneas) se ha conseguido un equilibrio genético. En 1945 se pudieron trasladar los caballos de cría más valiosos desde Sárvár hasta Leutstetten, entre los que se contaban el semental *Példás I* por *Zugo* y *Példás*, nacido en 1941 y en servicio durante largo tiempo. El mantenimiento de los caballos no reproductores es simple y severo: pasan todo el tiempo al aire libre salvo cuando nieva, que es el único momento en que son alimentados en el establo. Dentro del programa de cría es importante el adiestramiento y el manejo de los caballos, así como una prueba de aptitud de monta con silla, aun cuando se da mayor importancia al empleo en campo abierto. El libro de registro se abrió en 1826.

SENNER

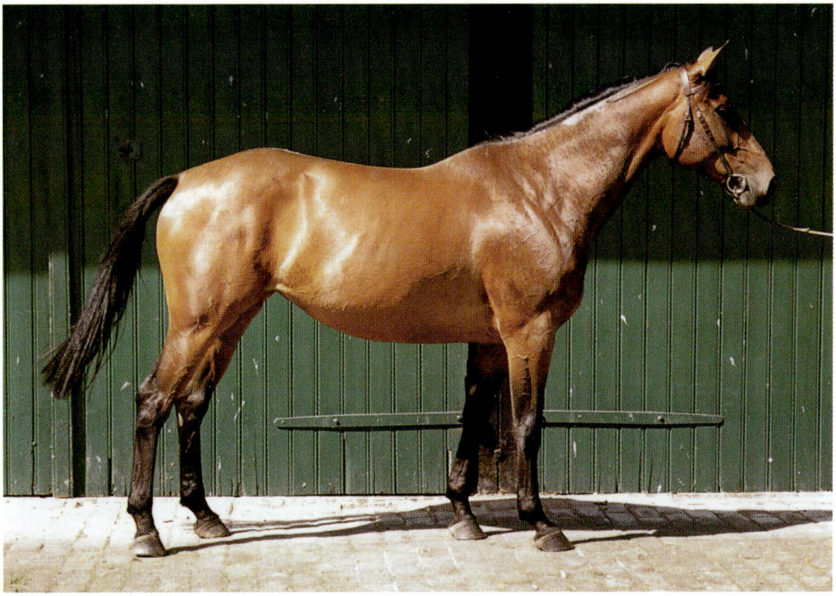

Características: Caballo de gran nobleza del tipo Anglo-árabe. Cabeza expresiva y enjuta con grandes ojos, y cuello largo con buena inserción y cerviz poco señalada. Cruz bien marcada, espalda móvil, dorso robusto, miembros enjutos y correctos. Todas las capas. Alzada de unos 160 cm.
Distribución: Alemania, Delmold.
Aptitudes: Sobrio, frugal, resistente y longevo. Buen temperamento y movimientos amplios y acompasados. Elegante caballo de silla y enganche.
Historia de cría: La estirpe original parece deberse a cruces de los condes de Lippe. El Senner fue mencionado por primera vez en el registro de yeguadas de 1862. El Senner original era criado en manadas semisalvajes y en el siglo XVI. La Guerra de los Treinta Años supuso la destrucción casi total de la cabaña, la cual fue recuperada por el conde Hermann Adolf de Lippe. El conde Simon Heinrich estableció en 1680 el pabellón de caza de Lopshorn y continuó con la cría de la raza en manadas semisalvajes. Hasta 1880 la población de yeguas de cría permaneció inalterada por lo que consta en los archivos de la yeguada llevados desde 1713. Los sementales empleados eran de Pura sangre inglés y Pura raza árabe. En el siglo XIX destacó el Anglo-árabe *Nessus* alias *Araber* por *Netschi ox* y *Rachel xx*, quien heredó su elegancia. A mediados del siglo XIX la manada aún contaba con unas 40 yeguas de cría y los sementales *Mozart xx*, *Red Rover xx* y *Brother* to *Rostrum xx*. En 1919 la asociación de criadores de Lippe se hizo cargo de la cría hasta su disolución en 1946. El Senner ha sobrevivido hasta nuestros días gracias al compromiso de los criadores privados que se esfuerzan por mantener y mejorar esta raza. Son registrados en el libro de registro de Westfalia.

SHAGYA ÁRABE

Características: Árabe de gran planta con hermosas proporciones y línea superior bien perfilada. Cabeza expresiva, cuello bien formado, cruz marcada, espalda larga e inclinada, dorso y grupa largos y buenos miembros. Alzada entre 158 y 162 cm. Predominan los tordos.
Distribución: Europa y todo el mundo. Territorio principal de cría en Hungría.
Aptitudes: Movimientos elásticos, correctos y bien coordinados en todas las andaduras básicas. Buen temperamento, resistente, obediente, duro y con potencia. Excelente caballo para todas las disciplinas del deporte de silla y enganche.
Historia de cría: El Shagya es un Árabe adaptado al clima y condiciones de Europa. Debe su nombre al semental fundador, *Shagya*, un tordo con tonos dorados nacido en 1830, perteneciente a la familia Kohailan-Siglavy. Este caballo llegó en 1836 a la yeguada de la corona austro-húngara de Babolna. Allí sirvió como semental principal entre 1837 y 1840, siendo un excelente transmisor de su genotipo, a pesar de que las yeguas cubiertas no eran puras sino yeguas de media raza. Cuatro de sus hijos también llegaron a ser sementales principales, transmitiendo también fielmente todas sus cualidades. También esta raza se empleó en la yeguada de Kladrub para renovar la sangre de sus efectivos, y en Radautz *Shagya II* fundó dos líneas de cría a través de *Shagya IV* y *Shagya VII*. Otros fundadores de líneas son los sementales *Gazal VII* y *O'Bayan XIII*. En el periodo comprendido entre las dos guerras mundiales, Babolna se convirtió en la meca del Shagya árabe. Aunque esta raza fue designada como "Árabe" o "Raza árabe", en 1978 fue reconocida como 'Shagya árabe' por la WAHO. Los libros de registro se llevan de forma cerrada, y sólo se registran los caballos que cumplen todos los requisitos.

SHETLAND (TIPO DE DEPORTE)

Características: Elegante y esbelto. Pequeña cabeza noble con frente estrecha, ojos grandes y orejas pequeñas. Buena inserción de un cuello con cerviz estrecha. Cuerpo rectangular, pecho no demasiado delgado, buena profundidad de cincha y dorso elástico oscilante. Extremidades enjutas con articulaciones bien conformadas y cascos duros. Abundantes crines y cola. Todas las capas. No se aceptan con ojos glaucos cuando tienen capa unicolor. Alzada entre 87 y 107 cm.
Distribución: EE.UU., Europa y resto del mundo.
Aptitudes: Inteligente, duro, resistente, fértil y longevo como el tipo original. Movimientos correctos, amplios, briosos y ligeros. Apto como poni de silla y enganche para el ocio y el deporte.
Historia de cría: En 1875 lord Londonderry comenzó a criar un poni Shetland más similar al poni de silla mediante el empleo del semental de Shetland Jack, y a exportar dichos ponis a Norteamérica. Pronto se desarrolló allí el tipo americano, influido por el Hackney, y más tarde el tipo miniatura. Pero mientras que en Estados Unidos se empleaba como poni de exhibición para silla y enganche con la típica acción del Hackney, en Alemania el criador Dieter Grober dio a partir de 1964 otra dirección a la cría, sirviéndose a partir de 1966 del semental de Shetland *Jiggs*, por *Larigo's Cressent* y *King's Glori Road* por *King's xx*, nacido en EE.UU. en 1958. Dicho semental marcó el cambio al nuevo poni Shetland de deporte.
Jiggs fue un poni de gran planta, con buen tipo racial, miembros correctos y movimientos expresivos en todas las andaduras básicas. Su sangre corre por las venas de sus 10 hijos y de las numerosas hijas que se han repartido por las distintas asociaciones de criadores alemanes de Shetland.

SHETLAND (TIPO MINI)

Características: Con una alzada inferior a 87 cm, este poni es el más pequeño de todos los tipos de poni Shetland. Cabeza pequeña y noble con grandes ojos amables y pequeñas orejas. Cuello bien implantado con espesas crines. Conformación rectangular del cuerpo; cuello y cabeza en proporción adecuada con el volumen corporal. Cola tupida, miembros correctos y cascos duros.

Distribución: Islas Shetland, Gran Bretaña y por todo el mundo.

Aptitudes: Inteligente, con buen temperamento, sobrio y longevo. Movimientos amplios y correctos. Pequeño poni de silla y enganche con especial aptitud como poni para niños pequeños principiantes.

Historia de cría: La reducida talla del Shetland de tipo mini se corresponde con el tipo original de la raza. Su reducida talla original se debió a las severas condiciones climáticas y de disponibilidad de alimento en las islas Shetland, de donde es originario. La mejora en las condiciones de alimentación y mantenimiento habidas a partir de 1950 permitió que muchos Shetland experimentaran un aumento de talla. Por esta razón muchos criadores del Shetland han tenido que practicar una selección controlada reguladora para mantener la talla del Shetland original.

En esta cuestión, el tipo-mini de Shetland se diferencia de otros ponis "mini" de otras razas, en las que se ha buscado criar de forma selectiva ejemplares de poni de talla cada vez más reducida. En el Shetland, dicha talla "mini" ya se daba de partida, y a partir de ésta se ha dado un cambio de tipo hacia otros ponis Shetland más esbeltos y nobles, de tipo más oriental. La cría del tipo-mini se ha visto influida de forma determinante por los criadores americanos y holandeses.

SHETLAND (TIPO ORIGINAL)

Características: Pequeña cabeza enjuta con frente ancha, ojos grandes y orejas pequeñas. Cuello robusto y musculado, espalda inclinada, pecho ancho, dorso corto, parte media del tronco con costillares profundos, larga grupa, extremidades robustas y bien formadas, y cascos duros. Crines y cola abundantes y tupidas. Todas las capas. En el caso de capas unicolores no se admiten con ojos glaucos, y en Inglaterra tampoco se aceptan los atigrados. Alzada entre 87 y 107 cm.
Distribución: Islas Shetland, Gran Bretaña y en todo el mundo.
Aptitudes: Buen carácter, resistente, fuerte, duro, sobrio, fértil, longevo, robusto e inteligente. Excelente poni de silla y enganche con especial aptitud como primer poni para niños, con andaduras correctas, sueltas y briosas.
Historia de cría: Este poni habita en las montañas de las islas Shetland, al norte de Escocia, desde hace más de 2.000 años. Sin duda estos ponis se vieron influidos por la inhóspita naturaleza de las islas y por el pequeño caballo celta. Ya mucho antes de las invasiones de los vikingos en los siglos VIII y IX, estos ponis vagaban por las montañas y turberas de la región. En el primer libro de registro abierto en 1890 por la Shetland Pony Stud-Boolk Society se habla de las duras condiciones de vida de estos ponis: "Nacen al aire libre, viven al aire libre y mueren al aire libre".
Y así sigue siendo en la actualidad. Los granjeros de las Shetlands los emplean como ponis de carga para transportar turba, algas marinas y alimentos, así como para trabajar las tierras de cultivo. Cuando en 1847 se prohibió en Gran Bretaña el trabajo infantil en las minas, también se comenzó a emplear como poni minero. Desde el siglo XX también se crían en Alemania, muy populares entre niños y mayores.

SHIRE

Características: Imponente caballo de sangre fría con alzada entre 163 y 178 cm, con pelaje fino, brillante y sedoso. Hermosa cabeza alargada a veces acarnerada, frente ancha, ojos grandes y afables, y orejas delgadas y puntiagudas. Cuello bien implantado y arqueado. Espalda robusta e inclinada, pecho ancho, dorso corto y grupa musculados e inserción alta de la cola. Miembros correctos y enjutos con extremidades largas con cernejas, articulaciones bien marcadas y cascos anchos y firmes. Sobre todo castaños y castaño-peceños, siempre con marcas blancas en extremidades y rostro, y también negros y tordos. Las cernejas son un rasgo que tiende a desaparecer.

Distribución: Inglaterra, resto de Europa, América y Australia.

Aptitudes: Paso amplio y trote enérgico. Antiguamente era empleado para labores agrícolas, forestales y de transporte industrial, pero ahora su uso se ha visto restringido como lujoso caballo de enganche en recepciones oficiales.

Historia de cría: Procede de los condados ingleses de los Midlands (Leicestershire, Warwickshire, Northhamptonshire y Lincolnshire). Ya en la Edad Media fue nombrado como "Equus Magnus". Tras ser la montura de los cruzados ingleses, más tarde fue cruzado con sementales brabanteses y flamencos para lograr un caballo de trabajo más pesado y de mayor talla, que llegó a ser muy popular en toda Inglaterra, similar al actual. En 1878 la Shire Horse Society, fundada ese mismo año y con sede en Peterborough, abrió el primer libro de registro del Shire, ocupándose con todos los medios a su alcance de mantener hasta hoy la población de estos caballos, capaces de arrastrar cinco veces su peso (hasta cinco toneladas). Actualmente también se emplea como caballo de silla y enganche para el tiempo libre.

SLASKI (CABALLO SILESIO DE SANGRE CALIENTE)

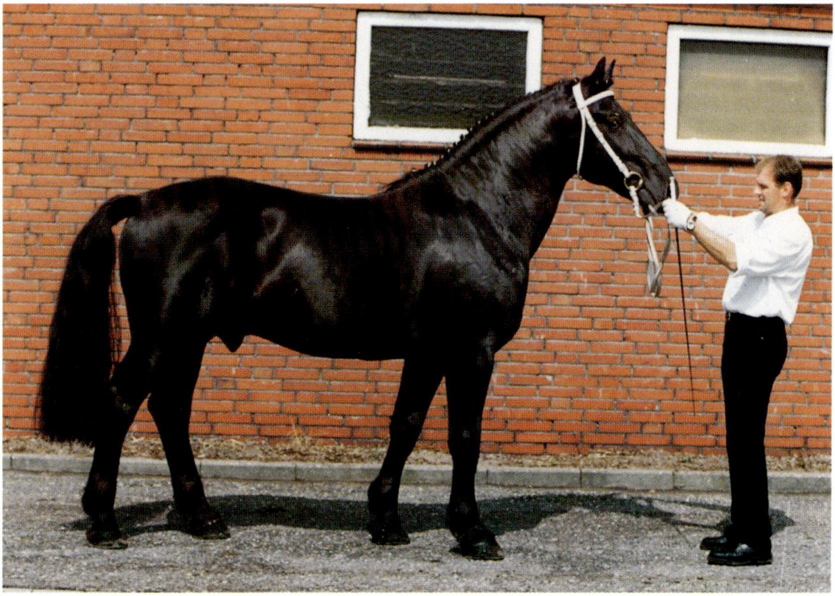

Características: Robusto caballo de sangre caliente del tipo del Oldenburgués antiguo y del Frisón oriental. Ancho y robusto, con cañas cortas, buena osamenta y costillares profundos. Tamaño medio, con alzada entre 155 y 160 cm. Negros, castaños y alazanes.
Distribución: Suroeste de Polonia, con la yeguada regional de Klikova, fundada en 1955, como centro principal de cría, en la antigua provincia alemana de Silesia.
Aptitudes: Frugal y temperamento tranquilo. Excepcional caballo de enganche, con tiro muy firme y amplias andaduras.
Historia de cría: La necesidad de un caballo de trabajo pesado llevó en Silesia a finales del siglo XIX a la cría de un robusto caballo de sangre caliente con base de Oldenburgués o de Frisón oriental. Los esfuerzos por evitar una cría desordenada a base de cruces entre caballos de sangre fría y caliente llevó a criar un caballo robusto de sangre caliente. En 1817 se fundó la yeguada Leubus, en 1832 la sociedad de cría caballar de Silesia, en 1877 la yeguada de Cosel y en 1901 se abrió el libro de registro del Silesio. La cría fue fomentada por el señor Roenckendorff, director de cría de Cosel, buscando criar un versátil caballo silesio de trabajo, fuerte, bajo y corpulento y con extremidades cortas, empleando para ello a partir de 1890 sementales de Oldenburgués y de Frisón oriental. En 1936 había en Silesia más de 600 sementales seleccionados para la cubrición de la cabaña regional de yeguas, ocupando el cuarto puesto en efectivos detrás de Prusia oriental con 1.200 sementales, Bavaria con 700 y Westfalia con 623. Las autoridades polacas fomentaron la cría de un Silesio más ligero y ágil que pudiera emplearse como caballo de enganche. Actualmente también se cruzan Silesios de sangre caliente con sementales de Pura sangre y de Vielkpolska para obtener caballos de deporte.

SOKOLSKY

Características: Caballo de sangre fría enérgico, de planta reducida y extremidades cortas, con una alzada entre 148 y 160 cm, perímetro de caña: 22-23 cm y cuerpo cilíndrico y robusto con pecho ancho, dorso recto, grupa corta, ancha e inclinada y extremidades sólidas con ralas cernejas. Sobre todo alazanes con crines claras y castaños.

Distribución: Polonia, sobre todo en el noreste y noroeste, al norte de Bialystok, Varsovia y Koszalin, así como en la yeguada Nove Jankovice.

Aptitudes: Sobrio, carácter afable, temperamento tranquilo, tiro firme y movimientos enérgicos. Apreciado como caballo de trabajo en la agricultura y exportado por el aprovechamiento de su carne.

Historia de cría: El Sokolsky, también conocido como "Ardenés-miniatura" o "Poni ardenés", es una raza reciente, desarrollada desde poco antes de la Segunda Guerra Mundial. El Sokolsky ("Sokolska" en su país de origen) surgió por el deseo de criar un pequeño caballo de sangre fría ligero, enjuto y con buenas marchas. Esta raza, actualmente ya consolidada, surgió de los cruces entre yeguas autóctonas polacas y sementales franceses de Ardenés y Bretón. Algunos sementales fundadores de líneas significativas han sido el bretón *Upas Jarboter* 321, nacido en 1920, y los ardeneses *413 Lorrain*, nacido en 1944 y *514 Ajax*, nacido en 1944.

SORRAIA

Características: Son fáciles de apreciar su raya de mulo cruzada y sus cebraduras. Se dan dos capas predominantes: tordo-ratón con brillo plateado en verano, y cervuno con pelaje de verano de un brillo metálico. Cuerpo bien proporcionado y musculoso, con extremidades largas y enjutas, y cascos muy duros. Alargada cabeza acarnerada con orejas finas ribeteadas de negro y hocico oscuro. Espalda larga, cruz baja y larga, con grupa de mula caída hacia todos los lados. Alzada entre 130 y 150 cm.

Distribución: Portugal; existe una pequeña población semisalvaje en los eriales en torno al río Sorraia y en algunos puntos colindantes de España.

Aptitudes: Excepcionalmente resistente y veloz; trote brillante, galope caprichoso y relativamente corto. Aprende fácilmente a marchar al *tölt*. Carácter afable y temperamento tranquilo. Apreciado caballo de silla para jinetes de poco peso.

Historia de cría: El Sorraia pertenecería a una de las formas primitivas de los caballos actuales; su presencia en la península Ibérica se remonta al Paleolítico, hace unos 40.000 años, como atestiguan las pinturas rupestres y los yacimientos de huesos. En la edad del bronce temprano (2000-1700 a.C.), en la cultura de las denominadas vasijas campaniformes, los antecesores del Sorraia se extendieron desde la Península hacia amplias regiones de Europa, llegando hasta Inglaterra y Escocia. En 1920 el hipólogo portugués Ruy d'Andrade descubrió una manada de caballos que tomó en un primer momento por cebras o medio asnos, dando a dicha raza el nombre del río Sorraia. La raza estuvo a punto de desaparecer en el primer cuarto del siglo XX. A comienzos de los años noventa se supo del éxito alcanzado en cruces entre el Sorraia y el Pura sangre.

SPANISH BARB (HISPANO-BERBERISCO)

Características: Pequeño caballo de marcada influencia hispano-berberisca. Cabeza de tamaño medio de perfil recto o convexo. Cuello fuerte, espalda robusta, tronco corto con grupa caída y cola de inserción baja. Extremidades firmes con cascos duros. Crines y cola completas. Todas las capas básicas. Alzada entre 138 y 145 cm.

Distribución: Estados Unidos.

Aptitudes: Sus movimientos suaves, cómodos y seguros hacen de él un caballo excepcional para las disciplinas de rodeo americano y también para largas distancias.

Historia de cría: El Hispano-berberisco desciende de los caballos llevados a América en el siglo XVI por los conquistadores españoles. Los caballos huidos y abandonados se reprodujeron rápidamente, conformando la base de cría de las estirpes asilvestradas de Mustangs, Broncos, Cayuses, ponis indios o Chickasaws, que influirían en mayor o menor medida en todas las razas americanas.

La influencia más segura es la protagonizada por el Chickasaw sobre el Quarter. Paralelamente, fue desapareciendo la influencia del Hispano-berberisco sobre las razas nacientes, o bien se fue diluyendo en éstas. Desgraciadamente, el Hispano-berberisco no cuenta con un registro fidedigno ni con documentos de cría completos. Para asegurar la supervivencia de este caballo, hoy bastante escaso, en 1972 un colectivo de rancheros norteamericanos fundó la Spanish Barb Breeders Association.

SPOTTED SADDLE HORSE

Características: Independientemente de la raza o ascendencia, se trata de una cría en función de la capa y de las marchas, a partir de razas de caballos de andaduras especiales con una llamativa capa. La variabilidad dentro de esta cría es por tanto muy grande. Dentro de estos caballos tordos carbonados *(spotted)*, también hay caballos con manchas blancas de un tamaño mínimo fijado. Alzada entre 152 y 165 cm.
Distribución: Sobre todo en EE.UU. y Canadá; de forma creciente en Alemania y resto de Europa central.
Aptitudes: Caballo de silla y enganche para el ocio, apreciado por su capa y suaves marchas (*walk*, paso portante, *tölt* y variaciones en la marcha). El paso ordinario, el trote y el galope no se valoran. El aire más importante es el *saddlegait*, una cuarta marcha suave. Carácter claramente afable y agradable temperamento.

Historia de cría: Los caballos de colorida capa y cómodos de monta por sus andaduras especiales siempre han sido muy apreciados, incluso por los indios norteamericanos. La base de cría del Spotted saddle horse son las razas de caballos de marchas especiales con capa llamativa extendidos por todo el mundo. La ascendencia, tamaño, raza y tipo no son determinantes para su aceptación. Se prefiere el cruce de razas distintas, especialmente con Tennessee walking horse, para evitar descendientes indeseados.
Como todas las razas criadas por su capa y andaduras, también el Spotted saddle horse está sometido a una cría sistemática. En Estados Unidos la spotted saddle Horse Association vela por el estándar de cría en todo el mundo y lleva el libro de registro.

STANDARDBRED (AMERICAN STANDARDBRED)

Características: Trotón de carreras con exterior variable. En general, con más osamenta, cuerpo más robusto, más largo y más profundo, y extremidades más cortas que el Pura sangre. Todas las capas; predominan los castaños, alazanes y negros. Alzada entre 150 y 168 cm.
Distribución: EE.UU. y resto del mundo.
Aptitudes: Criado por su gran aptitud como trotón convencional o amblador, debe cubrir una milla inglesa (1.609 m) en menos de 2 minutos y medio.
Historia de cría: El semental de Pura sangre *Messenger*, nacido en 1780, por *Mambrino-Turf*, llegado a EE.UU. en 1788 y descendiente de *Darley Arabian, Byerley Turk* y *Godolphin,* quien dejó su impronta en el Pura sangre y el Standardbred en EE.UU. A través de sus hijos nacerían los Pura sangre *Bush's Messenger, Bishop's Hambletonian, Engineer* y *Mambrino*, todos con gran importancia en la cría de trotones, al heredar la gran capacidad de trote de Messenger. Todos ellos fueron anteriores a *Mambrino*, abuelo de *Hambletonian 10*, nacido en 1849, por *Abdallah I* y una yegua *Charles-Kent*, cuya sangre no falta en ningún caballo con carta de origen y que sería el fundador del Standardbred. *Hambletonian 10*, quien heredó de su madre la sangre del Trotón Norfolk *Bellfounder*, engendraría entre 1851 y 1875 1.331 hijos e hijas, la mayoría de yeguas de Hackney, Morgan y Tennessee. En 1825 se fundaría el New York Trotting Club. En 1879 se fijó el estándar de la marca inferior a 2'30" en la milla inglesa como condición para el libro de registro llevado desde 1871 por el American Trotting Register, quien dio a su vez nombre a la raza. Ya en 1897 *Star Pointer* cubrió la milla inglesa por debajo de 2 minutos, y en 1968 *Nevele Pride* estableció un nuevo récord con un registro de 1'54".

SUFFOLK PUNCH

Características: Caballo de sangre fría agradable, compacto y bien perfilado. Gran cabeza con frente ancha, orejas pequeñas y móviles, y ojos expresivos. Cuello corto, poca cruz, espalda robusta; tronco rechoncho, costillares bien arqueados, pecho ancho y profundo, dorso robusto, grupa musculosa y redondeada, y buena inserción de la cola. Miembros firmes con extremidades correctas, cortas y enjutas, con huesos fuertes; cañas cortas, buenos corvejones, y cascos grandes y redondos. Cernejas escasas o nulas. Exclusivamente alazanes de todos los tonos, sin marcas, excepto una pequeña estrella. Alzada entre 160 y 165 cm.

Distribución: Inglaterra, con el territorio principal de cría en el condado de Suffolk; también en Europa y América.

Aptitudes: Sano, longevo, precoz, sobrio, buen temperamento, tiro firme, esforzado y móvil. Buen paso y trote amplio y enérgico.

Historia de cría: El condado de Suffolk, en el sureste de Inglaterra, es la patria original de la raza de sangre fría más antigua de Inglaterra, semejante a un caballo robusto de sangre caliente. Su cría se remonta al siglo XVI, siendo mencionado ya en la obra *Britannia* de 1506. La raza contó con una base de cría de yeguas autóctonas que fueron cruzadas con sementales normandos, flamencos y daneses. El semental que marcó la cría fue *Crispes Horse*, alazán dorado nacido en 1768 y propiedad del hacendado Thomas Crisp, cuya capa ha sido transmitida eficazmente hasta la actualidad. Aunque el Suffolk pertenece a las razas de sangre fría criadas en pureza, también ha tenido una influencia dosificada de sangre de Trotón Norfolk, Pura sangre y Cob. Ello explica por qué ha tenido un relativo éxito en la cría de caballos de deporte y de trabajo (Cobs, Hunter).

TAISHUH

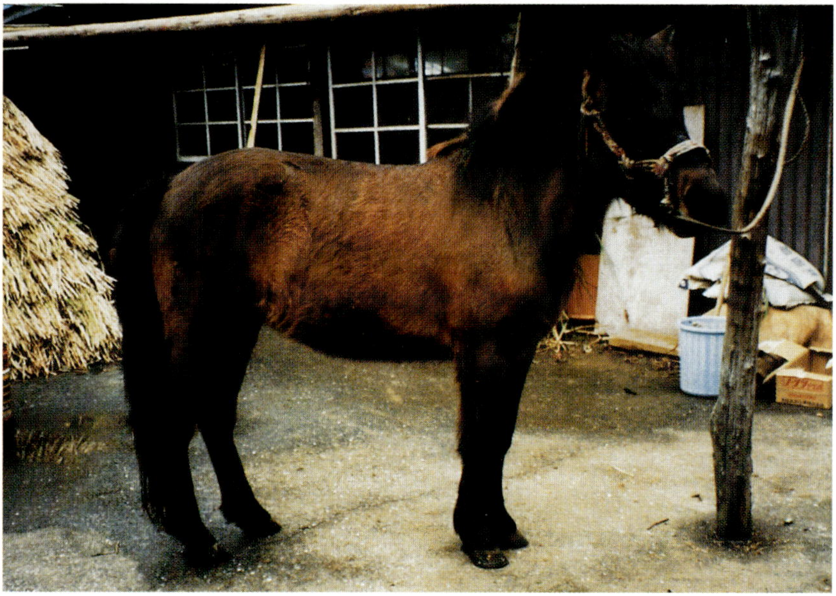

Características: Poni fornido y vigoroso, con extremidades robustas, del tipo del caballo mongol, con predominio de las capas oscuras. Alzada entre 110 y 120 cm.

Distribución: Isla de Tsu (Japón).

Aptitudes: Poni voluntarioso y afable, empleado para el tiro ligero y la silla por parte de niños y adultos de poco peso.

Historia de cría: Los orígenes de esta antigua raza de ponis se remontan al siglo VIII d.C. En 1920 aún quedaban 4.000 ponis en la isla, pero desde entonces el número se ha reducido drásticamente hasta unos 65 ejemplares, por lo que sobre la raza pesa un grave peligro de extinción. El centro nacional de Hokkaido para animales domésticos de granja dispone de tres ponis para su investigación científica y la obtención de esperma para el banco de esperma. Desde 1979 se lleva un registro de la carta de origen de todos los ponis de Taishuh vivos, haciéndose todos los esfuerzos posibles por salvar a la raza de su desaparición.

TARPÁN *(EQUUS GMELINI)*

Características: No se trata de ningún pariente del caballo primitivo salvaje euroasiático, sino del resultado poco homogéneo de diversos intentos de cría retroactiva. Resulta típico su pelaje tordo-ratón o tordo-amarillento, la raya de mulo cruzada, las cebraduras y las crines y tupé oscuros. Cabeza de longitud media, ancha, con perfil cóncavo y hocico lavado. Cuello corto y robusto, espalda inclinada, tronco bien rematado, dorso de longitud media y grupa ligeramente caída. Extremidades firmes con duros cascos. Alzada entre 120 y 130 cm.
Distribución: En reservas como la de Popielmo, en la región de Masuria, y en parques zoológicos.
Aptitudes: Sobrio, robusto, de tenaz resistencia y con todas las características de un caballo en estado salvaje.
Historia de cría: El Tarpán no existe ya en estado salvaje, como cuando poblaba amplias regiones de Asia y Europa. El Tarpán salvaje de los bosques se extinguió en Europa a finales del siglo XVIII y el último ejemplar desapareció en Crimea en 1879. No resulta tan claro si el Tarpán debería ser considerado como una de las tres formas raciales de nuestros caballos domésticos. Actualmente cobra fuerza la tesis de que el Tarpán sería un primitivo caballo doméstico asilvestrado. Desde 1930 en Polonia y Alemania se han repetido los intentos de recuperación de este caballo mediante una cría retroactiva, con resultados positivos, en Polonia por parte del profesor Ventulaus en los bosques cercanos a Bialistok, y por parte del profesor H. Heck en el Parque Zoológico de Múnich (Hellabrunn) y en el parque natural de Neandertal, cerca de Düsseldorf, y del veterinario Dr. Gaede, quien concluyó con éxito sus esfuerzos tras tres décadas de trabajo en Altfunnixiel, en Frisia oriental.

Tennessee walker

Características: Cómodo caballo de andaduras especiales, noble, hermoso y compacto. Cabeza de porte orgulloso, con perfil ligeramente acarnerado, ojos de expresión inteligente y orejas puntiagudas. Cuello robusto, bien formado y erguido. Tronco con pecho ancho y profundo, cruz marcada, dorso corto y recto, grupa larga y bien musculada, e inserción de la cola moderadamente alta. Extremidades claras, fuertes, de longitud media, con cascos firmes y redondos. Todas las capas, excepto píos y albinos. Alzada entre 152 y 162 cm.
Distribución: EE.UU., Canadá, Sudamérica y Europa.
Aptitudes: Buen carácter, afable, inteligente, temperamento tranquilo, resistente y con buena salud. Cómodo caballo de silla y enganche con movimientos agradables y suaves en sus marchas características: *walk* (*flat-footed walk* y *running walk*) (siempre con un marcado balanceo de la cabeza) y *canter* (galope fluido y recogido que mece al jinete).
Historia de cría: Su historia comenzó en el siglo XVII en Tennessee. Posteriormente se crió el conocido "Amblador de las plantaciones", cómodo caballo para el trabajo en las grandes plantaciones, que sería mejorado con Pura sangre, Trotón, Morgan y Saddle. Sólo se criaron caballos con aptitud para marchar al *walk*. De los tres sementales empleados en la cría (*Copperbottom, Traveler* y *Allan*), *Allan F-1*, nacido en 1886 de un cruce entre Saddlebred y Morgan, se convertiría en el semental fundador de la raza y de las líneas más significativas (*F-1* porque *Allan* fue el primero en ser inscrito en el libro de registro). En 1935 se fundó la Tennessee Walking Breeders Exhibitors Association, quien dispuso el libro de registro, cerrado desde 1947, año del reconocimiento oficial de esta popular raza norteamericana.

Tersk

Características: Caballo de silla de talla media, robusto y elegante, del tipo del Árabe. Cabeza de tamaño medio, con perfil recto, ojos grandes y largas orejas. Hermoso cuello, dorso de longitud media, espalda inclinada, grupa ancha y musculosa, con elevada inserción de la cola. Extremidades enjutas y robustas con cascos duros. Sobre todo tordos con hermoso brillo plateado del pelaje; los alazanes y sobre todo los castaños son muy raros. Se distinguen tres tipos: grande (alzada 160-165 cm), medio (156-160 cm) y pequeño (152-156 cm).

Distribución: C.E.I.; Stavropol, en la vertiente norte del Cáucaso.

Aptitudes: Duro, sobrio, equilibrado, inteligente, afable, buen carácter, veloz, fuerte y resistente. Caballo de silla ideal con movimientos ligeros y elegantes y buena aptitud para el salto; para carreras de caballos.

Historia de cría: Esta raza fue criada en los años 1925-1948 en las yeguadas militares de Tersk y Stavropol, en el Cáucaso, por iniciativa del mariscal Budenny. Este caballo desciende del extinguido caballo Streletzk, el cual fue cruzado con Árabe, Don, Kabardin y algunos Pura sangre y Gidran húngaros.

Como sementales fundadores de la raza se consideran los Streletzk tordos *Zilindr* (nacido en 1911 por *Zenny* y *Pichta*) y su medio hermano *Zenitel* (n. 1910 por *Zenny* y *Baselika*). Posteriormente y para compensar una incipiente consanguinidad, se emplearon los sementales árabes *Kuhaylan IV, Kuhaylan V, Ardagan, Nasim* y *Marosch*, cuya gran capacidad de transmisión de su genotipo ha marcado a la raza. En la yeguada original de Tersk sólo se crían actualmente Árabes; la cría del Tersk prosigue en Stavropol, donde grandes manadas de yeguas y potros son manejadas por jinetes a caballo.

Tinker

Características: Caballo pío útil, rechoncho y de peso medio. Cabeza con perfil recto, a menudo con perfil acarnerado, ojos despiertos, frencuentemente con uno claro y otro oscuro (ojos de pez). Cuello largo y bien musculado, poca cruz, espalda recta, dorso largo y débil, grupa musculosa y caída, y cola de inserción baja. Extremidades robustas con fuertes huesos y articulaciones, cascos planos y firmes y cernejas largas y espesas en pies y manos. Crines y cola tupidas, largas y sedosas. Tobiano en todas las variaciones posibles; ningún animal pío-overo ni de capa unicolor. Alzada entre 145 y 155 cm.
Distribución: Sobre todo en Irlanda y en el norte de Inglaterra.
Aptitudes: Robusto, buen carácter, apegado a los seres humanos; movimientos rítmicos y de paso seguro con marcada acción de rodillas. Caballo para el ocio.
Historia de cría: Desde hace siglos estos caballos han sido criados por los caldereros ambulantes *(tinkers)* descendientes de gitanos procedentes del este de Europa y que se dedicaban a atravesar el país con sus carromatos, y a comprar y vender caballos de enganche. En la cría el único objetivo era la obtención de caballos útiles, por lo que no se emplearon ni razas uniformes de ponis, como el Dales, ni caballos de sangre fría como el Clydesdale o el Shire. Como caballo de tiro se empleó sobre todo el Tinker del tipo del Cob, siendo más raro el Tinker más ligero de silla. En Inglaterra e Irlanda no se lleva ningún libro de registro oficial, y los orígenes del caballo son divulgados por tradición oral. En Alemania la cría de los ponis Tinker es supervisada por una comunidad de criadores del poni Tinker, y el registro es llevado por la Asociación de Criadores de Caballos Alemanes (ZfDP). El registro se lleva a cabo en función de las cualidades del animal criado.

TIRO PESADO VLADIMIR

Características: Caballo de sangre fría, armonioso y de peso medio-pesado. Son características las grandes y llamativas marcas en la cabeza y en las extremidades, así como sus sedosas cernejas. Cabeza de peso medio, enjuta, con rostro afable y perfil frecuentemente convexo. Cuello musculoso, bien implantado y arqueado, tronco robusto, ancho y profundo, dorso corto y grupa robusta. Sólidas extremidades, con perímetro de caña de 24,5 cm y grandes cascos duros. Sobre todo castaños y alazanes. Alzada entre 160 y 165 cm.

Distribución: C.E.I., Rusia; yeguada de Gavrilov-Posad, en la región de Ivanovo-Vladimir-Tambov.

Aptitudes: Tiro firme y gran potencia, carácter vivo y leal, y temperamento afable. El semental *Tumann* fue capaz de tirar en una prueba de potencia de tiro de 23 toneladas durante 6,73 m. Paso enérgico y amplio, y buen trote.

Historia de cría: El Vladimir, tiro Vladimir o sangre fría Vladimir, como también se conoce, parece que se remonta a los caballos criados en una yeguada fundada por Iván el Terrible (1530-1584) y a la denominada "raza ivanesa". Probablemente dicha yeguada coincidiría con el depósito estatal de sementales de Tambov, a unos 100 km al sureste de Moscú, y que ya en el siglo XIX contaba con 60-70 sementales.

A la formación de la raza han contribuido yeguas autóctonas locales de gran talla que inicialmente fueron cruzadas con Trotón, Percherón y Ardenés, y más tarde con Brabantés, para finalmente cruzarse con Shire y Clydesdale, hasta que gracias a una cuidadosa selección de cría del tipo deseado y bien proporcionado, éste se logró y pudo consolidarse. Esta raza, muy apreciada en toda Rusia, obtuvo su reconocimiento oficial en 1945.

TORIC (TORISK)

Características: Caballo robusto de sangre caliente de conformación rectangular. Cabeza de tamaño medio con frente ancha, orejas bien levantadas, ojos expresivos y amplios ollares. Cuello musculoso de longitud media, espalda larga e inclinada, tronco robusto con buena profundidad de cincha, y grupa vigorosa e inclinada. Extremidades sólidas con cañas cortas, articulaciones marcadas y cascos firmes de tamaño medio. Hermosas crines y cola. Sobre todo alazanes; también castaños. Alzada de unos 155 cm.
Distribución: República de Estonia. Centro de cría en la yeguada de Tori, cerca de Pärnu.
Aptitudes: Carácter y temperamento equilibrados. Caballo de enganche resistente y de tiro firme, y cómodo caballo de silla con buenas andaduras básicas y buena capacidad de salto.
Historia de cría: En 1855 se fundó en Tori (Torgel) la yeguada regional de la caballería livonia para el fomento de la cría caballar rural. En la cría se emplearon yeguas de jamelgo estonio y yeguas finesas, y tres sementales árabes de la yeguada real de Weil, así como posteriormente de Ardenés. Tras varios intentos de cruce con variables resultados, a finales del siglo XIX el Norfolk Roadster *Hatan* se convirtió en el exitoso fundador de varias líneas. A comienzos del siglo XX se emplearon como sementales de cubrición Frisones, Prusos y Hannoverianos; estos últimos dejaron una mayor impronta sobre el Toric, aún patente en la cría actual. Hoy se emplean en Tori los sementales hannoverianos *Premium*, alazán nacido en 1989 por *Pinkus* y *Pandur*, y *Hermelin*, n. 1989 por *Hitschcock* y *Hill Hawk xx*, ambos habiendo superado el examen de rendimiento como reproductores en Adelheidsdorf. Aún se crían dos tipos: el pesado de enganche y el de silla. Cuenta con reconocimiento oficial desde 1950.

Trait du Nord (Nor-ardenés)

Características: Caballo de sangre fría macizo y de gran planta, emparentado con el Belga de sangre fría y de proporciones en armonía. El Trait du Nord es algo más fuerte, más rechoncho y musculoso que el Ardenés. Cabeza pesada, ancha y plana, con perfil recto y hocico cuadrangular, frente baja y plana, llamativas órbitas oculares y pequeñas orejas puntiagudas. Cuello grueso y pesado, bien unido a la vigorosa espalda; tronco ancho y profundo, dorso corto y bien musculado, con lomo musculoso y grupa poderosa, ancha y redondeada. Extremidades robustas con ralas cernejas y cascos relativamente pequeños. Sobre todo castaños y ruanos con crines y cola más claros. Alzada de unos 165 cm.

Distribución: Francia, principalmente en el territorio boloñés occidental, al sur hasta Nièvre y al este hasta las Ardenas en la región de Auxois.

Aptitudes: Este representante de la sangre fría francesa, un verdadero "tractor", impresiona por su poderosa fuerza de tiro, su paso equilibrado, su trote amplio y vigoroso, y su carácter afable. Desgraciadamente en la actualidad se emplea más como caballo de carne que de tiro pesado.

Historia de cría: Éste es el "hermano mayor y más fuerte" del Ardenés, surgido a comienzos del siglo XX por el deseo de un caballo con más tamaño, masa y osamenta que aquél. El cruce entre el Brabantés y el Boulonnés proporcionó el tipo deseado, de forma que a partir de 1910 se consolidó la nueva raza. En 1919 se dispuso el primer libro de registro, aunque la denominación actual no entró en vigor hasta 1965. El Trait du Nord o Nor-ardenés ha influido bastante en el Auxois, como su semejanza delata.

Trakehner (Pruso oriental de sangre caliente)

Características: El objetivo de cría es un caballo sano, del tipo del Trakehner, de gran planta, y correcto y armonioso en sus formas. Cabeza noble y expresiva con grandes ojos atentos. Cuello de longitud media, bien formado; espalda larga e inclinada, cruz bien marcada, buena profundidad de cincha, dorso robusto de longitud media y grupa algo caída y bien musculada, con buena inserción de la cola. Extremidades correctas y enjutas con articulaciones y tendones bien marcados, y buenos cascos. Todas las capas básicas. Alzada de unos 165 cm.

Distribución: Alemania y en el resto del mundo.

Aptitudes: Versátil caballo de silla y deporte con movimientos briosos y elásticos. Duro, dispuesto al esfuerzo, y de buen carácter, apegado a su amo, inteligente, resistente, sobrio y frugal.

Historia de cría: En 1732 comenzó en la yeguada principal de Trakehnen la cría pura sobre una base de los autóctonos Schweiken, con un empleo controlado de los mejores sementales de Pura sangre y Pura raza árabe, y una historia algo agitada. En 1787 se adoptó el asta de alce como hierro clásico de la yeguada. El objetivo original de criar un caballo ligero y nervudo de buen galope, tuvo que cambiar tras la Primera Guerra Mundial ante las exigencias del mercado a un "caballo versátil de gran planta y mucha nobleza". Cabe mencionar a los sementales *Perfectionist xx* con sus hijos *Tempelhüter, Jagdheld* e *Irrlehre*, así como a *Dampfross* y su hijo *Pythagoras*. En 1945 se habían registrado unas 800 yeguas y 50 sementales, con los que los criadores que tuvieron que abandonar tras la guerra los territorios de cría perdidos, retomaron la cría de este caballo pruso oriental, uno de los más nobles entre los animales de sangre caliente.

TROTÓN/TROTÓN ALEMÁN

Características: El objetivo de cría de esta raza especial criada por su alto rendimiento en el trote es "un trotón precoz de gran rendimiento, con exterior correcto y apto también para su empleo en la cría caballar local". Presenta una gran variación en el tipo.

Distribución: Alemania y Europa.

Aptitudes: Resistente, inteligente, buen carácter, velocidad en el trote sobresaliente, apto para todos los usos, incluyendo el salto. Los trotones alemanes ocupan puestos destacados en el concurso internacional. *Charmy Skeeter*, de 7 años e hijo de *Wildfang* y *Misty Charm*, estableció un nuevo récord del kilómetro en 1995 con una marca de 11,2.

Historia de cría: Los trotones son el resultado de cría llevada a cabo durante siglos con el objetivo de lograr caballos con un trote resistente para el transporte de personas y mercancías a grandes distancias. Para ello se emplearon caballos con excelentes dotes al trote y al paso portante, como Pura sangre, Árabes, Norfolks, Trotters y Hackneys. Los países que iniciaron la cría fueron Rusia en el siglo XVIII, con el Trotón Orlov *Bars I*, y Francia, donde en el siglo XIX comenzó una sección de la cría nacional con cinco ejemplares de Pura sangre, entre ellos el importante semental *Phaeton*, hijo de *The Hair of Linne XX*. Pero el país más importante fue EE.UU. con el semental fundador del Standardbred *Messenger xx*. En Alemania, la cría se desarrolló a finales del siglo XIX a partir de sementales rusos, franceses y norteamericanos y de yeguas nacionales de diferentes razas. Ya en 1896 se creó el primer libro de registro, en el cual la sangre americana ha tenido gran influencia. Algunos sementales importantes actuales son *Daimond Way*, nacido en 1982 (1:14,5), *Super Bowl* n. en 1969 (1:12,3) y *Speedy Crown* n. en 1968 (1:12,8).

Trotón al tölt (Töltender Traber)

Características: Los trotones al *tölt* son un tipo de caballos criados exclusivamente por una característica de su rendimiento, por lo que su estampa es bastante variable. En general se asemejan en su exterior al Trotón alemán con tipo de Pura sangre, cuyo objetivo de cría, según se recoge en el libro de registro, es el siguiente: exterior correcto que permita su empleo en la cría caballar local. Se dan todas las capas. La alzada varía según el tipo entre 148 y 165 cm.

Distribución: Alemania.

Aptitudes: Con nervios templados, resistente y cómodo de monta. Es un caballo versátil de silla y enganche con especial aptitud para grandes distancias y paseos campo a través. Además de las tres andaduras básicas también presenta el *tölt* como cuarta marcha.

Historia de cría: Desciende de los trotones de cría pura para carreras deportivas. La base de cría son las tres razas más importantes de caballos trotones: el americano (Standardbred), el ruso (Metis) y el Trotón francés. Como en la cría del Pura sangre, también en la cría de trotones surgen caballos demasiado lentos para optar a los primeros puestos en las carreras o con un galope o *tölt* defectuosos, lo que no les permite obtener premios. Pero también trotones sanos y de mayor edad con éxitos en los hipódromos pueden ser readiestrados tras su fase de máximo rendimiento. El objetivo de la asociación de criadores de trotones al *tölt* es la de seguir sacándole utilidad a dichos caballos tras su periodo de competición, asesorar a los interesados y criarlos poniendo énfasis en el *tölt*. En 1995 fue seleccionado como reproductor el primer trotón de esta raza, *First Step* por *Diamond Way*. La cría es supervisada por el libro de registro de cría caballar de Renania, con sede en Bonn.

TROTÓN DEL NORTE DE SUECIA

Características: Trotón por naturaleza de sangre fría y talla media. Cabeza cuneiforme no demasiado grande con abundante tupé, orejas bien separadas y ojos vivos. Cuello corto, robusto, ligeramente arqueado y espalda robusta e inclinada. Tronco con buena profundidad de cincha, dorso largo, grupa inclinada y musculosa, extremidades robustas, cascos sanos y tupidas crines, cola y cernejas. Se dan todas las capas, aunque preferentemente las castañas y negras. Alzada de unos 160 cm.

Distribución: Suecia. Los terrenos principales de cría son las provincias de Jämtland, con la yeguada de Wangen (con 2/3 de la población de cría total), Dalekarlien y Värmland.

Aptitudes: Trotón natural duro, enérgico y resistente. Caballo voluntarioso, con buen carácter, temperamento vivo y buenas andaduras, especialmente al trote.

Historia de cría: La historia del Trotón del norte de Suecia coincide inicialmente con la del Caballo del norte de Suecia. También tiene una fuerte influencia del Døle noruego, que influyó al anterior Gudbrandsdal.

El nombre oficial de Caballo del norte de Suecia se empleó a partir de 1900 para ambas razas cercanas, con la apertura de un libro de registro. A partir de 1924 el Trotón del norte de Suecia pasó a inscribirse en un libro de registro propio, adquiriendo reconocimiento oficial dicha denominación. Los sementales fundadores de líneas de cría son *Valde 643* y *Benus 652*. El centro de cría de la raza es la estación de cría de Wangen, donde anualmente se registran y matriculan unos 50 trotones del norte de Suecia.

Trotón francés

Características: Caballo muy marcado por su antecesor anglo-normando, con fuerte osamenta, gran tamaño y buena planta, y tipo no siempre uniforme. Cabeza expresiva, recta o con perfil acarnerado, buen cuello, pecho profundo excepcional, tronco robusto y cuartos traseros cortos y musculosos con grupa inclinada. Miembros firmes y robustos. Sobre todo alazanes, castaños y castaños oscuros. Alzada de unos 165 cm.
Distribución: Francia y Europa.
Aptitudes: Veloz, de buen rendimiento y resistencia. Trotón de alto rendimiento tirando del sulky y como caballo de silla.
Historia de cría: Ésta es la raza de trotones más antigua del mundo, surgida en los tiempos de la Restauración (1815-1830) al tratar de mejorar el rendimiento en el trote de los mejores caballos de enganche. Para su selección se idearon carreras de trotones, la primera de las cuales se celebró en 1836 en Cherbourg. Los fundadores de la raza fueron los Media sangre ingleses Joung *Rattler* (nacido en 1811), el Trotón Norfolk *Phoenomenoni* (n. 1845) y el Pura sangre *The Heir of Linne* (n. 1853). Sin embargo, el verdadero semental fundador sería *Kapirat*, nacido en 1844 y bisnieto de *Joung Rattler*, quien mejor transmitió su excelente acción de trote. Ephrem Houl, inspector general de la administración de yeguadas, reconoció la importancia de los trotones para usos civiles y militares e impulsó su cría. En 1864 se fundó en Caen la sociedad para la mejora del “Media sangre francés”. Las actuales cinco líneas principales *(Conquerant, Norman, Lavater, Niger* y *Phaeton)* se remontan a los tres sementales fundadores mencionados. En 1922 se abrió el libro de registro, el cual se lleva de forma cerrada desde 1937. La cría actual está en manos de pequeños criadores. Hay centros de cría en las yeguadas nacionales de Le Pin y St. Lo.

Trotón Orlov

Características: El moderno Trotón Orlov es un caballo grande y bien proporcionado con una alzada de unos 160 cm. Cabeza enjuta con grandes ojos expresivos, cuello alto y largo, bien implantado, pecho ancho y profundo, tronco bien arqueado, dorso largo, ocasionalmente algo débil y grupa ancha y bien musculada. Extremidades robustas y correctas con tendones enjutos y articulaciones marcadas. Sobre todo negros y tordos. Crines y cola abundantes con cernejas.
Distribución: Ucrania, C.E.I. y Alemania.
Aptitudes: Resistente, duro, buen carácter y excelente capacidad para el trote. Excepcional para carreras de trotones, el enganche y como caballo de trabajo.
Historia de cría: Ésta es la raza de trotones más antigua, y debe su origen al deseo del conde Orlov de criar veloces caballos de tiro de carruajes. En su yeguada de Crenovoje dispuso al semental de Pura raza árabe *Smetanka* y lo cruzó con una yegua de la yeguada danesa de Fredriksborg. El semental resultante, *Polkan*, cubrió a una yegua holandesa de trote duro para engendrar a *Bars I*, fundador del Trotón Orlov. *Bars I* transmitió su fogosidad, temperamento y fuerza a sus hijos, el tordo *Lebed* (nacido en 1804) y el negro *Lubesny I*, en 1794. Éstos tuvieron gran importancia para la consolidación de la raza mediante la inicial cría en consanguinidad y posterior selección de la descendencia. En 1845 la yeguada pasó a ser gestionada por el gobierno ruso, que dispuso el primer libro de registro. Estos caballos han sido apreciados trotones de carreras, veloces caballos de enganche y mejoradores de otras razas. Las líneas paternas más significativas son las de los sementales *Ulow, Pilot, Quadrat, Pion* y *Bartschuk*. Las yeguadas más importantes están en Crenovoje, Moscú, Tula, Gorki, Perm en los Urales y Dubrovka, en Ucrania.

Trotón ruso (Trotón métis)

Características: Caballo de exterior deslumbrante. Cabeza fina con perfil recto o ligeramente cóncavo. Largo cuello recto, cruz plana, espalda bien formada, tronco con pecho profundo, dorso recto y grupa ancha y larga. Miembros sólidos con extremidades enjutas. Con predominio de castaños, castaños oscuros y negros; más raramente alazanes y tordos. Alzada de unos 160 cm. A diferencia del Trotón Orlov, sus crines y cola no son tan largas y espesas.

Distribución: C.E.I. Las yeguadas más importantes son la Yeguada n.° 1 en Svenigorod y Uspenskoje, ambas cerca de Moscú, con el monumento al Trotón ruso más destacado durante el período de la guerra fría, el semental *Quadrat*, y las de Elansk (Saratov), Dubrovsk (Poltava), Alexandrovsk (Orlov), Crenevoje (Voronesch) o Prilepsk (Tula Lavrosk).

Aptitudes: Buen carácter, temperamento enérgico y sana constitución. Trote veloz, resistente y preciso.

Historia de cría: La cría del Trotón ruso o Trotón métis (*metis* = mestizo) comenzó a principios del siglo XIX con la importación de trotones americanos, criándose junto con el Trotón Orlov en grandes fincas y explotaciones. Pronto se realizaron cruces de estas dos razas para aunar la raza y masa del Trotón Orlov y la velocidad del Trotón americano. Pero el estándar de cría no se logró hasta la década de 1920-1930, gracias a una rigurosa selección de la descendencia. En 1928 el semental *Petuschock* llegó a ser el trotón más rápido del continente. A partir de entonces los trotones ruso-americanos causaron furor en las pistas de trotones de toda Europa. El Trotón ruso fue reconocido oficialmente como raza en 1948, y desde entonces ha sido empleado como mejorador de otras estirpes locales.

Tuigpaard

Características: Hermoso caballo noble con excelentes marchas, del tipo del Gelderlandés, con cuello erguido y robusto, buena cruz, miembros enjutos y elevada acción al trote. Sobre todo alazanes con lucero y calzados; castaños, sabinos entrepelados y negros con marcas. Alzada de unos 163 cm.

Distribución: Holanda.

Aptitudes: Caballo de exhibición con muy buena constitución, impresionante postura y trote cadencioso y rítmico delante del carruaje en las competiciones de exhibición, en las que se valora que la extremidad posterior apoyada se agache, y la anterior en ascenso suba haciendo parecer al caballo de mayor tamaño. El Tuigpaard también se exhibe llevado de la mano y en diferentes modalidades que obedecen a un estricto reglamento. Muy apreciado por su buena salud, su temperamento y su carácter afable.

Historia de cría: Cuando a partir de 1960 la cría de sangre caliente se vio obligada a poner mayor énfasis en los caballos de silla, algunos criadores se comprometieron a mantener la cría del "Gelderse" original. Por medio de la selección de sus poblaciones y el cruce con Hackney-Saddlebred, surgió el Tuigpaard, palabra en holandés antiguo empleada para designar a un caballo "con excelentes dotes para el enganche". Los sementales más renombrados empleados en la cría del Tuigpaard han sido los Hackneys *Cambridge Cole* y *Renovo*, y los Saddebred *Hollands Golden Boy* e *Immigrant*. El reglamento de cría fija una proporción máxima de sangre de Hackney del 50% recibida de los padres y abuelos, por lo que los caballos que superan dicho porcentaje no son registrados.

Turkmene

Características: Esbelto y espigado caballo de constitución armoniosa. Cabeza enjuta y ligera con perfil recto o convexo. Hermoso cuello bien erguido, cruz señalada, espalda inclinada, dorso largo con buena ensilladura y grupa inclinada. Miembros enjutos y sólidos con extremidades largas y bien formadas con buenos cascos. Finas crines y pelaje de la cola. Castaños dorados, castaños, alazanes, tordos y negros. Alzada de unos 158 cm.

Distribución: Irán, en manadas trashumantes semisalvajes. Territorios principales de cría en las regiones de Gorgan, Bandar Shah, Pahlavi, Dej y Gonbad-e-Ghaboos.

Aptitudes: Caballo originariamente de los guerreros y pastores nómadas, que posteriormente sirvió como base de cría y mejorador para otras razas. El cruce con Pura sangre proporciona grandes caballos de carreras y competición. Se aprecia sobre todo por su velocidad y gran capacidad de resistencia y aguante.

Historia de cría: El Turkmene es una de las razas que han sido desarrolladas y criadas en Irán con un determinado fin, como historiadores y arqueólogos han coincidido en reconocer. Ha sido empleado en campañas militares, en carreras de caballos y en juegos de caballería. En las montañas de Altai se han encontrado yacimientos arqueológicos escitas con restos de caballos turkmenos. En los siglos VIII-X, las guardias montadas de los sucesivos califas emplearon estos caballos. Existen fuertes indicios de que el caballo Árabe no sólo influyó decisivamente en el origen del Pura sangre, sino también en el del Turkmene. En sus más de 2.000 años de historia, esta raza ha merecido un gran reconocimiento por su esmerada cría selectiva y su velocidad, resistencia, vigor e inteligencia. El Turkmene también ha contribuido al origen de otras líneas y razas, como el Akhal-Teké o el Jomud. Por la raza y por su patrimonio cultural vela la National Horse Society de Irán.

VIATKA

Características: Vigoroso caballo de poca talla del tipo del caballo de tiro. Cabeza delgada de longitud media, con frente ancha y amplios ollares. Cuello corto y musculoso, cruz prominente, espalda bien formada, tronco macizo con buenos costillares, pecho profundo, dorso largo, y grupa robusta y caída. Miembros firmes con extremidades vigorosas con huesos fuertes (perímetro de caña de 18,5 cm). Abundantes crines y cola. Sobre todo bayos e isabelas con diferentes manchas, ruanos, castaños e incluso tordos. Son frecuentes la raya de mulo y las cebraduras. Alzada de unos 140 cm. Peso de unos 400 kg.
Distribución: C.E.I., con el territorio principal de cría en los tramos medios del Ural, en la región de Kirov (antes Viatka), entre los ríos Viatka y Kama.
Aptitudes: Extraordinariamente resistente y adaptado al calor y al frío, buen carácter, temperamento equilibrado. Trote veloz y resistente. En tiempos de los zares también se empleó como caballo de postas y de enganche a la *troika.* Récord: 150 km en 24 horas.
Historia de cría: La procedencia exacta del Viatka no está clara. A comienzos del siglo XVIII parece que el zar Pedro el Grande hizo llegar caballos de Livonia a la región de Viatka. Según consta en documentos, en 1840 y 1876 se emplearon sementales de jamelgo estonio y finés procedentes del Báltico (Livonia, Letonia y Estonia) en la región de Viatka para introducir sangre foránea y mejorar la raza. Quizá también se usara Trotón Orlov, lo que explicaría la cabeza ligeramente árabe y la disposición para el tiro veloz y resistente al trote del Viatka. Esta raza fue muy popular durante mucho tiempo. En 1980 sólo quedaban 2.000 caballos censados, estando amenazado de extinción en la actualidad.

VIELPOLSKI

Características: Caballo noble, de grandes líneas, correcto y musculoso, de conformación rectangular y gran estampa. Cabeza expresiva, cuello de longitud media bien implantado, cruz marcada, espalda larga e inclinada, buena ensilladura, mucha profundidad de cincha y grupa robusta y bien musculada. Extremidades correctas y firmes, con articulaciones marcadas y cascos sanos y fuertes. Todas las capas básicas; sobre todo castaños, negros y alazanes. Alzada entre 160 y 165 cm.
Distribución: Polonia.
Aptitudes: Temperamento equilibrado, buen carácter, duro y sano. Caballo versátil de silla y enganche con movimientos correctos y enérgicos en todas las andaduras básicas, y buena capacidad de salto.
Historia de cría: Esta raza, conocida como "Kon-Vielopolska" en su país de origen (algo así como "caballo de la gran Polonia"), cuenta con sangre del caballo de Masuria y del Posener. Los caballos de Masuria eran los de la antigua Prusia oriental procedentes de la cría de Trakehnen, que tras 1945 fueron reunidos de forma sistemática con el antiguo Posener de las yeguadas de Gnesen y Zirke para su cría en las yeguadas polacas de Pasadovo, Racot y Sierakov. En la cría del Vielpolski se emplearon sobre todo descendientes de las cinco estirpes probadas de yeguas de Trakehner *Demant, Luftsfprung, Tiberiussche, Fatme* y *Lore*, y las líneas de sementales *Stockwell xx, Galopin xx, King Tom xx* y *Bachus*. Además se realizó una adición controlada de sangre de Pura sangre inglés y Pura raza árabe para constituir la base de las yeguas de cría del Vielpolski. Los centros de cría principales son las yeguadas y depósitos de sementales de Sierakov, Racot, Liski o Posadovo, cuyas actividades de cría son complementadas por los exámenes de rendimiento llevados a cabo por los centros de adiestramiento de Kwidzyn y Bialy Bor.

WALER

Características: Robusta versión del Pura sangre con espaldas excelentes, musculosos cuartos traseros y sólidos miembros. Se dan todas las capas básicas. Alzada entre 148 y 163 cm. Hay cuatro tipos principales: **light** (tipo Pura sangre), **medium** (tipo de sangre caliente), **heavy** (tipo de tiro) y **poni** (poni de deporte, menos de 148 cm). También se registran los media sangre.
Distribución: Australia, con el centro principal de cría en Nueva Gales del Sur.
Aptitudes: Sano, buen carácter, resistente, duro, veloz, ágil y arrojado. Muy buenas andaduras básicas y gran capacidad de salto. Caballo apto para todas las disciplinas de silla y enganche, polo, pruebas de distancia, concursos militares, e incluso para el manejo del ganado vacuno.
Historia de cría: Los primeros caballos que llegaron a Australia fueron dos sementales y cuatro yeguas con sus potros, procedentes del Cabo de Buena Esperanza y que encontraron en Nueva Gales del Sur su nueva patria. En 1795 llegaron otros 33 caballos de El Cabo y de Inglaterra, entre ellos el semental *Rockingham*, empleado desde 1799 para la cubrición y que dejó su sello en la cría. La demanda creciente de caballos en Australia llevó a la importación de las más diversas razas inglesas: Pura sangre, Clydesdale, Suffolk, Bayo de Cleveland, Norfolk Roadster, Yorkshire Coacher, Hackney, etc. Éstos se mezclarían con Árabe, Percherón, ponis ingleses, Caballo de El Cabo y Poni de Timor para fusionarse en el Waler, denominación conocida desde 1946 para este caballo, uno de los mejores y más apreciados caballos de caballería del mundo. La creciente mecanización habida tras 1945 supuso un retroceso en la cría de estos caballos, muchos de los cuales serían abatidos o dejados en libertad a su suerte. Muchos “Brumbies”, en realidad Waler asilvestrados, están en peligro de extinción. En 1985 un grupo de personas formó una asociación para proteger a estos caballos de su desaparición, y ya en 1986 se contaba con una manada pura con la sangre de las antiguas líneas, lo que permitió abrir un libro de registro.

Westfaliano

Características: Caballo de silla noble, de gran línea, armonioso y correcto. Cabeza enjuta y expresiva con grandes ojos y orejas bien dispuestas. Cuello de longitud media, estrechado hacia la cruz, buena movilidad de la quijada, gran espalda inclinada, cruz marcada y dilatada hasta el dorso, suficiente profundidad del pecho y grupa larga, ligeramente inclinada y fuertemente musculada. Extremidades enjutas con articulaciones y cascos correctos. Todas las capas. Alzada mínima de 158 cm.

Distribución: Alemania, también en el resto de Europa y América del Norte y del Sur.

Aptitudes: Sencillo, bien dispuesto, de nervios templados, despierto, inteligente, temperamento equilibrado y buen carácter. Movimientos briosos, amplios, elásticos y cadenciosos en todas las andaduras básicas, con mucho empuje. Buena capacidad de salto.

Historia de cría: Westfalia es uno de los territorios de primer orden en la cría caballar mundial. Ya alrededor del año 1000 d.C. sus caballos habían alcanzado gran renombre. A ello han contribuido un clima adecuado y una larga experiencia de cría. En 1826 se fundó la yeguada de Warendorf y en 1827 se promulgó el primer reglamento de selección de reproductores. En 1904 se abrió el libro de registro de la cría caballar de Westfalia. El objetivo de cría en el periodo entre las dos guerras mundiales fue el de "un caballo de trabajo, de silla y de enganche, robusto, ancho, con buena constitución y buenas marchas". La reestructuración de la cría comenzó en los años cincuenta con el empleo eficaz de sementales mejoradores de Pura sangre, Anglo-árabe y Hannoverianos, entre ellos los fundadores de líneas *Der Löwe xx, Charmant AA, Paradox I* o *Frühlingsball.*

Wurtemberg

Características: El objetivo de cría es un caballo de deporte correcto, noble y de grandes líneas, ideal para todas las disciplinas. Fiable y de nervios templados, de proporciones medias y con alzada entre 165 y 170 cm. Cabeza expresiva, buen cuello, espalda y cruz correctas, línea dorsal elástica y grupa musculosa. Buenas extremidades con duros cascos. Sobre todo castaños, castaños oscuros, negros y alazanes.

Distribución: Alemania, sobre todo en Baden-Wurtemberg.

Aptitudes: El actual caballo de sangre caliente wurtembergués es un caballo de silla de gran rendimiento y buen nervio, con buenas andaduras básicas y unas excelentes aptitudes para la doma y el salto. Muy adecuado además para los aficionados al deporte menos ambiciosos gracias a su buen carácter y docilidad. También resulta un buen caballo de enganche.

Historia de cría: La cría de sangre caliente en la región estuvo ligada al gusto del Principado de Württemberg y a la yeguada regional de Marbach (1573). El gusto cambiante de los distintos príncipes regentes llevó a que en 1870 aún no hubiera ningún objetivo de cría definido. Dicha situación fue zanjada por Von Hofacker, jefe regional de caballerizas, quien estableció un objetivo de cría de un robusto caballo de sangre caliente del tipo del Anglo-Normando-Cob y lo desarrolló con éxito. Los sementales *Mac Mahon* y *Faust* dejaron su impronta en el pesado wurtembergués de sangre caliente, que hoy pervive como Antiguo Wurtemberg. La poca demanda de caballos de trabajo habida tras 1950 llevó a la modificación de los programas de cría. Uno de los sementales más importantes en la cría de esta raza fue *Julmond*, nacido en 1938 en Prusia oriental, y trasladado en 1960 a Marbach.

YAKUT (JAKUT)

Características: Robusto poni de la taiga y tundra, gruesa piel y tupido pelaje, cuyo pelo alcanza en el invierno hasta 15 cm de largo, lo que junto a sus largas crines y cola le protegen de los insectos y del intenso frío. Cabeza grande y ordinaria, cuello recto y ancho, tronco compacto y profundo, dorso largo, grupa caída y extremidades firmes con cañas cortas. Grandes cascos le permiten andar por zonas pantanosas, por el barro y por la nieve sin hundirse. Castaños, ruanos y bayos, a menudo con raya de mulo cruzada y cebraduras. Alzada entre 135 y 140 cm. El peso oscila entre 430 y 470 kg.
Distribución: En la República de Yakutia; el centro de cría está en Yakutsk.
Aptitudes: Paciente, sobrio, excelente salud, resistente, enérgico y extraordinariamente adaptado a las duras condiciones climáticas, que en el invierno pueden suponer temperaturas de 60° bajo cero. Su leche y su carne resultan indispensables para la dieta de los yakutios: un caballo adulto da unos 228 kg de carne fresca, y las yeguas, durante un periodo de lactación de seis meses, aportan unos 1.700 litros de leche. También resulta vital como caballo de silla y carga.
Historia de cría: El Yakut desciende de unos caballos mayores y más finos llegados a Yakutia en los siglos XIII y XIV desde Jenissej. El duro clima de la tundra siberiana y la frugal dieta llevó a que los caballos se volvieran más robustos y compactos. Esta raza se remonta también al caballo Mongol, aunque es más largo y macizo. Se han desarrollado tres tipos: en el norte el mayor y más similar al tipo original, el Kolyma o Werchojansk; el pequeño tipo del sur, que no se ha cruzado con ninguna otra raza, y el tipo mayor del sur, muy extendido en Yakutia y que ha sido mejorado con sangre de Trotón y razas de sangre fría, aunque con poco éxito.

ZEMAITUKA (ZMUDEN)

Características: Probado caballo de poca talla que incluye un tipo antiguo y de menor tamaño (hasta 144 cm de alzada) y otro moderno pero algo mayor (hasta 155 cm). La menor proporción del tipo más reducido es por su menor potencia debida a su menor envergadura. El tipo moderno conserva los rasgos raciales característicos: cabeza pequeña y recta, a veces cóncava, con frente ancha, ojos inteligentes y pequeñas orejas. Cuello bien implantado, con cruz y espalda suficientemente desarrolladas. No sólo tiene una mayor alzada que el tipo antiguo, sino también una mayor envergadura, con una longitud del tronco entre 157 y 160 cm, y una profundidad de cincha entre 188 y 190 cm. Extremidades enjutas y firmes, con cañas de hasta 20 cm y huesos fuertes. Sobre todo bayos, castaños, negros y castaños oscuros, en general con raya de mulo.
Distribución: República de Lituania.

Aptitudes: Sobrio, duro, enérgico, resistente, longevo y esforzado. El tipo moderno exhibe unas buenas andaduras básicas y es un buen saltador en recorridos campo a través. Los sementales del tipo moderno son empleados en la región de Altai para la cría caballar con fines de consumo de carne de caballo.
Historia de cría: Las antiguas razas de los jamelgos lituano y estonio han influido en su desarrollo. Surgieron en los siglos XII-XV, mediante cruces entre yeguas autóctonas y de pequeños caballos descendientes del Caballo de Przewalski y del Tarpán, y sementales de razas árabo-orientales, improntas que han perdurado hasta la actualidad. Para lograr el deseado aumento de talla y consolidación de la cría, a partir de 1945 se pasó a practicar una cría pura y una selección sistemática, así como el empleo controlado de sementales del Caballo del norte de Suecia. El objetivo es un versátil caballo útil y de deporte.

ZWEIBRÜCKER

Características: Noble caballo de sangre caliente, de peso medio y buena casta. Cabeza enjuta no demasiado grande con reconocible influencia árabe. Cuello de longitud media con cerviz estrecha y arqueamiento natural del cuello. Cruz marcada, espalda inclinada, adecuada profundidad del tronco y buena ensilladura, y grupa ligeramente caída.
Distribución: Alemania; el territorio principal de cría se encuentra en Renania-Palatinado-Sarre.
Aptitudes: Duro, buen temperamento, fiel, enérgico y movimientos briosos.
Historia de cría: Cristian IV y Carlos II Augusto, duques de la casa de Wittelsbach, desarrollaron esta raza en el siglo XVIII a partir de una base de cría de caballos locales con sangre noble oriental, mediante el cruce de yeguas y sementales árabo-turcos, ingleses y renanos. La nueva raza pronto adquirió fama internacional gracias a su fuerza, velocidad y resistencia. Los sementales de Zweibrücker fueron empleados en Trakehnen y en otras muchas yeguadas nacionales y extranjeras. Toda la población de la raza fue llevada en 1792 por las tropas revolucionarias francesas a Rosières aux Salines; entre los animales llevados estaba el semental *Fayoum*, caballo de silla de Napoleón. Fascinado por la potencia de estos caballos, Napoleón ordenó la devolución de los caballos, conservando a *Fayoum* como semental. Las guerras de liberación ocasionaron nuevas pérdidas de caballos, al ser empleados en gran número por los "aliados"; entre ellos el semental *Nonius*, posterior semental fundador en la yeguada austro-húngara. La Segunda Guerra Mundial supuso la destrucción de las instalaciones de la yeguada, posteriormente reconstruidas. A partir de 1960, la creciente demanda de caballos de deporte llevó a la recuperación de la cría de esta raza.

Otras razas

American cream draft

Características: Caballo americano de sangre fría y peso medio criado, no por su constitución corporal, sino por su capa: sólo se admiten animales de capa color crema *(cream)* con ojos color ámbar. Ocasionalmente nacen potros con ojos casi totalmente blancos, cuyo color va oscureciéndose gradualmente con el paso de los meses hasta adquirir el tono ámbar o miel de los adultos. También se toleran manchas blancas en cabeza y extremidades con piel rosa bajo las mismas, por su contraste con la capa dominante. Crines y cola blancas, con pelaje fino y ondulado. Cernejas ralas, similares a las del Percherón. Alzada entre 152 y 172 cm.
Distribución: Estados Unidos, sobre todo concentrada en la zona del medio oeste.
Aptitudes: Cría por parte de aficionados. Caballos con buen carácter y temperamento.
Historia de cría: La yegua fundadora de la raza era de sangre fría y capa color crema llamada *Old Granny* y de orígenes desconocidos. Con ella comenzó la cría a comienzos del siglo XX, con el único objetivo de criar caballos con esta capa característica y constitución corporal. Dicho color "crema" equivale al isabela, variante de alazán mezclado con otro color. Antiguamente los caballos de este tipo de capa eran denominados isabelas amarillentos. En la cría de estos caballos se añadió de forma bien dosificada y ponderada la mejor sangre para lograr un tipo más uniforme en su constitución y capa, objetivo plenamente logrado que permitió fundar en 1944 la American Cream Draft Horse Association.

Ardenés sueco

Características: Expresivo caballo de sangre fría, no demasiado pesado y de talla media. Hermosa cabeza no demasiado robusta con perfil ligeramente cóncavo. Cuello robusto y bien formado, tronco compacto y musculoso con pecho ancho y profundo y grupa ancha y musculosa. Miembros sanos y correctos, con extremidades cortas y musculadas, articulaciones enjutas y duros cascos muy buenos. Crines y cola abundantes, presencia de tupé y cernejas ralas. Sobre todo castaños, alazanes y negros. Alzada entre 158 y 162 cm.
Distribución: Bien extendido por toda Europa, con el territorio principal de cría en Suecia.
Aptitudes: Frugal, longevo, de temperamento tranquilo, con movimientos enérgicos y potentes. Caballo esforzado y de tiro firme empleado en faenas agrícolas y forestales.
Historia de cría: La gran demanda de caballos en Suecia por parte de la agricultura y silvicultura llevó al surgimiento de la cría de un caballo de sangre fría surgido por el cruce entre yeguas "nacionales" y sementales importados de Danés, Clydesdale y Percherón. En los años 1873-1874 los criadores, mayoritariamente granjeros, comenzaron a cruzar "jamelgos" locales con Ardenés belga, obteniéndose en un tiempo relativamente corto el fructífero resultado del Ardenés sueco. Sobre todo en el sur y centro de Suecia, donde se localizaba el 90% de la cabaña equina sueca, se practicó una esmerada selección de reproductores, y se descartaron los animales defectuosos (por ejemplo, por ser demasiado grandes, pesados o débiles). Esta acertada medida consolidó la cría del Ardenés sueco, que comenzó a ser bien conoci-

do y requerido desde otros países. Aunque la importancia de la cría disminuyó drásticamente tras el proceso generalizado de mecanización y motorización de la agricultura y la silvicultura, todavía hoy existe una buena demanda de sementales del típico Ardenés sueco para su empleo en la mejora de otras razas centroeuropeas de sangre fría.

Asturcón (Poni asturiano)

Características: Cabeza pequeña, a menudo pesada, con perfil recto, pequeñas orejas y grandes ojos, y cuello largo bastante enjuto, con abundantes crines. Espalda recta y bien formada, tronco sólido y profundo, cruz bastante alta, dorso recto y robusto, grupa caída e inserción alta de la cola. Extremidades muy robustas y bien formadas. Sobre todo negros y castaños sin marcas blancas. Alzada entre 115 y 130 cm.
Distribución: En Asturias, en el norte de España.
Aptitudes: Sobrio, robusto, manejable. Se emplea sobre todo en la agricultura. Además de las andaduras básicas, también tiene disposición al paso portante y al *tölt.*
Historia de cría: Ya el escritor latino Plinio (23-79 d.C.) dejó constancia escrita del Asturcón, raza de pequeños caballos que no marchaban al trote, sino que movían las extremidades acompasadamente al modo del paso portante y el *tölt.* Efectivamente, el Asturcón cuenta con una disposición natural para estos aires. Se supone que el Asturcón resultó del cruce entre el Garrano del norte de Portugal y España (descendiente directo del caballo celta). Lo que sí parece probable es el parentesco remoto entre éstos y los restantes "caballos de paso", descendientes de caballos más primitivos. El Asturcón, muy popular en la Edad Media por sus marchas especiales, se encuentra en la actualidad bajo amenaza de extinción, entre otras cosas por haber sido cruzado con caballos de poca casta. La reducida población actual vive en las montañas asturianas en estado semisalvaje y tiene que soportar unas duras condiciones de vida.

Azteca

Características: En este caballo confluyen la belleza y elegancia del Pura Raza Española y la velocidad y docilidad del Quarter. Cabeza enjuta de longitud media con perfil recto, tolerándose una ligera tendencia a la cabeza acarnerada o a la de lucio. Orejas bien dispuestas, frente ancha, ojos grandes y expresivos, ollares amplios y móviles, y buena movilidad de la quijada. Cuello bien implantado, elegante y de longitud media, espalda robusta e inclinada, armonioso tronco cuadrado, pecho ancho, buena profundidad de cincha, dorso corto y ancho con buena ensilladura, grupa musculosa de gran superficie, cola de inserción baja, extremidades firmes, enjutas y correctas, y largas crines y cola de pelaje espeso y sedoso. Todas las capas, excepto píos y albinos. No se admiten marcas por encima de rodillas y corvejones. Alzada entre 148 y 165 cm.
Distribución: México. Yeguada de Texcoco, cerca de México D.F.
Aptitudes: Buen carácter, inteligente, tranquilo, sobrio, de movimientos rápidos y amplios con acción elegante. Ágil y fuerte caballo de silla, enganche, salto y para el manejo de reses vacunas.
Historia de cría: Éste es el caballo nacional de México. Sus raíces se remontan a los caballos llevados por los conquistadores españoles al país en los siglos XVI y XVII, y al en México extinto

Criollo. El Azteca surgió por el deseo de criar una "nueva raza" inequívocamente mexicana, algo que fue logrado por Antonio Arizel Cauadilla y sus amigos, contando con el apoyo del ministerio de agricultura mexicano. Para ello, en la década de 1970-1980 se cruzaron yeguas autóctonas locales con sementales seleccionados de Pura raza Española y Quarter con el objetivo de lograr una "raza mexicana nacional". Desde entonces se ha alcanzado una población de unos 600 caballos de raza pura. En 1982 se fundó la Asociación Mexicana de Criadores de Caballos de Raza Azteca.

Baskir

Características: Pequeño caballo vigoroso del tipo del caballo estepario. Cabeza pesada de rasgos primitivos, con cuello corto y recto. Tronco robusto con dorso recto y grupa ligeramente caída. Extremidades cortas y sólidas con duros cascos. Tupé abundante, crines densas y recias, y largo pelaje de la cola frecuentemente ondulado. En invierno exhibe un manto invernal espeso y rizado. Sobre todo castaños, alazanes y negros; más raramente tordos, bayos y píos, con escasas marcas. Alzada de unos 142 cm.
Distribución: C.E.I.; en las Repúblicas de Baskiria y de Tartaria, en los Urales suroccidentales, así como en la provincia nororiental de Rusia. En juicio de los zoólogos, el Baskir curley de Estados Unidos no es ningún descendiente del Baskir.
Aptitudes: Temperamento y carácter tranquilos; resistente, sobrio y con buen rendimiento como pequeño caballo de silla y enganche. Récord en la troika: 120 km en ocho horas. El Baskir tiene gran importancia en la obtención de *kumiss* (leche de yegua fermentada), manteniéndose en grandes manadas con este propósito.
Historia de cría: Los antecesores del duro Baskir primitivo poblaron las estepas, altiplanicies y montañas boscosas al sur de los Urales hace varios miles de años. Durante largo tiempo se distinguieron dos tipos: el tipo de montaña más reducido, con unos 135 cm de alzada, y el estepario, con 142 cm. Desde entonces el tipo estepario se ha ido imponiendo sobre el otro, que ha ido desapareciendo. Las manadas de Baskir pasan todo el año en el exterior, soportando los graves calores del verano y buscando alimento bajo la nieve en los duros inviernos, lo que le ha permitido conservar su dureza y aptitudes, y lo convierte en una de las razas de base imprescindibles en la cría caballar de Rusia.

Poni Batak

Características: De influencia oriental inconfundible. Pequeña cabeza con perfil cóncavo o también recto, grandes ojos y vivas orejas. Cuello erguido con cierta tendencia al cuello de ciervo, espalda bien formada, dorso robusto de longitud media y grupa ligeramente caída. Abundantes crines y cola. Extremidades enjutas y bien musculadas con cascos sanos y bien formados. Todas las capas. Alzada entre 120 y 134 cm.
Distribución: Indonesia, con el centro principal de cría en Sumatra.
Aptitudes: Paso esforzado, trote garboso y resistente, y buen galope. Fiel, temperamento vivo, dispuesto al rendimiento, sobrio y frugal. Poni de carga, silla y enganche resistente, veloz y de paso seguro, también apto para carreras de ponis.
Historia de cría: Esta raza ha sido el medio de transporte principal en el ar-

chipiélago de Indonesia durante siglos. El Poni Batak, también conocido como poni de Deli, debe su existencia a los tratantes de caballos chino-mongoles y árabes que llevaron los primeros caballos a las islas ante su demanda como medio de transporte. También la Compañía Holandesa de las Indias Orientales y las tropas coloniales llevaron a partir del siglo XVII caballos de las más variadas razas al archipiélago, a partir de los cuales y mediante su cruce con los anteriores se desarrollaron diferentes estirpes ante las diferentes condiciones ambientales en cada isla. Durante mucho tiempo no hubo un objetivo homogéneo de cría para cada estirpe, ni siquiera durante el periodo colonial, por lo que la cría siguió unas directrices algo caóticas. El moderno proceso de mecanización del siglo XX contribuyó aún más al retroceso de la cría, de hecho poco consolidada. Para contrarrestar dicho proceso, el Gobierno indonesio de Minda Kabau estableció una gran yeguada en la que introdujo nobles sementales árabes para la renovación de la sangre de la amenazada raza.

Belutchi (Baluchi)

Características: Pequeño caballo robusto de talla media, con cabeza fina y enjuta de perfil recto y pequeñas orejas móviles con sus puntas inclinadas hacia el interior, de forma similar a las del Kathiawari. Cuello largo y recto, cruz señalada, pecho delgado, tronco con frecuencia poco profundo y con costillares deficientemente arqueados. Cuartos traseros nervudos, con ancas algo débiles; extremidades enjutas y robustas, cascos durísimos y hermosas crines y cola. Sobre todo castaños, alazanes y tordos. Alzada de unos 150 cm.

Distribución: República de Pakistán, sobre todo en las provincias de Beluchistán y Sind, así como en las regiones de Bahavalpur, Dera Ghazikan, Muzaffargarh, y Multan, en el Punjab.

Aptitudes: Resistente, ligero, sobrio y duro, con buen paso y galope resistente. Empleado como caballo de silla, para el uso deportivo del *tentpegging* y como caballo de tiro tirando de las tongas de dos ruedas, carros de transporte para personas y mercancías.

Historia de cría: A la formación de esta raza, cuyos orígenes se remontan a la temprana antigüedad, han contribuido caballos salvajes mongol-asiáticos del norte de Asia (llegados a través del Hindukush y el Punjab) y razas orientales de Persia y Turkmenistán. A pesar de no haber habido una cría regulada en el Oriente Próximo (salvo honrosas excepciones durante el periodo colonial), las duras condiciones medioambientales de la región han servido para la selección natural de estos excelentes caballos útiles y de gran rendimiento.

Butia

Características: Este poni de montaña es el hermano mayor del poni Spiti. Cabeza grande y vistosa con rostro inteligente. Cuello corto y robusto, tronco compacto y profundo con grupa robusta, extremidades cortas y firmes con cascos duros. Sobre todo tordos y ruanos; más raramente castaños y alazanes. Alzada entre 132 y 142 cm.

Distribución: En el norte de la India y en los estados himalayos de Nepal, Sikkim y Bután. El nombre de esta raza procede del pueblo de los Butias (o Botias) del Bután.

Aptitudes: Típico poni de montaña de la región del Himalaya que llama la atención por su resistencia, sobriedad,

fuerza, longevidad, seguridad en el paso y energía. Tiene una disposición innata al paso portante y al *tölt.* Se emplea como poni de silla y carga.
Historia de cría: El reino de Bután, en la vertiente sur del Himalaya, entre India y China, ha dado su nombre a esta raza. La población vive allí sobre todo de la agricultura y de trabajar para otros. El poni Butia, extendido por Nepal y los estados himalayos desde el Punjab hasta Darjeeling, es un descendiente del caballo salvaje mongol y un pariente próximo del poni del Tíbet. Como en el caso de todas las razas de ponis de montaña, su baja talla es el resultado de las condiciones extremadamente duras de su hábitat y de la elevada consanguinidad de sus poblaciones. Incluso así resulta asombroso que haya mantenido una resuelta disposición al transporte y arrastre de cargas que superen sus propias proporciones. En función de su alzada y envergadura se distinguen tres estirpes diferentes: *tattu* (112-122 cm), *chyanta* (122-132 cm) y *thangan* (132-142 cm).

Caballo búlgaro oriental

Características: Caballo noble de sangre caliente, armonioso, de talla media y conformación rectangular. Cabeza noble y enjuta, con rostro inteligente, grandes ojos, orejas vivas, perfil recto y amplios ollares. Cuello bellamente conformado, recto y de longitud media, espalda larga y bien musculada y cruz marcada. Tronco ancho y profundo, dorso musculoso, largo y recto, grupa larga e inclinada y cola de inserción alta. Extremidades correctas y enjutas con articulaciones marcadas, tendones claros y firmes cascos. Hermosas crines y cola. Sobre todo castaños, alazanes y negros. Alzada de unos 162 cm.
Distribución: República de Bulgaria, con el noreste del país como territorio principal de cría. Yeguadas: S. Karadsha, en Balckik, cerca del Mar Negro, y V. Kolarov en Schumia.
Aptitudes: Versátil caballo de deporte duro y de buen rendimiento, con temperamento sociable y buen carácter. Movimientos amplios y regulares, excelente capacidad de salto, veloz y seguro. El Búlgaro oriental ha proporcionado varios caballos ganadores en la "Pardubitz Steeplechase".
Historia de cría: A finales del siglo XIX comenzó la cría de esta raza en las remontas militares para así remediar la escasez de caballos de caballería del ejército búlgaro. Como las estirpes equinas autóctonas tenían una talla demasiado reducida y su exterior era defectuoso, se formó una base de cría a partir de caballos de sangre caliente locales y del este de Europa, la cual se mejoró con Pura raza árabe y Pura sangre inglés. Tras unos 20 años se pudo prescindir del aporte de sangre extranjera y a partir de 1925 se inició la cría de las líneas sanguíneas nacionales. Aún se realizó alguna que otra adición controlada de sangre de Pura sangre y se realizó una estricta selección de la descendencia en función del rendimiento. En las últimas décadas también se emplearon sementales de Trakehner. La raza ya consolidada recibió reconocimiento oficial en 1951. Algunos fundadores de líneas célebres han sido los sementales *Sempiternal xx, Laudon xx, Edelknabe xx, Betja, Furioso* y *Gallion.*

Caballo del Danubio

Características: Vigoroso caballo de sangre caliente, de talla media, mucha profundidad de cincha y conformación rectangular. Cabeza expresiva con per-

fil recto, cuello pesado y desarrollado en exceso, cruz corta y espalda musculosa. Tronco compacto con dorso endeble de longitud media, grupa robusta ligeramente caída y cola de inserción baja. Extremidades firmes, enjutas, con huesos fuertes, articulaciones marcadas y cascos correctos. Hermosas crines y cola. Sobre todo castaños oscuros y negros. Alzada de unos 158 cm. Dos estirpes: una más pesada y mayor, y otra menor y más noble.
Distribución: República de Bulgaria, con yeguadas en las llanuras del Danubio, principal territorio de cría, en la llanura de Tracia y en la Dobrutcha, y en la yeguada estatal G. Dimitrov (anteriormente Klementina), cerca de Pleven.
Aptitudes: Buen rendimiento, resistente, carácter afable y buen temperamento. El tipo más pesado es más adecuado para el enganche. El menor y más noble, con buenas cualidades como caballo de silla, destaca por su resistencia, dureza, movimientos enérgicos y buena disposición para el salto; apto también para largas distancias.
Historia de cría: Esta raza surgió hace unos 70 años sobre una base de sementales de Nonius y yeguas autóctonas búlgaras, yugoslavas y checoslovacas. También se realizaron cruces con Árabe y Pura sangre inglés. Ha quedado una fuerte influencia del Nonius, más patente en ambas estirpes del Caballo del Danubio, y que se ha impuesto sobre las demás influencias. Los sementales fundadores más destacados de algunas líneas de esta raza son *Novak, Zdravko, Chrabr, Isk'r* y *Durczas.*

Caballo lituano de sangre fría

Características: Caballo de sangre fría de peso medio, armonioso y bien proporcionado, con cabeza agradable y expresiva, y cuello robusto. Tronco profundo bien musculado con pecho ancho, dorso de longitud media y grupa redonda y caída. Extremidades fuertes, cortas y bien musculadas con firmes cascos. Hermosas crines y cola; cernejas escasas. Predominan los alazanes, castaños y tordos. Alzada de unos 160 cm, y peso entre 650 y 800 kg.
Distribución: República de Lituania y en los otros dos estados bálticos vecinos; también en la C.E.I.
Aptitudes: Tiro robusto, potente, duro y resistente. Temperamento muy tranquilo, buen carácter, buen paso y trote suelto y resistente.
Historia de cría: Este caballo de sangre fría es un cruce entre el autóctono poni Zemaituka (Zmuden) y el Ardenés sueco. Su cría respondió al deseo de la asociación de criadores existente en Lituania desde 1879 para disponer en la agricultura intensiva de un caballo mayor y más pesado que los pequeños ponis autóctonos. Los intentos de cría precedentes con sementales de sangre fría de distintas razas habían llevado a la formación de un pesado tipo de poca talla y otro más ligero de gran talla. Pero el empleo del Ardenés sueco llevó a la consecución del tipo uniforme buscado. Desde 1963 esta bien consolidada raza es reconocida bajo la denominación de 'Caballo lituano de sangre fría'.

Caballo mallorquín

Características: Elegante caballo robusto, con buenas andaduras y tamaño medio. Son típicos su cuello corto, grueso y arqueado, con densas crinas en cepillo, y sus esbeltas extremidades. Cabeza fina y enjuta de perfil acarnerado, orejas orientadas hacia atrás y ojos de mirada afable. Tronco robusto con línea dorsal

elástica y grupa robusta y caída. Extremidades de huesos finos aunque sólidos, y cascos duros. Castaños y castaños oscuros. Se permiten marcas blancas en la cabeza. Alzada de unos 140 cm.
Distribución: En las islas Baleares, sobre todo en la de Mallorca, en el distrito de Palma.
Aptitudes: Robusto y fiel caballo de carga y tiro con buen carácter, empleado también como caballo de silla y para la cría de mulos y mulas. Movimientos sueltos y esforzados.
Historia de cría: El origen del Caballo mallorquín, descendiente de los caballos llegados de la península Ibérica, se remontaría en opinión de algunos hipólogos no ya a los caballos de la antigüedad, sino incluso a los caballos primitivos. Esta afirmación se basa en las imágenes de caballos conservadas en antiguas monedas y restos arqueológicos de vasijas y cuencos, así como en las pinturas rupestres del Paleolítico. La raza pronto se vio desplazada por los caballos de sangre oriental y española llegados de fuera. La falta de atención a la cría de la raza pura y el cruzamiento indiscriminado llevaron a la raza a la pérdida de su carácter original y la amenaza de su extinción. Hace poco más de 20 años, se dieron los primeros pasos para recuperar la pureza de la raza. Se produjo una selección de la población conforme a sus orígenes, a su exterior y a un análisis de sangre, y se abrió un libro provisional de registro. Hasta la conclusión de estas medidas, en 1990 se contaba con 26 yeguas y cinco sementales puros, lo que da idea de la estricta selección llevada a cabo.

Caballo de Voronezh (Bitjug)

Características: Caballo imponente de sangre fría, de tamaño medio, constitución en armonía y conformación rectangular. Alzada de unos 162 cm. Longitud del tronco de 166 cm y perímetro de la caña de unos 21 cm. Cabeza vistosa de tamaño medio, cuello fuerte y bien implantado, tronco imponente y profundo con pecho ancho, y grupa larga y musculosa. Extremidades firmes y enjutas con grandes cascos planos. Espesas crines, cola y cernejas. Castaños, castaños oscuros, tordos y negros.
Distribución: C.E.I., yeguada de Crenovoje, en las inmediaciones de Voronezh.
Aptitudes: Resistente, sobrio, con buen paso y trote amplio. Esforzado y voluntarioso caballo de trabajo.
Historia de cría: En tiempos de Pedro el Grande (1682-1725) unas 1.000 familias de colonos holandeses llevaron consigo sus caballos hasta Voronezh, sobre todo sementales. Surgió así un tipo de caballo de sangre fría procedente de un tipo de caballo de sangre caliente algo robusto, al cruzar dichos sementales con las yeguas locales autóctonas, las denominadas "lomoviks". Más tarde también se emplearían sementales de Percherón, Ardenés y sobre todo de Trotón Orlov, para la mejora de la raza, la cual heredaría sobre todo la hermosa cabeza, la presencia y la planta armoniosa del Trotón Orlov. A finales del siglo XIX, se emplearon también sementales daneses para renovar la sangre de la raza. El Bitjug llegó a estar muy extendido por toda Rusia en los tiempos de los zares, constituyendo hasta el 18% de todos los caballos rusos. Tras la revolución de 1917, el Bitjug pasó a fusionarse con el Caballo de Voronezh, el cual ha conservado el buen trote del Bitjug original. El semental *Vostok* estableció un récord mundial de trote con una carga de 800 kg al cubrir 2 km en

4 min y 21 seg. Esta raza cuenta desde 1936 con reconocimiento oficial y ha contribuido también a la cría del Tiro pesado Vladimir.

Calabrés

Características: Hermoso caballo de silla de peso medio y conformación rectangular. Cabeza noble y enjuta de perfil recto, a veces ligeramente acarnerada, y cuello bien implantado de longitud media. Espaldas largas, inclinadas y bien musculadas, cruz prominente, tronco robusto con buena profundidad de cincha, firme línea superior y grupa inclinada. Extremidades musculosas, fuertes y enjutas, con cascos duros y correctos. Hermosas crines y cola. Todas las capas básicas; con predominio de castaños y castaños oscuros. Alzada de unos 163 cm.
Distribución: Italia, en la provincia de Calabria, en la llanura de Sibari y en los valles de Crati y Crotone.
Aptitudes: Versátil caballo de deporte resistente y de gran rendimiento, con buen carácter y temperamento, y elegantes andaduras básicas; también buena capacidad de salto.
Historia de cría: La historia del caballo en Italia se remonta a los tiempos de la Roma antigua. En aquella época llegaron a Italia caballos desde todos los rincones del imperio, desde el mar Báltico y el Sahara, Gibraltar, Egipto o Armenia. Dichas importaciones se siguieron practicando tras el desmoronamiento del imperio romano.
En la Edad Media comenzó el fomento de una verdadera cría caballar italiana con la adición de sangre árabe, berberisca y española antigua. El proceso tuvo un gran éxito, de forma que la cría caballar italiana y el arte ecuestre de la región alcanzaron un gran eco en la Europa del siglo XVI. Como en el caso del Salerno, la cría del Calabrés se vio muy influida en toda la zona al sur de Calabria por sementales árabo-orientales, como también sucedería más tarde en los siglos XVIII y XIX durante el periodo de soberanía de los Borbones. En el siglo XX, el empleo de sementales y yeguas de Pura sangre y de Salerno de primera categoría favoreció una cría caballar calabresa que ha dejado unos caballos con grandes semejanzas con el Salerno.

Chenaran

Características: Caballo de sangre caliente noble y robusto. Cabeza ligera y enjuta con perfil cóncavo, quijadas prominentes y grandes ojos. Cuello ligeramente arqueado con limpio ahogadero, cruz marcada, espalda inclinada bien formada, cuerpo compacto con pecho ancho y profundo, dorso de longitud media y grupa inclinada. Miembros sólidos con una buena osamenta; extremidades enjutas con articulaciones bien marcadas y cascos pequeños y duros. Crines, cola y pelaje del cuerpo finos y sedosos. Castaños, tordos, alazanes, negros y castaños-dorados. Alzada de unos 155 cm.
Distribución: Irán, con el centro principal de cría en la cordillera de Khorasan.
Aptitudes: Resistente, veloz, enérgico e inteligente. Versátil caballo de silla con buen carácter y agradable temperamento. Apreciado caballo de doma y salto.
Historia de cría: Esta raza surgió sobre la base de los célebres caballos turkmenos. En el siglo XVIII fue criado por el Nader Shah como caballo de caballería en su guerra contra la India. Para su cría se cruzaron sementales de las razas Plateau persa y Árabe con yeguas de

Turkmene. Como resultado se obtuvo un elegante caballo que retuvo los encantos del Turkmene y del Plateau persa. En el pasado fue el caballo perfecto para la caballería, y en la actualidad ha pasado a ser un serio caballo de deporte que hay que tener en cuenta en el concurso internacional de doma y de salto.

Corralero chileno

Características: Llamativo animal con proporciones excelentes para el trabajo con reses vacunas. Cabeza bien formada con perfil recto, pequeñas orejas separadas, grandes ojos vivos y bien dispuestos, y hocico fino y pequeño. Cuello ancho y corto, espalda fuerte e inclinada, pecho ancho, tronco robusto y profundo con costillares bien arqueados, cuartos traseros musculosos con grupa redonda, y extremidades cortas y firmes. Crines y cola tupidas y onduladas. Todas las capas básicas. Alzada entre 140 y 148 cm, y un peso de 370 kg.
Distribución: Chile.
Aptitudes: Caballo de trabajo para la agricultura; excelente también como caballo de silla y enganche. Sobre todo ha sido el caballo de manejo de los terneros en grandes rebaños. Su compacto cuerpo le permite llegar a detener o desplazar a toros de hasta 500 kg. En la modalidad del rodeo chileno, en la cual hay que perseguir y derribar a un novillo, este caballo exhibe una gran velocidad y agilidad.
Historia de cría: El Corralero chileno desciende de caballos españoles llevados en 1541 por el conquistador español Pedro de Valdivia desde Perú hasta Chile, y que habían llegado a Perú en 1514 con el conquistador Francisco Pizarro. En 1557 fueron enviados a Chile con el nuevo gobernador García Hurtado de Mendoza otros 42 caballos de las estirpes Guzmán y Valenzuelas, los cuales conformarían junto con la descendencia de los anteriores la base de cría para el Corralero chileno. No hubo una raza chilena pura hasta comienzos del siglo XIX, y el Corralero chileno como tal surgiría en los últimos años de ese mismo siglo. Esta raza ha sido indispensable para el ejército chileno, los vaqueros con grandes rebaños y los rancheros del país.

Cracker de Florida (Florida Cracker)

Características: Armonioso poni vaquero de tipo ibérico. Cabeza agradable de tamaño medio, cuello bien formado, cruz marcada, tronco con buena profundidad de cincha, costillares bien arqueados, dorso firme y grupa derribada. Cola de inserción baja y extremidades resistentes con cascos duros. Hermosas crines y cola. Todas las capas básicas; predominan los castaños y tordos. Alzada entre 138 y 152 cm.
Distribución: EE.UU., sobre todo en Florida.
Aptitudes: Conocido por su extraordinaria dureza, resistencia, velocidad, sentido vaquero y veloces marchas, entre ellas el *running walk* y el *tölt*, que en el dialecto vaquero local se denomina *coon-rack*.
Historia de cría: Los antecesores del Cracker actual son los caballos llegados en 1521 a América con Ponce de León. Se trataba de caballos españoles con sangre de distintas estirpes ibéricas. Hasta mediados del siglo XVI los conquistadores españoles siguieron llevando caballos hasta Florida, hasta el establecimiento de una cría caballar propia. Pronto se formarían manadas de caballos asilvestrados a partir de los

animales huidos o abandonados, los cuales se adaptarían bien al clima de Florida. Los caballos capturados de entre éstos fueron empleados en las fincas de Florida como base de cría para un tipo de versátiles caballos de silla y enganche. Sobre todo destacaron para el manejo de los grandes rebaños de reses vacunas. La raza recibe su nombre del chasquido *(crack)* de los látigos de los vaqueros montados *(crackers)*. La cría del Cracker iniciada por John Law Ayers en 1930 en Brooksville pasó, a partir de 1984, a ser gestionada por el Parque Nacional Withlacoochee. El genotipo del Cracker de Florida ha podido, así, ser preservado hasta la actualidad, y la Florida Cracker Horse Association, con sede en Newberry, cuida de preservar a esta raza originaria de los tiempos en que Florida aún era una colonia española.

Døle Gudbrandsdal

Características: Armonioso caballo de sangre fría de tamaño medio, firme, con buenas marchas y tipo de tiro. Cabeza de poni, cuello musculoso, espaldas suficientemente bien formadas, tronco robusto y profundo con costillares bien arqueados, pecho ancho, y grupa musculosa e inclinada. Extremidades firmes y robustas con cascos duros bien formados y cernejas. Fuertes crines. Sobre todo castaños y negros. Alzada de unos 155 cm.
Distribución: Noruega, sobre todo en los valles en torno a Gudbrandsdal, en el norte del país.
Aptitudes: Sobrio, buen rendimiento, frugal, enérgico, con buena movilidad, buen temperamento, buen paso y trote. Caballo versátil para todos los usos.
Historia de cría: El fértil valle de Gudbrandsdal (con las mejores condiciones para la cría de caballos de todo Noruega) se convirtió en el siglo XVIII en el crisol para la síntesis de la nueva raza del Døle Gudbrandsdal. A su desarrollo no sólo han contribuido razas autóctonas locales que se remontan a los tiempos de los vikingos y el poni de los fiordos, sino también caballos frisones. Esta raza deja ver algunas semejanzas con el poni Dales y con el Fell. La cría se consolidó en el siglo XIX mediante los cruces con Danés, Fredriksborg, Holsteiner y Pura sangre inglés (su representante más destacado fue el semental importado *Odin*, por *Partisan-Rachel*, nacido en 1830). Este castaño-peceño actuó como semental hasta 1838 con un éxito rotundo. En todo el proceso fue definitiva la determinación con la que se acometió la cría en pureza. Del Døle Gudbrandsdal o Døle, como se le conoce desde 1947, se han desarrollado un tipo más pesado de tiro, el Døle propiamente, y uno más ligero con buenas aptitudes como trotón, el Trotón Døle. Después de la Segunda Guerra Mundial la población de la raza cayó en una regresión, hasta que una yeguada estatal se hizo cargo de su cría.

Dongolavi (Caballo nubio)

Características: Antigua raza africana con fuerte influencia berberisca. Cabeza fuerte, frecuentemente semiacarnerada, con frente ancha, grandes ojos y pequeñas orejas móviles. Cuello corto y ancho, espaldas rectas, tronco profundo y robusto, y grupa redonda con alta insercion de la cola. Extremidades enjutas de huesos fuertes y cascos muy duros. Sobre todo negros, a menudo con manchas blancas en la cabeza y calzados. Alzada entre 155 y 160 cm.
Distribución: Sudán.

Aptitudes: En el siglo XIX este caballo obtuvo una gran importancia como caballo de los jinetes armados de los "libbedis" en el reino de Dongola y en el sultanato islámico del Sudán. Actualmente sólo se ve en desfiles, como en la fiesta de Bairam en Kuka, capital del sultanato de Bornu. La guardia montada de corps del sultán emplea el Dongolavi como montura. Raza sobria, muy adaptada a los rigores del clima.
Historia de cría: Ya Herodoto y Estrabón (400-430 a.C.) describieron a los célebres pueblos de criadores de caballos del norte de África, en Argelia, Marruecos, Tunicia, Libia y Egipto. También existen pinturas rupestres que dan testimonio de una región que en la antigüedad fue conocida por sus caballos y jinetes. Según prestigiosos hipólogos, el Dongolavi llevaría en sus venas sangre del caballo del antiguo Alto Egipto y del Berberisco. El Dongolavi llegó a ser muy célebre aun en Europa, y en el siglo XIX fueron llevados caballos de esta raza a Viena, Alemania e Inglaterra. Las autoridades militares británicas fomentaron su cría a comienzos del siglo XX. La base de cría para este caballo estuvo constituida por el pequeño caballo egipcio, caballo de trabajo fuertemente influido por el Berberisco. La cría moderna se practicó cruzando al Dongolavi con caballos de distintas razas, incluyendo ponis Highland, cruces que a pesar de la extrañeza que despertaron, proporcionaron resultados dignos de mención.

Fulbe (Fulani)

Características: Caballo que se distingue de otras razas africanas por su gran crecimiento y sobre todo por su cabeza claramente acarnerada. Cuerpo relativamente robusto con dorso recto, grupa caída y cola de inserción baja. Espalda frecuentemente recta. Extremidades robustas con cascos duros. Sobre todo castaños, alazanes, negros y tordos. Alzada de unos 142 cm.
Distribución: Repúblicas de Camerún y Nigeria, en África occidental.
Aptitudes: El caballo es aún hoy en estos países un símbolo de estatus social, por lo que es recargado con suntuosos arreos y brutales bocados para ser presentado en efectistas exhibiciones con forzadas poses y veloces galopes. Antiguamente sirvió también como "caballo de guerra". El carácter y temperamento del Fulbe tienen fama de difíciles, a lo cual ha contribuido el trato deficiente y las malas condiciones de mantenimiento de esta raza. El Fulbe es enérgico y sobrio, y se emplea como caballo de silla y carga.
Historia de cría: Como en el caso del caballo Mbororo, a la formación de esta raza poco homogénea han contribuido el Berberisco, el caballo etíope y el Árabe. A pesar de que los africanos son buenos criadores de caballos, el éxito de esta raza se debió más a una cuestión de azar que a una cría verdaderamente dirigida. Ello se debe a que el África negra no presenta las mejores condiciones para la cría de caballos debido a las altas temperaturas y a la elevada humedad ambiental.

Galiceno

Características: Poni compacto de pequeño tamaño. Cabeza expresiva de tamaño medio con perfil recto, grandes ojos de mirada afable y orejas grandes, atentas y muy separadas. Cuello corto y robusto, cruz larga, espalda normalmente recta, tronco bien conformado con buena profundidad de cincha, dorso corto y recto, y grupa musculosa

ligeramente inclinada. Extremidades firmes con cascos duros. Sobre todo castaños, alazanes y bayos. Los pintos y albinos no son registrados. Alzada entre 122 y 137 cm.
Distribución: Los territorios principales de cría son sus países de origen, México y el sur de EE.UU.
Aptitudes: Robusto, resistente, buen carácter, temperamento amable, inteligente y adiestrable. Movimientos briosos y enérgicos, y buena capacidad de salto. El Galiceno presenta una típica marcha conocida como *running walk*, una marcha en carrera a cuatro tiempos regulares que también presenta el Tennesse Walker. Originalmente se trató del caballo de silla, carga y tiro de los agricultores mexicanos; actualmente es un versátil caballo, ideal como caballo de ocio para toda la familia.
Historia de cría: Se remonta a los tiempos de la conquista de México en el siglo XVI por los españoles a las órdenes de Hernán Cortés. Entre los caballos entonces llevados desde la península Ibérica, también debieron de encontrarse algunos Garranos llevados desde Galicia, los cuales son considerados como parte de la base original de cría de esta raza. Originalmente el Galiceno fue criado como caballo de trabajo, permaneciendo hasta la consolidación de la raza sin influencia de otras razas. En 1959 comenzó su entrada en EE.UU. a través de los estados sureños del golfo de México, y en un periodo asombrosamente breve pasó a convertirse en un popular caballo de ocio para muchos norteamericanos, habilitándose ya en 1959 un libro de registro.

Galla

Características: Pequeño caballo con fuerte impronta árabe. Aun así, cabeza más bien primitiva poco conforme con el exterior general del caballo. Espalda bien formada y grupa a menudo demasiado inclinada. Miembros suficientemente correctos, con extremidades delgadas aunque fuertes, y cascos excepcionalmente duros. Este tipo se da sobre todo en la zona costera de Etiopía. La estirpe de las regiones montañosas es más recia y robusta, y suele presentar unas espaldas más rectas, un dorso demasiado largo de carpa y una grupa bastante caída. Predominan los tordos y ruanos; también hay alazanes, isabelas y negros. Alzada entre 120 y 150 cm.
Distribución: En la actual Etiopía, en las provincias de Eritrea, Gojjam y Shoa.
Aptitudes: Enérgico, ágil, veloz, sobrio, con buena aptitud para ascender laderas. Poni de silla y enganche. Los sementales se emplean para la cría de mulos, siendo cruzados con el asno somalí.
Historia de cría: En África nunca se han dado unas condiciones óptimas para la cría de caballos, salvo en Egipto y en el norte del continente, donde los pueblos musulmanes se distinguieron por su excelente cría caballar. El Galla tiene sangre árabe, aunque a lo largo de sus más de 1.500 años de historia ha ido perdiendo la mayor parte de sus rasgos árabes a causa de las duras condiciones de su hábitat. Se careció, además, de unas directrices unificadas para practicar una cría planificada. Estos caballos han sido criados durante mucho tiempo sólo para ser cruzados con asnos somalíes para obtener mulos de carga y para el trabajo agrícola. Ello supuso que poco a poco degeneraran los tipos originales y se diferenciaran los dos tipos actuales, la estirpe más ligera de Eritrea o "caballo de la costa", y el robusto "caballo de montaña".

Kabuli (Afgano)

Características: Caballo de montaña, escurrido, nervudo y de poca talla, con influencia de sangre oriental-mongola. Cabeza de tamaño medio, orejas a menudo falciformes, ojos vivos, ancha base del hocico y amplios ollares. Cuello recto y musculoso, tronco robusto bastante profundo, aunque frencuentemente con costillares poco arqueados, dorso largo y defectuoso y lomo débil. Las extremidades son firmes y enjutas, con cascos durísimos. Crines y cola muy finas. Todas las capas básicas.
Distribución: República Islámica de Afganistán; también en los estado vecinos de Pakistán e India.
Aptitudes: Caballo de silla y carga, duro, resistente, de voluntad inquebrantable y paso extraordinariamente seguro, con buen carácter y temperamento.
Historia de cría: Afganistán ha sido desde la antigüedad un territorio de paso para comerciantes y nómadas entre Rusia y Pakistán. También lo fue anteriormente para uzbecos, turkmenos, persas y mongoles, por lo que por esa zona pasaron razas originarias de todos aquellos pueblos, todas las cuales contribuyeron al origen del Kabuli. Hasta el siglo XIX dicha raza fue denominada "kandaharish", y a juicio de sus coetáneos, se trataba de una raza de menor talla y algo menos noble que los caballos persas y turkmenos.
Aunque el caballo siempre ha sido un importante medio de transporte, también se ha empleado en todo momento como animal de trabajo, poco digno de merecer cuidados y atenciones especiales. Los que saben de las penosas condiciones de mantenimiento y la escasa alimentación que reciben estos caballos, se maravillan de la capacidad que aún son capaces de exhibir. La opinión mayoritaria en Afganistán es que no hay que aportar alimentación extra a sus caballos en los periodos en que no son empleados para el trabajo, prefiriéndose dedicar los escasos alimentos a los rebaños de vacas y ovejas.

Karadagh

Características: Caballo de montaña armonioso. Cabeza fina y liviana con grandes ojos y orejas bastante separadas. Cuello robusto bien arqueado, cuerpo fino y esbelto con dorso recto y corto, y grupa musculosa. Sólidos miembros con extremidades largas y robustas y cascos duros. Sobre todo bayos y castaños con brillo metálico. Alzada de unos 157 cm.
Distribución: República de Irán, aunque la raza está amenazada de extinción.
Aptitudes: Enérgico caballo de montaña con buen rendimiento, apto como caballo de carga, silla y tiro. Paso ligero y seguro en todas las andaduras básicas.
Historia de cría: El Karadagh no es idéntico al Karabakh ruso a pesar de sus raíces comunes. Tras perder Persia en la paz de 1828 de Turkmanchai la provincia transcaucásica en beneficio de Rusia, la raza se desarrolló de forma diferenciada. La perpetuación de la raza ha comenzado a verse amenazada desde hace algunas décadas. La población actual, cada vez más hibridada con otras, ni siquiera aparece mencionada actualmente en la relación de razas gestionadas por la Sociedad Nacional del Caballo de Irán.

Kerry Bog

Características: Hermoso poni de poca talla con alzada entre 102 y 112 cm.

Cabeza enjuta con perfil cóncavo. Aunque el cuerpo resulta muy fuerte y robusto para su tamaño, las cortas extremidades no son toscas sino nervudas y fuertemente musculadas, con unos firmes y sanos cascos. Predominan los alazanes con crines de igual color; también hay castaños claros con crines y cola negras, y castaños y tordos.
Distribución: Irlanda, en el condado de Kerry. En él se encuentra la localidad de Kerry Bog entre Killorglin y Glenbeigh.
Aptitudes: Robusto, duro, resistente y de temperamento afable. Al comenzar el siglo XX aún se empleaba como poni de silla y enganche.
Historia de cría: Esta raza casi extinguida ha llegado a alcanzar recientemente una población de 64 caballos. Los ponis Kerry Bog (Kerry, por el condado de Kerry, *bog* = turbera, pantano) existen en Irlanda desde tiempos inmemoriales, habiéndose empleado como montura, para el transporte de cargas o para tirar de los carros. Sobre todo se ha usado para transportar turba, algas, estiércol y heno. El domingo solía ser el día en el que los granjeros llevaban a vender sus ponis a la feria, delante de la iglesia. En la región ningún animal se desplazaba mejor que el Kerry Bog por las turberas o por las escarpadas montañas. También la caballería británica empleó estos ponis entre los años 1804-1814 en la guerra contra Napoleón, en sus desplazamientos por la cordillera de los Pirineos. En esa misma época fueron importados a Irlanda asnos procedentes de España que desplazaron al Kerry Bog, el cual casi quedó abandonado a su suerte. John Mulvihill y la sociedad fundada por él, la Kerry Bog Pony Society, tienen el mérito de haber salvado a esta raza de la extinción y del olvido.

Kiger Mustang

Características: Cabeza de tamaño medio con perfil recto o cóncavo. Cuello robusto y recto, tronco corto y profundo, grupa caída y extremidades formidables. Predominan los bayos de todos los tonos con raya de mulo y cebraduras; también se dan entrepelados, castaños oscuros con crines y cola negras y castaños claros con crines y cola claras, a menudo con rostro blanco y orejas con bordes negros. Alzada entre 150 y 160 cm.
Distribución: En la altiplanicie de Kiger, en Oregón (EE.UU.), en una reserva donde viven las manadas sin que se tengan datos de su número exacto.
Aptitudes: Las manadas de caballos en libertad están bajo la tutela del programa BLM de adopción de caballos. Los Mustangs son fácilmente adiestrables y muestran una predisposición especial para el manejo de reses vacunas.
Historia de cría: Siempre se había supuesto que las líneas sanguíneas de origen español de las cuales descendían los Mustangs en el oeste de los EE.UU. se habían perdido completamente o se habían extinguido. Pero también se especulaba con la posibilidad de que aún pudieran existir manadas aisladas sin descubrir, con fuerte impronta de la sangre española original. En 1977 se descubrió una manada con estas características en la accidentada región de Beaty Busse, la cual fue conducida hasta Lake Country, en Oregón. En total se encontraron dos manadas en el mismo territorio, semejantes en tamaño y color de la capa. Para proteger a estas antiguas estirpes, la gran manada fue dividida; una parte fue llevada a la región de Riddle Mountain Herd Management, y la otra permaneció en la altiplanicie de Kiger. No obstante,

existen algunos científicos que se cuestionan la "descendencia española pura" y que la rechazan basándose en el exterior, especialmente en lo tocante al color de la capa y las marcas. Y desde luego parece difícil que con un censo equino total en Oregón de 300.000-400.000 caballos salvajes, pudiera haber quedado hasta la actualidad una pequeña población de raza pura sin mezclarse con los demás caballos.

Kirguís (Kirguiz)

Características: Rechoncho caballo de montaña de talla reducida. Cabeza de tamaño medio con quijada ancha y robusta, y pequeños ojos vivos. Cuello robusto, a menudo de ciervo, tronco ancho y vigoroso, dorso largo y recto, y grupa moderadamente caída. Extremidades firmes y cortas con cascos duros. Crines y cola fuertes y tupidas. Sobre todo alazanes, castaños, negros, bayos y tordos. Alzada de unos 137 cm.
Distribución: República de Kirguisia; también en las repúblicas de Kazajistán y Tayikistán.
Aptitudes: Buen carácter y temperamento equilibrado. Resistente, duro, sobrio, tenaz, enérgico, veloz y de paso seguro. También se emplea para la obtención de leche de yegua fermentada *(kumiss)*. Los nómadas lo emplean como montura y como caballo de carga; también consumen su carne. En el siglo XIX los cosacos aprovisionaron sus regimientos con caballos de esta raza.
Historia de cría: Esta raza es conocida en Kirguisia, en la cordillera de Altai, desde hace más de 4.000 años. Parece que surgió cuando los kirguisios huyeron a las montañas de Tienchan antes de la invasión de tártaros y mongoles, mezclándose los caballos locales con los de los invasores mongoles. Todavía en la actualidad las manadas son conducidas en la primavera por pastores de caballos a los pastos de las montañas y a los fondos de los valles en el invierno. Los caballos son empleados durante todo el año según surge la necesidad de su uso, como montura, como animal de carga, o incluso para su sacrificio o para el ordeño de sus yeguas. El tipo original del Kirguís, más un poni que un caballo, ha perdido su anterior importancia y tiende a desaparecer desde que se desarrollara el "Nuevo Kirguís".

Kopczyk-Podlaski

Características: Pequeño caballo de sangre caliente robusto y armonioso, con vistosa línea superior, tronco profundo y nervudo, y extremidades firmes y enjutas sin cernejas. En definición de Bilke, se trataría de "un tipo de poni Pinzgauer". Sobre todo castaños, castaños oscuros y alazanes. Alzada de hasta 148 cm.
Distribución: Polonia, sobre todo en la región de Podlasie, a orillas del Bug (Polonia oriental).
Aptitudes: Sobrio, frugal, longevo y fértil. Pequeño caballo vigoroso y resistente con buen carácter, temperamento tranquilo, buen rendimiento de tiro y buenas marchas.
Historia de cría: El semental fundador fue *Kopczyk*, nacido en 1930 en Kobryn en Pedlasie, el cual dio también nombre a la raza y de cuyos orígenes poco se sabe. Se trataba de un caballo de poca talla, con 143 cm de alzada, muy compacto, con movimientos amplios y cierta nobleza. Actuó de semental hasta la edad de 23 años y transmitió fielmente su genotipo a su progenie. Tras 1945, la elevada demanda de pequeños caballos pesados llevó al desarrollo de la ra-

za del tipo Kopczyk-Podlaski. En el proceso también se trató de promover, aunque con poco éxito, la cría del noruego Poni de los fiordos, la cual no cuajó pues, pese al reconocimiento de las aptitudes de dicho poni, el color de su capa no fue del agrado de los granjeros polacos. El programa de cría dio comienzo a principios de los años cincuenta bajo la dirección de la Academia de las Ciencias de Polonia en Janov-Podlaski. Para fijar el tipo y la base de cría se emplearon al principio el Murakosi (Murinsulan) y el Ardenés, y más tarde también el Freiberger y el Poni de los fiordos. La nueva raza recibió el nombre de Kopczyk-Podlaski.

Landés (Poney landais)

Características: Este elegante poni, también llamado poni de las landas ("poney des landes"), es inteligente, sobrio, resistente y con buen carácter. La cabeza presenta rasgos árabes, con frente ancha, grandes ojos y pequeñas orejas puntiagudas. Cuello largo y ancho con crines abundantes, simples o dobles. Espalda inclinada, cruz prominente, dorso recto y corto, grupa ligeramente caída y cola tupida de inserción alta. Extremidades firmes con cascos duros. Sobre todo negros, castaños, castaños oscuros y alazanes. Alzada entre 118 y 147 cm.
Distribución: Suroeste de Francia, al sur de la desembocadura del Gironde.
Aptitudes: El trote del Landés es magnífico y digno de mención, siendo también muy resistente y veloz. También su galope y su capacidad de salto resultan sorprendentes.
Historia de cría: Su patria original es el territorio natural de las landas, en el suroeste de Francia. Sus antecesores, cuyo origen no está claro, debieron de ser los ponis conocidos como "Barthais", ya presentes en el Paleolítico en las zonas de aluvión a orillas del río Adour. Estos pequeños y sobrios ponis salvajes se alimentaban de los juncos, y tras la derrota de los musulmanes de Poitiers (732) se cruzaron con los caballos árabes abandonados o huidos en la región. Hasta tiempos recientes el Landés ha seguido viviendo en manadas salvajes, siendo usado ocasionalmente como animal de enganche en carros de uno o dos tiros. Esta raza amenazada de extinción, debe su supervivencia a la iniciativa de los criadores de la región, los cuales efectuaron cruces para añadir algo de sangre árabe y de poni galés. Desde 1968 se llevan dos libros de registro. En el libro de registro A sólo se aceptan yeguas que acrediten más de un 75% de sangre de Landés, con alzada entre 118 y 135 cm; en el libro de registro B se admiten yeguas con un porcentaje de sangre de Landés mínimo del 50% y alzada de hasta 147 cm.

Mbororo

Características: Poni útil con alzada entre 130 y 135 cm, y en algunos casos excepcionales algo mayor. Cabeza algo pesada, con perfil ligeramente convexo. Cuello pesado, dorso corto y recto con grupa escurrida, y extremidades firmes y cortas con duros cascos. Castaños, castaños oscuros, alazanes y también tordos.
Distribución: República del Camerún, en el África central.
Aptitudes: Temperamento vivo, muy resistente, con trote resistente. Los Mbororos de mayor talla son también buenos ponis de salto y para el polo. Se emplea sobre todo como poni de trabajo para el transporte de personas y mercancías.

Historia de cría: El nombre del caballo se debe a sus criadores originales, la etnia de los Mbororo, un pueblo de pastores nómadas del oeste de Camerún. Los caballos que éstos criaron originalmente fueron berberiscos o etíopes, que más tarde y durante la expansión del imperio musulmán fueron cruzados con sementales árabes. Las condiciones geográficas y climáticas del oeste del Camerún con sus mesetas ricas en pastos, sus montañas y sus cataratas, hicieron que esta región mereciera el apelativo de la "Auvergne africana". Esta parte del país está a demasiada altitud para la proliferación de la mosca tse-tse, por lo que la zona es ideal para la cría caballar. Los ponis viven allí en manadas y tras realizar los trabajos para los que se les requiere, se les vuelve a soltar para que pasten a sus anchas. Estos animales nunca son golpeados por sus amos ni son castrados, y su "cría" consiste más en una reproducción abandonada a su libre albedrío, que, por lo que parece, ha resultado beneficiosa tanto para hombres como para ponis.

Midget (Poni enano)

Características: Poni marcadamente enano del tipo del Shetland, cuya alzada no está permitido que supere los 90 cm. Los más pequeños no llegan a superar los 60 cm, siendo algo más altos que el Falabella y por lo demás nada semejantes a éste. Se permiten todas las capas y manchas, salvo los patrones de color del Appaloosa. Los Midgets son de rasgos poco o nada uniformes, y su característica común es su reducida talla. Como resultado de la elevada consanguinidad, su exterior suele resultar algo defectuoso. Incluso los "buenos ponis" tienen a menudo una cabeza demasiado grande y un cuerpo tosco algo rechoncho. Las crines y cola son excepcionalmente tupidas y largas.

Distribución: EE.UU.

Aptitudes: La mayoría de sus propietarios lo tienen como raro animal de jardín o como mascota para sus hijos.

Historia de cría: La base de cría la constituyeron una serie de ponis Shetland de talla muy reducida que fueron cruzados con otras razas de ponis enanos. El objetivo de cría era desde luego su reducida talla. Para lograr además una descendencia aún más enana que los ponis de partida, se practicó una cría consanguínea sin planificación alguna, la cual motivó unos animales con frecuentes taras y defectos. Pero todavía buscando forzar una talla aún menor, muchos ponis fueron sometidos a una alimentación insuficiente, lo que motivó la aparición de desnutriciones, enfermedades y una baja longevidad. No sorprende por tanto que muchos aficionados americanos rechacen las condiciones de cría y mantenimiento del Midget y se opongan abiertamente a estas prácticas.

Miquelonés (Miquelonnais)

Características: Caballo robusto y vigoroso con alzada entre 140 y 150 cm. Cabeza pesada sin llegar a ser tosca con perfil recto, pequeñas orejas y ojos vivos y afables, a menudo con contorno blanquecino. Cuello robusto, tronco macizo, dorso recto y ancho, grupa caída y cola de inserción baja. Extremidades robustas con cascos firmes y sanos, con y sin cernejas. Pelaje denso en varios tonos, adaptado al clima de su lugar de origen. Ruanos, negros, alazanes con crines claras y también píos. Crines y cola recias y tupidas.

Distribución: En el grupo de islas de Saint Pierre y Miquelon bajo soberanía

francesa, frente a la costa sur de Terranova, donde vive en libertad en pequeñas manadas.
Aptitudes: Caballo de silla y trabajo incomparablemente robusto y sobrio; fiel, nada veloz y mal saltador.
Historia de cría: Desde el descubrimiento de la isla en el siglo XVI y su posterior colonización por parte de franceses, el Miquelonés ha sido un apreciado caballo de trabajo para pescadores y agricultores; una vez terminadas las faenas, se dejaba que los animales camparan a sus anchas en la restringida libertad de las islas, debiendo encontrar alimento por sí mismos. Cuando los pastos eran abundantes, ello no suponía problema alguno, pero en el invierno a menudo debían escarbar con sus propios cascos en busca de algo que comer. A lo largo de los siglos estos caballos, de gran semejanza con el Camargués y el Sable, se han adaptado de forma extraordinaria al duro clima de las islas. Actualmente aún viven allí unos 100 caballos, de los cuales unos 40-50 pasan el invierno protegidos en establos. Se han dado cruces con Halfinger canadiense y Pinto americano, resultando unos descendientes más nobles y de pelaje más claro. Para mejorar al Miquelonés se empleó un semental canadiense cuya descendencia sorprendió gratamente por su elegante rusticidad.

Morab

Características: Es mucho más que un media sangre o el resultado fructífero de cruces entre Árabe y Morgan, tratándose de una verdadera raza.
Distribución: EE.UU.
Aptitudes: Excepcional caballo de silla y enganche, muy versátil, con andaduras básicas elásticas y bastante bien acompasadas.
Historia de cría: Ya a comienzos del siglo XX se registraron cruces entre Árabe y Morgan en los libros de registro de la Asociación Mundial del Caballo Árabe. Además, según D.C. Lindsley, en 1857 el Morgan acreditaba un porcentaje de entre 1/8 y 1/4 de sangre árabe. El primer Morab puro, registrado bajo el número 69 en el libro de registro del Morgan, fue el semental *Golddust*, nacido en 1855. Éste descendía del semental de Morgan *Vermont Morgan* y de la yegua Árabe *Zilcaadie*, importada por el cónsul americano Rhind desde el Oriente Próximo. *Golddust* engendró 302 potros, batió 44 récords como trotón y parece que fue más veloz aún que el gran *Hambletonian*. Con la aparición del "Standardbred" (el trotón americano) el interés por los veloces Morabs fue desapareciendo, algo que aún se vio más favorecido por la creciente mecanización en todo Norteamérica. No obstante, los criadores de Morab no cejaron en su empeño. Incluso el famoso magnate de la prensa William Randolph Hearst se dedicaría en los años veinte a su cría en su rancho de San Simeón, en California, con los sementales Árabes *Ksar* y *Ghazi* y algunas yeguas de Morgan. En los años cincuenta Martha Doyle Fuller prosiguió con la cría en Clovis, California, y su hija M. Ilene Miller, conocida como miss Morab, abrió en 1973 el primer registro de cría de esta raza. Posteriormente se fundaron varias asociaciones regionales de cría del Morab y la Morab Breed Association.

Mysekaja (Poni albanés)

Características: Poni del que se dan dos tipos diferentes: el mayor, el *Mysekaja*, con alzada entre 135 y 145 cm, y el menor, el *caballo albanés de monta-*

ña, con unos 130 cm de alzada. Ambos tienen clara influencia oriental y tienen generalmente una cabeza expresiva, un dorso corto y robusto, y unas extremidades firmes con duros cascos. Sobre todo castaños, aunque también todas las demás capas básicas.
Distribución: República de Albania.
Aptitudes: Caballo de carga resistente y enérgico, también apto como caballo de silla o para el tiro ligero. Frecuentemente marcha al paso.
Historia de cría: Sobre todo el Mysekaja, adaptado a las llanuras, deja entrever numerosos rasgos semejantes al caballo bosnio, con el que está emparentado. Parece también obvio que en tiempos del Imperio otomano también llegaron a la región Árabes que transmitirían al Mysekaja su dureza y tenacidad. También por influencia italiana se dieron cruces mejoradores con Sardo-árabe, Anglo-árabe y Lipizzano, y en el tipo de montaña ("poni o caballo albanés") con Haflinger. Hasta finales de la Segunda Guerra Mundial Albania tenía unos 70.000 caballos de ambos tipos. En la actualidad no se dispone de datos de censos renovados.

National Show Horse

Características: Caballo de exhibición que aúna la belleza y resistencia del noble Árabe con la talla y las marchas amplias y brillantes del American Saddlebred. Todas las capas básicas. Alzada entre 152 y 162 cm.
Distribución: EE.UU.
Aptitudes: Hermoso caballo atlético para exhibiciones y demostraciones de adiestramiento en disciplinas de silla, enganche y presentación a la mano. En Estados Unidos se han desarrollado exhibiciones espectaculares combinadas con un concurso de premios en metálico para los criadores de los mejores caballos buscando crear un nuevo tipo de exhibiciones de caballos bien adiestrados que despierten el interés del gran público.
Historia de cría: La base de cría para la nueva raza fue el noble Árabe y el elegante Saddlebred. Los creadores de esta raza se agruparon en el National Show Horse Registry (NSHR) para responder a las necesidades de cría de la creciente demanda por estos hermosos caballos. Para el desarrollo de esta joven raza se practicaron todos los cruces posibles para, a partir de las razas de partida, no sólo lograr igualar el estándar racial del Árabe y del Saddle, sino incluso superarlo. El National Show Horse nació en 1981 y ya cuenta con un libro de registro gestionado por el NSHR.

Northland

Características: Poni vistoso y robusto de conformación rectangular. Cabeza enjuta de tamaño medio con abundante tupé y perfil recto, orejas vivaces no demasiado grandes y ojos claros y tranquilos. Cuello corto y robusto, cruz baja y corta, espalda corta a menudo recta, dorso largo y recto, a veces algo débil, y grupa musculosa e inclinada. Extremidades firmes y enjutas con articulaciones y tendones durísimos, cascos pequeños y firmes, y ralas cernejas. Sobre todo castaños y castaños oscuros, aunque también alazanes y ruanos, también con crines y cola negras. Alzada de unos 140 cm.
Distribución: Noruega, sobre todo en el norte, cerca de Tromsö y Lyngen y en las islas frente a sus costas.
Aptitudes: Popular poni de silla y enganche. Enérgico, duro, fiable, sobrio, resistente, longevo, fértil y de paso se-

guro y tiro firme; con buenas andaduras básicas.
Historia de cría: A la formación de esta raza han contribuido el Tarpán, el Konik, el caballo celta y el Mongol. También se ha visto influido por el Døle y el poni de los fiordos. En el Northland sobrevive además el genotipo del extinto poni de Lyng. La historia de la síntesis de esta raza no está demasiado bien documentada, pues durante siglos la cría practicada por los granjeros noruegos se desarrolló de forma casual y espontánea. El reconocimiento de la raza se produjo en 1916. Desde 1939 se cuenta con una ordenanza de selección de reproductores. La Segunda Guerra Mundial casi terminó con los efectivos de la raza. En los años cuarenta se empleó al semental *Rimfakse*, el cual mejoró sustancialmente el tipo original. Desde 1958 sólo se han registrado 4 sementales y unas 100 yeguas de cría. Aunque los noruegos son grandes amantes de los caballos, el retroceso experimentado por la raza sólo ha podido ser contrarrestado por una cría mantenida por el estado noruego, el cual lleva unos libros de registro gestionados por su departamento de cría caballar.

Pindos

Características: Robusto poni de armoniosa constitución. Vistosa cabeza de tamaño medio con denso tupé, pequeñas orejas estrechas, pequeños ojos y perfil ligeramente acarnerado. Cuello de inserción algo alta con densas crines, cruz bien señalada, dorso estrecho y robusto, cuartos traseros algo débiles y grupa caída. Extremidades largas y esbeltas, con cascos excepcionalmente duros. Sobre todo castaños, castaños oscuros y tordos. Alzada entre 122 y 132 cm.
Distribución: República de Grecia, sobre todo en las provincias de Tesalia y Epirus, en el noreste montañoso del país.
Aptitudes: Sobrio, resistente, enérgico, con temperamento tranquilo y a veces carácter algo terco. Poni de cinco marchas con paso seguro, empleado como poni de trabajo, carga y silla en la pobre región montañosa de la que es originario; las yeguas se emplean para la cría de mulas.
Historia de cría: La influencia oriental sobre el Pindos, también conocido como "Tesalio", aún resulta inconfundible. Se supone que también tendría influencia de los célebres "caballos tesalios" de la antigüedad, una de las mejores razas antiguas que han existido. Desde hace siglos su cría está en manos de los granjeros y ganaderos. El único objetivo de cría es la obtención de un animal de silla y carga empleable en las faenas agrícolas y resistente al clima seco y cálido de la región. Además de las tres andaduras básicas del paso, trote y galope, también exhibe un paso portante y un *tölt* muy cómodos para pasear a caballo en el tiempo libre, apreciado por aficionados y turistas.

Pinto canadiense (Canadian Pinto)

Características: Mientras que en el caso del Pinto se practica una cría caballar en función casi exclusivamente de su capa (pío), el Pinto canadiense recibe una mayor atención a su exterior y a sus aptitudes. Se diferencian cuatro tipos: el musculoso tipo Morgan, el elegante tipo Saddlebred, el veloz tipo de Caballo de carreras y el tipo Poni.
Distribución: Canadá.
Aptitudes: Versátil, resistente, con buen rendimiento en rodeos, carreras de sal-

tos y cacerías, e incluso en carreras en llano.
Historia de cría: Esta raza es muy joven. Su cría oficial no comenzó hasta 1961, aunque la estirpe de base es bastante antigua y se remonta al siglo XVII. En aquella época el rey francés Luis XIV (el Rey Sol) hizo llegar a la nobleza francesa residente en Quebec, 40 caballos de su yeguada de Versailles para así hacer más agradable la vida de la colonia francesa. Así nacería el caballo canadiense, al que se remonta el Pinto canadiense.

Plateau persa

Características: Estampa poco homogénea dadas las diferentes estirpes equinas incluidas bajo la denominación. Generalmente se trata de caballos con fuerte impronta árabe, aunque más bien de conformación rectangular, es decir, con un tercio medio algo más largo. Cabeza estrecha, cuello largo, fino y erguido. Tronco alargado y extremidades altas y nervudas. Todas las capas. Alzada de unos 153 cm.
Distribución: Irán; el territorio principal de cría se encuentra en las zonas montañosas del país.
Aptitudes: Resistente, inteligente y sobrio. Temperamento vivo aunque con buen carácter. Movimientos buenos; versátil caballo útil de carga, silla y tiro. También el uso dado al caballo depende del tipo del que se trate.
Historia de cría: Este grupo racial se remonta al caballo iraní autóctono, cuya historia alcanza hasta el tercer milenio a.C. En 1971 se fundó la Royal Horse Society of Iran, la cual se encarga de velar por todas las razas equinas autóctonas iraníes. Entre ellas las estirpes *Fars, Basseri, Darashuri* y *Quashqai*, las cuales quedan agrupadas bajo la denominación de Plateau persa. El objetivo es aunar las diferentes estirpes mediante una cría sistemáticamente organizada y practicada a largo plazo, en la cual se dé una cuidadosa selección de la descendencia y se logre una población cerrada a partir de la cual poder practicar la cría pura.

Pleven

Características: Caballo noble de sangre caliente, de tamaño medio, robusto y con la elegancia del Árabe. Cabeza fina y enjuta con ojos serenos y afables, orejas móviles de tamaño medio, perfil recto y muy amplios ollares. Cuello robusto bien implantado, cruz marcada, espalda bien formada, pecho ancho, tronco profundo y musculoso, dorso largo y recto, y grupa larga e inclinada. Extremidades firmes y enjutas, con articulaciones marcadas, tendones bien señalados y firmes cascos bien formados. Hermosas crines y cola. Exclusivamente alazanes. Alzada de aproximadamente unos 160 cm.
Distribución: República de Bulgaria. Territorios principales de cría en el norte del país, con la región de Pleven y la yeguada estatal G. Dimitrov (anteriormente Klementina), y en el sur del país en la región en torno a Plovdiv y Pazardzik.
Aptitudes: Caballo para todos los usos concebibles (en la agricultura, para el tiempo libre y como caballo de deporte), con vigorosa constitución y fuerte personalidad. Buen rendimiento, atento, con movimientos amplios y buena capacidad de salto.
Historia de cría: La cría de esta aún joven raza comenzó a finales del siglo XIX. La base de cría se logró cruzando yeguas probadas de Árabe y Anglo-árabe de procedencia rumana con semen-

tales de Árabe y Anglo-árabe del tipo húngaro Gidran. Al principio también se emplearon sementales de Anglo-árabe criados en Rusia procedentes de la yeguada Streletsk, pero la influencia más eficaz resultó ser la de los sementales de la estirpe húngara Gidran, los cuales fundaron varias líneas célebres. Tras una larga fase de aporte de sangre foránea, se pasó a una cría mayoritariamente pura con un empleo controlado de Pura sangre inglés para consolidar definitivamente la joven raza. En 1938 se alcanzó dicho objetivo y la raza fue reconocida oficialmente, alcanzando posteriormente el reconocimiento internacional.

Poni Chickasaw

Características: Cabeza corta y plana con pequeñas orejas y ojos inteligentes y afables. Cuello extraordinariamente corto, tronco compacto con anchas ancas, grupa caída y cola de inserción baja. Extremidades resistentes, a menudo con corvejones anchos y cortos. Castaños, negros, alazanes, tordos, palominos, entrepelados y ruanos, a menudo con manchas blancas. Alzada entre 135 y 150 cm.
Distribución: EE.UU., sobre todo en Carolina del Norte.
Aptitudes: Temperamento equilibrado y buen carácter, resistente, ágil y veloz, con aptitudes excepcionales para los rodeos americanos.
Historia de cría: Esta raza tiene su origen en el siglo XVI y en el encuentro entre el descubridor español De Soto y sus hombres en su ruta desde Florida a Tenessee y Carolina del Norte con los indios Chikasaw. Cuando De Soto trató de obligar a los indios a que transportaran las provisiones de la expedición, éstos atacaron a los invasores, quedando abandonados más de 100 de sus caballos por la región. Muchos de los animales serían más tarde apresados por los indios para emplearlos como montura y para su cría. Los colonos llegados de Europa pronto descubrirían el valor de estos ponis, pequeños, ágiles, vigorosos, con un gran arranque y muy veloces para recorridos cortos, por lo que comenzaron a comprárselos a los indios para cruzarlos con los caballos que ellos mismos traían. Ello tendría especial repercusión en el caso del Quarter, que heredaría el gran esfuerzo final del Chickasaw. A partir de estos ponis se desarrollaron el resto de razas norteamericanas empleadas como caballos de trabajo robustos, musculosos y con gran arranque y velocidad de reacción para el manejo de las reses vacunas. La popularidad del Chikasaw decayó a partir de 1800, tras ser cruzado con otras razas con sangre oriental. No obstante, el interés por estos ponis experimentó un resurgimiento a partir de la década de 1960-1970.

Poni de China

Características: Tipo y exterior muy variable: a menudo pesada cabeza de lucio con perfil generalmente recto o ligeramente acarnerado. Cuello corto y ancho de inserción baja, espalda inclinada, tronco profundo con costillares bien arqueados, dorso largo, fuerte y recto, y grupa musculosa, ancha e inclinada. Extremidades firmes y fuertes, con cascos pequeños y duros. Crines tupidas y recias. Sobre todo tordos, bayos y alazanes. Alzada entre 125 y 150 cm.
Distribución: República Popular de China, Oriente Próximo, Oriente Medio y Extremo Oriente.
Aptitudes: Empleado sobre todo como poni de silla, carga y tiro, aunque tam-

bién, según el tipo, para el polo, la caza, carreras y largas distancias. Dispuesto, sobrio, duro, resistente y extremadamente enérgico. Trote resistente y cierto tipo de marcha denominada "trote anamítico".

Historia de cría: Las diferentes estirpes del poni de China descienden del caballo de Przcewalski y de su descendiente domesticado, el caballo mongol. En China nunca hubo una cría caballar en sentido estricto; la cría de caballos estuvo en manos de mongoles y tibetanos. La influencia de razas orientales y de pura raza fue y aún es hoy insignificante. Sin embargo, entre los siglos III y XV d.C. sí que se dio la importación de caballos persas. Dichos "caballos celestiales", como fueron conocidos, llegaron a motivar una guerra entre China y el lejano Turkestán. Gengis Khan y sus seguidores impusieron la supremacía del caballo mongol en la región, subordinando a todas las demás razas equinas. De las numerosas estirpes del poni chino las más conocidas serían las siguientes: *szetsuan, yunnan, ilin, tatung, saifin, ketchui* y *siming*. Los veloces ponis saifin, eran vendidos antiguamente como ponis de carreras, los célebres griffins. Los más apreciados son los ruanos y los tordos, así como los bayos, al ser el amarillo el color del emperador y de las fructíferas tierras ricas en loess.

Poni de las Feroes

Características: Poni semejante al poni islandés, aunque algo menor, con una alzada de 120 cm. Sobre todo castaños, a veces también negros, muy raramente castaños oscuros y ocasionalmente palominos y bayos; no se dan ni tordos ni píos.

Distribución: En las islas Feroe, pertenecientes a Dinamarca, en el Atlántico norte, entre Islandia y las islas Shetland.

Aptitudes: Sobrio poni de silla y carga.

Historia de cría: El Poni de las Feroes se asemeja a los caballos que hacia el 200 a.C. llegaron a Europa desde Asia. Aquellos pequeños caballos llegaron con los pobladores celtas y escandinavos hasta las rudas islas en las que entonces no había mamífero ni árbol alguno. Hacia el 700 d.C. los vikingos pisaron las islas por primera vez, y hacia el 800 d.C. llegaron monjes irlandeses predicando el evangelio, a pesar de lo cual los ponis permanecerían varios siglos sin ser molestados. Dichos ponis eran empleados ocasionalmente como animal de carga o sacrificados por su carne en momentos de necesidad. Pero la población fue disminuyendo gradualmente. En los años setenta y antes de la creación de la Faeroes Pony Association, sólo quedaban 5 ejemplares; en 1988 los esfuerzos de los criadores lograron elevar a 27 su número. Todos los ponis son examinados por una comisión del libro de registro, identificados según su grupo sanguíneo, y tras su reconocimiento, son inscritos en el libro. De los 27 ponis examinados en 1988, 24 fueron reconocidos como aptos para la cría. Por el momento, el peligro de extinción de la raza parece estar siendo superado.

Poni de Flores

Características: Poni robusto y compacto. Cabeza de tamaño medio, algo pesada, con espeso tupé, perfil recto, pequeñas orejas y ojos vivos. Cuello corto, recto y ancho, con crines abundantes y vigorosas, espalda recta, tronco compacto con buena profundidad, dorso recto y grupa inclinada con cola de inserción alta. Extremidades vigoro-

sas con huesos fuertes y cascos duros. Predominan las capas oscuras. Alzada entre 110 y 125 cm. Se distinguen dos tipos: el **Mangerai,** mayor, más robusto y más tranquilo, y el **Ngada,** de menor talla, más fino y con más temperamento.
Distribución: República de Indonesia, sobre todo en Flores, isla vecina de Timor.
Aptitudes: Según el tipo, temperamento más tranquilo o más vivo. Ambos tipos son robustos, sobrios y enérgicos, y se emplean como caballo de tiro, silla y carga.
Historia de cría: La ascendencia e historia de esta raza, íntimamente ligada a la del poni de Timor y a la de otras razas de ponis de las islas entre Australia y Malasia, es incierta. Lo que se da por seguro es la influencia de razas mongol-asiático-orientales. Todavía durante la primera mitad del siglo XX los ponis semejantes a los de Flores eran englobados dentro de la denominación común de ponis de Sunda o ponis malayos. En algunos parques zoológicos de Europa se han mantenido ponis bajo dicha denominación. Los antecesores de estos ponis llegaron a la isla de Flores en tiempos precristianos en movimientos migratorios de la población y llevados por mercaderes. Ya en nuestra era, las potencias coloniales trataron de modificar la raza mediante una cría mejor o peor planteada y diferente éxito en cada isla.

Poni gallego

Características: Robusto poni de montaña que vive en estado semisalvaje. Cabeza relativamente larga con denso tupé, pequeñas orejas, ojos de mirada inteligente y perfil recto. Cuello corto y ancho con crines abundantes. Tronco con pecho ancho, costillares bien arqueados y grupa caída. Cola larga, extremidades resistentes y claras con cascos redondos muy firmes. Sobre todo castaños. Alzada entre 120 y 130 cm.
Distribución: Noroeste montañoso de España, en Galicia.
Aptitudes: Poni de montaña, duro, resistente, afable, inteligente, sobrio, con disposición para el paso portante y el *tölt.* Se emplea como animal de silla y carga, y para el aprovechamiento de su carne.
Historia de cría: Esta antigua raza ibérica se remonta al antiguo caballo celta. Pertenece al grupo del Garrano y el Poni navarro, y tendría cierto parentesco con el poni gallego. Una serie de cruces sin apenas planificación con caballos de poca casta llevó al tipo original de esta raza al borde de su extinción, lo que intentó ser contrarrestado con la apertura en 1994 de un libro de registro pecuario.

Poni de Lundy

Características: Cabeza de poni fina y enjuta, elegantemente erguida y con rostro expresivo. Cuello robusto de longitud media, espaldas inclinadas, tronco profundo y robusto, musculosos cuartos traseros y cola bien insertada. Extremidades robustas y enjutas, bien formadas, con duros cascos. Hermosas crines y cola. Sobre todo bayos, entrepelados y castaños; ningún caballo pío. Alzada entre 132 y 142 cm.
Distribución: Isla de Lundy, en el canal de Bristol, Inglaterra.
Aptitudes: Poni para la familia, adaptable, inteligente y robusto, con temperamento excepcional y muy buenos movimientos.
Historia de cría: El nacimiento de la raza quedó determinado cuando en

1928 fueron llevados en barco hasta Lundy una yegua de New Forest y un semental de Galés de montaña. Estos caballos darían origen a una manada de unas 30 yeguas de New Forest con ocho potros de distinto tipo y color de la capa, aunque con inconfundible influencia árabe. El primer semental empleado fue un Pura sangre que resultó tener demasiado tamaño; el segundo fue un poni galés de montaña del tipo antiguo, el cual engendró muy buenos potros.
La Segunda Guerra Mundial interrumpió los trabajos de cría y produjo un intenso incremento de la población. Tras 1945 se produjo una estricta selección, desechándose todos los animales con defectos en su constitución o con un mal temperamento. Después de 1945, el semental con más influencia fue *Midnight*, en servicio durante más de 20 años. Más tarde se emplearon sementales de Connemara, New Forest y Cob galés, para así conservar el tipo original, entre los que cabe nombrar a *Plynlimon Moc, Rosenharley Peadar*, y el semental de Lundy *Breator Lapwing*. También se constituyó más tarde una manada en Inglaterra, la cual se vio sometida a varios cambios de emplazamiento. La Lundy Pony Preservation Society es responsable de la conservación de la raza y lleva un libro de registro con tres secciones (pura raza, media raza y tres cuartos).

Poni de Macassar (Poni de Sulawesi)

Características: Poni robusto de talla media, con influencia árabe visible. Cabeza enjuta con perfil recto, cuello robusto y bien formado, espalda larga, pecho ancho, buena profundidad de cincha, dorso robusto de longitud media, grupa ancha e inclinada y buena inserción de la cola. Extremidades enjutas y vigorosas con huesos fuertes, articulaciones marcadas, y cascos correctos y duros. Hermosas crines y cola. Todas las capas; frecuentemente bayos. Alzada entre 125 y 135 cm.
Distribución: Sobre todo en la isla indonesia de Célebes (Sulawesii), en el archipiélago malasio.
Aptitudes: Temperamento vivo y agradable, sin llegar a ser rudo; sobrio y resistente. En la época colonial fue un apreciado caballo de caballería. Actualmente se usa como poni de silla y enganche.
Historia de cría: No se conoce el origen exacto de esta raza. Sí parece seguro que en la isla de Célebes ha habido diferentes razas equinas desde antes del siglo XVI, llevadas durante la colonización de portugueses, españoles e ingleses por mercaderes marinos, quedando así establecida la base de cría de la que surgiría posteriormente la raza. También más tarde llegarían razas orientales, y durante el periodo colonial holandés, llegarían más caballos desde Europa y desde El Cabo. El clima y unos cuidados y alimentación frecuentemente insuficientes, produjeron una progresiva y perceptible reducción de la talla original. El periodo de esplendor del poni de Macassar finalizó a comienzos del siglo XX. Todos los esfuerzos por renovar la raza empleando sangre árabe y disponer nuevas yeguadas no llegaron a verse culminados. Tras la Segunda Guerra Mundial y el fin de la época colonial, la modernización creciente de la moderna agricultura actual ha ido restringiendo su hábitat natural.

Poni de Manipur

Características: Pequeño poni robusto de conformación cuadrada. Cabeza

vistosa de longitud media, con rostro despierto y afable, perfil recto, agradable base ancha del hocico y amplios ollares. Cuello fuerte y musculoso, cruz bien señalada, espalda inclinada, tronco compacto con pecho ancho, costillares bien arqueados, buena línea superior con grupa inclinada y buena inserción de la cola. Extremidades firmes, claras y bien proporcionadas, con articulaciones robustas y cascos correctos y duros. Hermosas crines y cola. Todas las capas. Alzada entre 112 y 132 cm.
Distribución: El territorio principal de cría es el estado indio de Manipur, en la frontera suroriental de Assam.
Aptitudes: Robusto, veloz, paso seguro, ágil y enérgico. Un buen poni para llevar cargas. Apreciado como poni de silla, de carga y de polo.
Historia de cría: Su patria es la elevada y fértil Manipur (con capital en Imphal), cuyos fogosos y robustos ponis siempre han sido un apreciado artículo de exportación. Entre los manipures hay buenos criadores de caballos y excelentes jinetes; la cría caballar local cuenta con una tradición que se remonta hasta el primer milenio d.C. Se da por seguro que el poni de Manipur desciende del caballo mongol, el cual llegó hasta Manipur desde el Asia central a través de la China y el Tíbet. En el siglo XIX se emplearon en la cría sementales de Árabe para lograr ponis más nobles y veloces, con lo que esta raza se diferenció más del emparentado poni de Birmania. Con dichos animales llegaría el juego del polo a Manipur, llegando a ser pronto un deporte muy popular practicado por todo aquel que pudiera montar un poni. Según otras fuentes, el juego del polo llegó desde India a Manipur en torno al año 1600 de nuestra era, bajo el reinado de Khagenba. Los ingleses descubrieron el polo en Manipur en torno a 1830, y desde allí lo llevaron a Europa.

Poni de las Marquesas

Características: Pequeño caballo elegante y nervudo de tipo oriental. Hermosa cabeza enjuta con perfil recto, grandes ollares, frente ancha, vivas orejas algo separadas y ojos atentos. Cuello robusto de longitud media, buenas espaldas, cruz corta, dorso recto y grupa inclinada. Extremidades enjutas con articulaciones y tendones bien marcados, y duros cascos. Todas las capas básicas, sobre todo alazanes y castaños. Alzada de unos 140 cm.
Distribución: Polinesia francesa, sobre todo en las islas Marquesas.
Aptitudes: Versátil poni de silla y enganche, también empleado para el transporte de personas en coches-taxi y en el deporte, sobre todo en las populares carreras sin silla. El grueso de la población de estos ponis vive en estado salvaje en pequeñas manadas en las montañas de las islas Marquesas, de donde son extraídos y domesticados ocasionalmente algunos ejemplares para su empleo como animal de trabajo.
Historia de cría: Los primeros caballos no llegaron a la isla hasta la anexión a Francia, en 1842, al resultar indispensables para la nueva administración en todo tipo de trabajos. Entre los primeros caballos llegados debió de haber caballos chilenos y otros de procedencia hispano-oriental. Más tarde llegarían algunos caballos procedentes de Francia, que, sin embargo, no tendrían ninguna relevancia en la evolución del poni de las Marquesas. Las condiciones ambientales de la isla, junto con los cambios sociales y políticos experimentados en la misma, también desempeñaron cierta influencia sobre los

caballos. Éstos perdieron tamaño y peso, sobre todo los caballos huidos y asilvestrados, de los cuales y tras más de un siglo de cruces, se desarrollaría la raza actual, un orgullo para los habitantes de las Marquesas y una atracción para los turistas.

Poni de Miyako (Miyako-Shima)

Características: Poni del tipo del poni mongol. Alzada de unos 148 cm. Sobre todo castaños y bayos.
Distribución: Japón, en la isla de Miyako, una de las islas de Riukiu, en la región de Okinawa.
Aptitudes: Se emplea como poni de silla y como poni de tiro ligero.
Historia de cría: La isla Miyako, en la región de Okinawa, es célebre desde hace siglos por la cría de sus ponis. Parece que en la isla hubo ponis desde la antigüedad. Durante la Segunda Guerra Mundial se emplearon sementales de razas mayores para poder emplear a los descendientes del pequeño Miyako original (por debajo de 148 cm) en la agricultura. En 1955 la población alcanzó su máximo desarrollo, con unos 10.000 caballos censados. Pero el proceso generalizado de mecanización posterior hizo que la cría cayera en picado en apenas una década. Desde 1975 se realizan grandes esfuerzos para mantener la raza original, pero en 1988 sólo existían censados 11 ponis de Miyako. En la actualidad, esta antigua raza está seriamente amenazada de extinción.

Poni navarro (Jaca navarra)

Características: Poni de montaña compacto, del tipo primitivo. Cabeza de tamaño medio con perfil recto y pequeñas orejas de ratón. Cuello fuerte y musculoso con abundantes crines. Tronco vigoroso y profundo, grupa inclinada, cola larga, y extremidades firmes y cortas con cascos duros y redondos. Sobre todo castaños oscuros. Alzada entre 120 y 130 cm.
Distribución: En España, en la región de Navarra, en los Pirineos occidentales.
Aptitudes: Poni de trabajo de tiro y carga, también empleado a veces como montura. Resistente, duro, temperamento vivo, sano y sobrio.
Historia de cría: Primitivo poni de montaña denominado a veces en la literatura antigua como 'Caballo español, subraza de Navarra'. Durante su larga historia experimentó influencias de caballos llegados de uno y otro lado de los Pirineos. Sobre todo cabe mencionar la influencia del caballo celta de los siglos IX-V a.C., también castaño y rechoncho, y de pequeños caballos nobles de tipo árabe. En los siglos VIII-X d.C. también tuvo influencias de la sangre árabo-berberisca. Esta raza ha contribuido junto con otras razas de ponis del norte de España al desarrollo en Irlanda e Inglaterra y América del Norte y del Sur de otras razas de ponis. En la actualidad aún existen en Navarra ponis en manadas que pastan libres durante todo el año; en mayo los jóvenes sementales son capturados para su empleo como ponis de trabajo, y los potros son marcados con el hierro de los propietarios, soltándose cada dos años nuevos sementales para renovar la sangre y evitar que aumente el grado de consanguinidad.

Poni de Somalia

Características: Poni robusto de fuerte osamenta del tipo del poni de polo,

aunque con diferente exterior. Todas las capas básicas, sobre todo alazanes y tordos en todas sus variantes posibles. Alzada entre 140 y 145 cm.
Distribución: Somalia, zonas montañosas de Kenia y regiones costeras de Etiopía.
Aptitudes: Sobrio, enérgico y ágil. Apreciado poni de polo, inmune a la peste equina. Tiene disposición al *tölt*.
Historia de cría: Los ancestros de esta raza mestiza se remontan al caballo de los faraones del Alto Egipto en torno al 2000 a.C., a los cuales sucederían más tarde el Berberisco y el Árabe. Esta raza surgida por cruces espontáneos se desarrolló bajo las peores condiciones climáticas y de mantenimiento hasta la obtención de la raza de ponis que actualmente habitan en los países al sur del lago Chad. En la época colonial y bajo influencia británica también se produjo el cruce con el Pura sangre y otras razas europeas.

Poni de Sumbawa

Características: Este poni está emparentado con el poni de Sumba, al que se asemeja bastante en su exterior, aunque su talla es algo inferior a la de aquél. Cabeza cuneiforme de tamaño medio, tronco esbelto, profundo y robusto, con grupa inclinada y firmes miembros. Son frecuentes los bayos con abundantes crines y cola, raya de mulo, cebraduras y calzados oscuros. Alzada entre 110 y 120 cm.
Distribución: El territorio principal de cría es la isla de Sumbawa, perteneciente a la isla de Sumba. Está muy extendido por todo el archipiélago de Indonesia y sudeste asiático.
Aptitudes: Resistente, sobrio, ágil, ligero y vivo. Empleado como poni de silla y enganche.
Historia de cría: La isla de Sumbawa, su patria de origen, le ha dado el nombre a la raza. Como en el caso del poni de Sumba, cuya historia y proceso de desarrollo comparte, cuenta con antecesores mongol-asiáticos y árabes. Su menor talla respecto al poni de Sumba se debe a la alta consanguinidad en la isla y a las malas condiciones ambientales y de mantenimiento. Todavía continúa siendo fundamental para las poblaciones rurales como medio de transporte de personas y mercancías, así como para ejecutar duros trabajos bajo el penoso calor tropical. A pesar de su reducida talla, la sangre mongol-árabe que heredó de sus antepasados le ha otorgado una incuestionable resistencia, dureza y tenacidad y un gran rendimiento.

Poni del Tíbet (Nanfan)

Características: Poni robusto y vigoroso con un tipo muy poco homogéneo de poni de montaña. Cabeza algo pesada con frente ancha y perfil recto, frecuentemente algo acarnerada. Cuello robusto, poca cruz, espaldas rectas, tronco profundo con pecho ancho y cuartos traseros vigorosos. Extremidades firmes y cortas con buena osamenta y duros cascos. Crines y cola robustas y tupidas. Todas las capas; son más frecuentes los tordos. Alzada entre 125 y 140 cm.
Distribución: Tíbet y regiones próximas del Himalaya, Mongolia e incluso de las provincias chinas limítrofes con el Tíbet.
Aptitudes: Sobrio, resistente, tenaz y de paso seguro. Poni de silla, tiro y carga de rendimiento extraordinario; algunos tipos pueden ser incluso empleados como poni de polo. Disposición natural al paso portante y al *tölt*.

Historia de cría: Es un descendiente del caballo salvaje originario de las estepas centroasiáticas. Las duras condiciones del Tíbet han determinado la evolución de esta raza. Como todas las razas esteparias, durante la hegemonía de los mongoles dirigidos por Gengis Khan, el poni del Tíbet también experimentó la influencia de otras razas equinas procedentes de los países sometidos por los mongoles. Ello explica la aparición no sólo de ejemplares muy hirsutos de alzada inferior a 125 cm, sino también de otros más nobles y de mayor talla. Los ponis en Baltistan, en el Tíbet occidental, fueron descritos por el geólogo inglés Drews del modo siguiente: "De unos 132 cm de alzada, con hermosa cabeza, pecho ancho, caja torácica cilíndrica, buenas ancas, buen corazón y muy resistentes". También los ponis **Riwoque** y **Nangchen** son, pese a un tipo y exterior algo diferentes, una forma de ponis del Tíbet. En general se suele distinguir entre las estirpes **Kansu**, de mayor talla y más tranquila, y la más ligera **Tjing-hai**. Estos últimos son ponis con disposición al paso portante. El poni del Tíbet también ha influido a su vez a los vecinos ponis Spiti y Butia.

Poni de Togo

Características: Pequeño poni esbelto y noble de poca talla y conformación rectangular. Cabeza oriental, cuello recto de longitud media con tendencia al cuello de ciervo, cruz larga y poco marcada, espaldas cortas y rectas, tronco esbelto y grupa caída. Extremidades esbeltas, no siempre ideales, a menudo débil de corvejones, pando y estevado. Generalmente castaños y ruanos, aunque también se dan alazanes y bayos, frecuentemente con raya de mulo y cebraduras. Pelaje corto, liso y sedoso. Crines y cola de pelo largo y fino. Alzada entre 110 y 116 cm.
Distribución: Togo, Benin y Nigeria. El centro principal de cría se encuentra en el alto Volta, en el territorio de Salaga, aunque también se cría en el interior de Sierra Leona y en el sur del Chad.
Aptitudes: Poni ágil, esforzado y sobrio, empleado como animal de carga y silla.
Historia de cría: La ascendencia de esta conocida raza africana se remonta al Alto Egipto de la antigüedad, cuando existían en el norte de África grandes centros de cría caballar. Las incursiones de los pueblos bereberes hasta el límite de las selvas fomentó la extensión del caballo Berberisco. Las condiciones climáticas, no obstante, junto con el deficiente mantenimiento de los caballos y la baja renovación de la sangre de las manadas, llevó a la pérdida de talla y a otras degeneraciones en la conformación original. El intento de Alemania en su época como potencia colonial en África por establecer en Togo una verdadera cría caballar, sólo obtuvo éxito en los distritos de Sansanne-Mangu y Sokadé. Por cierto que llevó su cierto tiempo volver a lograr una mayor talla en la descendencia. En la actualidad, y como resultado del proceso de creciente mecanización en África, la importancia económica de los ponis es cada vez más reducida, al margen de las deficientes condiciones para una verdadera cría sistemática.

Quarab

Características: El Quarab es un cruce de Quarter con Árabe y con Paint, con ambas variantes de los tipos ganadero *(stock-horse)* y árabe *(arabian)*. Los rasgos típicos del tipo ganadero son el

tronco robusto con musculosas espaldas, los marcados músculos de la pierna y su grupa bien formada. Las características más destacadas del tipo árabe son el cuello bien implantado y bellamente arqueado, el largo tercio medio y su grupa recta. La cabeza, cuya forma y tamaño dependen de la proporción de sangre de Árabe o de Quarter, suele ser expresiva y noble, con grandes ojos, frente ancha y orejas bien formadas. Las capas son las propias del Árabe y del Quarter, así como el diseño tobiano y overo del Paint. La alzada varía entre 142 y 162 cm.
Distribución: EE.UU.
Aptitudes: Caballo para todas las disciplinas clásicas y americanas de silla y enganche.
Historia de cría: En 1989 se inició el registro para el fomento de la nueva raza. A causa de su hermosa capa, en 1991 también se admitió el Paint como caballo apto para la cría de la progenie bajo la denominación de Quarab, aunque no se admite ya ninguna raza diferente más. Los sementales y yeguas admitidos para la cría deben cumplir la condición de estar previamente registrados en los libros de registro correspondientes a su propia raza. Los caballos con criptorquidia o con defectos en su dentadura son descartados para la cría. El libro de registro es llevado por el United Quarab Registry, con sede en Newberg.

Ranger de Colorado (Colorado ranger horse)

Características: Animal compacto, atlético y vigoroso. Cabeza expresiva con frente ancha y perfil recto. Cuello ligeramente arqueado, cruz baja y espalda inclinada. Tronco robusto y profundo, dorso corto y ancho, y grupa musculosa. Extremidades robustas y sanas, con cascos extraordinariamente duros. Crines y cola finas. Píos con muchas variaciones, como en el caso del Appaloosa. Tamaño entre 150 y 157 cm.
Distribución: EE.UU., con el territorio principal de cría en Colorado, y en Jordania.
Aptitudes: Caballo útil muy versátil, de rendimiento extraordinario y muy resistente.
Historia de cría: Aunque se ha visto influido por el Appaloosa, no se trata de ninguna cría en función de la capa. Su condición de pío no es criterio suficiente para su admisión en el libro de registro; debe acreditar, además, ser descendiente de las líneas de sangre fundadoras.
El General Ulysses S. Grant recibió en 1878 dos sementales píos del sultán Abdul Hamid, el Árabe *Leopard (Siglavy-Gidron)*, tordo nacido en 1873, y el Berberisco *Linden Tree*, un tordo-apizarrado nacido en 1874, sementales que empleó en Virginia (EE.UU.) para la cría de caballos ligeros de enganche. Esos mismos sementales engendraron una descendencia de llamativa capa pía al ser cruzados con yeguas autóctonas en el rancho Colby de Nebraska, que despertaron el interés de los criadores. A.C. Whipple, del condado de Kit Karson, en Colorado, compró un buen número de yeguas descendientes de *Leopard* y *Linden Tree* y las cruzó con el semental Tony, un tordo con orejas negras también engendrado por *Leopard*, fundando con su descendencia una prolija línea de cría. Pero el verdadero fundador del Ranger de Colorado fue Mike Ruby, del rancho Lazy J. Bar, con sus sementales *Patches* por *Tony*, y el Berberisco Max por *Leopard*, los cuales proporcionaron una descendencia con

una capa excepcionalmente vistosa. En 1994 se produjo el reconocimiento oficial de la raza y se fundó la Colorado Horse Association.

Sable (Poni de la isla Sable)

Características: Poni de la isla de Sable que vive en estado semisalvaje. Cabeza grande con frente ancha y perfil recto, grandes ojos (a menudo con el borde inferior blanco), orejas bien dispuestas con puntas orientadas hacia el interior, grandes ollares y tendencia a un hocico lavado. Cuello corto y robusto, cruz marcada, tronco agradable con dorso recto y grupa derribada. Miembros sólidos con extremidades cortas y robustas y cascos duros. Todas las capas, sobre todo castaños, castaños oscuros y alazanes, frecuentemente con crines y cola claras. Alzada entre 142 y 152 cm.
Distribución: Canadá, en la isla de Sable, frente a Nueva Escocia, a 300 km de la costa oriental de Canadá en el océano Atlántico.
Aptitudes: Enérgico, duro, con gran capacidad para sobrevivir ante el escaso alimento del que puede disponer en su duro medio natural, dado que además estos ponis viven en libertad e incluso en los duros inviernos raramente reciben alimento por parte de sus dueños.
Historia de cría: Estos ponis han recibido el mismo nombre de la isla en la que viven. Se trata claramente de ponis asilvestrados a partir de ponis domésticos llegados a la isla, posiblemente llevados en el siglo XVIII por colonos procedentes de Nueva Inglaterra, en el noreste de Estados Unidos, muy probablemente dedicados al oficio de pescadores. Dado que Canadá en aquella época estaba bajo soberanía francesa, probablemente los primeros caballos llegados procedieran de Francia. Algo parecido sucedió con el Miquelonés en las islas de Saint Pierre-et-Miquelon frente a Terranova, también pertenecientes a Francia. Cuando los ponis no fueron ya necesarios por más tiempo, fueron dejados en libertad, asilvestrándose y sobreviviendo por sus propios medios. Desde 1961 todavía viven unos 400 ponis en pequeñas manadas o grupos familiares compuestos por un semental dominante y una serie de yeguas y potros. Dichos animales están bajo la protección de las autoridades canadienses en la isla.

Sandalwood

Características: Cabeza noble y enjuta con frente ancha, tupé llamativo, ojos vivos y expresivos, amplios ollares y hocico fino. Cuello bien formado con hermosa inserción de la cabeza, crines finas a menudo dobles o dispuestas a ambos lados del cuello, cruz llana, espalda inclinada, dorso recto y estrecho y grupa inclinada con buena inserción de la cola. Miembros sólidos con extremidades correctas y esbeltas, y cascos bien formados duros como el hierro. Todas las capas, abundando los bayos; raramente marcas. Alzada de unos 132 cm. Resulta característica la forma de diferenciar a los distintos ejemplares mediante muescas practicadas en sus orejas.
Distribución: Sobre todo en las islas de Sumba y Sumbawa, en Indonesia.
Aptitudes: Resistente y enérgico. Paso amplio, trote regular y galope excelente. Vivo y fogoso, aunque con buen temperamento. También marcha al paso portante *(tandakkan)* y al *tölt.* Se emplea como poni de trabajo, de silla y de carreras.
Historia de cría: En algunas ocasiones es descrito como Árabe en miniatura,

y pasa por ser la raza más noble de todas las del Sudeste asiático, siendo desde hace mucho tiempo uno de los artículos de exportación más importantes y codiciados de las islas. Recibe su nombre de la riqueza por excelencia de sus islas de origen, la madera de sándalo.
Sobre la historia de su formación no se sabe mucho. No obstante, parece constatado que durante la época colonial los mercaderes marinos llevaron a las islas caballos de diferentes razas con sangre mongol-árabe y parece que también habrían llegado a las mismas caballos árabes.
Las potencias coloniales dejaron como herencia una verdadera cría caballar organizada, practicándose la mejora de la base de cría con nobles caballos árabes. Recientemente se han practicado cruces con Pura sangre para lograr unos ponis mayores y más veloces, mejor dotados para las carreras.

Shales

Características: Versátil caballo robusto y de tamaño medio con una elegante línea superior. Cabeza expresiva y enjuta, hermoso cuello de longitud media, cruz alargada, tronco robusto con costillares bien formados y mucha profundidad de cincha, dorso recto y grupa inclinada. Extremidades firmes y enjutas con articulaciones marcadas y cascos duros. Hermosas crines y cola. Con predominio de tordos; más raramente alazanes y negros. Alzada de unos 152 cm.
Distribución: Inglaterra; pequeña población en Buckinghamshire.
Aptitudes: Apreciado como mejorador de otras razas de ponis y caballos. Apegado y afable, con buen temperamento. Sano, frugal, dispuesto, ágil, veloz y resistente. Buenas andaduras básicas y excelente capacidad de salto.
Historia de cría: La pequeña población sin libro propio de registro implica que el Shales es más una estirpe equina que una verdadera raza. Aunque desciende de los célebres Trotones Norfolk y el fundador de las líneas sanguíneas sea *Shales*, un nieto de *Darley Arabian* y *Flying Childers*, los Shales son una rareza. Estos caballos conservan el trote veloz y resistente acreditado por antepasados suyos como *Marshland Shales*, quien en 1810 trotó durante un recorrido de 17 millas inglesas con 76 kg sobre su lomo y en 56 minutos. Pero a comienzos del siglo XX estos "roadster" debieron ceder ante la llegada del ferrocarril y de los vehículos a motor. Su sangre está sobre todo en los Hackneys actuales. Pero la sangre del original Trotón Norfolk sólo está presente en el Shales. Desde 1922 los ejemplares más acreditados de la raza sólo se encuentran en los establos de la familia Colquhoun, en Finmere, Buckinghamshire, donde se cruzan con distintas yeguas para obtener caballos y ponis aptos para todas las disciplinas del deporte de silla. Entre ellos están *Silver Shales*, probado caballo de enganche y caza, *Forty Winks*, cuarto en 1975 en Fontainebleau en el campeonato europeo de doma, o *Stainless Steel*, tercero en un torneo militar en la categoría junior.

Siciliano

Características: Elegante caballo útil del tipo anglo-árabe, con hermosa línea superior. Cabeza liviana y expresiva, casi siempre de perfil recto, orejas pequeñas y ojos vivos. Cuello musculoso bien implantado, cruz marcada, espaldas inclinadas bien dispuestas, tronco ancho y profundo, dorso robus-

to de longitud media con buena ensilladura, grupa inclinada y musculosa, y buena inserción de la cola. Extremidades firmes y enjutas con cañas fuertes y cascos excepcionales. Sobre todo castaños, aunque también tordos, alazanes y negros. Alzada de aproximadamente 155 cm.
Distribución: Italia; territorio principal de cría en las regiones de Catania, Ragusa, Trapani y Palermo, en Sicilia.
Aptitudes: De buena casta, resistente, enérgico, dispuesto, vivo, con movimientos ligeros y seguros. Buen caballo de silla y enganche.
Historia de cría: También el caballo siciliano ha experimentado muchos cambios a lo largo de una historia con varios periodos diferenciados de cría. Lo más característico fue el empleo del Pura raza árabe hasta el siglo XVIII, el posterior empleo de sementales mejoradores de Maremmano y Nonius entre otras razas (con resultado negativo como cabría esperar), y el retorno al uso de caballos orientales de casta y del Pura raza árabe a mediados del siglo XX. En el fomento y mejora de esta raza han adquirido una importancia creciente las estaciones de selección de reproductores (*Stazioni selezionate*), las cuales han contribuido de forma importante a la consolidación del tipo racial. En virtud de esta selección, bien podría describirse al Siciliano como un tipo italiano de Anglo-árabe.

Skyros

Características: Pequeño poni de constitución esbelta. Cabeza con perfil recto, frente ancha, orejas pequeñas bastante separadas, grandes ojos despiertos y amplios ollares. Cuello corto con tendencia al cuello de ciervo. Tronco largo con línea dorsal recta y grupa ligeramente caída con inserción baja de la cola. Extremidades finas y enjutas con articulaciones robustas y cascos oscuros, muy duros. Llaman la atención las rectas espaldas, los débiles cuartos traseros y sus corvejones vacunos. Crines y cola muy largas; cernejas muy ralas. Sobre todo tordos, aunque también castaños y bayos, a menudo con raya de mulo y cebraduras. Alzada entre 98 y 110 cm.
Distribución: En la isla griega de Skyros, frente a la costa oriental de Grecia, en el mar Egeo.
Aptitudes: El Skyros aúna el temple del Shetland con el arrojo y la ligereza del Galés. Poni de trabajo fiable, sobrio y longevo, cada vez con más salida como poni para niños.
Historia de cría: Este poni, el de talla más reducida de entre todos los ponis griegos, vive desde hace siglos en la montañosa isla de Skyros en estado semisalvaje. Desde siempre ha sido empleado en los meses de verano como poni de trabajo en labores agrícolas y como poni de carga, siendo soltado de nuevo en las montañas al llegar el invierno. Las duras condiciones de la isla no sólo explican la poca talla de estos ponis, sino también su sobriedad y tenacidad. El proceso de mecanización de la agricultura se hizo patente en la isla a partir de 1970, haciendo perder importancia a esta antigua raza, lo que la llevó al borde de la extinción ante la falta de interés por su cría. Actualmente la Universidad de Thessaloniki lleva a cabo un programa de cría para preservar su existencia.

Spiti

Características: Poni de montaña robusto y compacto. Cabeza expresiva de tamaño medio con ojos astutos,

perfil recto, orejas pequeñas y puntiagudas y abundante tupé. Cuello corto y robusto con abundantes crines, espalda fuerte y musculosa, cruz plana, tronco profundo con costillares bien arqueados, dorso corto y fuerte, y buenos cuartos traseros musculosos, con una tupida cola. Extremidades firmes y cortas con articulaciones marcadas y duros cascos redondos. Sobre todo tordos y tordo-peceños; más raramente alazanes. Alzada de unos 122 cm.
Distribución: India, en el límite con Nepal y los estados himalayos de Pakistán, Cachemira, Nepal, Sikkim y Bután.
Aptitudes: Sobrio, inquebrantable, extraordinariamente adaptado a las extremas condiciones ambientales de la cordillera del Himalaya y con paso muy seguro por laderas y veredas. Poni de silla y carga con tendencia innata al paso portante y al *tölt.*
Historia de cría: Su nombre se debe a su estrecha patria de origen, el macizo de Spiti, en el distrito de Kangra, en la cordillera del Himalaya. Este descendiente del caballo salvaje mongol sigue siendo criado en su región de origen por la etnia Kanyat en aisladas manadas de cría. Desgraciadamente, para mantener su reducida talla, su sobriedad y su gran resistencia, se mantiene en unas condiciones de consanguinidad demasiado acusadas. Los criadores suelen tener entre tres y seis yeguas que suelen parir por primera vez a la edad de cuatro años. Las yeguas y sus potros se alimentan por sí mismos, debiendo sobrevivir con los escasos pastos que la dura región montañosa les ofrece. El Spiti está tan extraordinariamente adaptado a las alturas y al clima de su región de origen, que en territorios a menor altitud y con clima más cálido su salud se resiente.

Sztumsky (Stuhm)

Características: Caballo de sangre fría medianamente pesado del tipo del Ardenés. Sobre todo alazanes y castaños. Alzada de unos 160 cm.
Distribución: Polonia, al noreste, cerca del delta del Vístula, en las proximidades de las ciudades de Stuhm, Marienburg y Danzig.
Aptitudes: Sobrio, duro, fiel y robusto caballo de tiro con temperamento tranquilo y buen carácter.
Historia de cría: El semental fundador de la raza parece haber sido un semental sin nombre conocido, nacido en la región en torno a la ciudad de Stuhm, y que probablemente fue un Ardenés francés. Al desarrollo de la raza también han contribuido las razas Ardenés sueco, Jutlandés, Gudbrandsdal, Belga de sangre fría y Ermlandés.

Trotón Døle

Características: Este trotón de sangre fría es el hermano más vistoso y ligero del Døle Gudbrandsdal, con reconocible influencia de Pura sangre. Cabeza expresiva, de perfil claro y denso tupé, cuello musculoso de longitud media, espalda a menudo recta, tronco robusto con pecho ancho, buena profundidad de cincha y costillares bien arqueados. Dorso largo, grupa musculosa y extremidades enjutas, con pequeños cascos duros y cernejas mínimas. Hermosas crines y cola. Sobre todo castaños, castaño-peceños y castaños oscuros. Alzada de unos 160 cm.
Distribución: Noruega.
Aptitudes: Excelente caballo de enganche con buen paso y trote. Apreciado trotón.
Historia de cría: Este caballo desarrollado a partir del Døle Gudbrandsdal a

finales del siglo XIX, debe su existencia al entusiasmo de los noruegos por las carreras de trotones. Las excepcionales condiciones naturales para el trote del Døle fueron seleccionadas mediante una atenta cría, y mejoradas mediante el cruce con los mejores trotones de Suecia e Inglaterra. Sobre todo el Trotón Norfolk *King Tom,* por *Young Fire-King,* nacido en 1871 en Inglaterra, alcanzó a través de su descendencia una gran importancia. El estado noruego apoyó la cría desde 1875 mediante la creación de pistas de carreras para trotones. Desde 1941 existe un libro de cría para el Trotón Døle. Los sementales deben superar una prueba de rendimiento recorriendo al trote algo más de 1 km (0,6 millas) en menos de 3 minutos.

ÍNDICE DE RAZAS

Los números de página en **negrita** remiten a las razas con fotografía, y los números en *cursiva* a las razas sin fotografía.

DIRECCIONES NACIONALES

Asociación de Criadores de Caballos
de Pura Raza Española
Trajano, 2
41002 SEVILLA
Tel. 95 456 20 11

Asociación de Criadores de Caballos
de Pura Raza Española
Hermosilla, 20
28001 MADRID

A.N.C.C.E., Asociación Nacional
de Criadores de Caballos de P.R.E.
Cortijo de Cuarto (Cortijo Viejo)
41014 BELLAVISTA (Sevilla)
Tel. 95 468 92 60 –
Fax 95 469 03 27

Asociación Aragonesa de Criadores
de Caballos de P.R.E.
Apartado de Correos 89
22080 HUESCA
Tel. 974 21 19 32 – Fax 974 22 27 62

"ES CAVALL"
Asociación Balear de Criadores
y Propietarios de Caballos P.R.E.
Miguel de los Santos Oliver, 7 bajo izqda.
07011 PALMA DE MALLORCA
Tel. 971 77 73 27 – Fax 971 45 32 32

Asociación de Criadores de Caballos
de P.R.E. de Euskadi
Amadeo Deprit, 4
48006 BILBAO
Tel. 94 411 33 00 – Fax 94 411 37 21

Asociación de Criadores de Caballos
Españoles de Galicia
Recinto Ferial, s/n. Apartado 26
36540 SILLEDA (Pontevedra)
Tel. 986 58 00 50 – Fax 986 58 08 65

Asociación de Criadores de Caballos
de Razas Puras de la Región de Murcia
Apartado de Correos 4197
30080 MURCIA
Tel. 968 26 49 60
Fax 968 24 64 12

Asociación de Criadores de Caballos
de P.R.E. en Córdoba
Pl. de Colón, 21, 1º 2ª
14001 CÓRDOBA
Tel. y Fax 957 48 53 33

ASOCAMPRE
Asociación Castellano-Manchega
de Criadores de Caballos de P.R.E.
Albarderos, 16
02004 ALBACETE
Tel. 967 33 01 04 / 965 92 80 29
Fax 965 92 89 94

A.O.C.C.E.
Asociación Onubense de Criadores
de Caballos de P.R.E.
Avda. Martín Alonso Pinzón, 7, 2º
21003 HUELVA
Tel. 959 28 15 16 - Fax 959 25 20 69

Asociación de Criadores-Ganaderos
de Caballos de Cataluña
Palacio Fivaller - Pl. Sant Josep Oriol, 4
08002 BARCELONA
Tel. 93 301 16 36 / 93 301 17 40
Fax 93 317 30 05

Asociación de Criadores de Caballos
de P.R.E. de la Comunidad Valenciana
Profesor Beltrán Báguena, 4, desp. 105-B
Edificio Trade Center
46009 VALENCIA
Tel. y Fax 96 348 87 54

A.S.C.C.P.R.E.
Asociación Sevillana de Criadores
de Caballos de P.R.E.
Trajano, 2
41002 SEVILLA
Tel. 95 456 20 11

A.E.C.C.P.R.E.
Asociación Extremeña de Criadores
de Caballos de P.R.E.
Mercado Regional de Ganados
Ctra. Madrid-Lisboa
10200 TRUJILLO (Cáceres)
Tel. 927 32 27 29 - Fax 927 32 27 29

E.S.P.A.C.A.N.
Asociación Regional de Criadores
de Caballos de P.R.E. de Cantabria
Avda. Parayas, 54
39600 MALIAÑO (Cantabria)
Tel. 942 26 15 58

A.C.C.A.
Asociación de Criadores de Caballos
de Aragón
Camino del Río, s/n
50430 MARÍA DE HUERVA
(Zaragoza)
Tel. 976 12 43 14 / 607 87 40 34

A.N.A.C.C.E.
Asociación Navarra de Criadores
de Caballos de P.R.E.
San Bartolomé, 43
31340 MARCILLA (Navarra)
Tel. 948 33 06 17 / 948 22 01 79

A.C.C.P.R.E.C.
Asociación de Criadores de Caballos
de P.R.E. de la Provincia de Cádiz
Santo Domingo, 11
11405 JEREZ DE LA FRONTERA
(Cádiz)
Tel. 956 34 06 55

Excmo. Sr. General Jefe
de Cría Caballar
Paseo de Extremadura, 445
28014 MADRID

FEDERACIÓN HÍPICA ESPAÑOLA
Pl. Marqués de Salamanca, 2
28006 MADRID
Tel. 91 577 78 92 / 91 577 80 56
Fax 91 575 07 70

FEDERACIÓN HÍPICA ANDALUZA
Adriano, 25, 1º izq.
41001 SEVILLA
Tel. 95 421 81 46 -
Fax 95 456 16 33

FEDERACIÓN HÍPICA ARAGONESA
Edificio Kasán
Padre Marcellán, 15
50015 ZARAGOZA
Tel. 976 73 09 04
Fax 976 73 06 08

FEDERACIÓN HÍPICA ASTURIANA
Ezcurdia, 194
33203 GIJÓN (Asturias)
Tel. 98 533 77 06 - Fax 98 513 12 82

FEDERACIÓN HÍPICA BALEAR
Joan Miró, 17, 1º Apto. B
07015 PALMA DE MALLORCA
Tel. 971 45 67 29 -
Fax 971 45 67 44

FEDERACIÓN HÍPICA CANARIA
Trasera Res. C.H. Atalaya
Hoya del Camello
38297 LA LAGUNA (Tenerife)
Tel. 922 25 66 01 - Fax 922 63 01 81

FEDERACIÓN HÍPICA CÁNTABRA
Edificio Federaciones
San Fernando, 48
39002 SANTANDER
Tel. y Fax 942 31 36 78

FEDERACIÓN HÍPICA
CASTILLA-LA MANCHA
Cristo de la Luz, 16
45080 TOLEDO
Tel. y Fax 925 25 17 77

FEDERACIÓN HÍPICA
CASTILLA-LEÓN
Pl. Martí y Monsó, 10
47001 VALLADOLID
Tel. 983 37 18 21
Fax 983 33 00 45

FEDERACIÓN HÍPICA CATALANA
Avda. Josep Tarradellas, 40
08029 BARCELONA
Tel. 93 430 90 53
Fax 93 430 90 54

FEDERACIÓN HÍPICA EXTREMEÑA
Grupos José Antonio, 20
Apartado de Correos 946
06005 BADAJOZ
Tel. y Fax 924 22 15 12

FEDERACIÓN HÍPICA GALLEGA
Príncipe, 43
36202 VIGO (Pontevedra)
Tel. 986 22 43 49
Fax 986 22 43 87

FEDERACIÓN HÍPICA MADRILEÑA
Alcántara, 49-51
Edificio de Fed. Deportivas C.A.M.
28018 MADRID
Tel. 91 477 72 38
Fax 91 477 82 58

FEDERACIÓN HÍPICA MURCIANA
Almanara, 8, bajo
Asociación Prohípica de Murcia
30004 MURCIA
Tel. 968 29 06 11
Fax 968 29 08 34

FEDERACIÓN HÍPICA NAVARRA
Paulino Caballero, 13
31002 PAMPLONA (Navarra)
Tel. 948 22 74 75
Fax 948 42 78 35

FEDERACIÓN HÍPICA RIOJANA
Gonzalo de Berceo, 2-4, entlo., 14
Apartado de Correos 433
26006 LOGROÑO (La Rioja)
Tel. 94 125 82 52
Fax 94 123 27 87

FEDERACIÓN HÍPICA VALENCIANA
Centro del Deporte
Pl. San Nicolás, 2
46001 VALENCIA
Tel. 96 386 50 47
Fax 96 386 50 49

FEDERACIÓN HÍPICA VASCA
Alameda de Urquijo, 28
48004 BILBAO (Vizcaya)
Tel. 94 473 48 95
Fax 94 473 50 70

RELACIÓN DE GANADEROS INSCRITOS EN LA A.N.C.C.E.

AGRÍCOLA GUZMÁN, SA
Avda. San Francisco Javier, s/n
Edificio Sevilla 2, planta 3ª,
módulo 7
41005 SEVILLA
Tel. 95 465 95 36
Fax 95 465 95 36
Director Técnico: J. Nieto Benítez

AGRÍCOLA PERALTA
Larga, 48
41130 PUEBLA DEL RÍO
(Sevilla)
Tel. 95 577 12 12
Gerentes: Ángel y Rafael Peralta
Pineda

AGRÍCOLA SAN ÁLVARO, SL
José Pacheco López de Morla
Paseo Colón, 14
41001 SEVILLA
Tel. 95 422 20 95

AGRÍCOLA VALVI, SA
Pl. Nueva, 8 – B
41001 SEVILLA
Tel. 95 450 28 58
Fax 95 450 37 20

AGROGANADERA
LAS GORDILLAS, SA
Isabel Gómez Sequeira
Concha Espina, 47, 3º
28016 MADRID
Tel. 91 564 91 13 / 608 02 31 20

AGROPECUARIA
DEL ESTE, SA
Finca El Pedroso
Ctra. Jerez-Medina, km 24
CÁDIZ
Tel. 956 83 22 31

AGROPECUARIA EL ANCLA
Antonio F. González Sánchez
- Finca Canteruela
Ctra. Nac. Cádiz-Málaga, km 50
VEJER DE LA FRONTERA
(Cádiz)
Tel. 956 23 25 61 / 608 65 46 22
- Finca El Ancla
Calle B. Las Lapas. Tucacas
VENEZUELA
Tel. 042 83 03 73
Oficina: 041 33 39 60
041 33 49 60

AGROPECUARIA LARIOS, SA
Yeguada Larios
Gisela Rexroth Silving
Ctra. Jerez-Algeciras, km 59
11180 ALCALÁ DE LOS
GAZULES (Cádiz)
Tel. 956 42 05 95
Fax 956 41 31 70
e-mail: agrop.larios.sa@ctv.es

AGROPECUARIA LAS
HOCES, SL
Yeguada La Espuela
Finca El Hornillo
Ctra. Arcos-El Bosque, km 12
CÁDIZ
Tel. 956 71 20 21
607 14 54 83

AGÜERO TORRECILLA,
Francisco
Partida Alberca, s/n
03530 LA NUCIA (Alicante)
Tel. 96 587 02 84
689 86 20 92

ÁGUILA LÓPEZ, Francisco del
Ganadería Alhamilla
Avda. Estación, 26, 2º N
04006 ALMERÍA
Tel. 950 26 23 70
950 26 20 83

AGUILAR GARCÍA, Antonio
Colón, 5
41440 LORA DEL RÍO (Sevilla)
Tel. 95 580 30 76

AGUILERA MORENO, Manuel
Capitán Gaspar Ortiz, 14
03201 ELCHE (Alicante)
Tel. 96 543 60 06
96 543 61 41

AGUIRREZÁBAL RANILLA, Pedro
Avda. Olarambe, 18
01194 MENDIOLA (Álava)
Tel. 630 071 044 / 945 14 84 15

ALARCÓN DE LA LASTRA Y DOMÍNGUEZ, HDROS. de Joaquín Conde de Gálvez
Pl. de Cuba, 5, 7º C
41011 SEVILLA
Tel. 95 427 19 40 / 607 653 213
e-mail: valjimeno@svq.servicom.es

ALBA AYALA, Hdros. de Francisco
Pl. de Cuba, 9, 4º
41011 SEVILLA
Tel. 95 427 19 94

ALBA BÉTERE, César
Ciudad de Ronda, 4, 1º
41004 SEVILLA
Tel. 95 442 38 96

ALBA ROMEU, Antonio
Ctra. de Cubelles, 25-27
08800 VILANOVA I LA GELTRÚ (Barcelona)
Tel. 93 815 50 00

ALGAIDA
Ctra. Carmona-Dos Hermanas, km 28,2
Apartado de Correos 11
41410 CARMONA (Sevilla)
Tel. 95 419 60 52 / 639 34 34 74
Fax 95 414 44 18

ALMANSA RODRÍGUEZ, José
Finca Vista Alegre
Ctra. San Juan del Puerto-Niebla, km 72
SAN JUAN DEL PUERTO (Huelva)
Tel. 959 35 66 00

ALORA, SA
Gerente: Luis Alonso Polo
Finca Torrecilla del Río
37170 SAN PEDRO DEL VALLE (Salamanca)
Tel. 923 32 04 69

ÁLVAREZ PÉREZ, Roser
Prat de la Riba, 5, 2º 1ª
43700 EL VENDRELL (Tarragona)
Tel. 977 66 43 96
608 74 71 71

AMANTE MADRID, Manuel
Apartado de Correos 328
03600 ELDA (Alicante)
Tel. 96 538 84 27

AMARILLO PARRA, Antonio
Finca La Algamasilla
Camino de Navahonda
EL PEDROSO (Sevilla)
Tel. 95 595 41 98
95 421 70 07

ANDIC ERMAY, Nahman
August Font i Carreras, 51-53
08950 ESPLUGUES DE LLOBREGAT (Barcelona)
Tel. 93 372 11 44

ANDRADA VANDERWILDE Y BARRAUTE, Francisco
Pl. Siete Revueltas, 4
41620 MARCHENA (Sevilla)
Tel. 95 584 62 80
Fax 95 484 32 72

AQUILINO HERMANOS
Ctra. de Arévalo, 15
40196 SEGOVIA
Tel. 921 43 73 86

ARANDA ALCÁNTARA, Gregorio
Ctra. de la Isla Menor, km 2,8
41700 DOS HERMANAS (Sevilla)
Tel. 95 566 82 88

ARENAS ROSA, Felipe
Finca Casablanca
Dtor.: Bonifacio Arenas Ramírez
Ctra. Picanya, 6-Z
46900 TORRENT (Valencia)
Tel. 96 155 95 59 / 96 155 34 38

ARGÜESO PIÑAR, Gonzalo
Pl. Ruiz de Alda, 5, 5º B
41004 SEVILLA
Tel. 607 57 11 22
95 442 46 84

ARPA VILLALONGA, Pedro
Pº General Mendoza, 1, 2ª planta
17002 GIRONA
Tel. 972 20 83 30
Fax 972 20 58 29

ARROBA GANADERÍA
Fincas Mas Mateu
17100 SANT CLIMENT DE PERALTA (Girona)
Tel. 606 36 36 73 / 972 63 40 10
Fax 972 63 42 52
e-mail: atstudfarm@arrobaganadería.com

ASENCIO ALONSO, Francisco
Morón, 18
41600 ARAHAL (Sevilla)
Tel. 95 484 02 75
95 584 19 90

ASTARLOA SORDO, Ildefonso
Avda. San Luis, 97
28033 MADRID
Tel. 608 60 74 36

BAIARDI, Gianfranco
Rio Salto, 113
SAVIGNANO SUL RUBICONE
FORLI 47039
(Italia)
Tel. 07 39 541 94 44 69
Fax 07 39 541 94 14 66

BALLESTEROS MORCILLO, Jesús
Héroes de Toledo, 43
14800 PRIEGO DE CÓRDOBA (Córdoba)
Tel. 957 54 01 42
957 55 31 59

BAONES GONZÁLEZ, Misael
Perulero, 16
21350 ALMONASTER LA REAL (Huelva)
Tel. 959 14 31 73

BARROSO DE LA PUERTA, Enrique
Avda. de la Borbolla, 51, 1º B
41013 SEVILLA
Tel. 95 423 49 27
667 47 16 39
Fax 95 423 49 28

BARROSO PERALES, José
Guadiana, 27
28002 MADRID
Tel. 91 431 60 41

BAYO CHIVA, César
Pl. de España, 10, 8º
12200 ONDA (Castellón)
Tel. 964 60 49 67
610 44 90 84

BAYO SÁNCHEZ, Javier
Finca La Rosa
GIBRALEÓN (Huelva)
Tel. 959 28 28 76
629 594 131

BENÍTEZ-CUBERO PALLARÉS, José
Cortijo Los Ojuelos
41620 MARCHENA (Sevilla)
Tel. 95 595 11 29 / 95 595 12 93/ 689 88 07 35

BENÍTEZ MORENO, Hnos.
Avda. Portugal, 1
41410 CARMONA (Sevilla)
Tel. 95 414 14 04
Part.: 95 414 11 64
Finca: 95 595 36 88

BERMEJO ASTARLOA, J. José
La Mocha, 1
40370 TURÉGANO (Segovia)
Tel. 921 50 03 69
921 50 01 30

BERNAD TE HENNEPE "DEN VINKENBURG"
Misterstraat, 44
7126 CE BREDEVOORT (Holanda)
Gerente: Jolanda Venema
Tel. y Fax 00 31 543 451 108 / 00 31 543 452 100

BERTOLÍN BLASCO, Manuel
Naturalista R. Cisternes, 2
46010 VALENCIA
Tel. 96 132 04 33 / 96 360 32 55

BESADA MARTÍNEZ, Guillermo
Pumar, 24
36992 SAMIEIRA (Pontevedra)
Tel. 986 74 15 14

BLASCO CAETANO, Rafael
Avda. Bonanza, 2, 1º dcha.
41012 SEVILLA
Tel. 95 461 65 10 / 608 85 08 46

BLASCO VILLA, Javier
Zapateros, 2
05200 ARÉVALO (Ávila)
Tel. 91 830 05 00

BOCANEGRA PÉREZ, SL
Juan Luis Bocanegra
Pl. San Agustín, 13
41003 SEVILLA
Tel. 95 453 93 18

BOHÓRQUEZ ESCRIBANO, Fermín
Parque Avenida, Edif. Jerez, 74, 1º
11405 JEREZ DE LA FRONTERA (Cádiz)
Tel. 956 18 45 79 / 956 18 45 83
Fax 956 18 46 03

BOHÓRQUEZ GARCÍA DE VILLEGAS, Miguel
Avda. del Limonar, 14
11401 JEREZ DE LA FRONTERA (Cádiz)
Tel. 956 30 78 93

BOHÓRQUEZ MARTÍNEZ, Ángel
Urb. El Bosque – Edif. Sydonia, 2º A
11405 JEREZ DE LA FRONTERA (Cádiz)
Tel. 956 32 02 69

BOLUFER CAPÓ, Vicente
Pl. Rey Jaime I, 11
03720 BENISSA (Alicante)
Tel. 96 557 03 02 / 96 573 18 32

BONFILL FÀBREGUES, José
Partida San Bernabé, s/n
Apartado 41
43590 JESÚS –Tortosa- (Tarragona)
Tel. 977 58 09 52 / 977 58 07 93

BORAO ALTUNA, Domingo
Cosme Echevarrieta, 15
48009 VIZCAYA
Tel. 94 424 74 58 / 609 41 35 99

BORRAYO ROMO, Rogelio
Senderos de los Pinos, 40
Conjunto Aragón. Puerta de Hierro
45110 ZAPOPÁN (México)
Tel. 00 52 3834 06 59

BOSCH FRANCH, Esteban
Yeguada Can Boada
Rotes, 48
17820 BANYOLES (Girona)
Tel. 972 57 03 09

BRAVO MARTÍNEZ, Ignacio
Finca La Morera
06370 BURGUILLOS DEL CERRO (Badajoz)
Tel. 608 92 75 50 / 924 55 88 27

CABALLOS DEL UNO, SL
Ctra. Les Franqueses-L'Ametlla, km 1,8
08520 LES FRANQUESES DEL VALLÈS (Barcelona)
Tel. 93 846 80 52 / 609 55 55 69
Director gerente: Juan Font

CÁCERES GRANJA, Manuel
Candilejo, 7
41004 SEVILLA
Tel. 95 422 83 71 / 95 422 70 49

CALDERÓN PÉREZ, José
Avda. Alcalde Narciso Martín Navarro, 71
21400 AYAMONTE (Huelva)
Tel. 959 47 16 70
639 18 45 41
670 63 51 41

CALVO, Clotilde
Pº del Pintor Rosales, 10
28008 MADRID
Tel. 91 715 24 35

CAMACHO BENÍTEZ, Hnos.
Martín Belda, 2
14940 CABRA (Córdoba)
Tel. 957 52 00 51

CAMACHO RIVERA, Roberto
Balbuena, 4
13300 VALDEPEÑAS
(Ciudad Real)
Tel. 926 32 26 40 / 926 32 03 71

CÁMARA YSERN, Rocío de la
Avda. República Argentina, 16
41011 SEVILLA
Tel. 95 427 23 59

CANO GARCÍA, José Cruz
Fortuna, 20, 4º C
03340 ALBATERA
(Alicante)
Tel. 96 667 80 71
608 96 63 86

CAPELO BLANCO, Rosa
Zacarías Homs, 3, chalet 2
28043 MADRID
Tel. 91 759 99 87
Finca Hacienda Vadillo
CARMONA (Sevilla)
Tel. 609 26 48 98

CÁRDENAS, M. Ángel de, SL
Santa Florentina, 20
41400 ÉCIJA (Sevilla)
95 483 10 62

CÁRDENAS OSUNA, Pedro de
YEGUADA PEDRO DE
CÁRDENAS
Ancha, 4
41400 ÉCIJA (Sevilla)
Tel. 95 483 01 33

CÁRDENAS SÁNCHEZ, Hnos.
Jerez, 48
41770 MONTELLANOS
(Sevilla)
Tel. 95 487 52 36

CARMONA URQUIZA, J. Inés
Finca La Ventolera
Ctra. Zaidín-Armilla
Apartado 11078
18080 GRANADA
Tel. 958 13 39 27

CARRERO MORALES, J. María
Zaragoza, 49
21600 VALVERDE DEL
CAMINO (Huelva)
Tel. 689 64 89 95 / 959 55 10 76

CASANUEVA CAMINS, Manuel
Moralzarzal, 41
28034 MADRID
Tel. 91 734 01 74

CASELLES SERRA, Miguel
Ctra. Arneva, km 1
03300 ORIHUELA (Alicante)
Tel. 610 40 31 33 / 96 530 17 56

CASTELLÓ PUCHOL, Vicente
Mercado, 2
12520 NULES (Castellón)
Tel. 96 467 02 00

CEJUDO SUERO, Juan Antonio
Ramón y Cajal, 69
41510 MAIRENA DEL ALCOR
(Sevilla)
Tel. 95 594 24 14 / 95 574 63 75

CENSYRA
Ctra. San Vicente, s/n
Apdo. de Correos 15 – BADAJOZ
Tel. 924 27 19 18
Encargado: R. Calero Carretero

CHEMTROL ESPAÑOLA, SA
Finca El Cabril
06260 MONESTERIO (Badajoz)
Tel. 924 51 68 52 / 91 416 90 12
Dtor. técnico: Pedro Molina López

CHINCHILLA RODRÍGUEZ,
Domingo
Avda. Divina Pastora, 9, Bajo C
18012 GRANADA
Tel. 677 53 71 99 / 958 28 09 50
Fax 958 28 09 54
e-mail: domch@teleline.es

CID CEBRIÁN, José Ramón
Dámaso Ledesma, 18
37500 CIUDAD RODRIGO
(Salamanca)
Tel. 923 46 05 77

CLUB DEL CABALLO
Eva Mª Palomino Miranda
Vendrell, 2, 2ª Pta., 11-12
43840 SALOU (Tarragona)
Tel. 977 52 21 81

COLLADO SOBRADO, Adrián
Hacienda Cerro Grande, SA
PARAÍSO-CÁRTAGO
(Costa Rica)
Tel. y Fax 00 506 57 47 208

COLORADO LÓPEZ, José
San Antonio, 29
41420 FUENTES DE
ANDALUCÍA
(Sevilla)
Tel. 95 483 72 36 / 95 595 31 26

COLORADO RAMÍREZ, José
San Juan de Dios, 22, 2º 2ª
43820 CALAFELL (Tarragona)
Tel. 977 69 22 78 / 629 92 71 27

CONDADO DE MEDINA Y
TORRES
Josefina Pérez-Bejarano Delgado
Fernando A. Fernández de Tejada
y Pérez-Bejarano
Dehesa Doña Elvira
06330 VALENCIA DEL
VENTOSO (Badajoz)
Tel. 924 56 25 33

CONDE GALLARDO, Rafael
Calvo Sotelo, 31
06443 CAMPILLO DE
LLERENA (Badajoz)
Tel. 924 77 01 78 / 924 77 01 09
/ 670 73 46 39
Director técnico: Francisco Javier
Conde Cerrato

CORAL FLORES, Raimundo
República Argentina, 35, A 1º
41011 SEVILLA
Tel. 95 428 60 11

CORTÉS DE LA ESCALERA,
Mª Dolores
República Argentina, 16
41011 SEVILLA
95 427 00 49

CORTÉS GARCÍA, Salvador
Pl. Constitución, 12, 1º B
29640 FUENGIROLA
(Málaga)
Tel. 95 247 43 95 / 696 90 21 35

CORTIJO DESGARRAHATOS, SA
Ctra. N-331, km 135
ANTEQUERA (Málaga)
Tel. 95 222 48 84
Encargado: Francisco J. Artillo
Cano

CORTIJO MIRAMONTES, SA
Soledad, 16
41240 TOCINA (Sevilla)
Tel. 95 474 01 97 / 95 573 16 64
Gerente: Manuel Montero Zafra

CRESPO GONZÁLEZ, Hnos.
La Palmera, 19
14006 CÓRDOBA
Tel. 957 27 11 19
Dtor. técnico: J. Manuel Crespo

CRUCES MORILLO, José Mª
Pº del Limonar, 11, blq. 1, 1º B
29016 MÁLAGA
Tel. 95 221 47 53

DEHESA CABEZA RUBIA
San Martín de Porres, 12
28035 MADRID
Tel. 91 547 44 00 / 386 30 22
Gerente: Ramón Martín
Hernández-Cañizares

DEHESA DE YEGUAS, S.C.A.
Gerard Brenan, 20
29004 MÁLAGA
Tel. 95 223 99 59
Encargado: Fco. Álvarez Aranda

DEHESA "LA GRANJA", SA
Encarnación, 4, bajo izq.
28013 MADRID
Tel. 91 548 93 73 / 609 42 80 05

DELGADO DE LA FUENTE, Alejandro
Mendi Alde
48530 ORTUELLA
(Vizcaya)
Tel. 94 664 18 57

DÍAZ APERADOR, Aurelio
Enric Borràs, 20
08820 EL PRAT DE LLOBREGAT (Barcelona)
Tel. 93 379 04 87

DÍAZ GONZÁLEZ, Hnos.
Finca Torrepalma
41110 BOLLULLOS DE LA MITACIÓN (Sevilla)
Tel. 95 576 52 10

DÍAZ GUERRA, Ginés
Federico García Lorca, 1
41220 BURGUILLOS
(Sevilla)
Tel. 95 573 85 90
Gerente: Hipólito Díaz Delgado

DÍAZ NAVARRO, Juan
Cortijo Ardón
23760 ARJONA (Jaén)
Tel. 953 52 31 84

DIOSDADO GALÁN, Antonio
Santo Domingo, 11
11405 JEREZ DE LA FRONTERA (Cádiz)
Tel. 956 34 06 55

DOLGARENT, SA
Manuel Pérez Arévalo
Hacienda Oromana
Avda. Portugal, s/n
Apartado de Correos 126
41500 ALCALÁ DE GUADAIRA
(Sevilla)
Tel. 95 568 21 84

DOMECQ BOHÓRQUEZ, SA
Pl. Angustias, 9
11402 JEREZ DE LA FRONTERA
(Cádiz)
Tel. 956 34 85 17
Fax 956 34 02 30

DOMECQ ROMERO, Álvaro
Recreo "El Paquete"
JEREZ DE LA FRONTERA
(Cádiz)
Tel. 956 31 47 47

DOMECQ ZURITA, Blanca
Apartado de Correos 310
11480 JEREZ DE LA FRONTERA (Cádiz)
Tel. 956 16 14 60

DOMÍNGUEZ CARO, Manuel
Avda. Madrid, 76, 2º 1ª
11550 CHIPIONA (Cádiz)
Tel. 956 37 34 03
670 82 32 04

DOMÍNGUEZ GALIANO, Antonio
Avda. Ramón de Carranza, 8
Edif. Presidente. Portal B-3, 10º A
41011 SEVILLA
Tel. 639 72 40 41
95 445 11 45
95 428 46 10

DONOSO PADILLA, Luis Carlos
Cataluña, 44
29009 MÁLAGA
Tel. 95 230 78 08

DURÁN GALLARDO, José Manuel
Los Remedios, 43
Apartado de Correos 22
11150 VEJER DE LA FRONTERA (Cádiz)
Tel. 956 45 03 31
689 71 98 77

EKLUND, Gert Tommy
Finca El Roblejar
Apartado de Correos 57
29680 ESTEPONA (Málaga)
Tel. 95 211 36 80 / 95 280 20 75

EL ESPARRAGAL, SA
Finca El Esparragal
Ctra. N-630, km 795
41860 GERENA (Sevilla)
Tel. 95 578 27 27
Fax 95 578 34 30

EMBARBA DE FRUTOS,
Aniceto
Urb. Guadalmar
Fresnos, 26 (Los Lagos)
29006 MÁLAGA
Tel. 95 223 39 67
Fax 95 232 40 22

ENGEL, Peter
Yeguada Los Pavos Reales
Posfach, 3
D 56290 BELTHEIM (Alemania)
Tel. 07 49 67 62 14 10
Fax 07 49 67 62 14 09
www.cartujano.de

ERQUICIA GUARDIOLA,
Alfredo
Cortijo Jedulilla
11630 ARCOS DE LA
FRONTERA (Cádiz)
Tel. 956 72 20 51

ESCALERA DE LA ESCALERA,
José Luis
General Armero, 85
41420 FUENTES DE
ANDALUCÍA (Sevilla)
Tel. 95 483 71 65 / 95 441 29 41

ESCALERA DE LA ESCALERA,
Mª Fernanda
Habitat, 71, 1, 2º 6ª
41007 SEVILLA
Tel. 95 451 47 39 / 95 483 73 22
608 15 03 57

ESCALONA PUEYO, José Ángel
Vicente Campo, 9, 2 E, 1º A
22002 HUESCA
Tel. 974 21 19 32 / 974 22 27 62

ESCOBAR, Hros. de José María
Mauricio Soler Escobar
Artesanía, 28, 2º 3ª
Parque Industrial P.I.S.A.
41927 MAIRENA DEL
ALJARAFE (Sevilla)
Tel. y Fax 95 418 48 26

ESPEJO CASADO, Francisco
Pl. Nueva, 6
14900 LUCENA (Córdoba)
Tel. 957 50 19 22 / 957 50 28 21

ESPINA NOGUERAS, Hnos.
Juan Espina Nogueras
Guadalquivir, 1
41700 DOS HERMANAS
(Sevilla)
Tel. 95 566 55 76 / 95 472 12 92

ESTEBAN RUIZ, Iván
AGROTOVE, SA
Cea Bermúdez, 6, 12º D
28003 MADRID
Tel. 91 535 09 64 / 91 445 90 97

EXAGA, S. COOP. AND.
Manuel Roldán Sánchez
Rosario, 6
41520 EL VISO DEL ALCOR
(Sevilla)
Tel. 95 574 10 25

EXPASA AGRICULTURA Y
GANADERÍA, SA
Capitán Vigueras, 1, 2º C
41004 SEVILLA
Tel. 95 498 91 88

FARRIOLS CALVO, Rafael
Can Martí de la Pujada, 9-10
08310 ARGENTONA
(Barcelona)
Tel. 93 797 05 16 / 629 76 63 83

FERNÁNDEZ-DAZA
FDEZ. DE CÓRDOVA,
Francisco
Reina Victoria, 13
06200 ALMENDRALEJO
(Badajoz)
Tel. 924 66 08 68

FERNÁNDEZ DE LA VEGA Y
SEDANO, José María
Pl. del Caudillo, s/n
45870 LILLO (Toledo)
Tel. 925 17 01 65 / 925 19 00 31
Fax 925 17 01 00

FERNÁNDEZ FERNÁNDEZ,
José Mª
Finca El Arrebolado
41710 UTRERA (Sevilla)
Tel. 95 486 02 25
Director técnico: José Ramón
Fernández Villegas

FERNÁNDEZ JIMENA, Hnos.
Pl. de Cavana, 6
29780 NERJA (Málaga)
Tel. 95 252 08 93
95 252 17 33

FERNÁNDEZ MONTES,
Joaquín y José
San Felipe, 15
41410 CARMONA (Sevilla)
Tel. 95 414 08 70

FERNÁNDEZ ORDAS, Aniceto
Cortijo La Corchuela
DOS HERMANAS (Sevilla)
Ofic.: Cervantes, 101
41700 CORIA DEL RÍO
(Sevilla)
Tel. 95 477 01 53

FERNÁNDEZ VÉLEZ, Juan
Del Duque, 38
21600 VALVERDE DEL
CAMINO (Huelva)
Tel. 95 955 00 20

FERRER-ROVIRA, SA
Jaime Ferrer Clapés
Rambla Nova, 4
43004 TARRAGONA
Tel. 977 65 03 31 / 609 73 73 13

FERRERO FIOL, Fausto
Miquel dels Sants Oliver, 7-A izq.
07011 PALMA DE MALLORCA
Tel. 971 45 28 28
Fax 971 45 32 32

FOMENTO GANADERO
EXTREMEÑO, SA, FOGEXSA
Avda. República Argentina,
22 bis, 3º A
41011 SEVILLA
Tel. 95 427 08 88
95 427 09 83

FRAILE GARCÍA, Aquilino
YEGUADA A. FRAILE
Avda. S. Francisco Javier, 13, 4º B
41005 SEVILLA
Oficina: Tel. 95 466 36 49
Finca: 95 474 73 55
Fax 95 466 36 48

FRAILE PELLITERO, Carlos
Ciudad de las Águilas, 1º A, 3º
28030 MADRID
Tel. 91 371 34 79

FRANCO CADENA, José
Finca Santamaría, N-433, km 65
41890 CASTILLO DE LAS
GUARDAS(Sevilla)
Tel. 95 834 22 02

GAINZA ALONSO, José Manuel
Rodríguez Arias, 70
48013 BILBAO (Vizcaya)
Tel. 94 424 21 10 / 94 424 53 61

GALIANO ORIHUELA, Juan
Finca El Ramal
Ctra. Nac. Sevilla-Huelva, km 587
21890 MANZANILLA (Huelva)
Ofic.: Evangelista, 7, blq. C, 1º 7ª
41010 SEVILLA
Tel. 95 741 52 49 / 95 457 75 58

GANADERÍA AGROSUR
Manuel Bajo García
Urb. Colina Blanca, 76
41900 CAMAS (Sevilla)
Tel. 95 595 61 26

GANADERÍA DEL HIERRO
DEL BARCO
José Luis Pérez Cobano
Finca La Lobera, s/n
21510 SAN BARTOLOMÉ
DEL RÍO (Huelva)
Tel. 95 938 75 43 / 654 52 89 81
Fax 95 938 62 97

GANADERÍA DEL HIERRO
DEL CALDERO
Fernanda Mª Martín Domínguez
Urb. La Laguna
Amapola, 30
41928 PALOMARES DEL RÍO
(Sevilla)
Tel. 95 576 30 34 / 656 972 352

GANADERÍA CAMACHO-
GÓMEZ
Rafael Camacho Rueda
Finca Las Candilejas
21200 ARACENA (Huelva)
Tel. 959 50 12 32 / 959 12 60 53

GANADERÍA CRUZ CAMPOY
Gerente: Juan Manuel Cruz
"El Grillo"
Travesal Laguria, 1
21100 PUNTA UMBRÍA
(Huelva)
Tel. y Fax 95 931 26 27
656 95 09 87

GANADERÍA EL CABEZUELO
Andrés Fernández Pérez
Avda. Primero de Mayo, 1
13500 PUERTOLLANO
(Ciudad Real)
Tel. 926 47 73 59
926 47 78 50

GANADERÍA EQUINA P.R.E.
Encarnación Bombillar Expósito
Madrid, 27
18200 MARACENA (Granada)
Tel. 958 40 47 07
Encargado: Miguel Bravo Vega

GANADERÍA HERMANOS AYALA
Emilio Ayala Mateo
Corredera, 29
41710 UTRERA (Sevilla)
Tel. 95 486 04 36 / 639 64 78 26
Gerente: Alberto Ayala Sousa

GANADERÍA HERMANOS CÁNOVAS
Julio y Rafael Cánovas
León XIII, 62, 2º
41009 SEVILLA
Tel. 95 435 11 97 / 616 92 92 74

GANADERÍA HERMANOS MESTRE
Finca El Estribo
Polígono Santa Madrona
08328 ALELLA (Barcelona)
Tel. 93 540 33 53 / 608 59 56 57

GANADERÍA HIPIC-TRESS
Antonio Tresserras Marco
Finca Can Noble. Llerona, s/n
08480 L'AMETLLA DEL VALLÈS (Barcelona)
Tel. 93 843 12 29
Fax 93 237 83 83

GANADERÍA LA ESPUELA
Hdros. de Rebollo Escobar
Director técnico: Fco. Jesús Rebollo Escobar
Atahualpa, 36
41089 DOS HERMANAS-CONDEQUINTO (Sevilla)
Tel. 95 412 20 92

GANADERÍA LAS LUMBRERAS
Director técnico: F. Jacobo Delgado
Fernando IV, 40, 1º B
41011 SEVILLA
Tel. 608 85 05 79 / 95 445 74 28

GANADERÍA TRES CORONAS
Juan Carlos Cordón
Marqués de Monteagudo, 17
28028 MADRID
Tel. 91 361 45 52 / 629 254 999

GANADERÍA VILARIÑO
Román Díaz García
Vilariño, s/n
27619 SARRIA (Lugo)
Tel. 982 53 31 37
982 53 30 97
Fax 982 53 30 17
Director técnico: Enrique Navarro Utrera

GARCÍA DIÉGUEZ LÓPEZ, Miguel
Julio César, 2, 3º dcha.
41001 SEVILLA
Tel. 95 421 56 66

GARCÍA GALACHO, José Manuel
Partida Barranc Salat, s/n
03530 LA NUCIA (Alicante)
Tel. 96 587 84 00
96 597 23 74

GARCÍA ROMERO, Fco. Javier
Urb. El Bosque - Edif. Citrus, 5º A
11405 JEREZ DE LA FRONTERA
(Cádiz)
Tel. 956 30 77 41

GARCÍA VÁZQUEZ, Antonio
Yeguada García-Vázquez
Finca Muragón
23440 BAEZA (Jaén)
Tel. 953 56 01 18

GARRIDO GONZÁLEZ DE RIANCHO, Alberto
Directora técnica: Mª José Andrés Marchena
Virgen de Regla, 15, 2º izqda.
41011 SEVILLA
Tel. 95 428 42 77 / 95 441 61 08
95 594 20 95

GARROCHO RUBIO, Felipe
Urb. La Ramira, parcelas 2 y 3
41530 MORÓN DE LA FRONTERA
(Sevilla)

GIL MARÍN, Jesús y Miguel
Goya, 47
28001 MADRID
Tel. 91 275 98 05

GIL SILGADO, José María
Balbino Marrón, 3
Edif. Viapol puerta A, 5ª planta, mod. 19
41018 SEVILLA
Tel. 95 463 70 72
95 463 06 80

ALLEVAMENTO DEL SOLE DI ALESSANDRA GIOVINETTI
Via A. Manzoni, 14
21047 SARONNO (VA)
(Italia)
Tel. 07 39 296 702 660
07 39 335 803 669

GÓMEZ ÁLVAREZ, Pedro
Fuentes, 9
21550 PUEBLA DE GUZMÁN
(Huelva)
Tel. 959 38 91 04

GÓMEZ CASTRO, Rafael
Yeguada Riofrío
Avda. Fuente del Río, 36
14940 CABRA (Córdoba)
Tel. 608 28 64 02 / 639 79 01 77

GÓMEZ GARCÍA, José
Pl. Era Baja, 1
18200 MARACENA
(Granada)
Tel. 958 42 04 60
Tel. y Fax 958 22 15 06

GÓMEZ MUÑOZ, Manuel
Avda. Cayetano del Toro, 42, entreplanta
11010 CÁDIZ
Tel. 956 25 09 11 / 956 25 75 09
958 22 15 06

GÓMEZ ROBLES, José y Joaquín
Finca Camino Rociero
Platero, 1
21810 PALOS DE LA FRONTERA
(Huelva)
Tel. 608 30 25 31 / 959 53 03 61

GONZÁLEZ BRAVO, José
Parque Nueva Granada, blq. 5, puerta E, 4º C
GRANADA
Tel. 958 34 05 00

GONZÁLEZ DÍEZ, Luis
Rancho La Esperanza
km 315, Ctra. México-Texcoco
91592 LADA (México)
Tel. 07 52 595 107 02
07 52 595 107 01

GONZÁLEZ NARANJO, Hnos.
Francisco González Trigo
Finca Las Higueras, s/n
41806 UMBRETE
(Sevilla)
Tel. 95 443 09 11 / 95 443 05 44
95 571 50 62

GONZÁLEZ ORGAJO, Enrique
San Julián, 14-A
09002 BURGOS
Tel. 947 20 42 31 / 947 20 42 35

GONZÁLEZ PÉREZ, Hnos.
General Palacio, 5
28902 GETAFE (Madrid)
Tel. 91 681 44 74 / 925 70 28 26
Fax 91 682 16 62

GONZÁLEZ SOTO, Carmen
Urb. El Bosque. Edif. Catalpa,
5º C
11405 JEREZ DE LA
FRONTERA (Cádiz)
Tel. 956 30 88 30

GOVANTES OSUNA, Mª
Ángeles
Dehesa Los Recitales
Director técnico: Salvador Martín
Losada
Emilio Castelar, 1
41400 ÉCIJA (Sevilla)
Tel. 95 483 05 06

GRANDA LOSADA, Miguel
Conde Campo Espina
Dehesa Dª Catalina
TRUJILLO (Cáceres)
Tel. 927 49 00 60 / 924 22 07 59
908 80 61 31
Fax 91 547 33 15 / 927 49 00 60
e-mail: grandal@ancce.com
Gerente: José Álvarez Pozal

GRIMMSTAL
Propietario: Thomas Bottecher
Dorf-Strasse, 5
25782 SCHRUM (Holstein)
(Alemania)
Tel. 07 49 483 592 11
07 49 483 582 24

GUARDIOLA DOMÍNGUEZ,
Blanca
Avda. de la Palmera, 55
41013 SEVILLA
Tel. 95 462 36 82
Gerente: Juan de Porres Guardiola

GUARDIOLA DOMÍNGUEZ,
Javier
Ctra. de las Marismas, s/n
41720 LOS PALACIOS (Sevilla)
Tel. 95 595 07 43
Fax 95 595 07 13

GUARDIOLA DOMÍNGUEZ,
Consuelo
San Antonio María Claret, 8
41012 SEVILLA
Tel. 95 461 00 67

GUARDIOLA FANTONI,
Hdros. de Salvador
Pl. Calvo Sotelo, 5
41001 SEVILLA
Tel. 95 422 67 16

GUERRERO CÁCERES,
Fernando
Sagasta, 12
41530 MORÓN DE LA
FRONTERA (Sevilla)
Tel. 95 585 04 37

GUIRADO MARTÍNEZ,
Roberto
YEGUADA GUIRADO
Finca La Plazuela. Urb. Costa
Blanca
08755 CASTELLBISBAL
(Barcelona)
Tel. 93 775 53 12 / 93 203 68 36
Fax 93 307 68 06

GUIRADO Y LARA, SL
Yeguada La Boticaria
Severo Ochoa, 51
41300 SAN JOSÉ DE LA
RINCONADA (Sevilla)
Tel. 95 479 01 77
95 579 32 00

GUTIÉRREZ, José Manuel
YEGUADA LA NAVA
Avda. del Cortijo, 1
29649 MIJAS COSTA (Málaga)
Tel. 95 293 38 61
Gerente: Sebastián Gutiérrez
Perdigones

HACIENDA DEL SOL
1341 INDIAN MOUND TRAIL
Veo Beach, Florida 32963
(USA)
Tel. 00 1 5612 313 777
Rancho: 00 1 561 5679 081
Fax 00 1 561 2311 202

HEARST, Joanne
Finca La Caprichosa
Dehesa Boyal
Ctra. de El Garrobo, km 2,8
41860 GERENA (Sevilla)
Tel. 95 578 20 91

HELGUERA, Constantino
El Verdugal
48192 GORDEXOLA
(Vizcaya)
Tel. 94 679 80 14

HERCE GARCÍA, Teodoro
Cruz, 16
41420 FUENTES DE
ANDALUCÍA (Sevilla)
Tel. 95 483 73 71 / 95 483 75 72

HERNÁNDEZ DAMIÁN, Julio
Yeguada San José
Circunvalación, 6, 5º A
28850 TORREJÓN DE ARDOZ
(Madrid)
Tel. 91 675 36 75

HERNÁNDEZ LÓPEZ, Ramón
Camino de la Balsa, 4
(Granja Ordoño)
30120 EL PALMAR (Murcia)
Tel. 968 88 60 50
609 82 20 06

HERNÁNDEZ MORATA,
Eugenio
Casas Nuevas, Pozo Estrecho
30594 CARTAGENA (Murcia)
Tel. 968 55 64 40

HERNÁNDEZ POZO, Áureo
Juan Espladiu, 12, 14º D
28007 MADRID
Tel. 91 409 62 35

HIGUERA LÓPEZ, Francisco
Aguacate, 50
28044 MADRID
Tel. 91 511 10 00

HÍPICA NOVO SANCTI PETRI
Joaquín Vela Vázquez
Urb. Novo Sancti Petri
11130 CHICLANA (Cádiz)
Tel. 608 85 73 99

HOLGADO CARRERO,
Carolina
Hnos. Mozo, 48
11650 VILLAMARTÍN (Cádiz)
Tel. 956 73 04 68

HUERTO GAENA, SA
Urb. La Peñita
29120 ALHAURÍN EL
GRANDE (Málaga)
Tel. 95 249 09 93
Fax 95 249 03 58
Finca: Huerto Galena
CORIPE (Sevilla)
Tel. 95 595 72 11

JACOBOWSKI, Pedro Ortwin
Conde Eccho y Marienberg
Finca La Huerta de la Peña
11150 LA MUELA DE VEJER
(Cádiz)
Tel. 956 23 25 93
609 563 910

JIMÉNEZ JIMÉNEZ, Hnos.
Urb. Valdeolletas
Pº de los Nardos, 21-A
MARBELLA (Málaga)
Tel. 95 286 11 90
95 282 55 02 / 607 60 60 52

JIMÉNEZ MONTEQUI, Ignacio
Del Palangre, 13
Urb. Bungalacant, 20
03540 CABO DE LAS
HUERTAS (Alicante)
Tel. 96 526 50 92

JUAN MIGUEL MUÑOZ, S.C.
Abad y Sierra, 36, 2º
07800 EIVISSA (Baleares)
Tel. 971 31 73 18 / 971 31 73 65
Gerente: Javier Rodríguez
Vázquez de Tovar

LA BARQUERA, EXP.
AGROP., SA
Director gerente: Valentín Pinilla
Fernández
Viena, 3
10001 CÁCERES
Tel. 927 22 19 99 / 927 22 19 04
927 22 19 08

LABOGAR, SA
Gerente: Xavier Ferrer Puig
Panamá, 22
08034 BARCELONA
Tel. 93 280 04 44

LALO SILES, SA
Ignacio J. Siles
Arrecife, 38
41530 MORÓN DE LA FRONTERA (Sevilla)
Tel. 95 485 08 13

LA PLATA, COMUNIDAD DE BIENES
Ctra. N-IV, km 524,500
Finca El Pino San José
41410 CARMONA (Sevilla)
Tel. 95 468 70 88

LARA MORALES, José
Blas de Otero, 9
41318 VILLAVERDE DEL RÍO (Sevilla)
Tel. 95 573 67 12 / 95 573 61 20

LASTRA RAMOS PAUL, Concepción
Pedro de Valdivia, 19 bis
28006 MADRID
Tel. 91 562 02 28 / 95 421 64 33
924 89 02 15

LAZO DÍAZ, Francisco
Hacienda Lerena
41830 HUÉVAR DE ARAFE (Sevilla)
Tel. 95 475 55 61

LEDESMA DE LA CRUZ, José Manuel
Yeguada Ledesma y Franco
Finca Noguera de la Sierpe
Coto Ríos
23478 CAZORLA (Jaén)
Tel. 953 71 30 21

LEIVA GÓMEZ, José Antonio
Pl. Vaca de Alfaro, 1, bajo
14001 CÓRDOBA
Tel. 957 48 47 96

LEMUS DEL REY, Juan Antonio de
Comte d'Urgell, 268-270, 4º 1ª
08036 BARCELONA
Tel. 93 410 19 26 / 93 419 67 10

LEÓN LORA, Manuel
Yeguada Las Espadas
Condado de Treviño, 2
28033 MADRID
Tel. 91 932 65 68 / 91 766 06 75

LÉRIDA GARCÍA, José Luis
Mariano Vicen, 37, 5º C
42003 SORIA
Tel. 975 22 06 69 / 975 18 04 40

LLOPIS MEVIN, Pilar
Major, 30
46666 RAFELGUARAF (Valencia)
Tel. 96 258 90 16
Gerente: Adolfo Campos Vilar

LLORENTE PÉREZ, Pedro Luis y Carlos
Juan Bravo, 5
40001 SEGOVIA
Tel. 921 46 35 66 / 91 352 27 77
608 91 72 85

LOBO MORENO, Manuel
Avda. de Grecia
Hta. San Gonzalo, 5
41012 SEVILLA
Tel. 95 461 50 50 / 95 461 39 76

LONGO ÁLVAREZ DE SOTOMAYOR, Pedro
Avda. Eduardo Dato, 47, 1º A
41005 SEVILLA
Tel. 95 453 12 74

LÓPEZ GIBAJA, Antonio
Libertad, 20
28100 ALCOBENDAS (Madrid)
Tel. 91 652 18 14

LÓPEZ GUTIÉRREZ, José
Granada, nave 2, polígono Asegra
18210 PELIGROS (Granada)
Tel. 958 12 32 79
95 840 55 60

LÓPEZ MANCEBO, Juan
Ctra. del Negratín, 12
18813 CUEVAS DEL CAMPO (Granada)
Tel. 958 34 22 02

LÓPEZ MARTÍN DE VARGAS, Francisco
Avda. República Argentina, 20, 5º
41011 SEVILLA
Tel. 95 427 27 72

LÓPEZ MÉNDEZ, Rafael
Gustavo Bacarisas, 4, 5º A
41010 SEVILLA
Tel. 95 427 60 61

LÓPEZ PALOMO, Víctor Luis
Cortijo Cámara
18194 CHURRIANA DE LA VEGA (Granada)
Tel. 958 25 77 41

LÓPEZ-ROSADO MARTÍN, Juan Ángel
Berruguete, 7, 2º dcha.
45100 SONSECA (Toledo)
Tel. 925 38 22 22

LOS ADAINES, S.L.
Antonio Gómez Gómez
Finca Los Remedios s/n
21580 CABEZAS RUBIAS (Huelva)
Tel. 959 50 82 34

MALO GARCÍA, Miguel Ángel
Gaudí, 22
43203 REUS (Tarragona)
Tel. 977 31 73 70

MANTEROLA LIZASO, Ignacio
Ganadería Val de Rueita
Finca: Val de Rueita, s/n
50680 SOS DEL REY (Zaragoza)
Tel. 943 37 14 45 / 948 39 80 77
948 39 81 06

MARGARIT GASCÓ, P. Alfredo
Yeguada Marbe
Diego de Riaño, 9
41004 SEVILLA
Tel. 95 441 97 58

MARHUENDA HURTADO, J.
Juan Amo, 4
03640 MONÓVAR (Alicante)
Tel. 96 696 01 89
Fax 96 696 01 19

MARÍN GARCÍA, José Luis
Palos, 7, 5º
21003 HUELVA
Tel. 959 24 09 18

MARQUÉS DE LORENZANA Y HNOS.
Cava, 26
06360 FUENTE DEL MAESTRE (Badajoz)
Tel. 924 53 14 25 / 924 53 03 87

MARQUÉS DE VELILLA
Cortijo La Caridad
Carril El Potril
29670 SAN PEDRO DE ALCÁNTARA (Málaga)
Tel. 95 278 96 54 /
609 60 68 79
Encargado: Óscar Benavente Pérez

MÁRQUEZ MOTA, Luis
Hernán Cortés, 4, 2º
21001 HUELVA
Tel. 959 28 50 28 / 959 28 29 00

MARTÍN LORCA, José Luis
Hotel Ángela. Paseo Marítimo
29640 FUENGIROLA (Málaga)
Tel. 95 247 52 00

MARTÍN MORENO, Francisco
Arroyo, 55, casa 2 – 1º C
41003 SEVILLA
Tel. 95 454 23 22
95 422 60 89

MARTÍN PEREIRA, José
Urb. Torrequinto, 3ª fase, parcela 205
41500 ALCALÁ DE GUADAIRA (Sevilla)
Tel. 95 412 38 83

MARTÍNEZ-BORDÍU FRANCO, Carmen
Apartado de Correos 24
41370 CAZALLA DE LA SIERRA (Sevilla)
Tel. 95 488 45 68
Gerente: Francisco Falcón Carmona

MARTÍNEZ SUAY, Rafael
Finca Caprichosa. Partida Rodonet
46118 NAQUERA
(Valencia)
Tel. 96 212 21 54
96 144 27 71

MARTÍNEZ VICENTE, Miguel
Yeguada El Paraíso
Avda. Valencia, 124
02660 CAUDETE
(Albacete)
Tel. 96 582 58 50

MARTOS LUQUE, Antonio Luis
Antequera, 130
41640 OSUNA (Sevilla)
Tel. 95 481 24 52
95 481 14 84

MATEOS-NEVADO ARTERO, Benito
Espinosa y Cárcel, 59, 5º B
41005 SEVILLA
Tel. 95 464 30 94

MATEU ALMENARA, Magín
Prat de la Riba, 3
43700 EL VENDRELL
(Tarragona)
Tel. 977 66 35 61
977 66 56 12

MATEU GIPPINI, Concha
Yeguada Concha Mar
Fresnedillas de la Oliva
Camino de Navahonda, s/n
MADRID
Tel. 91 898 91 19
609 264 931

MAZA ÍÑIGUEZ, Pedro
Amadeo Deprit, 4
48006 BILBAO
Tel. 94 411 33 00 / 609 40 24 49
Fax 94 411 37 21

MERELLO, VDA. DE TERRY, Isabel
Pl. de los Jazmines, 1
11500 EL PUERTO DE SANTA MARÍA (Cádiz)
Tel. 956 87 16 40-1

MESDAG, D. Klaas
El Hondón
Ctra. Ronda-Sevilla, km 103
Apartado de Correos 161
29400 RONDA (Málaga)
Tel. 95 218 40 76

MÍGUEZ PINTOR, Francisco
YEGUADA NOVENERA
María Auxiliadora, 101
41710 UTRERA (Sevilla)
Tel. 95 586 14 60

MILLÁN-RUIZ, Brigitte
La Finca, A-2002 GROSSMUGL, NURCH 9, AUSTRIA
Tel. 07 43 226 866 03
07 43 226 866 80

MIURA MARTÍNEZ, Eduardo y Antonio
Páez de Rivera, 2
41012 SEVILLA
Tel. 95 461 42 46
Finca: Tel. 95 595 38 26

MOJARRO ZAMORA, Hnos.
Rábida, 32
21001 HUELVA
Tel. 959 24 96 25

MÓJICA RUIZ, Juan
Dr. Miguel Ríos Sarmientos, 20, casa A
41020 SEVILLA
Tel. 95 440 50 96

MOLINA SÁNCHEZ, Joaquín
Cortijo Albarracín
04270 SORBAS (Almería)
Tel. 619 78 93 02
Director técnico: Luis Lucio Pérez
Tel. y Fax 93 791 28 37
609 36 69 19
e-mail: lucio@catworld.net
http://www.catworld.net/lucio

MONAGO MORA, Luis
Yeguada Los Madroños
Rosalía de Castro, 2
28150 VALDETORRES
(Madrid)
Tel. 689 46 24 56 / 91 841 57 19

MONTAÑO GALÁN, Francisco
Montecarmelo, 27, 1º B
41011 SEVILLA
Tel. 95 445 00 24

MONTERO PÉREZ, Eugenio
Avda. Coruña, 58
28230 LAS ROZAS (Madrid)
Tel. 91 637 12 72

MONTORO PERALES, José
Pl. Andalucía
23710 BAILÉN (Jaén)
Tel. 953 67 18 04 / 609 54 28 72

MORAIRA FERRER DE COUTO, Antonio
Virgen de Luján, 43, B
41011 SEVILLA
Tel. 95 445 29 76

MORAL ARANDA, Fernando
Pedro Antonio de Alarcón, 7, 6º A
18005 GRANADA
Tel. 958 25 59 54
958 26 71 06

MORENO DE LA COVA, Alonso
Monasterio de San Francisco
14700 PALMA DEL RÍO (Córdoba)
Tel. 95 764 31 92

MORENO DE LA COVA, Javier
Avda. S. Francisco Javier, 14, 6º 1ª
41018 SEVILLA
Tel. 95 465 89 14 / 608 65 02 04
Director técnico: Javier Moreno Miura

MORENO DE ROJAS-SARRAILLER, José Luis
Ramón y Cajal, 19
29200 ANTEQUERA (Málaga)
Tel. 95 284 13 67 / 95 284 23 36

MORENO GARCÍA, Jaime
Yeguada Los Arcos
Rosa Jardón, 2, chalet 1
28016 MADRID
Tel. 91 359 46 94 / 91 359 05 85

MORENO PUNCELL, Isabel
Finca El Obispo
21540 VILLANUEVA DE LOS CASTILLEJOS (Huelva)
Tel. 959 50 41 53

MORERA VALLEJO, Antonio
Prolongación Avda. Kansas City
Ctra. N-IV, km 4. (Cruce SE-30)
41007 SEVILLA
Tel. 95 436 75 12 / 95 436 75 25

MORETA MORALEDA, A.
Santo Domingo, 32
28197 LEGANÉS (Madrid)
Tel. 91 612 51 30

MOYA ALMENDRAL, Antonio
Pedro Pérez Fernández, 9 A, 3º
41011 SEVILLA
Tel. 95 427 51 45
Finca: Tel. 95 568 48 47

MUÑOZ CAÑAS, Hnos.
Finca Rosas Viejas
Santa Eufemia, 4
14400 POZOBLANCO (Córdoba)
Tel. 957 13 11 19
Representante: Mateo Dueña

MUÑOZ FERNÁNDEZ, Joaquín
Gestión Integral (Telecom)
Avda. S. Francisco Javier, 22
41018 SEVILLA
Tel. 95 493 28 10 / 619 056 203

MURGA LÓPEZ, Rafael
Yeguada Ruiseñores
Alarife Marién de Margual, 4
50007 ZARAGOZA
Tel. 608 26 04 82

NAVERO MARCHALL, Luis
Ronda de los Tejares, 12, 2º A
14001 CÓRDOBA
Tel. 957 47 12 05

NIMO MALDONADO, José R.
Noria, 9
41940 TOMARES (Sevilla)
Tel. 95 440 55 00

NOBLEZA ROCIERA, SAT
Fco. Mª Mesa Díaz
Santiago, 20, 1º D
21730 ALMONTE (Huelva)
Tel. 959 40 75 46 / 606 31 30 95

OLIVA DOMÍNGUEZ, José L.
Yeguada La Rosa
Avda. de la Feria, 52
11650 VILLAMARTÍN (Cádiz)
Tel. 956 73 05 85 / 956 73 03 87

OLIVERA BERMÚDEZ, Fco.
Cortijo Olivera. Apdo. 181
41580 ALCALÁ DE GUADAIRA (Sevilla)
Tel. 95 568 19 76

ORIOL VALVERDE, HNOS.
María de Oriol Valverde
Gordillos, 4
41640 OSUNA (Sevilla)
Tel. 95 481 00 63 / 95 423 90 31

ORTEAGRO, SL
Fco. Javier Ortega Gutiérrez
Avda. Andalucía, 142, bajo
41110 CORIA DEL RÍO (Sevilla)
Tel. 95 477 00 89 / 95 477 38 90

OSUNA GARCÍA, Nicolás
Puerta Real, 9
18009 GRANADA
Tel. 958 22 55 29

OSUNA JIMÉNEZ, Isabel
Yeguada La Cruz
Urb. Pino-Sol. Granada, 44
28280 EL ESCORIAL (Madrid)
Oficina: Tel. 91 579 64 65
629 21 54 01

PALMA VALDÉS, Hnas.
Moratín, 16-18, 2º C
41001 SEVILLA
Tel. 608 41 69 82 / 95 422 82 08

PÁRAMO RODRÍGUEZ, Tomás
Camino de la Huerta, 54
La Moraleja
28109 ALCOBENDAS (Madrid)
Tel. 91 650 01 25
Gerente: Antonio Páramo Aguado

PARRA MONTERREY, Isabel
Avda. Vicente Sos Vainat, 1
06800 MÉRIDA (Badajoz)
Tel. 608 92 33 68
Finca: Tel. 924 37 15 80
Director técnico: Francisco García Parra

PASCUAL JANDA, Francisco
Avda. de Calahorra, 2 bis, 2º
26250 SANTO DOMINGO DE LA CALZADA (La Rioja)
Tel. 94 134 02 02

PAZO GÓMEZ, Jesús David
Blas Infante, 29
41720 LOS PALACIOS (Sevilla)
Tel. 95 581 62 47 / 95 581 14 18

PEÑA GUTIÉRREZ, Felipe
y Hdros. de Peña Díaz
Gerente: Manuel Peña Ruiz
Cervantes, 122
41100 CORIA DEL RÍO (Sevilla)
Tel. 95 477 55 87 / 689 36 21 56

PEÑA GUTIÉRREZ, Manuel
e Hijos
Cervantes, 101
41100 CORIA DEL RÍO (Sevilla)
Tel. 95 477 01 53 / 95 477 36 09

PÉREZ JIMÉNEZ, Gerardo
Playa de Corcubión, 13
28660 BOADILLA DEL MONTE (Madrid)
Tel. 91 682 25 35

PÉREZ LÓPEZ, HNOS.
Yeguada La Teja
Imagen, 5, 4º dcha.
41003 SEVILLA
Tel. 95 421 19 59 / 95 422 21 67

PÉREZ MILLÁN, José Antonio
Yeguada Vega-Yares
Emiliano Barral, 18, A, 5º 2ª
28043 MADRID
Tel. 91 415 76 30 / 979 12 26 84
979 12 23 43

PÉREZ RAMÍREZ, Carmen y Araceli
San Jacinto, 64, blq. 2, 3º B
41010 SEVILLA
Tel. 95 434 25 51
Gerente: Víctor Pérez Ramírez

PÉREZ ROJO, María Rosa
Yeguada La Rosa
Nao Victoria, 15
11207 ALGECIRAS (Cádiz)
Tel. 610 03 09 20 / 610 03 09 23
Finca: Tel. 95 623 32 18
Gerentes: Luis Gómez Hidalgo y Jenaro Algora

POL DE NÚÑEZ, Mª Luisa
Cardenal Ilundain, 3, portal 4, 2º dcha.
41013 SEVILLA
Gerente: Carlos Núñez Pol
Tel. part.: 95 423 82 09
Oficina: 95 469 00 50

PONS VERD, Pedro José
Ctra. de Manacor, km 4,500
07199 PALMA DE MALLORCA (Baleares)
Tel. 971 42 90 78

PORTILLO GIJÓN, Eduardo
Ecuador, 2, 1º dcha.
21810 PALOS DE LA FRONTERA (Huelva)
Tel. 959 35 07 74

POVEDANO MOLINA, Antonio
Urbanización Guadalmar
Apto. Río-Mar 1, p. 506
29004 MÁLAGA
Tel. 95 224 50 18

PROMOCIONES ROTEÑAS
Mª del Carmen Mateos Pérez-Luna
Húmera, 42
28023 MADRID
Tel. 91 307 89 19

PSCHERA, Peter
A-2533 KLAUSEN-LEO-POLDSDRF (Austria)
Tel. 00 43 225 74 66

PUERTO MUÑOZ, Juan
Barrio de San Antonio, 5
18300 LOJA (Granada)
Tel. 958 32 21 77

RAMÍREZ MORAL, HDROS. DE D. L.
Judería, 8
14003 CÓRDOBA
Tel. 95 747 53 56 / 629 222 288

REQUENA, Tino
Apartado de Correos 110
11370 LOS BARRIOS (Cádiz)
Tel. 956 23 63 17

RETORTILLO, SA
Retortillo
09345 TORREPADRE (Burgos)
Tel. 947 18 63 00

REYES BAREA, Manuel
Encargado: Antonio Reyes Gomáriz
GUADAPERO ALTO
Corredera, 8
11630 ARCOS DE LA FRONTERA (Cádiz)
Tel. 956 70 80 69 / 956 70 01 45
689 71 76 76

REYES SEDA, Feliciano
Finca Puente Caída
10500 VALENCIA DE ALCÁNTARA (Cáceres)
Tel. 924 31 55 60 / 670 97 40 34

ROBLES SALGUERO, Francisco
Avda. México, 80
21001 HUELVA
Tel. 959 24 80 48 / 608 75 89 44

RODRÍGUEZ ADAME, Miguel
Rafael Guillén, 10
21002 HUELVA
Tel. 959 24 52 42

RODRÍGUEZ ESCAÑO, Hnos.
Cervantes, 46
41840 PILAS (Sevilla)
Tel. 95 475 11 63
Gerente: Baldomero Rodríguez

RODRÍGUEZ-PINA CRUZ,
J. de Dios
Mesoncillos, 49
28109 LA MORALEJA
(Madrid)
Tel. 91 654 29 84

RODRÍGUEZ RAMOS,
Francisco
Pl. del Mercado, 7, 1º B
37200 LA FUENTE SAN
ESTEBAN (Salamanca)
Tel. 923 44 09 43
923 45 00 46

ROJAS FERNÁNDEZ, Gabriel
Monte Carmelo, 64
41011 SEVILLA
Tel. 95 445 13 44
608 54 18 88

ROJAS PALATÍN, José Mª
Avda. de la Borbolla, 51
41013 SEVILLA
Tel. 95 423 32 88

ROJO RUIZ DE TERRY, Hnos.
El Muleto
Villa Fátima. Apartado 99
41700 DOS HERMANAS
(Sevilla)
Tel. 95 472 07 91

ROLDÁN BORREGO, José
Manuel
Blas Infante, 4
41567 HERRERA (Sevilla)
Tel. 95 761 24 13

ROQUETA ACOSTA, E. Luis
Martín Belda, 39
14940 CABRA (Córdoba)
Tel. 957 52 02 04
Fax 957 52 35 30

ROSA MARRERO, Juan
Francisco
Yeguada Lanzarote
Fajardo, 35
ARRECIFE DE LANZAROTE
(Islas Canarias)
Tel. 928 81 60 00
928 83 03 64

ROSA ORTIZ, Manuel
Ctra. de Entreiros, km 3
06700 VILLANUEVA DE LA
SERENA
(Badajoz)
Tel. 924 84 61 00
606 31 22 45
Fax 924 84 09 91

ROSAL GARCÍA, Juan
Bailén, 9, A
08800 VILANOVA I LA
GELTRÚ
(Barcelona)
Tel. 93 815 54 92

SAGERAS Y ALCAZARÉN, SA
Avda. Ramón y Cajal, 5
28016 MADRID
Tel. 91 344 04 62-63

SALADO PICHARDO, Francisco
Amarguillo, 6
41806 UMBRETE (Sevilla)
Tel. 95 571 54 81

SALVATIERRA LÓPEZ, Salvador
Marqués de Mondéjar, 34, 4º
18005 GRANADA
Tel. 958 25 61 81
958 26 11 00

SAN MIGUEL USLE, Manuel
Can Morató
08440 CARDEDEU-LLINARS
(Barcelona)
Tel. 93 846 09 04

SAN ROMÁN MORÁN,
Almudena
Avda. de la Coruña, 68,
portal 2, 1º A
28230 LAS ROZAS (Madrid)
Tel. 91 636 14 01 / 91 636 07 52
Fax 91 640 60 44

SAN ROMÁN MORÁN,
Antonio
Construcción EDISÁN
Vía de servicio, N-VI, km 26
28290 LAS MATAS (Madrid)
Tel. 91 630 73 01
Fax 91 630 48 63

SÁNCHEZ BARBUDO MARTÍN, Salvador
Pl. Cristo de Burgos, 3, 4º
41003 SEVILLA
Tel. 95 421 02 51 / 608 41 08 14
Finca: 95 589 82 65

SÁNCHEZ BEDOYA y FERNÁNDEZ MENSAQUE, Antonio
Apartado de Correos 11049
41080 SEVILLA
Tel. 95 412 40 32

SÁNCHEZ BUENO, M. Ángel
Aldea del Fresno, 27
28045 MADRID
Tel. 91 473 39 48

SÁNCHEZ GARCÍA, Miguel
Benecito XV, 32
14400 POZOBLANCO (Córdoba)
Tel. 957 77 02 88 / 689 71 53 16
957 13 12 58

SÁNCHEZ RAMÍREZ, Antonio
La Fragua, 5
41300 S. JOSÉ DE LA RINCONADA (Sevilla)
Tel. 95 579 21 50
608 55 07 07

SANCHO NEBREDA, Luis
Lope de Vega, 4
48930 LAS ARENAS (Bilbao)
Tel. 94 480 19 38

SANTANA CARMONA, Fernando
Luz Arriero, 6
41010 SEVILLA
Tel. 95 433 50 62

SANTIAGO RUIZ, Francisco
Marqués, 4
29005 MÁLAGA
Tel. 95 221 85 91

SANTIAGO SANTIAGO, Jesús
Cánovas del Castillo, 53-55
23700 LINARES (Jaén)
Tel. 600 42 28 43

SANTOS REDONDO, Mariano
Yeguada El Tremedal
Juan Sebastián Elcano, 12 A
41011 SEVILLA
Tel. 95 428 33 85 / 95 427 38 97

S.A.T. EL MASTRAL Nº 251
Hnos. Cervera Cottrell
Ctra. de Málaga, 26
11205 ALGECIRAS (Cádiz)
Tel. 956 66 11 53
609 57 09 39

SCHUSTER, Gaby y Bernd
Haasbach, 11
51515 KÜRTEN (Alemania)
Tel. 49 2268-6616

SEÑORÍO DE ALONSO DE LA FLORIDA Y BARAHONA
Mª Teresa Alonso de la Florida y Casellas
Director técnico: Hnos. Ruiz Alonso de la Florida
Domingo Tejera, 4
41013 SEVILLA
Tel. 95 461 03 87

SEÑORÍO DE SIERRA BRAVA
Joaquín González Barba
Apartado de Correos 41
41008 SEVILLA
Tel. 95 437 37 00

SES ROTES, SA
Finca Ses Rotes
Ctra. S'Esglaieta, km 2,6 (PM-112)
07190 ESPORLES (Mallorca – Baleares)

SOBERBINA, SA
Marqués de Paradas, 47
41001 SEVILLA
Tel. 95 411 00 61 / 95 422 25 13

SOLERA BRAVO, SL
Ignacio Bravo García
Finca La Mocera
06370 BURGUILLOS DEL CERRO (Badajoz)
Tel. 609 20 72 18

SOTO SALMORAL, Antonio
Cristo, 2
14001 CÓRDOBA
Finca Los Llanos de Villaviciosa
Tel. 957 48 42 50 / 957 72 20 36

SUÁREZ DELGADO, Carlos
Covacho, 5 (Estación)
05230 LAS NAVAS DEL MARQUÉS
(Ávila)
Tel. 91 897 23 83

TIRADO AGUDO, Juan
Centro de Selección La Torrecilla, SA
10200 TRUJILLO (Cáceres)
Domicilio social: Avda. Menéndez Pelayo, 67
28009 MADRID
Tel. 91 574 30 05 / 91 409 76 07

TORREHERMOSO
Eduardo Torres González-Boza
Pablo Picasso, 27 A, 5º D
18006 GRANADA
Tel. 958 12 47 26 / 639 78 89 11

TREFFLER PICKELMANN, Cristina
Camino de la Estación
41849 AZNALCÁZAR (Sevilla)
Tel. 95 575 01 93

TRESSERRAS MARCO, José Mª
Camí Mas Vila, 1ª Trav. Izq. nº 4
43007 TARRAGONA
Tel. 977 20 71 51

TRIVIÑO MARÍN, José Julio
Benito Más y Prat, 9, bajo B
41005 SEVILLA
Tel. y Fax 95 594 22 80
www.andalusianhorses.com

URQUIJO Y NOVALES, Juan Manuel de
Conde Odiel. Apartado 9
41720 LOS PALACIOS Y VILLAFRANCA
(Sevilla)
Tel. 95 589 81 77

VALDIVIA ÁLVAREZ, Josefa
Ganadería La Granada
Director técnico: José Antonio Molina Valdivia
San José, 1
18193 MONACHIL
(Granada)
Tel. 958 50 05 03 / 608 65 28 81

VALENZUELA, Hnos.
República Argentina, 2
23700 LINARES (Jaén)
Tel. 953 69 48 09

VALENZUELA RUIZ, Gonzalo
Solís Ruiz, 101
14940 CABRA (Córdoba)
Tel. 957 52 05 58
Fax 957 52 02 08

VARA MUÑOZ-CASILLAS, Hnos.
Avda. de Villanueva, 10
06005 BADAJOZ
Tel. 924 23 21 81

VARGAS SERRANO, Alfonso
Virgen de la Antigua, 5
41011 SEVILLA
Tel. 95 445 07 98 / 95 428 38 44
Fax 95 445 48 88

VÁZQUEZ-ARMERO DURÁN, Álvaro
Pº de las Delicias, 3
41001 SEVILLA
Tel. 95 599 75 87 / 95 599 61 46
608 41 19 15
Fax 95 599 61 28
95 599 73 07

VÁZQUEZ MÁRQUEZ, Juan
Yeguada El Espinillo – Finca El Espinillo
02611 OSSA DE MONTIEL
(Albacete)
Tel. 967 58 50 49
608 07 52 97

VIVIANI, José Roberto
Rua Pascal, 882. Apartado 151
SAO PAULO (Brasil)
Tel. 07 55 11 4961 200

WOESTE HOEVE
ANDALUSIËRS
W.A. v. Poppel
Bredasedÿk, 55
Bergeÿk 5571 VB
(Holanda)
Tel. 04 97 54 12 42
Fax 04 97 54 26 26
e-mail: sunny@iae.nl

YEGUADA LES AGULLES
Propietario: Manuel Dávalos
Criado
Pérez Galdós, 5
12002 CASTELLÓN
Tel. 96 425 15 95
96 476 04 87
608 66 33 46

YEGUADA AIMARÁN
J. Huertas Montiel
Babel, 2
29006 MÁLAGA
Tel. 95 232 09 10 / 629 47 05 03

YEGUADA EL ALAMILLO
Director técnico: Graziella Suárez
Pº Pintor Rosales, 40
28008 MADRID
Tel. 91 542 23 00

YEGUADA ALBERDI
Enrique Mardarás Alberdi
Ibarrangoa, 1
48990 GUECHO (Vizcaya)
Tel. 94 430 30 33

YEGUADA LOS ALCORES
20 de Febrero, 9, 4º izqda.
47001 VALLADOLID
Tel. 983 35 22 41
Fax 983 37 18 89

YEGUADA EL ALLOZAR
Juan Pérez Zúñiga, 24-26
28027 MADRID
Tel. 91 377 11 11 / 926 69 50 24

YEGUADA LOS ÁNGELES
Fernando Piqué Llusà
Avda. Sarrià, 125, 5º 1ª
08017 BARCELONA
Tel. 93 410 41 03

YEGUADA AQUILINO MOYA
Aquilino Moya Espejo
Pasaje del Rocío, 3, p, 2º B
41400 ÉCIJA (Sevilla)
Tel. 95 483 18 66 / 95 483 15 93

YEGUADA ARAUZO
Propietaria: Ascensión, SA
Ctra. N-501 (Ávila-Salamanca),
km 60
SALAMANCA
Tel. 923 54 13 50
923 54 18 55
Gerente: Aurelio Rodríguez
Sánchez

YEGUADA JOSÉ Mª
ARISTRAIN
DE LA CRUZ
Finca Valdepuercas
10137 ALIA (Cáceres)
Tel. 927 36 60 00

YEGUADA AYALA
Rafael Ayala Muñoz
Ctra. Carmona, km 0,300 –
Apdo. 184
41710 UTRERA (Sevilla)
Tel. 95 486 35 11
619 02 214 39

YEGUADA DE AZORES
Antonio Ruiz Fernández
Tras Monjas, 14
14800 PRIEGO DE CÓRDOBA
(Córdoba)
Tel. 957 54 11 00
957 54 22 07

YEGUADA BAENA OSORIO
Francisco Baena Osorio
Martínez Campos, 21, 5º A
18002 GRANADA
Tel. 958 52 13 53
Gerente: Manuel Baena Torres

YEGUADA BERMEJO
PERTEGAL
Luis Bermejo Sáez
Meléndez Valdés, 37
06225 RIBERA DEL FRESNO
(Badajoz)
Tel. 924 53 60 56

YEGUADA BOHÓRQUEZ-SEVILLANO
Inmaculada Bohórquez Verdugo
Finca San Agustín
Ctra. Marchena-Puebla de Cazalla, km 4. SEVILLA
Camilo José Cela, manzana 5, bloque 7, 2º C
41018 SEVILLA
Tel. 95 492 10 13

YEGUADA LA BUITRERA
Juan Jiménez Fernández
Finca La Buitrera
03640 MONÓVAR (Alicante)
Tel. 96 597 81 14
96 597 84 42

YEGUADA CABALLO NEGRO
Clifford Pilcher
Finca Cabllo Negro
11312 SAN ROQUE (Cádiz)
Tel. 95623 61 76
956 74 22 66
Fax 956 75 03 49

YEGUADA CAMPO BAJO
José Enrique Muñoz de Albelda
Directora técnica: Blanca Rojas Guijo
Pl. Cardenal de Toledo, 2, 1º
14001 CÓRDOBA
Tel. 957 48 84 17

YEGUADA CANDAU
Cerrajería, 12
41004 SEVILLA
Tel. 95 422 33 03

YEGUADA CARRIÓN
Gerente: Luis Carrión Amate
Avda. Jerez, 15
41014 SEVILLA
Tel. 95 422 66 04 / 95 422 57 05
Fax 95 438 98 07

YEGUADA CARTHAGO
Ángel García Martínez
Avda. Juan Carlos I, 100
30310 CARTAGENA (Murcia)
Tel. 968 33 03 00
968 33 08 20
Fax 968 33 03 13

YEGUADA CATALÁ
F. Pablo Catalá Garrido
Pl. País Valenciano, 4
03760 ONDARA (Alicante)
Tel. 96 576 61 24
96 576 68 33

YEGUADA DE LA LOMA DE ÚBEDA
José Ramón Blanco Bueno
Avda. Cristo Rey, 7, 2º izqda.
23400 ÚBEDA (Jaén)
Tel. 953 75 71 48

YEGUADA EL CARMEN
José A. Becerra Martín
Sierra de Grazalema, 26
29016 MÁLAGA
Tel. 95 222 00 89
607 71 99 68

YEGUADA CASTELLÀ
Jordi Castellà Vila
Ctra. Dosrius-Canyamars, km 2,2
08319 DOSRIUS (Barcelona)
Tel. 639 36 35 35

YEGUADA CENTURIÓN, SL
Finca Santa Ana
40400 EL ESPINAR (Segovia)
Tel. 921 18 27 61
Fax 921 18 15 39

YEGUADA LA CIERVINA
Ramón Jiménez Díaz
Iglesia, 6
10194 MONROY (Cáceres)
Tel. 927 28 00 51 71
927 23 19 97

YEGUADA LOS CIERVOS
Antonio de Lorenzo
Avda. Valladolid, 81
28008 MADRID
Tel. 91 247 02 24

YEGUADA CISCAR
Hnos. Ramón Huguet
Finca Ciscar
46838 LLUTXENT (Valencia)
Tel. 96 292 04 56 / 670 86 89 53
Finca: 96 229 43 63

YEGUADA CORONINAS
Becker Olsen, Jens
Ctra. Casares, km 6
29690 CASARES (Málaga)
Tel. 95 280 20 75/619 46 45 15

YEGUADA CRAZY HORSE RANCH
David P. Hitchcock
José de Urbaneja, s/n
29649 MIJAS COSTA (Málaga)
Tel. 95 293 27 48 / 95 246 95 00

YEGUADA CUBAS, SL
Leopoldo García Almazán
Avda. del Valle, 19
28670 VILLAVICIOSA DE ODÓN (Madrid)
Tel. 91 616 18 64
Director técnico: Enrique Navarro

YEGUADA LA DEVESA
Rafael Domènech Jordà
Provença, 264
08008 BARCELONA
Tel. 93 215 21 13
Fax 93 215 54 65
Finca: Miquel Barceló, s/n
43730 FALSET (Tarragona)
Tel. 977 83 01 62

YEGUADA EL DIÁBOLO
Hnas. González Aguilar
Virgen de Gaudi toca, 3, 1º C
41011 SEVILLA
Tel. 95 427 24 65 / 95 427 63 91

YEGUADA DEHESA EL HERRERO
Ricardo Polo Polo
Avda. Ramón y Cajal, s/n
Edificio Viapol, portal B, pl. 6ª, módulo 4
41018 SEVILLA
Tel. 95 463 12 73
Fax 95 466 15 11

YEGUADA DIMOBA
Juan José Díaz Molina
Soldado Español, 10
04004 ALMERÍA
Tel. 950 25 25 77 / 950 25 41 35
608 95 77 94

YEGUADA DOBLE JOTA
Propietario: TELYS, SL
Ctra. Berrocal, s/n
21640 ZALAMEA LA REAL (Huelva)
Tel. 959 50 83 94 /609 05 45 15
Gerente: Juan Rodríguez Ruiz

YEGUADA LA DOCTORA
Ana Cornejo Vázquez e hijos
Apartado de Correos 19
HERRERA
(Sevilla)
Tel. 95 463 42 68
Finca: 95 595 81 00
Gerente: Esteban Prieto Cornejo

YEGUADA DON MARCO
Beethoven, 1
29639 BENALMÁDENA (Málaga)
Tel. 95 244 89 04 / 608 45 50 37
Gerente: Salvador García Ortiz

YEGUADA DRAGO
Francisco Hernández Moreno
Urb. El Rosal, 10
41510 MAIRENA DEL ALCOR (Sevilla)
Tel. 95 574 62 41

YEGUADA EL SOL
Carlos Montijano Carbonell
Libertadores Juan Rafael Mora, 1, escalera 14, bajo C
14013 CÓRDOBA
Tel. 957 20 29 76
Fax 957 20 07 79

YEGUADA LA ERMITA
Juan Antonio Espín Jiménez
Ciudad Jardín, 113
30120 EL PALMAR (Murcia)
Tel. 968 88 60 06 / 606 63 10 82
Fax 968 88 52 04

YEGUADA LA ESMERALDA
Arturo García Serantes
Puntal de Abajo, 29
15510 NEDA
(A Coruña)
Tel. 981 34 19 58 / 609 85 63 76

YEGUADA LA ESTRELLA, SL
Francisco Berna Alcaraz
Camino Calvario, pol. 15, nº 9
03340 ALBATERA (Alicante)
Tel. 96 548 54 43

YEGUADA EL EUCALIPTO
Ctra. Montoro-Cárdena,
km 11,500
MONTORO (Córdoba)
Oficina: Tel. 91 715 96 78
Finca: 957 33 60 25

YEGUADA LA FERROSA
CARPE, SL
Juan de la Cierva, 272
45600 TALAVERA DE LA
REINA (Toledo)
Tel. 925 81 66 74
D. técnico: Florentino Carriches

YEGUADA FUENTE EL SOL
Lagasca, 90
28006 MADRID
Tel. 91 431 09 13 / 924 70 00 33

YEGUADA GIRIEGO
Juan de la Cerda y de la Serna
Finca Giriego
40300 SEPÚLVEDA (Segovia)
Tel. 91 857 13 34 / 629 64 42 21

YEGUADA GUIRAL
Antonio Guiral Guarga
Distrito Ribera, 37
08820 EL PRAT DE
LLOBREGAT (Barcelona)
Tel. 93 478 01 00

YEGUADA HERMANOS
GUTIÉRREZ DELGADO
Gerente: G. Gutiérrez Egea
Finca La Sargenta
Ancha, 37
41400 ÉCIJA (Sevilla)
Tel. 95 483 09 45

YEGUADA HARAS DU
COUSSOUL - Sauveur Vaisse
Catherine Vaisse Campaigne
7 Rue de la Planche
75007 PARÍS (Francia)
Tel. 07 33 1 45 4493 21

YEGUADA HAUS DOHR
Klaus Scharmer
Dohrer Weg, 2
D-52428 JULICH (Alemania)
Tel. 00 49 24 61
13 23 -00 49 61 / 13 23

YEGUADA HERCE
Millán Herce García
Marquesa de Estella, 2
41420 FUENTES DE
ANDALUCÍA
(Sevilla)
Tel. 95 483 75 44
95 483 72 69

YEGUADA HERRERO
Fernando Herrero Ballesteros
Córdoba, 5
28770 COLMENAR VIEJO
(Madrid)
Tel. 91 845 65 65 / 91 554 65 11

YEGUADA DEL HIERRO
DE LA MADALENA
Santiago Casado castañeda
Antonio de Villegas, s/n
47400 MEDINA DEL CAMPO
(Valladolid)
Tel. 983 81 25 20 / 983 81 25 21
670 71 45 17

YEGUADA IMPERIO
Ismael Ramírez Delgado
Alfonso XIII, 17
14490 VILLARALTO
(Córdoba)
Tel. 957 15 00 98 / 91 578 28 55

YEGUADA JEREZANA
Hnos. Lechuga Barrera
Pº de las Delicias, 42
11406 JEREZ DE LA
FRONTERA
(Cádiz)
Tel. 956 34 16 31 / 956 33 41 82

YEGUADA LAYOS
Juan Fdez.–Layos Rubio
Urb. Valdelagua, 70
28750 SAN AGUSTÍN DE
GUADALIX (Madrid)
Tel. 91 841 90 32

YEGUADA LA LIRA Y LA W, SL
Enrique Guerrero Mayer V. Wittgenstein
Avda. América, 2, 11 B
28028 MADRID
Tel. 91 726 72 02 / 630 98 75 55
Fax 91 725 62 16

YEGUADA LISARDO SÁNCHEZ
Mª Ángeles Barrueco Sánchez
José Jáuregui, 36, 4º B
37002 SALAMANCA
Tel. 608 91 65 07
Fax 923 21 31 67

YEGUADA L. J. ENGELMAJER (ADDEPOS)
Cortijo Charco Redondo
Apdo. 276- 41080 SEVILLA
Tel. 95 443 89 46 / 95 443 53 00
Gerente: Fermín Jiménez Huertas

YEGUADA LOS TEJOS
Antonio Pérez Sierra
Sierra Nevada, 1
41410 CARMONA (Sevilla)
Tel. 610 50 40 00

YEGUADA LOVERA
Propietario: Miguel Lovera García
Miguel Benzo, 2
14004 CÓRDOBA
Tel. 957 23 92 86

YEGUADA LUCÍA LOVERA GARCÍA
Jesús María, 14
14003 CÓRDOBA
Tel. 957 49 25 87
Fax 957 49 10 87

YEGUADA LUYILAS G.
Propietario: ULLY-98, SL
Gerente: Mario García Lozano
Santo Domingo, 20, 2º
26300 NÁJERA (La Rioja)
Tel. 941 36 11 26 / 941 36 08 14

YEGUADA MAIPE
Pl. de los Tres Reyes, 1
30201 CARTAGENA (Murcia)
Tel. 968 52 66 40
Fax 968 52 91 58

YEGUADA MAJADALES
Raúl Recio López
Avda. Virgen del Carmen, 1, 7º C
11201 ALGECIRAS
(Cádiz)
Tel. 956 63 07 91
639 19 70 17

YEGUADA LA MARGARITA
Jesús Salido Bohórquez
Cráter, 51
01900 Col. Jardines del Pedregal
San Ángel
MÉXICO, D.F.
Tel. 00 525 556 807 96

YEGUADA LAS MARISMAS
Eduardo Muñiz Piniella
Avda. Bolívar, 1112
SANTO DOMINGO
(República Dominicana)
Tel. 809 566 58 91

YEGUADA MARQUÉS DE SAN GIL
Naranjo, 2
41740 LEBRIJA (Sevilla)
Tel. 95 597 20 00
95 597 20 64

YEGUADA MARQUÉS DE VILLENA
Luis Piqueras Rodríguez
Finca Piqueras
03400 VILLENA
(Alicante)
Tel. 96 597 92 05 / 96 580 62 15
Fax 96 580 62 15

YEGUADA MARQUESA DE MONTE DE VAY
Ctra. Aguadulce-Gilena, km 1,6
Cortijo El Marqués
41565 GILENA
(Sevilla)
Tel. 95 582 62 88

YEGUADA MARTÍNEZ BOLOIX
Propietario: Vicente Martínez Orti
Avda. Manuel Agustín Heredia, 20
29001 MÁLAGA
Tel. 95 221 48 65

YEGUADA MEDIA GUITARRA
Cortijo Las Castañetas
Gerente: Antonio Chaneta Pérez
Granada, 47, 2º
29015 MÁLAGA
Tel. 95 222 10 35

YEGUADA MIÑO
José Bermúdez Estévez
Vega Baja, 27
03180 TORREVIEJA
(Alicante)
Tel. 96 670 06 89
606 38 96 06

YEGUADA MIRAS
Salvador Miras Gómez
Finca: Dehesa Tejoneras
CÓRDOBA
Goya, 21, 3º dcha.
28001 MADRID
Tel. 91 435 01 96

YEGUADA MOLLÁ
Salvador Mollá Zoiro
General García Oltra, s/n
46490 QUART DE POBLET
(Valencia)
Tel. 96 154 09 12
608 37 01 65

YEGUADA MONTIEL-ESCRIBANO
Andrés Montiel Molina
Pl. de la Constitución, 12
30740 SAN PEDRO DEL PINATAR
(Murcia)
Tel. 968 18 06 51
Fax 968 18 31 28

YEGUADA EL MORALEJO
Finca El Moralejo
José I. Sánchez Velázquez
02690 ALPERA (Albacete)
Tel. 609 22 23 45 / 629 62 40 12

YEGUADA MORO LARA
Finca La Hincosa
21860 VILLALBA DEL ALCOR
(Huelva)
Tel. 654 54 90 61
659 25 64 18

YEGUADA HNOS. NIETO
Urquinaona, 109
08222 TERRASSA (Barcelona)
Tel. 93 786 10 13
Gerente: Blas Nieto

YEGUADA O'NEILL
Antonio Gamiz Mateas
González Meneses, 43
14940 CABRA (Córdoba)
Tel. 957 52 19 34 / 957 52 06 11

YEGUADA OLIVER Y GELABERT
Antonio Oliver
Camino Sant Bou, s/n, buzón 10
07220 PIÑA (Mallorca)
Tel. 971 12 50 38 / 609 60 89 08

YEGUADA OVELAR
Jesús Ovelar Calvo
Gutiérrez de Cetina, 8
28017 MADRID
Tel. 91 876 03 20 / 91 876 03 30

YEGUADA OÑATE
Urb. Guadalmina Alta,
Valle del Sol
Villa Oñate
SAN PEDRO DE ALCÁNTARA
MARBELLA (Málaga)
Tel. 95 288 59 73 / 608 45 01 83

YEGUADA LOS PAJARES
Residencial, 6, casa 35 (Sevilla Este)
41020 SEVILLA
Tel. 95 490 25 22
Director técnico: José Manuel Burgos García

YEGUADA PALENZUELA HENS
Rafael Palenzuela Rodríguez
Prolog. c. Teruel, 13
14011 CÓRDOBA
Tel. 957 40 09 00 / 670 91 09 10

YEGUADA PALOJO
Antonio Mª Vallejo Padilla
Serrano, 82, 1º
28006 MADRID
Tel. 91 431 66 41 / 630 85 57 27

YEGUADA LA PALOMA
Julio Palacios, 4, piso 1-2
28029 MADRID
Tel. 91 733 11 19 / 606 33 14 32

YEGUADA PANADERO
Andrés Panadero Lozano
Escritor Mercado Solís, 7
14011 CÓRDOBA
Tel. 957 28 27 90 / 957 28 31 68
Fax 957 40 05 85

YEGUADA PASTRANA RODRÍGUEZ
Francisco Pastrana Ruiz
Camino del Barco, s/n
28700 SAN SEBASTIÁN DE LOS REYES (Madrid)
Tel. 91 652 30 62

YEGUADA PAZO DE MEIRE
Eduardo Maceda Quiroga
BELESAR-MEIRE
VILLALBA (Lugo)
Tel. 982 51 02 36 / 609 93 60 81
Fax 982 51 09 93

YEGUADA EL PLÁ
Vicente Gallach Colomer
Partida del Plá, s/n
46691 VALLADA (Valencia)
Tel. 96 225 71 28 / 608 56 88 28

YEGUADA HNOS. PECES-BARBA
Miguel Peces-Barba Romero
Finca El Retamar, SL
45100 SONSECA (Toledo)
Tel. 925 48 03 75 / 925 38 03 75

YEGUADA PICOS DE EUROPA
Director técnico: José Manuel García Rodríguez
Toreno, 2, 5º A
33004 OVIEDO (Asturias)
Tel. 608 03 95 89

YEGUADA PLAZA DE ARMAS
Florencio Moreno Muñoz
San Juan Bosco, 18
14400 POZOBLANCO (Córdoba)
Tel. 957 77 05 43 / 610 76 68 89

YEGUADA PORTO
Torrejón Portero, C.B.
Juan de Ávalos, 3
45221 ESQUIVIAS (Toledo)
Tel. 925 52 00 58
629 55 77 46

YEGUADA EL POTRIL
José Mª Camacho Ruiz
Finca El Potril
29194 ALFARNATE (Málaga)
Tel. 95 275 91 02

YEGUADA PUERTA ALTA
Santiago Pérez Anguita
Pl. de la Constitución, s/n
23680 ALCALÁ LA REAL (Jaén)
Tel. 953 58 10 17
953 58 08 33

YEGUADA PÚRPURA
Rosa Mª Fuster Quiñonero
y Vicente Roselló Aparicio
Diputación Purias, 104
30813 PURIAS – LORCA (Murcia)
Tel. 968 43 91 54 / 608 76 00 49
950 39 18 28

YEGUADA REAL TESORO
JOSÉ ESTÉVEZ, SA
Ctra. N-IV, km 640
JEREZ DE LA FRONTERA (Cádiz)
Tel. 95 632 10 04

YEGUADA LAS REJAS
Carmen Sánchez de la Cuesta y Alarcón
Cortijo Las Veinte Fanegas
Ctra. Priego-Iznájar
14800 PRIEGO DE CÓRDOBA (Córdoba)
Tel. 91 570 26 15 / 958 31 48 15
609 02 51 72

YEGUADA RESIDELCA
François M.G.C. de Rooij
Meiestraat, 37
3640 KESSENICH (Bélgica)
Tel. 00 32 895 688 24
00 32 897 038 48

YEGUADA RIBERA NAVARRA
Gregorio Ruiz Martínez
Mayor, 7, 2º
31550 RIBAFORADA (Navarra)
Tel. 948 81 93 84 / 608 77 73 49

YEGUADA ROCAFORT
Justo Rocafort
Cardenal Gomá, 1, 4º
50009 ZARAGOZA
Tel. 976 55 67 50

YEGUADA HNOS. RODRÍGUEZ MARAÑÓN
Virgen de la Antigua, 7, 1º A
41011 SEVILLA
Tel. 95 445 31 40

YEGUADA RODRÍGUEZ POZO
Rafael Rodríguez Pozo
Santa Ana, 329
14940 CABRA (Córdoba)
Tel. 957 52 23 51

YEGUADA HNOS. RODRÍGUEZ REVESADO
Manuel Rodríguez Revesado
Vidal González, 18
37210 VITIGUDINO (Salamanca)
Tel. 923 50 00 20
Fax 923 52 02 84

YEGUADA DE ROIG
Pº de Ruzafa, 5, pta. 10
46002 VALENCIA
Tel. 96 394 19 26

YEGUADA ROIG-BERGADO
Irene Vidaurrazaga, Juan Payo
Finca Sa Cleda
LLUBÍ (Baleares)
Tel. 971 18 51 73
670 67 67 93

YEGUADA ROMERO BENÍTEZ
Santo Domingo, 9
11405 JEREZ DE LA FRONTERA (Cádiz)
Tel. 956 32 26 50

YEGUADA ROSELLÓ AMENGUAL
Silvia Roselló Amengual
Es Torrent, 18
PONT AINCA NOU
07141 MARRATXINET(Baleares)
Tel. 971 27 53 19
Gerente: Lorenzo Roselló

YEGUADA SALVATIERRA
Apartado de Correos, 59
41300 SAN JOSÉ DE LA RINCONADA (Sevilla)
Tel. 95 438 13 00

YEGUADA SAN ANTONIO
Antonio Rubio Becerril
Ctra. del Río, s/n
50430 MARÍA DE HUERVA (Zaragoza)
Tel. 976 12 43 14 / 607 87 40 34

YEGUADA SAN DÁMASO GOYCA, SA
Gerente: Juan Ángel Martín
Parque Ind. PISA. Edificio ASTIGI
Nobel, 7, 2ª planta, oficina 1ª
41927 MAIRENA DEL ALJARAFE (Sevilla)
Tel. 95 418 67 78 / 95 418 68 27

YEGUADA SAN LORENZO, SL
Fernando Fernández
Castelló, 14, 3º izqda.
28001 MADRID
Tel. 91 576 36 57

YEGUADA SAN MILLÁN
Florencio Labaca Plagaro
El Olivo, s/n
09200 MIRANDA DE EBRO (Burgos)
Tel. 947 33 08 81 / 94 421 31 08
670 67 83 53

YEGUADA SANTA CLARA
Paula Montal, 3
14012 CÓRDOBA
Tel. 957 40 04 37
Fax 957 47 89 02
e-mail: yeguadasantaclara@teleline.es

YEGUADA SANTA CRUZ
William E. Freydell Manzi,
Patricia Vélez Rodríguez
Carrera 44, nº 15. Sur 100
MEDELLÍN
(Colombia)
Tel. 574 268 68 68

YEGUADA SANTAMARÍA
Eduvigis Fdez. García
Ramón y Cajal, 9, 2º A
41014 DOS HERMANAS
(Sevilla)
Tel. 608 25 08 13

YEGUADA HNOS. SEGURA BRAVO
Pl. Puerta de Alarcos, 4, bajo G
13001 CIUDAD REAL
Tel. 926 22 35 00
Fax y Tel. 926 21 56 52

YEGUADA SEÑORÍO DE BARIAIN, SL
Rodríguez Arias, 71 bis, 7ª pl.
48013 BILBAO
Tel. 94 441 58 04
Fax 94 441 00 20

YEGUADA SEOANE DE VERENGO
Carlos Seoane Eiró Verengo
32740 PARADA DE SIL
(Ourense)
Tel. 986 73 36 51
988 26 89 85
608 88 78 29
e-mail: verengo@arrakis.es

YEGUADA SERNA BORJA
Manuel Serna-Borja López
Pl. Benjamín Palencia, 2, entrepl.
02002 ALBACETE
Tel. 967 50 76 40

YEGUADA LAS SIERPES
Fernando Pérez Jara
Puerto, 28, 3º A
21001 HUELVA
Tel. 959 24 18 50
959 25 28 88
959 24 46 57

YEGUADA LA SILLERA
Benjamín Gómez Velázquez
Cortijo La Sillera
Autovía Sevilla-Córdoba,
salida 514
41414 CARMONA (Sevilla)
Tel. 609 57 25 17

YEGUADA SOGETHO
Sonja und Gerhard Thomas
Dortstrasse, 29
D-56288 KOORWEILER
(Alemania)
Tel. 00 490 6762 – 7872
Fax 00 496 762 – 8544

YEGUADA SOLA NOGALES
Mª José Nogales Delgado
Conde Osborne, 5
41007 SEVILLA
Tel. 629 54 57 50 / 95 425 25 00

YEGUADA SOTO GIL
José Mª Villafranca Castillo
Finca Soto Gil
31350 PERALTA (Navarra)
Tel. 948 39 90 15
609 45 82 53

YEGUADA SUSAETA
José Ignacio Susaeta Erburu
Pº Quintana, 32
28860 PARACUELLOS DE JARAMA
(Madrid)
Tel. 91 677 32 53
629 18 40 48

YEGUADA TARAZÓN
Francisco Tarazón Llorens
Ample, 36
46110 GODELLA (Valencia)
Tel. 96 160 02 94 / 96 363 02 12
607 30 38 46

YEGUADA TOMÁS OSBORNE
Augusto Romero Haupold
Apartado 8
11500 PUERTO DE SANTA MARÍA
(Cádiz)
Tel. 956 85 08 09
Fax 956 85 23 27

YEGUADA EL TOMILLAR
Mariano Martín Merlo
Potosí, 7, 4º A
28016 MADRID
Tel. 91 458 80 54
91 759 14 20
Gerente: Raúl Martín González

YEGUADA TORRELONGA
Antonio Rodríguez de la Borbolla
Eduardo Dato, 47, 8º
41005 SEVILLA
Tel. 95 453 17 15

YEGUADA TRIANA
Dehesa del Rey
Propietario: Manuel Ramos Pérez
Apartado de Correos 49
41100 CORIA DEL RÍO
(Sevilla)
Tel. 95 433 81 46
608 25 43 63

YEGUADA LA TRINIDAD
Miguel de Rojas Maestre
Cortijo La Trinidad
Ctra. Carmona-Lorca del Río
Apartado de Correos 258
41410 CARMONA (Sevilla)
Tel. 95 595 30 32

YEGUADA LA TROYETA
Pedro Pastor
Mesón Troya. Ctra. Las Rotas
03700 DENIA (Alicante)
Tel. 96 578 14 31
96 578 55 64

YEGUADA URIOL PERALTA
Fernando Uriol Rayón
Atocha, 55, piso 4
28012 MADRID
Tel. 91 429 98 72
Director técnico: Enrique Navarro Utrera

YEGUADA VALDERAS-FERNÁNDEZ
Manuel Fernández Jiménez
Numancia, 18, 1º dcha.
38004 SANTA CRUZ DE TENERIFE
Tel. 922 28 44 31 / 606 306 306

YEGUADA VALDEZARZA
Yeguada Valdezarza, SL
Hnos. Fernández López
Alcalde José Mª de las Heras, 2
28530 MORATA DE TAJUÑA
(Madrid)
Tel. 91 873 01 06
Fax 91 873 12 62

YEGUADA VALDEVIÑAS
Finca La Gamonita
13500 PUERTOLLANO
(Ciudad Real)
Tel. 925 77 90 80

YEGUADA VALENTÍN DE SOTO
Director técnico: José Valentín de Soto
Medina, 32, 4º izqda.
11406 JEREZ DE LA FRONTERA
(Cádiz)
Tel. 956 33 34 02 / 609 23 00 56

YEGUADA VALLE MIÑOR, SL
Ricardo Barros Hermida
Pol. Ind. Las Gándaras
Apartado de Correos 183
36400 PORRIÑO (Pontevedra)
Tel. 98 634 67 10 / 98 634 34 34

YEGUADA VANDALIA
José Javier Botella Fontana
Carretero, 11, 2º
41100 CORIA DEL RÍO
(Sevilla)
Tel. 95 477 45 39 / 95 477 02 12
656 96 42 38

YEGUADA VEGA DE ANZO
Paloma González del Valle
Pº de la Castellana, 126
28046 MADRID
Tel. 91 561 24 47

YEGUADA VERDUGO LÓPEZ, SL
Avda. España, 20, 2º B
11300 LA LÍNEA DE LA CONCEPCIÓN
(Cádiz)
Tel. 956 17 25 61 / 689 10 11 12

YEGUADA VICTORIO & LUCCHINO
José Víctor Rodríguez Caro
José Luis Medina del Corral
Finca Las Campanillas de San José
41450 CONSTANTINA (Sevilla)
Tel. 95 422 28 00 / 95 422 97 89

YEGUADA VIGARA GONZÁLEZ
José Luis Vigara Tauste
Las Palmas, 9
28028 MADRID
Finca La Sarguilla y el Dehesón
23265 VENTA DE LOS SANTOS (Jaén)
Tel. 91 725 89 63 / 649 87 32 64
953 46 91 05 / 689 19 34 49
Encargado: Ángel Ramírez Liñán

YEGUADA VILAIRE, Samuel Vilaire Cifré
S.A.T. nº 9.083 "Son Simó"
Major, 42
07400 ALCÚDIA
(Baleares)
Tel. 971 54 50 57
Fax 971 54 76 38

YEGUADA VILLA MAZZARA
Ctra. Dosrius-Canyamars, km 3,5
08318 CANYAMARS
(Barcelona)
Tel. 93 795 51 69 / 619 78 58 03

YEGUADA LAS YEGUAS DEL CARACOL
Jesús Caballero Martínez
Goya, 8
13600 ALCÁZAR DE SAN JUAN
(Ciudad Real)
Tel. 926 54 49 48 / 609 12 65 84

YEGUADA EL YUNQUE
Adolfo Sánchez de Movellán Ruiz
Monte Carmelo, 19, 1º B
41011 SEVILLA
Tel. 95 427 72 33
Fax 95 428 05 22

YEGUADA ZOIDO MONTORO, Benito
Generalísimo, 28
23300 VILLACARRILLO (Jaén)
Tel. 953 44 00 74 /
953 44 11 55

DIRECCIONES INTERNACIONALES

Alemania

Arbeitsgemeinschaft für Pony-
und Kleinpferdezüchter (AGP)
Frhr.-v.-Langen-Str. 13,
48231 Warendorf
Tel. 00 49-25 81-6 36 21 57

Deutsche Reiterliche
Vereinigung e.V. (FN)
Abteilung Zucht
Frhr.-v.-Langen-Str. 13,
48231 Warendorf
Tel. 00 49-25 81-63 62-0

Direktorium für Vollblut-
zucht und Rennen e.V.
Rennbahnstr. 154,
50737 Köln
Tel. 00 49-2 21-74 98-1 08

Hauptverband für Traber-
Zucht und –Rennen e.V.
Gutenbergstr. 40,
41564 Kaarst
Tel. 00 49-21 31-98 57-0

Argentina

Asociación Argentina de
Criadores de Caballos
de Polo
Avda. Pte. Roque Saenz
Peña 1160, 9º P A (1035)
Capital Federal Buenos Aires

Criadores Argentinos Sangre
Pura Carrera
E. Costa 3055
1425 Buenos Aires
Tel. 00 54-1 8 02 56 72

Sociedad Rural Argentina
Florida 460
1005 Buenos Aires
Tel. 00 541-32-2211148

Australia

Australian Pony Stud Book
Society, Inc.
Box 43 17 G.P.O.
Sydney, N.S.W. 2001

The Australian Stock Horse
Society Ltd. (A.S.H.S.)
PO Box 288, 92 Kelly Street
Scone NSW 2337
Tel. 00 61-65-56 11 22
Fax 00 61-65-45 21 65

The Waler Horse Society of
Australia Inc. (W.H.S.A.) 'Beeandah'
5 Saundaere Court
Elphinstone Vic. 3444
Tel./Fax 00 61-3-54 73- 33 25 10

Austria

Arbeitsgemeinschaft der
norischen Pferdezucht-
verbände Österreichs
5751 Maishofen 96
Tel. 00 43-65 42-6 82 70

Bundesfachverband für Rei-
ten und Fahren in Österreich
Geiselbergstr. 26-32/512
1110 Wien (Viena)
Tel. 01 7 49 92 61 / Fax 01 7 49 92 61-91

Bundesgestüt Piber
8580 Köflach-Piber

Haflinger Pferdezuchtver-band
Haflingergestüt Fohlenhof
6341 Ebbs
Tel. 0 53 73 22 10

Bélgica

Belgisch Warmbloedpaard
Minderbroedersstraat 8
P.B. III, 3000 Leuven

Het Belgisch Halfbloedpaard V.Z.W.D.
Hamoirlaan 38
1180 Brussels (Bruselas)

Société Royale Le Cheval de
trait Ardennais
5408 Marloie, LE
Maison De L'Eleveur
Luxembourgeois

Société Royale "Le Cheval
de trait Belge"
Av. du Suffrage Universal 49
1020 Brussels (Bruselas)

Brasil

Associação Brasileira dos
Criadores do Cavalo
Campolina
Rua São Paulo
824 - 14º, CEP 30170 -
Belo Horizonte Minas Gerais

Associação Brasileira dos
Criadores do Cavalo Manga-
larga Marchador
Rua Goitacases, 14 – e. 13 andares
Ed Bom Destino, CEP
30190 Belo Horizonte, MG

Ministerio Da Agricultura
Commissão Coordenadora
da Criação Do Cavalo Nacional
Av. Almirante Barroso 139,
10º And.-Modula 1001-
CEP 20051
Rio de Janeiro - RJ

Canadá

Canadian Sport Horse
Association
c/o Valerie Ashenhurst
Box 520, Gormley
Ontario LOH 1GO
Tel. 0 01-4 16-8 87-51 70

The Newfoundland Pony Society
Box 50 24, St. John's
NF Canada A 1C 5V3

Chequia

Státní plemenársky podnik,
koncern Nositel Radu práce
Praha (Praga)
Pracovist Hradistko p.
"Medníkem"
252 09 Hradis
tko pod Medníkem
Prague
(Praga)

Státní plemenársky podnik
koncern Praha
Vítzného února 64,
Post Box 91
120 77 Prague 2

Hřebčin Equus Kinky
Ostrov 68
50351 Chlumecnad Cidlinov

Chile

Sociedad Nacional de
Agricultura
Tenerini 187, Casilla 40-D
Santiago 1

China

China National Animal
Breeding Stock Import and
Export Corporation
Yang Qing, President
Yangyi Hutong No. 10
Dongdan
Bejing (Pekín)

Corea

Korea Horse Affairs Association
685 Juang-dong Kwachon
Kynoggi-do 472-070

Professor Dominicus
C. Choung
Depart. of Animal Sciencie
Cheju National University
Cheju-do

Dinamarca

Dans Varmblod
Udkærsvej 15, Skejby
8200 Århus N.
Tel. 00 45-86 10-90 88
Fax 00 45-86 10-91 60

The Fredriksborg Horse
Breeding Society
Skovgårdsvej 59, Balle
8300 Odder
Tel. 00 45-86 54-17 50

The Knabstrupper Society of
Denmark
Sillevadsvej 1, 9600 Ars
Tel. 00 45-98 62-44 33

The Breeding Society of the
Jutland Horse
Kolstrupvej 4, 8581 Nimtofte
Tel. 00 45-86 39-80 69

Danish Gotlands Russ
Association
Sandbakkevej 33
4390 Vipperod
Tel. 00 45-53 48-10 10

Estados Unidos

American Appaloosa Assoc.
Box 4 09
Sturgis, KY 42459

American Bashkir Curley
Registry
P.O. Box 2 46
Ely, Nevada 89301
NV 98301
Tel. 0 01-7 02-2 89 42 28

American Miniature Horse
Winner's Circle Ranch
5911, Lakeville Highway
Petaluma, California 94954
Tel. 0 01-7 07-7 62 18 08
Fax 0 01-7 07-7 62 59 07

American Paint Horse Assn.
Dept. WH 90
P.O. Box 96 10 23
Fort Worth, Texas 76161
Tel. 0 01-8 17-4 39-34 00

American Quarter Horse Assn.
P.O. Box 2 00
Amarillo, Texas 79168
Tel. 0 01-8 06-3 76-48 11

Chickasaw Horse Association
Love Valley, North Carolina

Colorado Ranger Horse Assn., Inc.
RD 1, Box 12 90
Wampum, PA 16157-9610
Tel. 0 01-4 12-5 35-48 41

Florida Cracker Horse Assn., Inc.
P.O. Box 1 86
Newberry, FL 32669
Tel. 0 01-9 04-4 72-22 28

International American
Albino Assn.
Route 1, Box 20
Naper, NE 68755
Tel. 00 14 02-8 32-55 60

International Buckskin
Horse Assn.
P.O. Box 2 68
Shelby, IN 46377
Tel. 0 01-2 19-5 52-10 13

International Morab Breeders Assn.
S. 101 W. 34628 Hwy. 99
Eagle, WI 53119

Missouri Fox Trotting HorseAssn.
P.O. Box 10 27
Ava, MO 65608
Tel. 0 01-4 17-6 83-24 68

National Show Horse Registry
11700 Commonwealth Drive
Suite 200, Lousville
KY 40299

North American Single-
Footing Horse Assn.
PO Box 10 79
Three Forks, MT 59752
Tel. 0 01-4 06-2 85-68 26

Pintabian Horse Registry, Inc.
P.O. Box 3 60
Karlstadt, MN 56732-0360
Tel. 0 01-2 18-4 36 77 68

Racking Horse Breeders
Association of America
67 Horse Center Rd.
Decatur, AL 35603
Tel. 0 01-2 05-3 53-72 25

Rocky Mountain Horse Assn.
6659 E. Hwy.
36, Olympia, KY 40358
Tel. 0 01-6 06-6 74-28 59

Spanish Mustang Registry, Inc.
Rt. 3, Box 76 70
Willcox, AZ 85643
Tel. 0 01-6 02-3 84-28 86

Spanish-Norman Horse
Registry, Inc.
Linda Osterman Hamid,
Registrar
P.O. Box 9 85
Woodbury, Connecticut
06798
Tel. 00 12 03-2 66-40 48
Fax 00 12 03-2 63-33 06

Spanish-Barb Breeders
Association
188 Springridge Rd.
Terry, MS 39170
Tel. 0 01-6 01-3 72-88 01

Tennessee Walking Horse Assn.
P.O. Box 2 86
Lewisburg, TN 37091
Tel. 0 01-6 15-3 59-15 74

Tennessee Walking Horse
Breeder's & Exhibitors' Assn.
P.O. Box 2 86
250 N. Ellington PKWY
Lewisburg, TN 37091
Tel. 0 01-6 15-3 59-15 74

The American Morgan Horse
Assn., Inc.
P.O. Box 9 60
Shelburne, VT 05482-960

The American Saddlebred
Horse Assn.
Kentucky Horse Park
4093 Iron Works Pike
Lexington, KY 4051
Tel. 0 01-6 06-2 59-27 42+ 2 59-ASHA

The United Quarab Registry
411100 NE Fernwood Road
Newberg, OR 97132
Tel. 0 01-5 03-5 38-0 51

Finlandia

Suomen Hippos r. y.
Raviurheilun ja hevoskasva-
tuksen keskusjärjestö
Tulkinkuha 3
02600 Espoo

Francia

Association Nationale du
Selle Français (ANSF)
22, rue de Penthievre
F-75008 Paris
Tel. 00 33-14 56-2 88 67

Association des Eleveurs
de Chevaux Ardennais
Maison de l'Agriculture
26 Avenue du 109'RI
52011 Chaumont
Tel. 00 33-25 32 19 91

Association des Eleveurs de
Chevaux de Race Camargues
Parc régional de Camargue
mas du Pont-de-Routy
12300 Aries
Tel. 00 33-90 97 86 32

Association Nationale du
Poney Landais
Saubusse, 40180 Dax

Association Nationale du Pottok Chambre
d'Agriculture
64240 Hasparren
Tel. 00 33-05 59 70 29 20
Fax 00 33-05 59 70 29 29

Association Regionale de
Developpement du Cheval
Poney
Rue Saint-Berchaire
25220 Montier-en-Der
Tel. 00 33-25-94 43 84

Centre National du Cheval
de Mérens (S.H.E.R.P.A.)
09240 La Bastide de Sérou
Tel. 00 33-5 61 64-59 05
Fax 00 33-5 61 64-59 48

Fédération Française des
Eleveurs de Poneys
15, rue de Bruxelles
75009 Paris

Fédération Nationale du
Cheval
11, rue de la Baume
75008 Paris
Tel. 00 33-1-45 63 11 77

Société Hippique Percheronne
1 Rue Doullay
28400 Nogent le Rotrou

Syndicat Central d'Elevage
du Cheval Trait du Nord
Résidence Nicolas Dubois
Entrée G App. 32
59230 Saint Amand les Eaux

Syndicat d'Elevage du
Cheval Comtois
Haras National
52 rue de Dôle
25000 Besançon
Syndicat des Eleveurs Bretons
BP 29, 22 Rue de la
Libération,
29208 Landerneau

Syndicat des Eleveurs de
Chevaux Camargue hors
Berceau 30770 Vissec
Tel. 00 33-67 82-0 67

Syndicat du Cheval de Trait Auxois
2, rue Hoche, BP 15 33
21036 Dijon Cedex
Tel. 00 33-80-43 43 01

Syndicat Hippique
Boulonnais
14-16 Rue Saint-Adrienne
62930 Wimereux

Syndicat National des
Eleveurs et Utilisateurs de
Chevaux Cob Normand
Village l'Aunerie
50570 Le Lorey
Tel. 00 33-33-07 61 21

Gran Bretaña

The British Horse Society
British Equestrian Centre
Stoneleigh Park
Kenilworth
Warwickshire, CV8 2LR

National Pony Society
Brock House
25 High Street, Alton
Hants GU34 1 AW
Tel. 04 20 8 83 33

The British Show Hack,
Cob and Riding Horse
Association
Chamberlain House
88 High Street, Coleshill
W. Midlands. B46 3BZ
Tel. 0 16 75 46 62 11

The British Show Pony
Society
Mrs. J. Hall
124 Green End Road
Sawtry, Huntingdon
Cambridgeshire, CB6 2TB
Tel. 0 13 53 69 94 30

The British Spotted Pony
Society
Mrs. M. A. Broad
7 Sand Farm Lane
Sand Bay
Weston Super Mare
North Somerset,
BF22 9UF

The British Warmblood
Society
Mrs. D. Wallin
Moorlands Farm
New Yatt, Witney
Oxfordshire, OX8 6TE
Tel. 0 19 93 86 86 73

The Cleveland Bay Horse Society
York Livestock Centre
Murton, York, Y01 3UF
Tel. 0 19 04 48 97 31

The Clydesdale Horse
Society of Great Britain
Mrs. K. Stephen
3 Grosvenor Gardens
Edinburgh, EH12 5JU
Tel. 01 31 3 37 55 77

The Dales Pony Society
Mrs. J.C. Ashby
Greystones, Glebe Avenue
Great Longstone, Bakewell
Derbyshire, DE45 1TY
Tel. 0 16 29 64 04 39

The Dartmoor Pony Society
Mrs. L. Setter
57 Pykes Down
Ivybridge, Devon, PL21 0BY
Tel. 0 7 52 89 70 53

The English Connemara
Pony Society
Mrs. H. Coates
Woodland St. Mary Cottage
Woodland St. Mary,
Lambourn
Berkshire, RG18 7SL
Tel. 0 14 88 7 33 13

The Exmoor Pony Society
Mr. D. Mansell
Glefern, Waddlcombe
Dulverton, Somerset, TA22 9RY
Tel. 0 13 98 34 14 90

Fell Pony Society
Keepers Cottage Guyzance
Acklington, Northhumberland,
NE65 9AA
Tel. 00 44-16 70-761 117

The Hackney Horse Society
Miss S. Oliver
Clump Cottage
Chilterne, Warminster
Wiltshire, BA12 0LL
Tel. 0 19 85 85 09 06

The Highland Pony Society
Mr. I. Brown
Beechwood
Ell, Fife, KY9 1DH
Tel. 0 13 33 33 06 06

The Irish Draught Horse Society
4th Street
National Agricultural Centre
Stoneleigh
Kenilworth, Warwickshire,
CV8 2LG
Tel. 0 12 03 69 65 49

The National Light Horse
Breeding Society (HIS)
Mr. G. W. Evans
96 High Street
Edenbridge, Kent, TN8 5AR
Tel. 0 17 32 66 62 77

The National Pony Society
Willingdon House
102 High Street
Alton, Hampshire GU34 1EN
Tel. 0 14 20 8 83 33

The New Forest Breeding Society
Miss D. MacNair
Beacon Cottage
Burley, Ringwood
Hampshire, BH24 4EH
Tel. 0 14 25 40 22 72

The Shetland Pony Stud
Book Society
Ms. E. Ward
Pedigree House
6 Kings Place
Perth, PH2 8AD
Tel. 0 17 38 62 34 71

The Shire Horse Society
Mr. John Ward
East of England Show-ground
Peterborough, Cambridgeshire,

PE2 8AD
Tel. 0 17 33 23 44 51

The Suffolk Horse Society
Mr. P. Ryder-Davies
The Market Hill
Woodbridge, Suffolk, IP12 4LU
Tel. 0 13 94 38 06 43

The Thoroughbred Breeders
Association
Stanstead House the Avenue
Newmarket
Suffolk, CB8 9AA
Tel. 0 16 38 66 13 21

The Welsh Pony and Cob
Society
Mrs. A. L. Jenkins
6 Chalybeate Street
Aberystwyth
Dyfed, SY23 1HS
Tel. 0 19 70 61 75 01

Grecia

Aristotle University of
Thessaloniki
Faculty of Earth Sciences
and Technology
School of Agriculture
Department Animal Production
540 06 Thessaloniki

International Society for the
Protection and Preservation
of the Skyros Pony
Ktima Litsas
Thermi 57001, Thessaloniki

Holanda

Het Nederlande Rijpaarden
en Ponystamboek NRPS
De Beak 125
3852 PL Ermelo

Vereniging "het Groninger Paard"
Westerweg 33
9824 TE Noordwijk (Gn)
Tel. 06 94-65 81 18

Asociación de Amigos del Caballo de P.R.E.
en Holanda
Misterstraat, 44
7126 Ce Bredevoort
+ 31 543 451 108.
+31 654 27 42 49

Hungría

All breeds
Institute for Agricultural
Quality Control
Mezögazdasági Minísítö
Intézet
1024 Budapest
Keleti Károly u. 24
Budapest 114.Pf.30.,90

Arabian Breeders Asociation
of Hungary
2943 Babolna
Tel. 36-34-36 91 11
Fax 36-34-36 90 03

Sport Horse Breeders Assn.
of Hungary
Kerepesi út 7
1087 Budapest
Tel. 36-1-1 13 86 79

Hungarian Sport Horse Assn.
for Kisbérer-Partbreeds in Hungary
Kelati Károly u. 24
1024 Budapest
Tel. 36-1-2 12 31 27
Anglo-Arabian and Kisberer and
Gidran

Nonius Breeders Assn.
of Hungary
Arpád tér 3
6500 Baja
Tel./Fax 36-79-32 33 44

Verein für ungarische Kalt-
blutzucht
(Asoc. de criadores de caballos
de sangre fría húngara)
Deák F. u. 57
8360 Keszthely
Tel. 36-83-3 12-5 37

India

Kathiawari, Marwari Horse
Breed Association
Bhuvaneswari Pith
Gondal, District Rajkot

Marwari Horse Breeders
Association
Umaid Bhawan
Jodhpur

National Bureau of Animal
Genetic Resources and
National Institute of Animal
Genetics
N.D.R.I. Campus
Karnal - 132001 Haryana

Indonesia

Department of Agriculture
Directorate General of Live-
stock Services
P.O. Box 4 02
Jakarta 10002

Irán

Mrs. Louise Firouz
No. 10 Danghan
Teheran 15999

Irlanda

Connemara Pony Breeders
Society
Clifden, Co Galway
Tel. 0 03 53-95-2 18 63
Fax 0 03 53-95-2 10 05

Irish Horse Board
Dept. of Agriculture & Food
Agriculture House
Kildare Street, Dublin 2
Tel. 0 03 53-1-6 07 28 16

Kerry Bog Pony Society
John Mulvihill
Ballincleave
Glenbeigh, Co. Kerry
Tel. 0 03 53-66-6 91 84
Fax 0 03 53-66-6 94 77

Islandia

Icelandic Horse
Búnadarfélag Islander
Bændahöllini v/Hagatorg
P.O. Box 70 80
127, Reykjavík

Israel

Ministry of Agriculture
Israel Stud Book
P.O. Box 2 19
New Ziona 70 451

Italia

Associazione Nazionale
Allevatori del Cavallo delle
Murge e dell'Asino di Martina
Franca
Piazza Filippo D'Angio 53
74015 Martina Franca (Torento)
Tel. 00 30-0 80-4 80 71 09
Fax 00 30-0 80-4 80 95 69

Associazione Nazionale
Allevatori
Cavallo di Razza
Maremmana
Via Canova 13/A
58100 Grosseto
Tel. 00 39-5 64-41 70 87
Fax 00 39-5 64-2 50 81

Associazione Provinciale
Allevatori - Parma
del Cavallo Bardigiano
Borgo della Salnitrara 3
43100 Parma
Tel. 00 39-5 21-22 09 11
Fax 00 39-5 21-23 45 78

Ente di Gastione del Parco
Regionale "La Mandria"

Marisa Gtta
Viale Carlo Emanuele II
10078 Venaria Reale
(Torino)
Fax 00 30-11-4 59 43 52
(Murgeser, Sella Italiano,
Tiro Pesante Italiano)

Japón

Japan Equine Affairs
Association
1-2 Kanda Surugadai
Chiyoda-ku, Tokyo

The Cooperator Group of
Protection for Misaki Horse
In the Kushima Municipal
Office
5550 Nishikata Kushimashi
Miyazaki-ken 888

The Preservation Association
of Hokkaido Native Horse
In the Hokuno-kaikan Nishi
1 chyome
Kta 4jyo, Chyuku
Sapporo 060

The Preservation Club of
Kiso Horse
Suekawa, kaida-mura
Kiso-gun
Nagano-ken 897-08

The Preservation Club of
Miyako Horse
4F Hirara-shiminkaikan
5-1 Nishisato Hirari-shi
Okinawa-ken 906

The Preservation Club of
Tokara Horse
In the Laboratory of Animal
Breeding Faculty of Agriculture
Kagoshima-shi 890

The Preservation Club of
Yonaguni Horse
129 Yonaguni-chiyo
Yaeyame-gun
Okinawa-ken 907-18

The Promotion Club of
Taishuh Horse
In the Tushima-noukyo
606-10 Nakamura Izhuaramachi
Shimoga-tumagun
Nagasaki-ken 817

Lesotho

Basotho Pony Project
P.O. Box 10 27
Maseru 100

Letonia

Atvijas Lauksaimniecibas
Konsultaciju un Izglitibas
Atbalsta Centre
Rigas iela 34, Ozolnieku pag.
Jelgavas raj. 3018 Latvia

Lituania

Lietuvos Zemdirystes
Institutas, Inetituto aleja 1
5051 Dotnuva-Akademija
Kedainiy raj
Tel. 0 03 70-57-5 26-57
+ 3 72 71
Fax 0 03 70-5 69 96
+ 3 75 95

México

Asociación Mexicana de Criadores
de Caballos de Raza Azteca - AC
Av. de México, nº 101
Colonia del Carmen
Copoacan, C.P. 04100
México D.F.

Noruega

All breeds
Gudran Gaustad
Sekretaer i Samarbeidsut valget
Postboks 85
Årvol, 0515 Oslo 5

Perú

Asociación Nacional de
Criadores y de Caballos
Peruanos de Paso, Bellavista
Nº 546, Lima 18

Polonia

Ministerstwo Rolnictwa i
Gospodarki Zywnosciowe
Ul. Wspolna 30
00-930 Warsaw (Varsovia)

Portugal

Associaçao de Criadores de
Raças Selectas
Rua D. Dinis 2
Lisboa 1200

Ministerio da Agricultura
Serviço Nacional Coudélico
Rua Victor Cordon 2
1200 Lisboa

Puerto Rico

Departamento de Agricultura
Apartado 10163
Santurce
00908 Puerto Rico

Rusia

V.I. Lenin All-Union Academy
of Agricultural Sciences
21 Bolshoi Kharitonievsky
pereulok
Moscow 107814 (Moscú)

Sudáfrica

Kaapse Boerperd Breeders
Society of South Africa
P.O. Box 49 Bedford 5780
Nooitgedacht Horse
Breeders Society
PO Box 1 22 62
Clubview 0014

Suecia

Avelsföreningen för Svenska
Ardennerhästen
Hôgaholmen
570 07 Uppsala

Avelsföreningen för Svenska
Varmblodiga Hästen
240 32 Flyinge

Avelsföreningen för Svenska
Varmblodiga Travhästen
(Asociación de criadores de trotón sueco-
caballos de sangre caliente)
Skogby
31034 Kvibille
Tel. 00 46-35-5 62-60

Lantbruksstyrelsen
(National Board of Agriculture)
551 83 Jönköping

Swedish University of
Agricultural Sciences
Department of Clinical
Nutrition
P.O. Box 70 23
750 07 Uppsala

The Nort Swedish Horse
Association
(Caballo sueco del norte)
P.O. Box 40 48
18204 Enebyberg

Suiza

Schweizer Pferdezucht-verband
Geschäftsstelle
Kramgasse 58, Postfach 8 60
3000 Bern 8
Tel. 00 41-31-3 11 43 42
Fax 00 41-31-3 11 52 65

Schweizerischer Verband für
Ponys und Kleinpferde
Sekretariat

5728 Gontenswil
Tel. 00 41-6 49-1 91 96

Tailandia

Royal Turf Club of Thailand
183 Pitsanuloke Road
Bangkok 10300

Turquía

Tarim Isletmeleri Genl
Müdürlügü
Karacabey Tarim Isletmesi
Müdürlügü
Posta Kod. 16720
Karacabey, Bursa,
Turkey

BIBLIOGRAFÍA

ABAD GAVÍN, M. *El caballo en la Historia de España.* Universidad de León. Servicio de Publicaciones, 1999.

BLANC, H.L. *Guía del caballo y del poney.* Ediciones Omega, S.A., Barcelona, 1987.

BONGIANNI, MAURIZIO. *Guía de caballos y ponis.* Grijalbo Mondadori, S.A. - Grijalbo, Barcelona, 1996.

CAMACHO DOMÍNGUEZ, J.M. *Caballos andaluces.* Ed. Publiandalucía, Málaga, 1999.

DE MARÍA, VINCENZO. *El libro de los caballos ibéricos.* Editorial De Vecchi, S.A., Barcelona, 1994.

EDWARDS, E.H. *Caballos.* Ediciones Omega, S.A., Barcelona, 1994.

ESPAÑA. MINISTERIO DE DEFENSA. JEFATURA CRÍA CABALLAR. *Registro-matrícula de caballos y yeguas anglo-árabes.* Ministerio de Defensa. Subdirección General de Publicaciones. Madrid, 1990.

– *Registro-matrícula de caballos y yeguas de pura raza árabe.* Ministerio de Defensa. Subdirección General de Publicaciones. Madrid, 1993.

– *Registro-matrícula de caballos y yeguas de pura raza española.* Ministerio de Defensa. Subdirección General de Publicaciones. Madrid, 1988.

– *Registro-matrícula de caballos y yeguas pura sangre inglés.* Ministerio de Defensa. Subdirección General de Publicaciones. Madrid, 1994.

– *Registro-matrícula de caballos y yeguas: raza caballar hispano-árabe.* Ministerio de Defensa. Subdirección General de Publicaciones. Madrid, 1994.

– *Registro-matrícula de caballos y yeguas de raza mallorquina.* Ministerio de Defensa. Subdirección General de Publicaciones. Madrid, 1993.

– *Registro-matrícula de caballos y yeguas: raza trotón español.* Ministerio de Defensa. Subdirección General de Publicaciones. Madrid, 1993.

GABRIEL Y GALÁN, J.A., DOMECQ Y DÍEZ, A., GOYENECHE, A., CURRIN, D. Y SALVADÓ, J. *Caballos de España.* Lunwerg Editores, S.A., Barcelona, 1999

HALLER, M. *Guía de las razas de caballos.* Ediciones Omega, S.A., Barcelona, 1999.

HEMPFLING, K.F. *Tratar con caballos.* Ediciones Omega, S.A., Barcelona, 1996.

LICHTNER-HOYER, P., *Equitación. Manual de trabajo con cavaletti.* Ediciones Omega, S.A., Barcelona, 2001.

MACBANE, S. Y DOUGLAS-COUPER, H. *Caballos del mundo.* Editorial Hispano Europea, S.A., Barcelona, 1991.

PLÄGE, C. *Cómo llegar a ser un buen jinete.* Ediciones Omega, S.A., Barcelona, 2000.

RUSELL, A. *Caballos: razas y procedencia.* Ultramar Editores, S.A., Madrid, 1999.

SILVER, C. *Guía de los caballos del mundo.* Ediciones Omega, S.A., Barcelona, 1982.

STERN, H. *Cómo ganarse las espuelas.* Ediciones Omega, S.A., Barcelona, 2001.

STRÜBEL, S. *Iniciación al salto.* Ed. Omega, S.A., Barcelona, 2001.

TELLINGTON-JONES, L. *La escuela de equitación para niños de Linda Tellington-Jones.* Ediciones Omega, S.A., Barcelona, 1999.

VAVRA, R. (PROL. DE JAMES A. MICHENER; EPIL. DE ÁLVARO DOMECQ.) *El caballo español: un retrato a través de la historia.* Centro Andaluz del Libro, Sevilla, 1999.

VOGEL, C. *Manual completo del cuidado del caballo.* Ediciones Omega, S.A., Barcelona, 1996.

ZOLLER, K. *Comunicarse con los caballos.* Ediciones Omega, S.A., Barcelona, 2001.

PROCEDENCIA DE LAS ILUSTRACIONES

Agricola, B., Kirchbracht: p. 144
Associaziones Provinciale Allevatori, Parma (Italia): p. 64
Associaçao Brasileira dos Criadores do Cavalo Campolina, Savassi (Brasil): p. 129
Australian Pony Stud Book Soc., Homebush Bay (Australia): p. 227
Borggreve, G., Bad Benthein: p. 253
Clydesdale Horse Society, Edinburgh (Gran Bretaña): p. 135
Darby, C., The Waler Horse Soc. of Australia, Bardon (Australia): 311
Direktorat Jenderal Peternakan, Jakarta (Indonesia): p. 232, 246.
Dohna, A. Gräfim von, Bispingen: p. 300
Dossenbach, M. y D., Schlatt (Suiza): p. 30/31, 45, 51, 59, 65, 82, 84, 88, 103, 105, 126, 127, 128, 132, 136, 171, 187, 189, 210, 211, 214, 215, 218, 226, 234, 261, 262 (1), 268, 270, 280, 290, 293, 304
Dressler, T., Marbella (España): p. 2/3, 40/41, 124
Dyck, D. Y T., Rosemary (Canadá): p. 86
Enz, H., Scheyern: p. 278
Ernst, W., Granderkesee: p. 53
FAO, Genetic Resources Group, Roma (Italia): p. 36, 47, 78, 101, 122, 125, 172, 184, 185, 188, 208, 247, 298, 309, 314, 315
Il Park, Y., Seúl (Corea): p. 230
Obata, T., Tsukuba (Japón): p. 292
Oishi, T., Tsukuba (Japón): p. 248
Fell Pony Society, Ulveston (Gran Bretaña): p. 148
Gretscher-Said, K., Berlín (Alemania): p. 67
Guni y Streitferdt, Böblingen: Titelbild, Umschlagrückseite: p. 262 (2), 317
Hauptverband für Traberzucht und – rennen, Kaarst: 301
Houghton, K., Spaxton (Gran Bretaña): p. 46, 60, 61, 62, 63, 71, 81, 90, 92, 96, 97, 104, 108, 110, 112, 131, 140, 153, 158, 162, 163, 173, 190, 199, 201, 202, 203, 204, 216, 221, 225, 239, 243, 244, 258, 260, 271, 274, 275, 295, 297, 306, 312
IG Dartmoor, Simmerath: p. 141
Jesinghaus, K., Dortmund: p. 222
King, S., Cottonwood (EE.UU.): p. 134
Kresse, W., Verden: 107, 111, 149, 150, 194, 228, 256, 259, 269, 279, 308
Ludenia, S., Lutherstadt: p. 49
Lundström, B., Estocolmo (Suecia): p. 161
Maeda, Y., Kagoshima (Japón): p. 247
Merens Deutschland, Melchingen: p. 236
Müller, U., Bremen: p. 43
Norman, B., Petalama (EE.UU.): p. 116
North American Single-Footing Horse Assoc., Three Forks (EE.UU.): p. 87
Osterman Hamid, L., Woodbury (EE.UU.): p. 168
Perttunen, E., Suomen Hippos, Espoo (Finlandia): p. 102
Pintabian Horse Registry, Karlstad (EE.UU.): p. 220
Rau, J., Mainz-Hechtsheim: p. 176, 217, 223
Rocky Mountain Horse Assoc., Danville (EE.UU.): p. 85
Rosenthal, F., Siegen: p. 249, 250, 252
Sambraus, H. H., Weihenstephan: p. 25, 42, 48, 55, 57, 69, 70, 71, 73, 77, 99, 100, 106, 109, 115, 121, 123, 136, 139, 143, 145, 155, 156, 160, 169, 174, 175, 178, 180, 181, 183, 186, 197, 205, 229, 231, 233, 235, 237, 238, 272, 283, 284, 286, 287, 291
Schmelzer, A., Altrip: p. 44, 58, 264, 316
Scholian, V., Ginsheim-Gustavsburg: p. 52
Schöder, B., Neubrandenburg: p. 72, 195
Schumann, R., Dresden: p. 89, 118, 282

Schwöbel, M., Rehburg-Loccum: 103, 114, 120, 255, 281
Seifert, C., Ottstedt: p. 94
Simak, E., Melvich (Gran Bretaña): p. 56, 75, 142, 147, 167, 177, 179, 193, 200, 212, 288
Slawik, C., Würzburg: p. 6, 76, 80, 83, 91, 93, 95, 98, 113, 119, 130, 133, 137, 151, 152, 154, 157, 159, 164, 170, 182, 191, 192, 198, 207, 209, 240, 241, 251, 254, 270, 273, 277, 289, 294, 296, 299, 305, 310, 313
Sociedad Rural Argentina, Buenos Aires (Argentina): p. 213
Stuewer, S., Darmstadt: p. 74, 165, 224
Theron, J., Pretoria (Suráfrica): p. 66, 79, 206
Thomas, R., Exwoor Pony Society, Dulverton (Gran Bretaña): p. 146
Tuchel, K.-J., Solingen: p. 166, 265
Vantour, M. y Brookfield W. (Canadá): p. 245
Vogt, M., Rosdorf: p. 54, 117, 285, 307
Waiditschka, G., Neuhausen, p. 60
Wang, T., Beijing (China): p. 276
Wego, J., Dummerstorf: p. 196